나의 뇌를 찾아서

나의 뇌를 찾아서

가장 유쾌하고 지적이며
자극적인 신경과학 가이드

샨텔 프랫

김동규 옮김

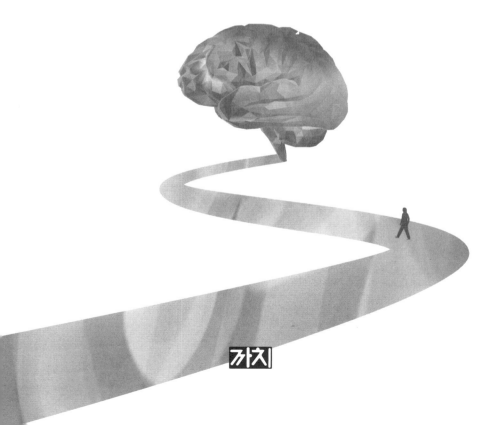

까치

THE NEUROSCIENCE OF YOU :

How Every Brain Is Different and How to Understand Yours

by Chantel Prat

역자 김동규(金東奎)
포스텍 신소재공학과를 졸업하고 동대학원에서 석사학위를 받았다. 현
재 번역 에이전시 엔터스코리아에서 번역가로 활동하고 있다. 옮긴 책
으로 「매그넘 컨택트시트」, 「벤 버냉키의 21세기 통화 정책」, 「1초의 탄
생」, 「플립 싱킹」, 「지칠 때 뇌과학」, 「극한 갈등」, 「테크 심리학」 등 다수
가 있다.

나의 뇌를 찾아서

가장 유쾌하고 지적이며 자극적인 신경과학 가이드

저자/샨텔 프랫
역자/김동규
발행처/까치글방
발행인/박후영
주소/서울시 용산구 서빙고로 67, 파크타워 103동 1003호
전화/02·735·8998, 736·7768
팩시밀리/02·723·4591
홈페이지/www.kachibooks.co.kr
전자우편/kachibooks@gmail.com
등록번호/1-528
등록일/1977. 8. 5
초판 1쇄 발행일/2024. 4. 30

값/뒤표지에 쓰여 있음

ISBN 978-89-7291-832-5 03400

내가 그들을 사랑하는 만큼 나를 사랑하는

재스민, 안드레아, 그리고 코코리나에게

이 책에 쏟아진 찬사

인간의 뇌는 1.4킬로그램 정도밖에 되지 않는 작은 기관에 불과하지만, 우리 몸의 에너지 가운데 20퍼센트를 사용하는 중요한 기관이다. 인간은 사회적 동물이기 때문에 인간의 두뇌 역시 연결을 갈망한다. 환경에 대한 경험이 DNA의 화학적 변화를 일으킨다는 사실이 최근 후성유전학 연구에 의해서 밝혀짐에 따라 유전과 환경의 관계가 더욱 복잡해진 오늘날, 이 책은 유전과 환경이 뇌에 어떻게 영향을 미쳐서 다른 사람과 구분되는 고유한 한 개인을 만드는지, 그리고 우리는 어떻게 타인과 관계를 맺는지를 재미있고 흥미롭게 풀어가고 있다.

워싱턴 대학교의 신경과학자인 샨텔 프랫은 평균적인 뇌 기능보다는 개인의 뇌가 어떻게 서로 다른지에 큰 관심을 둔다. 프랫 박사의 이 책은 특히 독자가 직접 해볼 수 있는 검사들을 통해서 기억력, 창의력, 호기심 등 본인의 성향을 파악하게 하고, 재미있는 각주로 독자들이 읽는 내내 몰입하게 한다.　　　　　　　　　　　　　　**—권준수, 서울대학교 정신과학교실 교수**

나의 뇌는 이 세상에 단 하나뿐인 고유함을 지니며, 누구나 "나는 누구인가?"에 답하기 위해서 자신의 뇌가 어떻게 활동하는지 알고 싶어한다. 그러나 대부분의 뇌인지과학자들은 뇌가 일반적으로 어떻게 활동하는지를 설명할 뿐, 나의 뇌가 왜 남과 다른지에 대해서는 이야기하지 않는다.

이 책에서 저자는 마치 어린 시절부터 친했던 친구처럼 유머러스하고 다정한 말투로 "너의 뇌는 특별해"라고 위로와 격려를 한다. 그리고 과학자로서 개개인의 뇌가 특별할 수밖에 없는 과학적 이유를 들어 기초부터 차근차근 설명한다. 이 책은 뇌인지과학을 처음 접하는 사람부터 자신의 개성 있는 뇌를 이해하고자 하는 사람까지 모두에게 추천할 만한 필독서이다.

—이인아, 서울대학교 뇌인지과학과 교수

신경과학의 즐거움은 공부할 때마다 "나는 누구인가?"에 대해 해답을 조금씩 얻게 된다는 데에 있다. 설령 쥐나 원숭이로부터 얻은 실험 결과라고 할지라도 인간을 이해하는 데에 놀라운 통찰을 제공한다.

"나"에 대해 궁금한 우리 모두가 즐길 수 있는, 더없이 유쾌한 신경과학 안내서가 출간되었다. 워싱턴 대학교 심리신경언어학과 샨텔 프랫 교수는 이 책에서 감각, 운동, 감정, 주의집중, 의사결정, 학습과 기억, 사회성 등 뇌가 가진 놀라운 기능들을 신경세포에서부터 사고와 행동 수준에 이르기까지 다양한 층위에서 설명한다. 일상적인 언어로, 누구나 경험했을 법한 예들을 들면서 말이다.

이 책을 읽고 "인간의 사고와 행동이 결국 뇌에서 비롯되었구나" 하는 깨달음을 얻었다고 해서 "나의 운명은 생물학적으로 이미 결정되었구나" 하는 오해로 번지지는 않았으면 한다. 오히려 이 책에서 끊임없이 역설하듯이, 뇌는 환경과 경험에 따라 놀랍도록 변화하는 "가소성"의 기관 아닌가! 우리가 유전적으로 타고난 것과 경험을 통해서 변화할 수 있는 것들을 명확히 이해한다면, 이 책은 당신의 잠재력을 이끌어낼 훌륭한 지침서가 되어줄 것이다. 나도 이런 매력적인 책을 쓰고 싶다.

—정재승, KAIST 뇌인지과학과, 융합인재학부 교수

우주 공간은 비켜라! 내면을 향한 눈부신 여정이 시작된다. 샨텔 프랫은 뉴런이 노래하고 수상 돌기가 춤추는 세계를 안내하는 진귀하고 놀라운 학자이다. 뇌에 관한 가장 똑똑하고 명확하며 재미있는 책이다.

— 애덤 그랜트, 『오리지널스*Originals*』 저자

지적이며 재미있고 발칙하다. 마치 시끌벅적한 술집에서 신경과학 박사 논문을 읽는 기분이 든다. 이 세상의 모든 신경과학자들은 물론이고, 뇌의 활동 방식과 그 중요성이 궁금한 모든 사람을 위한 필독서이다.

— 애나 렘키, 『도파민네이션*Dopamine Nation*』 저자

샨텔 프랫은 거의 불가능에 가까운 솜씨로 권위 있으면서도 개인적이며 빈틈없고 매력적인 책을 내놓았다. 프랫은 뇌 기능의 차이를 이해하는 일에는 불가사의와 아름다움이 존재한다는 매우 심오한 주제를 제기한다. 프랫은 이런 차이가 분열의 씨앗이 아니라 공감의 시작, 그리고 축하의 대상이 되어야 한다고 설파한다.

— 브랜든 오그부누, 예일 대학교 교수

우리는 모두 같은 인류이다. 그러나 모두 다른 개인이다. 샨텔 프랫은 놀랍고 읽기 쉬운 데다가 재미있으며 유익한 이 책을 통해서 이 역설의 비밀을 풀어낸다. 이 책을 읽고 나면, 인간과 두뇌가 이전과는 달라 보일 것이다. 그리고 감탄할 것이다. 그리고 엄청나게 재미있는 사실을 많이 알게 될 것이다!

— 데이비드 바래시, 『위협*Threats*』 저자

신경과학자들은 보편적인 두뇌의 활동 방식을 설명하지만, 마침내 개인의 두뇌에 집중한 책이 나왔다! 샨텔 프랫은 우리 두뇌가 왜, 어떻게 서로 다른지를 정교하게 설명한다. 그리고 유전학, 환경, 뇌과학의 여러 사실들을 바탕으로 우리 정체성의 본질을 탐구한다. 너무나 즐거운 데다가 각주마저 폭소를 자아내는 책이다. 인간 존재와 인지과학에 흥미가 있으며 우리가 나

머지 인류와 어떻게 같고 다른지가 궁금한 모든 이들에게 가장 중요한 주제를 던지는 책이다. ──**퍼트리샤 쿨, 인지신경과학자**

솔직하게 쓰인 수많은 각주들이 읽는 데에 유쾌한 감각을 더해준다. 뇌가 생각과 감정, 의사결정을 어떻게 만들어내는지 그 방법과 이유가 궁금한 독자라면 무척 반길 책이다. 프랫 박사는 뇌가 안에서 밖으로, 또 밖에서 안으로 어떻게 활동하는지를 조명한다. 편안하고 쉽게 접근할 수 있는, 일반 독자를 위한 신경과학 여행이다. ──「**커커스 리뷰***Kirkus Reviews*」

샨텔 프랫은 독자들이 두뇌를 이해하도록 돕고 싶어한다.……프랫은 친절하고도 개성 있는 목소리로 뇌의 복잡성을 이해하기 쉽게 설명한다.……읽기 쉽고 재미있으며 권위 있는 책이다. 두뇌가 어떻게 활동하는지 궁금한 모든 사람들에게 추천한다. ──「**라이브러리 저널***Library Journal*」 **별점 서평**

프랫 박사는 생동감 넘치고 유익한 이 첫 책에서 인간 두뇌의 본질을 다룬다. 이 책은 최신 연구뿐 아니라 흥미로운 각주로 가득하며, 격식을 따지지 않는 쉬운 문장들이 독자들을 이끌면서 신경과학을 이해하기 쉽고 흥미롭게 만든다. 대중을 위해서 쓰인 이 책은 그 자체로 특별하다.

──「**퍼블리셔스 위클리***Publishers Weekly*」

차례

서문

여러분의 두뇌에게

누구나 마음속에 책을 한 권씩 품고 산다는 말이 있지만, 그 책을 꺼내는 일이 얼마나 어려운지는 아무도 말해주지 않는다. 어쨌든 지금껏 그 누구도 나에게 그런 말을 해준 적이 없다는 것은 분명하다. 사실 말해주었더라도 내가 듣지 않았을 것이다. 그런데 나의 두뇌는 "주전자가 얼마나 뜨거운지 만져보고야 아는" 방식으로 지식을 습득한다. 솔직히 말하면 나는 그 점을 오히려 감사하게 생각한다. 그렇게 하면 비록 손을 데겠지만, 만약 나의 두뇌가 "남들이 말해주는 대로 아는" 방식을 통해서 지식을 습득한다면 애초에 이 책을 쓰기까지의 그 어려운 과정을 견뎌내지 못했을 것이다. 내가 이 책을 쓰면서 그랬듯이, 여러분도 이 책을 읽으면서 여러분의 두뇌를 절반이나마 이해한다면 충분히 가치 있는 일이 될 것이다.

내가 이번에 처음으로 책을 쓰게 된 계기는 어떤 의미에서도 "정상적인" 경험이라고 할 수 없는, 2020년부터 우리 모두가 겪은 일과 깊은 관련이 있다. 누구라도 그런 일을 겪겠다고 동의한 적은 결코 없었으리라. 바이러스와 관련된 일 말이다. 나는 그 사건을 계기로 우리가 심리학의 오래된 논쟁인 선천성과 후천성 문제를 급진적인 방식으로 탐구하게 되었다고 생각한다. 다시 말해서, 인간의 정체성을 구성하는 요인들 중에서 생물학적인 내재 요인이 차지하는 비중은 어느 정도이며, 환경에 적응한 결과는 과연 어느 정도나 될까? 코로나 바이러스가 전 세계적으로 유행하자, 우리는 우리 자신의 건강과 사랑하는 가족의 안전을 위해서 평소의 익숙한 일상생활을 기꺼이 포기하는 편을 택했다.

다행히 나는 워싱턴 대학교에서 과학자이자 교수로 일한다는 "일상" 덕분에 이런 환경에서 어떤 일이 벌어질지 비교적 쉽게 이해할 수 있었다. 그러나 나의 그런 이해가 곧바로 실천으로 이어지지는 않았다. 그 이유는 이 책의 후반부에서 밝혀질 것이다. 오히려 나의 일상은 한편으로는 놀랍게, 다른 한편으로는 두렵게 바뀌었다고 말하는 편이 정확할 것이다. 나는 우리 일상에서 일어난 변화에 대해서 내가 느낀 것과 주변 사람들이 대처하는 방식이 너무나 다르다는 사실에 놀라고 말았다. 사람들 중에는 그야말로 "생애 최고의 순간"을 맞이한 사람도 있었지만, 나는 그저 정체되어 있을 뿐이었다. 어떤 사람들은 서로 요리법을 주고받으며 완벽한 발효 빵을 굽는 법에 몰두했다. 반면에 나는 요리는 물론, **평소** 시간만 많으면 해보겠노라고 말했던 것들 중에 그 어느 **것도** 실행에 옮기지 않았다.

나는 그저 넷플릭스 콘텐츠들이나 보려고 애썼다. 남편을 꼬드겨, 유행병이 퍼진 세상을 바이러스 감염에서 구해내야 하는 보드게임이나 수십 시간 즐겼다. 그리고 게걸스럽게 먹어댔다. 평소보다 술도 많이 마셨다. 그러던 어느 날, 점점 튀어나오는 배꼽을 들여다보며 문득 이런 질문이 떠올랐다.

"내가 어쩌다가 **이렇게 되었지?**"

사실 대답은 매우 간단하지만, 생물학과 철학을 본격적으로 동원해서 답하려면 온 책장을 채우고도 남을 정도로 복잡하다.

나의 **두뇌**가 나를 이렇게 만들었기 때문이다.

나는 이 사실을 처음 깨닫던 순간을 분명히 기억한다. 그 이후 나의 삶은 완전히 달라졌다. 당시 열아홉 살이던 나는 인기 TV 드라마 「천재 소년 두기Doogie Howser, M.D.」에 흠뻑 빠져서 의과대학에 진학해야겠다고 마음먹었다. 그래서 진학에 필요한 마지막 요건을 채우고자, 당시 다니고 있던 2년제 대학의 심리학 과정을 수강했다. 더구나 그것은 당시 쇼핑몰에서 신발을 팔던 나의 또다른 일상에도 방해가 되지 않았다. 심리학 강의 첫 시간에 교수님이 들려준 것이 바로 피니어스 게이지에 관한 이야기였다.

1848년, 철도 노동자 피니어스 게이지가 작업 중에 실수를 저지르는 바람에 철 막대기가 튀어오르면서 그의 왼쪽 **뺨**을 뚫고 들어와 정수리로 빠져나가고 말았다. 그 순간 그의 두뇌 상당량이 손상되었다. 그 정도의 부상을 입은 사람이 살아남는 것은 오늘날의 의술로도 결코 쉬운 일이 아니다. 그러므로 게이지가 멀쩡히 일어나 사고 현장에서 걸어 나갔다는 것은 말 그대로 기적에 가까운 일이었다. 그의 신체적, 정신적 능력은 거의 "정상"으로 회복되었다. 그러나 그는 이마엽에 돌이킬 수 없는 손상을 입은 탓에 **성격** 자체가 완전히 바뀌었다.[1] 사고가 일어나기 전까지만 해도 그는 합리적인 계획을 수립하고 실행할 줄 아는 훌륭하고 믿음직한 사람이었다. 그러나 담당 의사는 그를 진단한 후 이렇게 말했다. "발작적이고 불손합니다. 자기 의사를 분명히 표현하지만, 동료를 존중할 줄 모릅니다. 자기 마음대로 되지 않는 일은 조금도 견디지 못하고, 막무가내로 고집을 피울 때가 있으며, 그러다가도 이내 변덕을 부리거나 오락가락하기도 합니다. 여러 가지 장래 일을 계획하지만, 일을 시작하기가 무섭게 다른 일에 손을 대고는 합니다."[2] 쉽게 말해서 게이지는 두뇌 손상을 입기 전과는 다른 **사람**이 되어버렸다.

나는 이 이야기에 **완전히 빠져들었다.**

수업이 끝난 후 나는 생각을 정리해보려고 애썼다. 인간의 두뇌는 심장이나 폐와 마찬가지로 하나의 기관이지만, 이 기관은 인간을 **인간답게** 만드는 기능을 담당한다. 폐는 혈액에 산소를 공급한다. 심장은 그 혈액을 신체에 골고루 퍼지게 한다. 그리고 두뇌는 그 피를 사용하여 자신의 정체성을 형성하는 모든 생각과 감정, 행동에 필요한 에너지를 생성한다. 두뇌가 바뀌면 한 사람의 정체성이 바뀌는 셈이다.

코로나 바이러스 유행이 시작된 지 3개월 만에 나는, 비록 작은 규모일망정 **나의** 두뇌가 바뀌었다는 사실을 깨달았다(영구적이지 않기를 바란다). 코르티솔―지속적인 스트레스와 관련된 신경화학물질**³**―이 과다분비된 나의 두뇌는 "당위"와 "욕망" 사이의 균형점을 찾아내기 위해서 사투를 벌이고 있었다. 그리고 이런 이야기를 누가 귀담아들을지는 모르지만, 스트레스를 받으면 **주로** 창의력이 감퇴하는 것이 사실이다.

다행히 나는 제2장 "칵테일 기술"을 쓰면서 각성의 순간을 경험했고, 그 덕분에 너무나 소중한 관점을 얻을 수 있었다. 무엇보다도 그 덕에 나는 사람들이 바이러스 유행 사태에 **왜** 그렇게 다양한 반응을 보이는지 이해할 수 있었다. 따지고 보면 스트레스에 반응하는 방식이 사람마다 다른 이유는, 마리화나를 처음 피웠을 때 어떤 사람은 대번에 빠져들지만 어떤 사람은 그저 허기만 느끼고 넘어가는 이유와 같다. 결국 모든 것은 유전이 먼저냐, 환경이 먼저냐의 논쟁으로 귀결된다. 그리고 그 대답은 대개 이 두 요소의 조합인 경우가 많다. 우리의 기본적인 생물학적 차이는 실제 경험과 **조합되어**, 환경의 변화에 대해서 우리가 생각하고 느끼고 **반응하는** 방식을 결정한다. 나는 **나의 두뇌**가 어떤 환경에서든 최선을 다한다는 것을 안다. 뇌는 언제나 그렇게 한다. **여러분의 두뇌가** 스스로에 관해서 즐겁게 배우는 데에 이 책에 등장하는 연구 결과들이 조금이나마 도움이 되기를 희망한다.

서론

신경과학 첫걸음

여러분의 두뇌에 관해서 알려줄 기회를 얻게 되어 얼마나 신나는지 모른다! 여러분이 세상일에 어떻게 반응할지 내가 여러분보다 더 잘 안다는 말이 사리에 맞지 않는다고 느낄 수도 있다. 사실을 말하자면, 나는 이 분야를 연구한 지 꽤 오래되었으므로 남들보다 좀더 유리한 처지라고 볼 수 있다. 나는 1990년대 중반에 한 두뇌 발달 연구소에서 일하기 시작한 이후로 신경과학과 심리학, 언어학, 신경공학이 교차하는 분야에서 경력을 쌓아왔다. 나에게는 단순하지만 결코 쉽지는 않은 연구 목표가 있었다. 바로 두뇌 활동의 다양성이 사람들의 정보 처리 과정에 어떤 영향을 미치는가 하는 것이었다. 요컨대 나는 사람들의 행동을 유발하는 동인이 무엇인지 이해하고 싶었다.

물론 여러분도 사고와 감정, 행동이 두뇌의 활동과 관련이 있다는 것을 어느 정도는 이해하고 있을 것이다. 그런데 신경과학에 관한 기존의 책들은 모든 사람들에게 보편적으로 적용되는 원리를 답습한다. 그리고 바로 이런 방식이 지난 한 세기 동안 이 분야를 지배해왔다. 그런데 모든 사람들에게 고루 적용되는 방식이란 사실 아무에게도 제대로 들어맞지 않는다

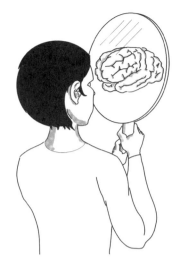

는 점을 인정해야 한다. 실제로 내가 연구 현장에서 발견한 지식은 현실에서 사람들과 만나며 경험한, 가장 흥미롭고 보람찬 내용과 일맥상통했다.

다시 말해서, 모든 사람들의 행동이 저마다 다르다는 사실 말이다.

나는 두뇌의 **일반적인** 활동 방식을 넘어서, 여러분 각자의 뇌가 구체적으로 어떻게 활동하는지 잘 알려주고자 이 책을 썼다. 다소 뻔하게 들릴 수도 있겠지만, 모든 두뇌는 그야말로 독특하고 유일하기 때문이다. 한날한시에 태어난 일란성 쌍둥이의 뇌도 서로 전혀 다르다! 게다가 건강한 인간 두뇌들의 수많은 차이가 두뇌가 활동하는 방식에 깊은 영향을 미친다는 점 역시 놀라울 것이다.

2015년에 인터넷을 한창 달구었던, "드레스The Dress"라는 제목의 사진을 기억하는가? 화면에 보이는 옷 색깔이 푸른색과 검은색이냐, 흰색과 금색이냐로 뜨겁게 논쟁이 벌어졌던 일 말이다.* 당시 **수백만 명**에 달하는 사람들이 그 사진에 사로잡혔는데, 두뇌가 만들어내는 현실을 우리가 너무나 **강하게 믿기** 때문이다. 옷 색깔과 같은 아주 간단한 요소조차 사람들의 관점에 따라 달라질 수 있다는 것은 다소 충격적이다. 그러나 제5장 "적응"을 다 읽을 때쯤이면 여러분은 "드레스" 사진의 옷 색깔을 두뇌마

---

* 이런 일이 있었음을 미처 모르고 지나친 사람이 있다면, 인터넷에서 "드레스 색깔 문제"를 검색해보기를 바란다. 당시 사진의 원본을 확인할 수 있다.

다 서로 다르게 이해하는 과학적 원리를 분명히 알게 될 것이다. 물론 "드레스" 사진에 대한 여러분의 해석이 달라지지는 않겠지만, 틀림없이 "보는 것이 믿는 것"이라는 오래된 격언을 완전히 새로운 시각으로 생각해볼 계기는 될 것이다. 이제 곧 알게 되겠지만, 두뇌가 활동하는 방식들의 차이는 세상을 보는 관점뿐 아니라 그 세상에서 살아가는 우리의 의사결정에도 분명히 영향을 미친다.

이제 여러분 각자의 두뇌에 관해서 배울 준비가 되었는가?

두 주먹을 쥐고 엄지손가락이 얼굴을 향하도록 한 다음, 한데 뭉쳐보라! 그러면 대략 여러분의 두뇌 크기와 비슷해질 것이다.

어찌 보면 보잘것없는 크기 아닌가?

두뇌는 생각보다 **작을지도** 모르지만 매우 **강력한** 존재이다. 뉴런neuron이라고 불리는 신호 생성 세포 860억 개로 구성된, 무게 약 1.4킬로그램의 이 두뇌 하나가 "바깥세상"의 물리적 에너지를 **여러분이** 인식하는 현실로 바꾸는 일을 오롯이 감당한다. 그러면서도 "남는 시간"에는 여러분의 모든 신체 기능을 제어하고 생명을 유지한다. 여러분의 두뇌가 전체 체중에서 차지하는 비중은 2퍼센트에 불과하지만,[1] 이렇게 중요한 역할을 달성하기 위해서 항상 신체 에너지의 20퍼센트 이상을 사용한다. 다시 말해서 여러분의 두뇌는 매우 **비싸다.**

두뇌가 얼마나 경이롭게 만들어져 있는지 말하기 시작하면 끝도 없다. 두뇌가 최대한의 지력을 갖추고도 원활하게 활동할 수 있는 것은 진화의 압력을 통해서 주름진 거대한 모양으로 형성되었기 때문이다. 그 큰 면적을 좁은 공간에 구현하는 방법은 그것밖에 없다.[2] 마치 넓은 종이 한 장을 구겨서 공 모양으로 만든 것에 비유할 수 있다. 두뇌 표면의 강력한 연산 능력을 가진 뉴런 층—이를 대뇌 겉질(피질)이라고 한다—을 얇게 펴면, 아마도 중간 크기의 피자 한 판 정도의 면적은 될 것이다.[3]* 게다가 뇌세포는 엄청나게 **빽빽**하게 밀집되어 있어서 다른 신체기관들과 달리 여유 에너지원을 저장할 공간조차 없다. 두뇌는 포도당을 **항상** 공급받아야 한다는 뜻이다. 수면 중에도 마찬가지이다. 다시 말해 두뇌는 언제나 신체가 감당할 수 있는 "최대한"의 지력을 발휘해야 하며, 그렇지 못하면 당장 목숨이 위태로워진다.

그런데 여러분의 주먹 크기가 두뇌 활동과 무슨 상관이 있는지 잘 이해되지 않을 수도 있다. 여기에서 주의 사항을 먼저 말해두어야겠다. 이 부분을 읽고 예컨대 손이 큰 사람일수록 다른 사람보다 두뇌 활동이 우수하고 민첩하며 강인하다는 결론을 기대한다면, 아마도 실망하게 될 것이다.** 그러나 오해하지 말기 바란다. 클수록 좋다는 결론이 적용되는 분야도 물론 있겠지만, 적어도 이 책에서는 그렇지 않다. 여러분을 여러분답게 만드는 이 신체기관의 중요한 특징에는 그런 단순한 도식으로는 설명할 수 없는 무엇인가가 있다.

마이클 맥대니얼의 「두뇌가 큰 사람이 더 똑똑하다」라는 연구 논문을 예로 들어보자.[4] 그는 이 연구에서 총 1,500명에 달하는 사람들의 데이터를 사용하여 두뇌의 용량과 표준 지능검사 결과 사이의 관계를 분석했다. 이미 제목에서 짐작할 수 있듯이 두뇌가 큰 사람들은 **실제로** 지능검사 점수가 더 높은 것으로 나타났다.*** 맥대니얼의 분석에 따르면 두 변

---

*   실제 크기는 약 0.23제곱미터이다.

**   통계적으로 손이 클수록 실제로 힘이 더 세지만, 그것은 이 문제와 상관이 없다.

*** 나는 이 책에서 지능검사에서 높은 점수를 받은 사람을 가리킬 때 "더 똑똑하다", 혹은 "더 총명하다" 등의 표현을 가능한 한 쓰지 않으려고 한다. 지능이란 과연 무엇이며 지능을 어떻게 측정하는지는 과학계의 여전한 논쟁거리이다. 나는 1923년에 에드윈 보링이 "지능이란 지능검사를 통해서 도출된 결과"라고 말한 내용에 동의하는 편이다.[5]

수 사이의 **상관관계**, 즉 한쪽 변수의 값(예컨대 두뇌 크기)을 통해서 나머지 변수(즉 지능 지수)를 추정할 수 있는 정도는 0.33이었다. 이 값을 제곱한 후 100을 곱하면 좀더 알기 쉬운 값—한 변수를 통해서 알 수 있는 다른 변수의 변동성 비율—이 된다. 이 연구에서는 그 값이 10.89퍼센트였다. 다시 말하면 사람들의 지능검사 점수에 영향을 미치는 서로 다른 요인들 중에서, 두뇌의 크기가 차지하는 비중이 11퍼센트 정도라는 뜻이다. 물론 이 정도도 상당히 큰 비중이라고 볼 수 있지만, 그렇다면 **나머지 89퍼센트**의 요인은 무엇일까 하는 의문을 **품을** 수밖에 없다. 특히 어떤 지능검사를 하더라도 그 결과가 전적으로 두뇌에 달려 있다는 점을 생각한다면 말이다.

두뇌가 설계된 방식

인간의 두뇌마다 존재하는 차이점—최소한 인간의 정체성을 규정하는 나의 두뇌의 특성—에는 단순히 용량이 클수록 더 좋다는 차원을 넘어서는 복잡한 측면이 있다.* 우리의 뇌가 수억 년의 진화 과정을 거쳐 **이미** 엄청난 능력을 축적해왔다는 점을 생각할 때, 어쩌면 이는 당연하다. 그러나 **여러분의** 두뇌를 형성해온 진화의 압력은 두뇌가 얼마나 커져야 하는지에는 전혀 관여하지 않았다. 오히려 두뇌의 **성공**은 그 두뇌를 담고 있는 신체가 다른 두뇌를 만나서 자신과 같은 신체를 번식할 때까지 살아남을 수 있는지에 달려 있다. 세월이 흐르면서 두뇌는 다양한 형태로 진

---

* 그렇지 않았다면 두뇌의 무게가 9킬로그램이나 되는 향유고래가 지구의 지배종이 되었을 것이다.

화했고, 각자의 생활환경에 따라 신체를 조종할 수 있는 최적의 구조를 갖추게 되었다.*

여기에서 또 하나 언급할 점이 있다. 이 책은 적절한 배우자를 찾는 법을 다루지 않는다는 사실이다. 물론 마지막 장 "관계"에서는 두 사람이 만날 때 자신이 창조한 세계와는 다른 상대의 세계를 이해하려고 애쓰면서 겪는 어려움을 설명하지만 말이다. 우리는 오로지 **여러분의 두뇌만이** 가진 막대한 정보 처리 기능에 초점을 맞출 것이다. 마치 자동차가 배터리나 연료의 연소로부터 나오는 에너지를 동력으로 바꾸어 세상을 돌아다니는 것처럼, 모든 두뇌의 목적은 주변 환경의 물리적 에너지를 의사결정에 필요한 정보로 바꾸어 세상에서 살아남을 가능성을 극대화하는 것이다.

그런데 여기에서 조심해야 할 점이 있다. 바로 두뇌의 활동 무대인 세상이 사실상 **무한한 데다가** 끊임없이 변화한다는 사실이다. 두뇌의 능력은 아무리 막강하다고 해도 유한하다. 두뇌는 "바깥세상"에 관한 정보를 작게 나누어 처리할 수밖에 없다. 마치 저해상도의 화면을 하나하나 이어 붙여서 영화로 만드는 과정과 비슷하다. 그러기 위해서는 엄청난 양의 정보에서 정말 중요한 것이 무엇인지 수백만 번이나 판단하고, 사라진 조각들을 "서로 연결하는" 방법을 찾아내는 과정이 필요하다. 앞으로 이 책에서 자세히 설명하겠지만, 모든 두뇌는 어쩔 수 없이 존재하는 이런 제약을 저마다 다른 방안으로 해결한다.

엔진마다 에너지를 동력으로 바꾸는 방법이 다르듯이(예컨대 실린더의

---

* 놀라운 예로 문어를 들 수 있다. 문어에는 8개 다리를 각각 관장하는 8개의 커다란 두뇌가 있으며, 8개 두뇌의 활동을 통제하는 조그마한 중앙 신경계가 별도로 있다. 만약 문어의 뇌가 인간의 몸을 조종한다면, 고작 바지를 입는 데에도 상당히 고생할 것이다.

수나 변속 장치의 유형 등), 모든 두뇌는 불완전한 정보를 입수한 후 재구성하여 생각과 감정, 의사결정의 규칙을 창출하는 방법과 그 특징이 저마다 다르게 설계되어 있다. 그리고 이것이 바로 **여러분의** 두뇌가 활동하는 방식을 이해하기 위해 이 책에서 내가 시도하고자 하는 방법이다. 연구실에 갖추어진 최첨단 두뇌 측정 장치가 없더라도, 여러분의 생각과 감정, 행동을 바탕으로 해서 두뇌의 활동 원리를 역설계하는 것이 가장 좋은 방법이다.

이어지는 몇 장에 걸쳐 우리는 여러분의 두뇌가 어떤 원리로 활동하는지 파악하는 방법들을 살펴볼 것이다.* 역설계 과정을 시작하기 전에, 우선 다양한 구조적 특성의 비용과 효과에 대해서 살펴볼 필요가 있다. 인간이 어느 상황의 누구에게도 효과가 없을 때의 두뇌의 구조를 점차 바꾸기 위해서 얼마나 오랫동안 진화를 거듭해왔는지를 생각해보면, 이 작업이 꼭 필요하다는 것을 충분히 이해할 것이다. 물론 어떤 문제에 직면했을 때 특정 유형의 두뇌가 다른 두뇌보다 잘 해결하는 경우도 분명히 있을 것이다. 그러나 상황이 달라지면 다른 유형의 두뇌가 더 우수한 기능을 발휘하는 경우가 거의 반드시 존재한다.

다시 말해서 가장 좋은 두뇌 구조가 무엇인지 판단한다는 것은, 마치 혼다 시빅이 스바루 아웃백보다 좋은 자동차인지 아닌지를 판단하는 것과도 같다. 물론 이 문제에 대한 개인적인 견해가 없는 것은 아니지만, 이 두 자동차는 다양한 수요에 대응하기 위해서 제작된 서로 다른 차량일 뿐이다. 둘 중에 어느 자동차가 더 좋은지는 자동차가 왜 필요한지에 따

---

* 이 책에 나오는 설명들보다 더 많은 내용을 알고 싶다면, 언제든지 나의 웹사이트 (chantelprat.com)를 방문해주기 바란다. "연구" 메뉴로 들어와서 두뇌 진단법에 관한 링크들을 참조하면 된다.

라 상당히 달라진다. 여러분이 두뇌의 활동 방식을 이해할 때에도 이 점을 반드시 염두에 두기 **바란다**. 이 책이 다루는 내용은 "경주에서 승리하는 방법"이 아니다. 그보다는 두뇌에 대한 이해를 바탕으로 "각자에게 맞는 길을 찾는 것"에 더 초점을 맞춘다!

2000년도에 갑자기 유명해진, 런던 택시 운전사들의 두뇌가 이 내용에 딱 맞는 사례라고 할 수 있다.[6] 런던에서 택시 운전면허를 취득하려면 엄청나게 어려운 시험에 합격해야 한다. 이 시험의 난도는 "지식Knowledge 시험"이라는 이름에 걸맞게 그야말로 무시무시할 정도로 높다. 이 시험의 문제 중에는 런던 광역권에 산재한 총 2만여 개의 도로 구조를 모두 외워야 하는 것도 있다. 이것은 실로 엄청난 기억력을 요구하므로, 모두 짐작하는 바와 같이 나 같은 사람은 엄두도 못 낼 일이다. 비유컨대 나의 두뇌는 하드디스크(영구 저장 장치)가 전혀 없는 대신 램RAM(임시 저장 장치)으로만 구성되어 있기 때문이다. 실제로 택시 운전사 교육과정을 신청한 사람들 중에 시험에 합격하는 비율은 무려 2-3년이나 공부한 후에도 50퍼센트에 미치지 못한다고 한다![7] 런던의 택시 운전사들이 기억력에 기울인 엄청난 훈련을 반영하듯이, 그들의 두뇌 구조가 다른 사람들과 전혀 다르다는 사실이 밝혀졌다. 실제로 이들 택시 운전사는 두뇌에서 공간지각력을 담당하는 해마 영역의 꼬리 부분이 평균보다 훨씬 더 **크다**.* 그런데 재미있는 사실이 또 있다. 택시 운전사들의 두뇌에서 해마의 머리 부분은 평균보다 더 **작다**는 것이다!

아일랜드의 신경과학자 엘리너 매과이어는 택시 운전사들의 두뇌가 이

---

* 어떻게 그럴 수 있는지 궁금한 사람이 있다면 기대해도 좋다. 다음 절에서 이 문제를 본격적으로 다룰 것이다.

토록 놀라운 특성을 보인다는 점을 알아낸 다음, 이런 구조가 시사하는 바를 이해하고자 후속 연구를 이어갔다. 매과이어는 택시 운전사들의 두뇌가 활동하는 환경조건, 즉 복잡한 도로에서 다른 물체와 충돌하지 않고 자동차를 운전해야 하는 조건을 기준으로 삼기 위해서, 이들의 기억력을 비슷한 환경에서 활동하는 다른 집단의 기억력과 비교했다. 바로 런던의 버스 운전사들이었다.[8] 그들의 두뇌를 직접 비교해본 결과, 대단히 흥미로운 사실이 드러났다. 택시 운전사는 런던의 주요 지형지물을 인지하거나 시내의 익숙한 지점 사이의 거리를 알아맞히는 데에는 버스 운전사보다 더 나은 실력을 보여주었지만, 복잡한 모양이나 단어 목록을 기억하는 데에는 버스 운전사가 택시 운전사를 앞질렀다. 다시 말해 택시 운전사의 두뇌는 특정 유형의 기억력이 강화되었다고 할 수 있다. 그들은 지도를 열심히 공부해서 방대한 양의 공간 정보를 습득했던 것이다. 그러나 그 과정에서 다른 기억 기능이 뚜렷이 저하되었으며, 이는 공간 정보에 집중하느라 다른 기능을 담당하는 인접 두뇌 영역이 위축된 결과라고 볼 수 있다. 물론 택시 운전사와 버스 운전사 중 어느 쪽이 더 **똑똑한가**라는 주제로 활발한 토론이 가능하겠지만, 그들은 다른 분야, 예컨대 이야기를 기억하거나 얼굴을 알아보는 등의 분야에서는 똑같이 우수한 능력을 보여주었다. 이런 능력은 여러 환경에서 매우 중요하게 작용한다.

두 운전사 집단의 사례는 이 책이 설명하는 두뇌 활동의 원리를 잘 보여준다. 가장 먼저 들 수 있는 예가 비용과 효과의 개념이다. 매과이어가 관찰한 현상의 전체상을 이해하고자 하지 않았다면, 그저 두뇌 용량이 클수록 더 똑똑하다는 단순한 판단에 그치고 말았을 것이다. 택시 운전사들은 두뇌의 공간지각 영역이 더 커서 방대한 양의 지도를 암기할 수 있다. 만약 거리에서 아무나 붙잡고 기억력이 향상되기를 원하느냐고 물어본다면, 아마도 대부분이 그렇다고 답할 것이다. 그러나 구체적으로 방대한 공간 정보를 기억하고 싶은지, 장보기 목록을 기억하고 싶은지, 아니면 과거에 보았던 무엇인가를 떠올려서 그리는 능력을 기르고 싶은지를 물어본다면 어떨까? 그 대답은 아마도 여러분에게 필요한 것이나 원하는 것이 무엇인지에 따라 달라질 것이다. 그렇지 않은가?

그리고 이 점은 두뇌 구조에 대한 나의 두 번째 논점을 다시 떠올리게 한다. **목표**도 정하지 않은 채 어느 한쪽이 다른 쪽보다 낫다고 평가하는 것은 아무런 의미가 없다. 혼다 시빅과 스바루 아웃백을 비교할 때에도 그렇지만, 여러분의 두뇌도 환경이나 성취해야 할 과업에 따라서 구조가 달라진다. 다시 말해서 여러분의 두뇌가 지금은 스바루 아웃백이나 혼다 시빅, 또는 포드 F-150이라고 하더라도, 태어날 때는 폭스바겐 비틀이나 피아트 500에 더 가까운 모습이었을지도 모른다. 그런데 태어나고 살아오면서 경험한 일들 때문에 지금의 구조로 변한 것이다.

이 책은 우리가 주변 환경에 적응하는 데에 가장 큰 영향을 미치는 두뇌의 구조적 특징을 자세히 이해할 수 있도록 구성되었다. 우선 제1부에서는 두뇌를 형성하는 다양한 생물학적 요인들을 살펴본다. 특별한 기능으로 발전한 두뇌의 비대칭성부터 두뇌의 통신체계를 촉진하는 화학물질까지가 포함된다. 제2부에서는 외부의 요인들이 어떻게 두뇌를 형성하며 내재적인 구조 특성에까지 관여하는지를 살펴본다. 두뇌가 성공적으로 활동하는 데에 필요한 일이 무엇인지, 그리고 두뇌의 구조가 바뀌면 이런 일이 어떻게 달라지는지도 알아본다. 두뇌가 다양한 상황에 반응하는 장면을 관찰해보면, 다양한 환경에 적응해야 할 필요성에서부터 다른 사람과 소통하고 이해하려는 열망에 이르기까지 우리의 독특한 차이점들이 모두 드러난다. 그러나 이런 요소들의 작용 과정을 본격적으로 다루기 전에, 우선 "두뇌가 여러분의 모습을 결정한다"는 말이 정확히 무엇을 의미하는지 그 이론적인 배경부터 잠시 살펴보자.

남다르다는 말의 의미

나는 소설이든 실화든, 스스로 이상하다고 생각하는 나의 특성들이 사실은 너무나 **정상적**이라는 사실을 일깨워주는 훌륭한 책을 읽으면 마음이 편안해진다. 그러나 내가 생각하는 **정상**과 **비정상**에 대한 정의는 여러분의 생각과 사뭇 다를지도 모르므로, 여기에서부터 이야기를 시작하는 것도 좋을 듯하다. 가장 먼저, "정상"과 "비정상"의 차이가 결코 이분법적이지 않다는 사실에 주목해야 한다. 남들보다 **지식이 뛰어난** 사람이 과학적인 색안경을 낀 채 사람들을 바라보며 "정상, 정상, '비정상', 정상, 정상"으로 판단하는 식이 아니라는 뜻이다.

그보다는 이렇게 설명할 수 있다. 예컨대 어떤 사람이 미래에 대한 일반적인 수준의 낙관적 태도나 사람들의 두뇌 용량에 관해 연구한다고 하자. 그때 연구하고자 하는 그 특성들은 보통 일정한 범위 안에 들어가는 값으로 존재한다. 그러므로 질문은 이런 형태가 될 수밖에 없다. "당신은 '정상 범위 안'에 있습니까? 아니면 '정상 범위 밖'에 있습니까?" 그러나 이렇게 질문한다고 해도, 그 범위를 어떻게 정할 것인가 하는 문제가 여전히 남는다.

그리고 여기에 많은 사람들이 모르는 점이 있다. 사람들 사이에 존재하는 차이점의 본질을 모른다면, 무엇이 "정상"이고 무엇이 "비정상"인지를 **과학적으로** 정의할 수 없다는 사실이다. 정상과 비정상을 나눌 때, 우리는 "정상"을 정의하는 두 가지 기준을 염두에 두어야 한다. 첫째, 특정한 존재 방식이 얼마나 일반적인가, 혹은 이례적인가? 둘째, 그것이 제대로 작동하는가, 혹은 작동하지 않는가?

개인적으로든 직업적으로든 내가 경험해본 적 있는 주의력결핍 및 과잉행동장애ADHD를 예로 들어보자. 미국 정신의학협회가 발간하는 『정신질환 진단 및 통계 편람Diagnostic and Statistical Manual of Mental Disorder』에 따르면, 다섯 가지 이상의 주의력 부족 증상이 최소 6개월 이상 지속되면서 사회생활과 학업, 또는 직업 활동에 부정적 영향을 미칠 때 비로소 ADHD(혹은 과잉행동장애*)로 진단을 내릴 수 있다.[9] ADHD의 증상은 다음과 같다. 부주의한 실수를 저지른다, 세부 사항에 주의를 기울이지 못한다, 주의력을 유지하지 못한다, 남의 말을 경청할 수 없다, 과업과 지시를 수행하지 못한다, 행동이 무질서하다, 정신을 집중해야 하는 일을 꺼린다, 물건을 자주 잃어버린다, 주의가 쉽게 분산된다, 자꾸 잊어버린다 등이다. 이 목록을 읽으면서 "세상에, 바로 나를 두고 하는 말이잖아!"라고 생각하는 사람이 많을 것이다. 내가 가르쳤던 대학원생들 중에서 가장 똑똑하고 "성적이 좋았던" 한 명이 ADHD라고 판정받았을 때, 나는 과연 누가 "정상 범위"에 들 수 있을까 하는 의문을 가진 적이 있다.**

마침 주의력에 관해 나도 "두뇌별로 집중을 다르게 수행하는 방법"이

---

*   참고로 과잉행동장애의 증상은 다음과 같다. 잠시도 가만히 있지 못한다, 손이나 발로 계속 바닥을 두드린다, 자리에 앉아서도 계속 꼼지락거린다, 뛰거나 언덕을 오른다, 조용히 앉아 있어야 하는 환경에서 불안해한다, 말이 많다, 상대의 질문이 채 끝나기도 전에 불쑥 대답한다, 자기 차례가 오기까지 기다리지 못하고 자꾸만 끼어든다 등이다.

**   이 책의 각주를 참고하여 자신이 ADHD인지 아닌지 직접 판단할 수 있지만,[10] 더 자세한 정보를 원하는 사람이 있다면 에드워드 할로웰과 존 레이티가 쓴 『주의력 결핍장애에 대한 의문과 해답(Driven to Distraction : Recognizing and Coping with Attention Deficit Disorder)』이라는 책을 강력히 추천한다. 이 분야의 전문가인 두 저자는 직접 ADHD 진단을 받고 임상 치료를 받은 경험이 있으므로 훌륭한 참고가 될 것이다.

라는 관점으로 연구한 적이 있다. 제4장 "집중"에서 살펴보겠지만, 주의 집중은 어떤 두뇌라도 매우 값비싼 대가를 "치러야" 하는 과업이다. 그러나 남달리 주의를 흐트러트리지 않고 집중하는 사람도 분명 존재한다.

그러나 한 가지 어려운 문제가 있다. 내가 연구실에서 사용하는 검증 방법으로 사람들을 "정상 범위에 속하는 집단"과 "정상 범위를 벗어나는 집단"으로 나누려다 보면, 주로 특정 행동이 얼마나 **전형적인지**에 관심을 쏟을 수밖에 없다는 사실이다. 선생님이 특정 점수에 가중치를 적용한 학급 평균 곡선으로 성적을 매기듯이―대개 평균을 C로 정한다―과학자도 통계자료를 사용하여 특정 사고방식이나 감정, 행동 등이 관찰 집단 내에서 어떻게 비치는지를 추정함으로써 그것이 전형적인지, 혹은 이례적인지를 판단한다. 그러나 이때 "이례적인" 특성을 "비정상"으로 분류하는 판단은 다소 자의적일 수밖에 없다. 과학계에는 특정 집단에서 95퍼센트에 해당하는 사람은 "정상"으로, 나머지 극단적인 특성을 보이는 5퍼센트는 "비정상"으로 분류한다는 합의가 존재한다.

그러나 이렇게 한번 분류되고 나면, 두 사람의 행동이 같은 범주 내에 있는 다른 사람들보다 오히려 더 비슷한데도 서로 **다른** 범주로 분류되는 경우를 양극단 모두에서 볼 수 있다. 한 사람은 "정상 범위에 속하고", 다른 사람은 거기에서 "벗어난다"고 분류되는 것이다. 정상 범위에서 "벗어나는" 범주로 분류되면, 그들에게 제공되는 서비스나 치료를 받을 수 있다. 그러나 행동은 거의 비슷한데 "정상" 범위에 속한다고 분류된 사람은 똑같은 어려움을 겪더라도 아무런 관심도, 자원도 누릴 수 없다. 그러나 애초에 그 두 사람은 해당 범주와 관련된 어떤 "비정상적인" 표식이나 오명도 가지고 있지 않다.

그런데도 만약 내가 전형적인 주의력 측정 기준을 적용하여 그런 자의적인 분류를 한다고 치자. 그때 그들은 임상 진단 편람이 정의하는 "실제" 장애와 얼마나 일치할까? 결론부터 말하자면, 별로 일치하지 않는다. 한 사람의 "주의 분산"에 대한 저항력을 그것만 따로 측정할 수 없기 때문이다. 그 능력은 이를 악화시키거나 보완하는 두뇌의 다른 모든 구조적 특성과 공존한다. 게다가 우리가 살아가는 환경의 특성들 역시 두뇌와 잘 맞을 수도, 그렇지 않을 수도 있다.

이것이 바로 ADHD의 진단 기준이 전형성보다는 **기능성**에 더 중점을 두어야 하는 이유이다. 임상의들은 어떤 사람의 주의력이 분산된 정도를 측정할 것이 아니라, 그 사람이 현재 "두뇌 기능에 부정적인 영향을 미치는" 상태에 있는지를 따져야 한다. 실제로 질병관리센터에 따르면, 미국에서 ADHD 판정을 받는 아동은 약 9.4퍼센트에 이르며, 이 비율이 매년 꾸준히 증가하고 있다. 어린이 10명 중에 1명이 ADHD에 해당한다면, 이것을 **비정상**이라고 할 수는 없을 것이다. 내가 말하고자 하는 요점은 다음과 같다. 우리 두뇌의 구조를 생각할 때, 어떤 구조적 특성이 얼마나 많이 보이느냐를 나타내는 **전형성**, 그리고 특정 환경에서 그런 특성이 어떤 사람에게 얼마나 효과가 있느냐를 설명하는 **기능성**이 "정상"을 정의하는 두 종류의 기준임을 알아야 한다는 것이다.

'위어드'의 과학

여기에 문제를 더욱 복잡하게 만드는 요소가 있다. 역사적으로 **전형성**과 **기능성**에 관한 정의에 문화가 큰 영향을 미친다는 사실이다. 우선, **전형성**과 관련해서는, 과학자와 일반인 모두가 다음과 같은 중요한 질문을 생각해보아야 한다. 우리가 연구하는 사람들은 과연 우리의 추론 대상이 되는 일반 사람들과 대체로 비슷하다고 볼 수 있을까?

이 질문에 대한 대답은 거의 "아니요"인 경우가 많다. 진화생물학자 조지프 헨릭 교수와 동료 학자들이 올바르게 지적한 대로, 우리가 연구 대상으로 삼는 사람들은 '위어드WEIRD'라는 말로 요약할 수 있다.**11** 우리는 절대다수 사람들의 사고와 행동 방식을 이해한다고 생각하지만, 연구 결과들은 주로 서구의Western, 교육 수준이 높고Educated, 산업화되었으며Industrialized, 부유하고Rich, 민주적인Democratic 나라의 사람들을 대상으로 하여 나온 것이다. 대개 백인의 대학교 학부생이다. 게다가 나처럼 이런 대학생들과 많은 시간을 함께 보내다 보면 다소 신경이 쓰이게 된다.*

꾸밈없이 그대로 이야기하겠다. 이 책에 나오는 학술 연구 결과들의 대부분은 내가 연구한 것까지 포함해서 주로 '위어드한' 표본을 연구 대상으로 한 것들이다. 이 점은 여러분의 행동 방식을 이해하는 데에 분명히 한계점으로 작용할 수밖에 없다. 특히 여러분이 '위어드하지' 않은, 즉 일반적인 사람이라면 말이다. 다만, 학계에서는 진정한 신경다양성을 담아내기 위해서 최선을 다하고 있다. 여러분의 두뇌를 과학 연구 자료로 제공할 의향이 있거나, 이 분야를 좀더 공부하고 싶은 사람은 내가 운영하는 웹사이트의 "연구" 메뉴를 참조하기 바란다. 물론 현재 연구 수준에 많은 공백이 있는 것이 사실이지만, 이 책에서 다루는 기본 원리―두뇌가 차지하는 생물학적 영역, 그리고 우리가 속한 환경이 이 영역을 형성하고 서로 상호작용하는 복잡한 방식―는 삶의 **전 분야**의 두뇌 활동에 적용된다고 확신한다.

---

* 오해를 피하고자 덧붙인다. 나는 함께 지내는 학생들 대다수를 좋아하고 또 존중한다. 그러나 그들의 두뇌는 사실 젊은 대학생 특유의 관점에 미묘하게 경도되어 있다. 그들이 과연 모든 사람의 행동 방식을 대변한다고 볼 수 있을지 의심될 때가 많다!

그러나 이 점은 특정 방식의 사고나 감정, 행동 등의 **기능성**을 정의하는 문화의 역할과 관련된 두 번째 논점과 직결된다. 버스 운전사와 택시 운전사의 사례는 두뇌의 **기능성**이 환경에 좌우될 수밖에 없다는 사실을 분명하게 보여준다. "주의가 분산됨"으로써 오히려 기능을 발휘하는 일도 얼마든지 있다. 예컨대 예상하지 못한 환경 변화를 눈치채고 거기에 **적응해야** 하는 상황을 들 수 있다. 제5장 "적응"에서 살펴보겠지만, 인간의 두뇌는 이런 조건에 맞추어 진화해왔을 가능성이 높다. 길고 긴 인류의 역사에서 오늘날처럼 아침 9시부터 오후 5시까지 사무실이나 학교 교실에서 보내는 안정된 생활을 한 기간은 그야말로 찰나처럼 짧다.

지금까지 여러분의 두뇌가 정상인지 비정상인지, 혹은 제 기능을 발휘하는지 그렇지 않은지를 이 책이 판단하지 않는 이유를 대략 설명했다. 설사 그럴 생각이 있다고 하더라도 나에게는 능력이 없다. 내가 연구 대상으로 삼는 사람들은 대체로 "전형적인" 범주에 속한다.* 물론 나는 내가 속한 분야의 연구가 어떤 사람을 "비정상"으로 정의한다는 것이 무슨 뜻인지 이해하는 데에 도움이 된다고 생각하지만, 한편으로는 그런 분류가 없더라도 아무 상관이 없다고 솔직히 고백할 수밖에 없다.

만약 우리가 사람들의 다양한 측면을 있는 그대로 이해하려고 노력한다면 어떨까? 실제로 그렇게 해보면 교육, 진단, 치료 등이 훨씬 더 복잡해지겠지만, 한편으로 효과성이 증대될 것임은 틀림없다. ADHD의 사례에서 알 수 있듯이, 여러 잣대들에 비추어보면 우리는 모두 **어중간한 지점**에 놓인 존재이다. 어느 한 측면에서는 극단적인 값을 보일 수도 있겠지

---

* 나는 자폐 범주성 장애 분야에서도 공동 연구를 한 바 있다(물론 그 분야에도 여러 변수들이 존재한다).

만, 그것이 과연 **문제가 될** 정도인지는 여러 다른 요소들에 의해서 좌우되며, 그중에는 환경도 당연히 포함된다. 그 반대의 경우도 마찬가지이다. 때로는 우리의 사고와 감정, 행동에 문제가 있을 수도 있지만, 그 원인이 어느 하나인 경우는 거의 없다. 즉 하나하나 따로 보면 "정상 범위에 속하는" 특성들이, 다 함께 모이면 커다란 문제가 될 수 있다.

이 책을 통해서 두뇌 구조의 일부를 살펴보는 일이 각각 다양한 환경에서 여러분이 어떤 사람인지 이해하는 데에 도움이 되기를 바란다. 어린 시절 나의 두뇌가 형성되는 데에 큰 영향을 미쳤던 프레드 로저스(유명한 방송인으로, 어린이 프로그램에 오래 출연했다/역자)는 이렇게 말했다. "인간으로 태어난 우리에게는 중요한 일이 있단다. 우리 각자가 얼마나 독특하고 소중한 존재인지 모든 사람에게 알리는 것이지."[12] 그래서 나의 두뇌는 "**정상적인 사람들의 신체기관은 모두 똑같으므로, 우리의 정신적 기관도 모두 똑같을 것이다**"[13]라는 스티븐 핑커의 말에 "**터무니없다!**"라고 일갈했다.*

음악가 퍼렐 윌리엄스도 "똑같다는 말은 바보 같은 말"이라고 하지 않았는가.

어떤 차이가 있을까?

핑커의 말이 우리가 모두 **똑같다는** 뜻은 아니었을 것이다. 그가 한 말의 요점은 우리의 차이점이 **적합한지** 아닌지에 관한 것으로, 특히 우리가 가

---

* 그러나 좀더 고차원적이고 객관적인 나의 자아는 핑커와 내가 모두 각자의 방법으로 틀렸음을 이해한다.

진 공통점에 비추어볼 때를 상정한 것이었으리라. 그는 이렇게 말했다. "사람들 사이의 차이점은 우리 삶에 끝없는 매력을 던져주므로, 정신의 활동 방식을 탐구하는 데에는 그리 중요하지 않은 문제이다."[14] 그 "중요하지 않은 문제"가 바로 나의 연구 경력의 전부를 차지한다는 점을 잠시 제쳐둔다면, 나는 그가 무슨 말을 하려는지 충분히 이해한다.

이 두 관점을 신경과학적 근거를 통해* 설명하기 위해서 예쁜꼬마선충이라는 생물의 신경계를 살펴보자.** 예쁜꼬마선충의 신경계는 모두 302개의 거대한 신경세포, 즉 뉴런으로 구성되어 있다. 그리고 이 뉴런은 다시 132개의 근육, 26개의 기관과 맞닿아 있다.[15] 이렇듯 예쁜꼬마선충의 구조는 **별로 복잡하지 않다.** 정신의 활동 방식에 관한 한 예쁜꼬마선충과 우리 두뇌의 구조적 차이점이 중요하다는 데에는 스티븐 핑커도 수긍할 것이다. 그런데 우리가 인간 두뇌의 구조에 관해서 알게 된 지식들은 주로 단순한 모형을 연구하여 얻은 것들이다. 즉 정신작용이라는 측면에서 보면 인간과 선충의 차이는 그리 크지 않다. 최소한 어떤 면에서는 분명히 그렇다.

과연 정말일까?

인간이든 선충이든 신경계는 정보를 포착하는 일을 한다. 신체와 환경으로부터 정보들을 모은 다음에 선택에 필요한 최선의 결정을 내리는 것이다.*** 이를 달성하기 위해 신경계는 여러 측면에서 똑같은 방식을 공유한다. 신경계의 기본 처리 단위인 뉴런은 주변 세상의 정보를 영리한 방

---

* 내가 두뇌를 연구하는 이유도 바로 이것 때문이다. 나는 추상적인 철학 세계에 머물기보다는 좀더 구체적인 현실 세계를 연구하는 것이 좋다.

** 선충은 사실 회충과 같지만, 선충이 회충보다는 좀더 재미있는 표현 같다.

*** 그렇다. 선충이 의사결정을 내린다는 것은 분명한 사실이다.

뉴런의 작동방식

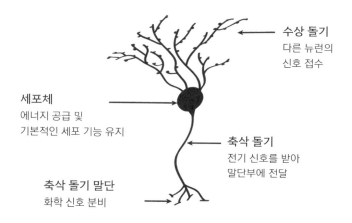

수상 돌기
다른 뉴런의
신호 접수

세포체
에너지 공급 및
기본적인 세포 기능 유지

축삭 돌기
전기 신호를 받아
말단부에 전달

축삭 돌기 말단
화학 신호 분비

식으로 축적하는 놀라운 세포이다. 뉴런은 주변 상황의 상태를 각자 "요약한" 후에 통신의 아래 단계를 향해 전달한다. 각 뉴런의 말단에는 "수상 돌기"*라는 가지가 있어서, 주변의 다른 세포들과 연락을 주고받으며 주변 상황의 정보를 수집한다. 뉴런은 매 순간 주변 상황에 관한 정보를 분량과 유형별로 수집한다. 그러다가 정보량이 일정 수준에 이르면 커다란 변화가 일어난다! 모든 뉴런이 일종의 정보 다발을 형성하고, 이 공간에 저마다의 화학 신호를 분비하여 다른 뉴런과 정보를 공유하는 것이다. 화학 신호가 물리적 창구를 여닫고, 그로 인해 뉴런 내부의 전압이 바뀌면서 더 많은 창구가 열리는 과정을 자세히 들여다보고 싶다면, 유튜브에서 "활동전위action potential"를 검색해보자.**16** 멋진 동영상을 많이 찾을 수

---

* 인간 뉴런의 말단은 예쁜꼬마선충보다 훨씬 더 복잡하다. 인간의 뉴런은 각각 1만 개의 다른 뉴런으로부터 정보를 받는데, 예쁜꼬마선충이 이 정도의 정보를 수집하려면 33마리의 이웃 선충이 가진 모든 뉴런과 연락을 주고받아야 한다.

있다. 요컨대 예쁜꼬마선충과 인간의 신경계는 기본적으로 활동 방식이 똑같다.

예쁜꼬마선충을 연구하는 데에 수많은 자본을 지불한 덕에 인간과 선충의 뉴런 사이의 생리학적 공통점이 충분히 밝혀져 있다. 이 연구를 통해서 출간된 책만 수십 권에 이르며,[17] 그중에는 『예쁜꼬마선충 게놈의 신경생물학Neurobiology of the Caenorhabditis Elegans Genome』, 『예쁜꼬마선충 연구에서 밝혀진 노화 현상Ageing : Lessons from C. Elegans』, 그리고 내가 가장 좋아하는 『웜북Wormbook』 등이 있다. 물론 인간과 선충의 공통점보다는 인간들 사이의 차이점이 훨씬 더 크다는 점을 생각하면, 그 정도의 공통점은 별로 중요하지 않다고 생각할 수도 있다.

한편 반대의 극단을 생각해보자. 예컨대 인간의 두뇌 활동과 우리와 가장 가까운 종인 침팬지의 그것이 어떻게 **다른지** 살펴보자. 여러분도 알겠지만 인간의 두뇌는 침팬지의 두뇌와 놀랍도록 유사하다. 이 둘을 구성하는 DNA 설계도가 서로 중첩되는 부분은 무려 95퍼센트에 이른다는 점을 생각하면 이는 너무나 당연하다.[18] 그러나 나머지 5퍼센트의 차이가 만드는 **기능적 의미** 덕분에, 나는 **여러분**과 공유하는 언어적 상징체계를 사용하여 이 책을 쓰고 있다. 반면 야생의 침팬지는 하루 종일 먹이를 찾고 서로의 털을 쓰다듬으며 유대 관계를 확인하느라 여념이 없다.

이렇게 비교해보면 정신과 두뇌 사이에 조금은 차이가 있다는 것을 눈치챘을 것이다. 그러나 우리는 침팬지의 관점을 이해하기 어려우므로, 좀더 피부에 와닿는 사례를 몇 가지 살펴보자. 여러분은 혹시 10대 시절의 생각과 감정, 행동이 어떠했는지 기억하는가?* 지금까지 우리의 삶을 이

---

* 분명히 말하지만, 나는 침팬지의 두뇌와 10대 청소년의 두뇌를 비교하려는 의도는 전

끌어온 두뇌에 물론 10대 때의 흔적도 남아 있겠지만, 그 변화를 겪은 뉴런도 우리의 정신에 분명히 큰 영향을 미쳤을 것이다. 아침에 처음으로 느끼는 감정과 밤늦은 시간의 감정을 비교해보면 더욱 미묘한 차이가 드러난다. 시간에 따른 두뇌 활동을 관장하는 시각교차상핵suprachiasmatic nucleus은 24시간을 주기로 다양한 신경화학적 신호를 발신하며, 이는 두뇌의 활동에 지대한 영향을 미친다. 우리의 두뇌와 정신이 점령하는 공간의 범위를 생각해보면, 작은 차이가 유의미하다는 것을 이해하는 데에 도움이 될 것이다. 그러나 이런 차이가 얼마나 중요한지 따져보기 전에, 그것이 과학적으로 어떤 의미가 있는지를 잠시 설명해보겠다.

예를 들면 나는 연구 초기에 우리가 읽거나 들은 이야기를 이해하기 위해서 좌뇌와 우뇌가 어떻게 협력하는지를 조사했다. 두뇌가 이런 상황에서 어떻게 활동하는지를 이해하기 위해서 다음의 문장을 생각해보자.

건초 더미가 중요했던 이유는 천이 찢어졌기 때문이었다.

이 문장은 문법적으로는 전혀 나무랄 곳이 없지만, 읽어보면 왠지 어색한 느낌이 든다. 문장 그 자체를 이해할 수 없어서가 아니다. 아마 이 문장의 단어들 중에 모르는 것은 하나도 없을 것이다. 언어적 지식을 총 동원하면 단어들 사이의 연관된 의미를 대략 이해할 수 있다. 우선 이 문장의 구조를 보면, 중요한 것은 천이 아니라 건초 더미이다. 나아가 건초 더미가 중요한 이유는 천이 찢어진 것과 어느 정도 관계가 있음을 미루어 짐

혀 없다. 만약 여러분이 10대라면, 이 책을 통해 여러분의 두뇌가 어떻게 활동하는지 이해함으로써 두뇌가 활발하게 성장하는 데에 도움이 되기를 바란다.

작할 수 있다. 그런데도 우리는 이 문장이 도대체 무슨 뜻인지 이해할 수 없다.

우리가 어떤 말을 읽거나 듣는 것과 그 말을 **이해하는** 것은 전혀 다른 차원이기 때문이다. 읽거나 듣는 것은 순전히 그 문장에 담긴 언어적인 정보를 받아들이는 행동이다. 그러나 이해하는 것은 그런 정보를 우리가 아는 기존의 지식과 당시의 상황에 비추어 해석하는 일이다.

앞의 문장이 **어색하게** 느껴지는 이유는 원인과 결과가 전혀 어울리지 않기 때문이다. 그런데 만약 이 문장이 **낙하산**에 관한 이야기의 일부라는 점을 미리 알았다면 어떠했을까? 전혀 이해되지 않던 내용이 갑자기 앞뒤가 딱 맞아떨어지면서, 마치 영화의 한 장면처럼 상상할 수 있는 시나리오가 된다. 그 순간 여러분의 머릿속에서 실제 세계에 관해 알고 있던 기존 지식들이 서로 연결될 것이다. 중력과 낙하산의 작동 원리를 바탕으로 이 문장에 담긴 내용이 이해되고, 그제야 건초 더미가 중요한 이유를 분명히 알 수 있다.

이런 두 가지 이해 방식(단어들을 언어적으로 이해하는 것과 그 내용을 시나리오처럼 이해하는 것)이 흥미로운 이유는, 뇌 손상을 입은 사람들을 연구한 결과가 두뇌에서 이 양쪽을 담당하는 부분이 서로 다르다는 사실을 시사하기 때문이다. 나의 연구가 나오기 전까지는 **주로** 언어적인 정보를 처리한다고 알려진 좌뇌가 문장의 의미를 이해하고,* 시각과 공간지각을 담당하는 우뇌가 시나리오를 구성하는 역할을 한다고 생각했다.**19** 그러나 두뇌의 활동 방식에 관한 모든 지식들이 그랬듯이, 이런 생각은 연구에 참여한 사람들의 평균치를 근거로 내려진 결론이었다.

---

* 좌뇌와 우뇌의 역할 분담에 관해서는 다음 장에서 자세히 설명할 것이다.

그러나 나의 대학원 시절 은사인 데브라 롱을 비롯한 읽기 연구 분야의 개척자들 덕분에, 같은 내용을 읽은 **모든** 사람이 똑같이 이해하지는 않는다는 사실이 알려졌다.[20] 나는 이런 차이가 혹시 좌뇌와 우뇌의 활동 방식과 관련이 있을지도 모른다고 생각했다. 그래서 읽기 능력이 서로 다른 200여 명의 피험자를 대상으로, 좌뇌와 우뇌가 이야기를 기억하는 능력의 차이를 조사해보았다.[21]

실험 내용을 한마디로 설명하면 다음과 같다. 피험자에게는 컴퓨터 화면 중앙에 제시되는 짧은 두 문장을 읽고, 기억해보라고 지시했다. 그러고는 화면 중앙이나 좌우에 등장하는 단어들에 시선을 집중하라고 했다. 피험자가 할 일은 간단했다. 화면에 나오는 단어가 앞의 이야기에 등장했는지를 판단하여 최대한 빨리 버튼을 누르는 것이었다. 예컨대 앞에서 언급했던 건초 더미 이야기를 읽은 후에 "중요하다"라는 단어를 제시하면, 그 문장에 나온 단어이므로 "그렇다"라고 답하는 것이다.

우리는 피험자의 반응을 보고 좌뇌와 우뇌가 이야기를 처리하는 방식을 거꾸로 유추할 수 있었다. 예컨대 우리는 실제 이야기에는 등장하지 않았지만 주제와는 연관되는 "낙하산"이라는 단어를 제시하기도 했다. 그때 "아니다"라는 반응이 조금 늦게 나오거나 그 단어를 보았다고 오답이 나오면, 그들이 이야기의 맥락을 **이해했음**을 보여주는 셈이었다. 우리는 피험자의 언어적 이해 유형 역시 측정했다. 예컨대 그들이 "중요하다"라는 단어를, 문법적으로 다른 구절에 포함된 단어("천") 뒤에 나올 때보다 언어적으로 연관된 단어("건초 더미") 다음에 나올 때, 더 빨리 인지하는지를 보았다.

마지막으로, 이렇게 다른 이해 방식과 두뇌의 양쪽 절반이 얼마나 관련이 있는지 알아보기 위해서 또 한 가지 방법을 동원했다. 우리 눈에서 두

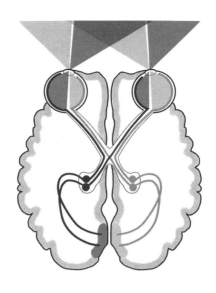

뇌로 정보가 전달되는 방식은 무척 독특하다. 왼쪽 시야에서 들어오는 정보는 모두 우뇌로, 오른쪽 정보는 좌뇌로 향한다. 물론 건강한 두뇌라면 이 정보를 결국은 좌뇌와 우뇌가 공유한다. 그런데 화면의 왼쪽과 오른쪽에 제시되는 단어에 피험자가 반응하는 속도나 방식이 어떻게 달라지는지를 보면, 양쪽 두뇌가 그 문장을 처리하는 방식을 이해하는 데에 매우 중요한 단서를 얻을 수 있다.

우리 연구의 피험자들은 모두 난독증과는 상관없는 대학생이었지만, 그들이 문해력에서 보인 차이는 서로 다른 기능을 담당하는 두뇌 영역과 맞아떨어졌다. 특히 우뇌에서 그런 현상이 두드러졌다. 뇌 손상을 입은 사람들을 대상으로 한 연구가 예견한 대로, 우리 연구에 참여한 모든 피험자의 좌뇌는 문자의 언어적 측면을 이해한다는 결론을 내릴 수 있었다(피험자들의 좌뇌는 천이 아니라 건초 더미가 중요하다는 것을 이해했다). 그런데 문해력이 다소 약한 사람의 우뇌도 이런 언어적 관계에 민감하게 반응했다. 우리는 그동안 언어 능력이 좌뇌에만 특화되었다고 생각해왔는데 말이다! 시나리오에 기반하여 이해하는 능력에 관해서도, 문해력이 떨어지는 사람은 양쪽 두뇌 모두 "낙하산"이라는 단어와 관련해서 실수를 범했다. 즉 그들은 시나리오와 언어에 모두 민감하게 반응한다는 것을 알 수 있었다. 반면에, 문해력이 강한 사람들은 좌뇌만 시나리오에 예민하게 반응하는 듯했다. 얄궂게도 문해력이 강한 사람들의 우뇌는 「왕좌의 게임Game of Thrones」에 나오는 존 스노처럼 아무것도 몰랐다. "중요하다"라는 단어가 "낙하산" 뒤에 오든, "천" 뒤에 오든, 심지어 "까마귀" 뒤에 오든 그들의 반응은 전혀 달라지지 않았다. 이야기와 전혀 관련이 없는 단어보다 문장의 주제와 관련된 단어("낙하산")에서 더 많은 실수를 하는 일도 없었다.

결국에는 다양한 문해력을 가진 사람들로부터 평균을 도출해서 얻을 수 있을 만한 결과를 정확히 보여주는 사람이 이 실험의 피험자들 중에서는 한 명도 **없었다**. 마치 실제로는 42세인 사람이 아무도 없는데, 방 안에 가득 찬 사람들을 두고 그들의 평균 나이가 42세라고 말하는 셈이다. 그러나 이 경우 두뇌의 활동 방식을 잘못 이해하면 그저 **불충분한** 데이터를 얻는 것에 그치지 않는다. 양쪽 두뇌가 문해력에 미치는 영향에 관해서 완전히 **잘못된** 결론에 이르게 된다.

이 문제가 왜 중요한지 아직도 이해할 수 없다면, 여러분이 우뇌에 손상을 입었다고 생각해보라. 의사는 여러분에게 어떤 변화가 찾아오리라고 말할까? 의사가 선택할 수 있는 시술은 무엇이며, 그에 따른 위험과 이익은 과연 무엇일까?

내가 연구자가 된 이래로 일관되게 주장해온 내용이 있다. 어떤 분야에서든 사람들의 평균치에 집중하면, 우리의 공통점(예컨대 인간의 감각 기능을 구성하는 원리 등)을 빨리 이해하는 데에는 도움이 되지만, 각 개인이 가진 독특한 특성(예를 들어 우리가 관련된 이야기나 농담, 또는 서로를 이해하는 방식 등)을 이해하는 데에는 시간이 걸릴 수밖에 없다는 것이다. 이런 "범용적인" 방식은, 두뇌가 인간의 정신을 형성하는 과정과 관련하여 우리가 아는 지식들이 대개 개개인의 특성을 무시하거나 윤색한 결과일 가능성이 높다.* 예를 들면 많은 신경과학자와 의사들은 아직도 언어를 이해하는 기능을 좌뇌가 담당한다고 이해한다. 그 결과, 언어를 이해하는 다양한 방식에 우뇌가 어떤 역할을 하는지 또 사람마다 어떻게 다른지 등에 아직 일정한 합의가 없는 것이 학계의 현실이다. 우뇌에 손상을 입은 후에 언어 표현에 어려움을 겪은 환자의 사례가 보고된 지 이미 150년이나 지났는데도 말이다.[22]

"차이가 중요하다"는 과감한 주장을 마무리하기 전에, 한 가지 밝혀둘 사실이 있다. 인간 신경과학 연구자들이 개인 간의 차이를 연구하지 않는 데에는 그럴 만한 현실적인 이유가 있다. 우선 "두뇌가 두뇌를 이해하려고 애쓰는 것"이 난제라는 점을 부인할 수 없다. 사람마다 다른 점을 모두 무시하고 공통점에만 집중하더라도, 인간의 두뇌는 너무나 복잡하므로 그 전부를 이해하는 일은 아마 내 평생 이루어지지 못할 것이다.** 현실을 말하자면 우리는 아직 예쁜꼬마선충조차 모두 이해하지 못한다! 설사 예쁜꼬마선충의 뉴런 구조를 완벽하게 파악하고 서로 어떻게 연결

---

* 물론 인간의 두뇌만 그런 것은 아니다. 한번은 내가 한 연구직 채용에 응시하면서, 일반적으로 똑같다고 가정한 실험용 쥐의 두뇌들 사이에서 혹시 차이를 발견한 적은 없었느냐고 담당 교수에게 질문한 적이 있었다. 그는 다소 방어적인 태도로 이렇게 대답했다. "물론 있었습니다! 그런데 그런 요소까지 고려하면 너무 복잡해지므로 일단 없다고 가정하고 연구를 진행했습니다." 나는 그 면접에서 탈락했다.
** 일론 머스크가 뭐라고 말하든 말이다.

되는지를 모두 밝혀내더라도, 선충이 주어진 상황에서 어떻게 행동할지 100퍼센트 예측하기는 불가능하다. 100퍼센트에 가까이 다가갈 수는 있겠지만, 모든 것을 알 수는 없다.* 302개의 뉴런조차 이럴진대 그 수가 860억 개로 늘어난다고 생각해보라. 우리가 인간의 두뇌를 모른다는 말이 어떤 의미인지, 이제 대충 감이 오리라고 생각한다.

이제 개개인의 두뇌 차이를 연구하기 어려운 두 번째 이유를 말할 차례이다. 바로 연구 윤리와 관련된 문제이다. 연구자가 주목하는 변수들 중에는 윤리적인 이유로 마음대로 조작할 수 없는 것이 많다. 실제로 한 피험자의 두뇌에는 선천적인 특징과 인생을 살아오면서 경험한 후천적인 특징이 모두 있다. 그러나 이 책에서 알게 되겠지만, 그 둘은 대개 서로 연결되어 있다. 개인별로 행동이 다른 이유를 파악하기 위해서 차이점을 분리하는 일은 아무리 최적의 실험 조건을 구현하더라도 너무나 어렵다. 결국 우리는 매번 심리학의 오래된 질문으로 돌아가고는 한다. 인간의 독특한 성격들 중에 DNA를 통해서 물려받은 것과 후천적으로 경험한 것의 비중은 과연 어느 정도인가 하는 질문 말이다.

유전과 환경의 대결이라는 오해

그렇다면 언어를 잘 이해하지 못하는 우뇌와 능숙한 문해력, 둘 중에 무엇이 더 중요할까? 인간의 행동을 연구하는 사람이라면, 우리의 신체와 경험이 너무나 밀접하게 연관되어 있으므로 한 측면만 따로 떼어내어 그것이 인간을 인간답게 만드는 특징이라고 말할 수는 없음을 잘 알 것이

---

* 물론 우리가 예쁜꼬마선충의 개체별 차이를 충분히 연구하지 못하기 때문일 수도 있다!

다. 유전과 환경은 항상 복합적으로 작용한다. 인생에서 경험하는 모든 일은 두뇌에 영향을 미친다. 물론 그중에는 별로 중요하지 않은 일도 있고 점점 더 중요성이 커지는 것도 있다. 그러나 아주 드물게는 단 하나의 사건이 우리의 사고방식을 완전히 바꾸어놓을 수도 있다. 좋은 의미에서든 나쁜 의미에서든 말이다.

신경과학을 본격적으로 다루기 전에, 언급해야 할 중요한 사실이 있다. 여러분을 특정한 방향으로 생각하고 느끼며 행동하게 만드는 무엇인가가 두뇌에 있다고 해서, 그것이 천성이라거나 앞으로 절대로 바뀌지 않는다고 볼 수는 없다는 점이다. 사실 두뇌는 일종의 움직이는 대상이다. 양쪽 두뇌의 문해력에 관한 나의 연구를 포함해, 두뇌와 행동을 관련짓는 모든 연구들은 특정 시점의 어느 한 측면만을 대상으로 삼는다. 즉 두뇌의 정지 화면을 들여다보는 것이라고 말할 수 있다. 따라서 이런 식의 연구로는 두뇌의 특정 구조가 얼마나 잘 변하지 않는지, 혹은 경험에 따라 달라지는지 알 수 없다.

유전적 청사진("천성")과 환경("양육")의 영향을 구분해보려면, 종단 연구longitudinal study(시차를 두고 여러 차례에 걸쳐 동일한 대상에게서 정보를 수집하는 연구/역자)를 해보면 된다. 연구자는 종단 연구를 통해 같은 두뇌를 여러 시점에 걸쳐 조사함으로써 전반적인 성장 상태나 특정한 경험이 미치는 영향을 측정한다. 캐서린 울렛과 엘리너 매과이어가 런던의 택시 운전사를 상대로 진행한 후속 실험이 바로 적절한 사례이다.[23] 그들은 시험에 합격한 운전사들이 태어날 때부터 해마 꼬리 영역이 더 컸는지, 아니면 시험 준비를 하면서 이 부위가 커졌는지 알아보고자 했다.

그들은 피험자 110명의 두뇌를 약 3-4년 간격으로 두 번에 걸쳐 단층 촬영했다. 과반수(79명)는 택시 운전사 지망생들로, 교육을 받기 시작했지만 아직 합격하지는 않은 상태에서 촬영했고, 나머지(31명)는 "통제" 집단으로, 두뇌의 크기와 모양과 관련된 변수인 나이나 IQ를 고려하여 선발된 사람들이었다. 절반이 넘는 지망생이 시험에 불합격하므로, 연구자들은 그들의 데이터를 비교할 두 가지 계획을 세웠다. 첫째, 나중에 합격하는 사람과 탈락하는 사람들의 데이터를 비교하여, 두 집단의 두뇌 구조 사이에 유의미한 차이가 있는지 알아본다. 둘째, 시험을 준비하면서 런던의 모든 도로를 두뇌에 집어넣으려는 지망생들의 노력이 과연 눈에 띄는 변화를 초래하는지 알아본다.

울렛과 매과이어의 종단 연구 결과는 택시 운전사의 두뇌와 그들이 수행한 과제 사이에 뚜렷한 인과관계가 성립한다는 증거를 제시했다. 교육을 받기 전에는 누가 시험에 합격할지 알 방법이 전혀 없었다. 교육과정에 등록한 시점에는 나중에 "합격할" 사람과 "떨어질" 사람의 두뇌 사이에 큰 차이가 없었다. 해마 꼬리의 크기나 두뇌의 다른 영역을 보아도 마찬가지였다. 두 집단 사이에 차이가 있다면 매주 학습에 할애하는 시간뿐이었다. 합격한 집단은 매주 34.5시간을 공부했지만, 불합격한 집단이 공부한 시간은 고작 17시간에 불과했다! 그렇게 집중적으로 공부한 흔적은 이후 3년 동안이나 남았다. 단, 합격한 사람의 두뇌에만 말이다. 그들은 방대한 지식을 두뇌에 집어넣은 결과, 이전보다 해마 꼬리가 **길어졌다**.*
다시 말해, 런던 택시 운전사들의 두뇌가 비범했던 이유는 그들이 달성해야 했던 과제 때문이었던 것으로 결론이 났다.

---

* 참고로 이 연구에서 해마 머리가 축소된 결과는 뚜렷하게 관찰되지 않았다. 물론 그 결과가 나타날 때까지 충분한 시간이 주어지지 않았기 때문일 수도 있다. 같은 집단에서 운전 경력이 몇 년인지 역시 런던 시내를 운전하는 데에 따른 두뇌의 변화에 영향을 미친다는 것이 관찰되었다.

연구자들이 피험자들을 평생 따라다니며 두뇌를 매번 측정하기에는 시간도, 돈도, 그럴 만한 열의도 현실적으로 부족하기 때문에, 유전과 환경의 영향을 구분해서 살펴보는 대안이 있다. 쌍둥이를 연구하는 것이다. 행동유전학은 유전과 환경의 비중이 서로 다른 사람들을 관찰함으로써 그 둘의 영향을 구분하는 방법을 통해서 상당한 진척을 거둔 학문 분야이다. 예컨대 일란성 쌍둥이는 서로 같은 정자와 난자를 통해서 태어났으므로 유전적으로 거의 같은 사람이라고 볼 수 있다.* 그러나 이란성 쌍둥이는 각각 다른 정자와 난자에서 배태되었으므로 유전적 동질성 면에서 쌍둥이가 아닌 다른 형제와 다를 바가 없다. 일란성 쌍둥이가 닮은 정도와 이란성 쌍둥이의 그것을 비교함으로써, 측정할 수 있는 어떤 특성이 얼마나 유전에 기인하는지를 추정한 연구 결과가 많다. 일란성 쌍둥이의 어떤 특성(주요 지형지물의 위치를 기억하는 능력 등)이 이란성 쌍둥이의 그것에 비해서 더 유사하면, 그 차이는 유전자와 관련이 있다고 판단하게 된다. 다만 이런 연구 방법에서 일란성 쌍둥이와 이란성 쌍둥이가 처한 환경 변수는 거의 비슷하다고 가정한다.

그런데 이 가정에는 한 가지 문제가 있다. 예컨대 외향성(제2장 "칵테일 기술"에서 자세히 다룬다)과 같은 특성에는 유전적인 영향이 강하게 작용하는데, 이 특성이 역으로 사람들이 추구하는 환경과 경험에도 영향을 미친다는 사실이다. 더구나 키나 외모 같은 유전적 요소는 다른 사람들이 그를 대하는 태도를 형성하므로 결국 당사자의 경험에도 영향을 미칠 수 있다. 그뿐만 아니라 후성유전학 연구가 최근 빠르게 발전한 덕분에 환

---

* 일란성 쌍둥이가 왜 완전히 똑같지 않은지와 관련해서 후성유전학 분야를 조금 다룰 것이다.

경에 대한 경험이 DNA에 화학적 변화를 일으킬 수 있다는 사실이 알려지면서, 유전과 환경의 관계를 이해하는 일이 더욱 복잡해졌다! 그러므로 똑같은 유전자가 두뇌(혹은 신체 내 다른 부위)에서 만들어낸 단백질도 환경에 따라서 다른 효과를 낼 수 있다. 이런 과정을 통해서 우리의 경험이 "생물학적으로 각인되는" 일이 가능하다.* 다시 말해서, 같은 DNA라도 다른 환경에 놓이면 전혀 다른 사람이 될 수 있다는 것이다.

그러나 결과물이 그리 다르지 않은 경우도 물론 있다.

「어느 일란성 세쌍둥이의 재회Three Identical Strangers」는 이 점을 아주 훌륭하게 그려낸 다큐멘터리 영화이다.[24] 이 영화는 태어날 때부터 각각 다른 가정에 입양된 **세쌍둥이**가 열아홉 살 되던 해에 우연히 재회하면서 서로의 존재를 처음 알게 된 실화를 바탕으로 구성되었다. 아직 이 영화를 보지 못한 분들을 위해서 결말을 이야기하고 싶지는 않으니, 이들이 서로 닮은 정도가 그저 생물학적 요소들이 정체성을 규정한다고 생각하던 우리의 기존 관념을 크게 뛰어넘는 수준이었다고만 이야기해두겠다. 세쌍둥이들은 외모나 걸음걸이, 말하는 모습까지 너무나 비슷하다. 그런데 피우는 담배까지 똑같다면? 여러분은 "설마 그렇게까지……"라고 생각하겠지만, 모를 일이다.

이런 구체적인 사례를 증거로 들 때에는 너무 이야기에만 사로잡혀서 사실을 객관적으로 생각해보지 않는다는 문제가 발생한다. 우선, 세쌍둥이들의 닮은 점은 너무나 두드러지는 반면, 서로 다른 점은 간과되는 경우가 많다. 세쌍둥이가 좋아하는 맥주가 저마다 다르다고 해서 놀랄 사

---

* 후성유전학의 기본 개념에 관해서 조언해준 노아 스나이더-매클러에게 특별히 감사드린다.

람은 없겠지만,* 그들이 모두 말버러 담배를 피우는 장면은 대번에 눈에 띄게 마련이다. 이 사실은 이제 통계와 우연에 관한 두 번째 논점과 연결된다. 오랫동안 떨어져 지낸 쌍둥이(혹은 세쌍둥이)들이 서로 닮았다는 것이 어느 정도나 놀라운 일인지 판단하려면, "길을 걷다가 우연히 만난 낯선 사람과도 이 정도로 닮을 수 있는지"를 생각해보면 된다. 좋아하는 맥주나 즐겨 피우는 담배의 경우, 얼마나 유명한 제품인지와도 관련이 있을 것이다. 내가 찾아본 시장조사 자료에 따르면, 세쌍둥이들이 만난 1980년 당시에는 말버러가 40퍼센트의 시장 점유율을 기록하여 같은 연령대에서 가장 인기가 높았다.[25] 그렇다고 해도 물론 여전히 놀라운 일이기는 하다. 그러나 만약 그들이 모두, 말버러보다는 인기가 높지 않던 캐멀 라이트를 피웠더라면 더욱 놀라웠을 것이다. 어떤 사람의 담배 기호에 유전적인 영향이 있는지를 과학적으로 따져보려면, 태어나자마자 서로 헤어진 일란성 쌍둥이를 훨씬 더 많이 만나보고 그들이 같은 담배를 피울 확률이 무작위로 만난 낯선 사람들에 비해서 더 높은지를 조사해야 한다.**

별로 재미없는 이야기라고 나도 생각한다.

유전과 환경의 영향에 관한 재미있는 이야기도 있다. 나는 2020년 4월 7일에 나와 너무나 닮은 낯선 사람을 만났을 때에도 이런 과학적 회의주의를 이미 품고 있었다. 두뇌와 인간의 정체성에 관한 이 책을 쓰던 당시, 나는 스무 살의 낯선 사람으로부터 "49.5퍼센트 일치!(놀라 자빠지지 않도록 조심하세요)"라는 결코 잊을 수 없는 제목의 이메일을 받은 적이 있다.

---

* 실제로 그들이 즐겨 마시던 맥주는 모두 달랐다.

** 물론 그들이 애초에 흡연자인지도 통계에 포함된다. 재클린 빙크가 쌍둥이를 연구한 내용에 따르면, 여기에는 두 가지 요소가 작용한다. 첫째, 어떤 사람이 흡연을 시도할 가능성에 미치는 영향은 유전이 44퍼센트, 환경이 66퍼센트이다. 둘째, 그들이 니코틴에 점차 의존하게 될 가능성에는 유전이 75퍼센트, 환경이 25퍼센트 영향을 미친다.[26]

그 이메일을 읽으면서 가장 놀랐던 것은 이메일을 보낸 그녀의 **말투**가 정말 나와 너무나 비슷했다는 점이다. 물론 내가 평소에 하는 말보다는 훨씬 더 조심스러운 어조였지만, 약간 우스꽝스럽고 강조하는 듯한 말투가 **너무나 친숙하게** 들렸다. 비슷한 경험을 해보지 않는 한, 누군가가 느낌표를 사용하는 방식을 보고는 자기 자신을 돌아보게 되리라고는 결코 생각하지 못할 것이다. 그런데 나에게 그런 일이 생겼다!*

두 번째로 놀랐던 점은 그녀가 말할 내용을 선택하는 방식이 나와 너무도 비슷하다는 것이었다. 내가 그 이메일을 어떻게 받아들일지 알 도리가 없는 그녀로서는 이메일을 아주 간결하고 친절하게 쓰려고 한 것 같았다. 다시 연락할 기회가 없을 수도 있다고 생각했는지, 하고 싶은 말을 제대로 전달하고자 꽤 많이 고민한 흔적이 보였다. 그런 상황에서 그녀가 선택한 내용은 다음의 여덟 가지였다. 첫째, 노래를 좋아하며, 음악 교사가 되기 위해서 공부하고 있다. 둘째, 동물, 특히 말을 좋아한다. 셋째부터 여섯째까지, 취미를 짧게 언급한 내용으로 하이킹, 그림, 여행, 마리오 카트 게임을 좋아한다. 일곱째, 학급 오락부장으로 뽑혔다. 여덟째, 타코벨에서 주문하는 단골 메뉴는 매운 감자와 과카몰리가 들어간 크런치랩 수프림이다.

이 대목에 이르자 나는 마치 스무 살 시절의 나 자신과 이야기하는 듯한 느낌이 최고조에 달했다. 이 책의 후반부에 나오기도 하지만, 나는 동물을 너무나 좋아한다. 아마 지금쯤 여러분은 "잠깐만요"라며 나를 진정시키고 싶을 것이다. "동물을 좋아하는 사람 두 명이 길거리에서 우연히 만날 확률은 얼마나 될까요?" 하고 말이다. 충분히 타당한 지적이다. 그러나 나는

---

* 솔직히 말해 사람들이 언제 어떻게 느낌표를 쓰는지 구체적인 통계를 찾지는 않았다.

정말로 동물을 너무 좋아한다. 어느 정도냐 하면, 나는 딸아이가 스물여섯 살이 된 지금도 동물을 만질 수 있는 동물원에 가서 오랫동안 머물다 오고는 한다. 어린 시절에는 어느 사료 가게에 있던 새끼 오리가 너무 귀여워서 집에 데려온 적이 있었다. 그 오리에게는 "퀘이커"라는 이름을 붙여주고 뒷마당에 있던 손수레에 물을 가득 담아 헤엄치게 해주었다.* 성인이 된 후에도 나는 길 잃고 상처 입은 동물을 집에 데려오는 바람에 가족들의 원성을 샀다. 탈진한 채 배수로에 쓰러져 있던 새끼 라쿤 한 마리를 데려와서 "휴고"라는 이름을 붙여주고 차고에서 기르다가 건강이 회복되자 풀어준 적도 있다. 내가 평생 동안 기른 동물은 최소한 20종류에 달한다. 처음에는 바다새우를 기르다가 개미 상자를 보살폈고, 대학 시절에는 온갖 종류의 어류와 도마뱀을 연구했으며, 서른 살이 되던 해에는 은퇴한 경주마를 나에게 주는 생일 선물로 사서 어린 시절의 꿈을 이루기도 했다.

동물을 좋아하는 사람끼리 만날 확률은 과연 얼마나 될까? 믿을 만한 통계에 따르면, 취미나 스포츠로 말을 타는 미국인은 모두 460만 명에 이른다.[27] 즉 길거리에서 71명을 마주치면 그중에 1명은 말을 타는 사람이라는 뜻이다. 그러나 이것이 꼭 정확한 추정치라고 볼 수는 없다. 승마 인구는 특정 집단에 따라 비중이 달라질 수 있기 때문이다.**

그렇다면 나머지 일곱 가지 특성에 대해서는 어떨까? 예컨대 음악을 좋아하는 성향에 대해서 생각해보자. 나는 취미로 드럼을 치는 것뿐이지만

---

* 우리 집 뒷마당이 오리에게 좁을 정도로 자란 후에는 퀘이커를 호수가 딸린 대저택으로 보냈으니 안심하시라.
** 통계적으로는 꽤 빠르게 복잡해질 수 있지만, 그녀가 받은 승마 수업이 내가 처음 승마를 시작했을 때 받은 수업과 똑같았으며, 심지어 타는 말의 품종까지 같았다는 사실을 이내 알게 되었다. 그 품종이 수업에 잘 쓰이기는 한다.

딸 재스민은 고등학생 시절 내내 뮤지컬 공연 무대에 설 정도였다. 하이킹은 물론 좋아한다. 그림은 어떨까? 나는 끈기가 없는 편이지만, 어머니와 이모, 외할머니, 그리고 외종조모까지 모두 뛰어난 시각 예술가들이었다. 여행도 당연히 좋아한다. 다만 여행은 가능하기만 하면 누구나 즐기는 분야이다. 마리오 카트 게임은 어떨까? 나는 몇 번 해본 적이 있는데, 그때마다 번번이 졌다. 아마 내가 매번 욕조를 선택했기 때문인 듯하다. 나는 비록 학급 오락부장으로 선출된 적은 **없지만**, 마리오 카트 게임에서 욕조를 선택한다는 것으로부터 짐작되듯이 성격이 그리 진지하지 않은 편이다. 우리 부부는 둘 다 유아적인 유머 감각이 있는 터라 서로 "4차원 인간"이라고 부르고는 한다.

지금 생각해보면 가장 웃긴 점은, 이 이메일을 보낸 마이아가 열거한 "재미있는 일" 목록 중에 가장 핵심이 타코벨 단골 메뉴였다는 점이다. 내가 매운 감자와 과카몰리가 들어간 크런치랩 수프림을 좋아한다는 뜻은 아니다.* 그것은 도저히 나의 취향이 아니다. 그러나 내가 마이아 정도의 나이였을 때 나와 함께 지내던 사람이라면, 내가 타코벨을 즐겨 찾았다는 사실을 누구나 알 것이다. 사실 내가 놀랐던 것은 마이아와 내가 똑같이 타코벨을 좋아한다는 점이 아니었다.** 내가 깜짝 놀랐던 이유는, 만약 내가 누군가에게 자기소개를 한다면 나 역시 "타코벨 단골 메뉴를 꼭 이야기할 것"이기 때문이다. 마이아의 이메일을 읽은 다음, 마이아의 부모가 준비한 자료 화면을 본 일은 결코 잊을 수 없다. 물론 나는 그녀의 존재를 알았지만, 나와 DNA를 공유하는 누군가의 인생을 컴퓨터 화면으

---

* 물론 우리 부부는 마이아가 소개해준 메뉴를 몇 번 먹어보았는데, 솔직히 맛있었다.
** 샌드위치 가게를 포함하느냐 혹은 제외하느냐에 따라 달라지지만, 타코벨은 미국에서 인기도 4-5위로 꼽히는 패스트푸드 체인이다.

로 지켜보는 것은 완전히 새로운 경험이었다.

마이아에 관한 이야기는 내가 대학원에 진학하기 전 여름, 난자 공여에 참여하기로 결심했을 때부터 시작된다.* 나는 그 결정을 자랑스럽게 생각한다. 그 덕분에 나는 불임으로 고생하던 너무나 마음씨 좋은 한 부부를 돕게 된 한편, 그렇게 해서 들어온 수입으로 당시 네 살이던 나의 딸아이를 돌보는 데에 유용하게 쓰기도 했다.

그런데 여기에서 유전과 환경에 관한 나의 이야기가 흥미로운 반전을 겪는다. 나와 딸 재스민―내가 낳은 가장 가까운 친구―은 수많은 경험을 공유한다. 우리는 거의 같이 자랐다고 해도 과언이 아니다. 나는 불과 열아홉 살에 그 아이를 낳은 후 줄곧 싱글 맘으로 지내다가 12년 후에야 지금의 남편 안드레아를 만났다. 그동안 재스민과 나는 **모든** 것을 함께했다. 아이가 어렸을 때 우리는 **몇** 달이나 한순간도 떨어지지 않고 지낸 적이 많았다. 우리가 함께 성숙해가는 동안(항상 재스민이 나보다 몇 발짝 앞서갔다), 「길모어 걸스Gilmore Girls」처럼 서로 비슷하다는 말을 주변에서 많이 들었다.** 내가 생각해도 그런 것 같았다. 다만 나는 로렐라이 같은 멋진 성격과는 거리가 멀고, 재스민은 로리만큼 괴짜가 아니다. 더구나 우리는 연기가 아니라 진짜이다.

「길모어 걸스」가 그렇듯이 재스민과 나는 좋아하는 것(과장된 방송 프로그램, 줌바, 아일랜드 음식, 1990년대 힙합 등)이든 싫어하는 것(조금이라

---

* 남성들의 정자 공여와 다른 점이 있다. 방 안에서 야한 잡지 등을 보며 혼자만의 시간을 보낸다고 되는 것이 아니라, 호르몬 주사를 한 달이나 맞은 후에 커다란 주삿바늘로 난소에서 난자를 추출해야 한다. 결코 재미있는 경험은 아니지만, 그만큼 보람은 더 크다.

** 「길모어 걸스」는 가족 일동의 친구가 등장하는 역대 최고의 TV 프로그램이다. 아직 본 적이 없다면 한번 보기를 강력히 추천한다.

도 무서운 것, 느릿느릿 운전하는 사람들, 겉멋만 잔뜩 든 예술영화,* 발바닥 간지럼 태우기 등)이든 공통점이 너무나 많지만, 사실은 서로 기질이 **전혀** 다르다. 재스민은 성격이 냉정한데(운전할 때를 **빼고**), 나는 그렇지 않다. 그 아이는 생각이 깊고 신중한데, 나는 급하고 즉흥적이며 충동적이다. 나는 그 아이를 기르면서 **재스민이 나를 쏙 빼닮았다**고 생각해본 적이 한 번도 없었다. 그저 **우리는 환상의 팀**이라고 생각했을 뿐이다.

그런데 마이아는 정말 소름 끼칠 정도로 나와 성정이 비슷한 것 같았다. 이메일에 느낌표가 그렇게 많이 담긴 것은 그렇다 치더라도, 그녀의 사진만 보아도 우리가 비슷한 성격이라는 것을 충분히 알 수 있었다. 둘 다 외향적인 성격이 뚜렷하다. 나는 그것을 "활기찬 성격"이라고 하지만, 요즘 아이들은 "오버"라고 하는 모양이다. 우리 둘 다 남들과 잘 섞여 지내지 못하는 것은 분명하다. 얼마 전에는 마이아가 자신이 기르는 턱수염 도마뱀 "페퍼"를 데리고 산책하는 사진을 보내왔다. 마이아는 배낭처럼 생긴 **커다란 분홍색 수조**를 사서 페퍼를 넣고 다녔다. 대단하다!

나의 유전자의 절반을 공유하는 이 두 명의 멋진 젊은 여성과 나 사이의 공통점과 차이점이, 우리 두뇌를 형성하는 유전자와 환경의 역할에 대해서 무엇을 말해줄까? 이 책에서 나는 우리의 두뇌 구조가 유전과 환경으로부터 각각 받는 영향을 설명한 후, 그 둘이 서로 어떤 작용을 일으키는지도 다룰 것이다. 제1부에서는 먼저 생물학적 특징을 다룬다. 그러나 생물학적 특성은 아무리 사소하더라도 환경의 영향을 받을 수밖에 없다. 따라서 나는 적절한 기회가 온다면 쌍둥이를 대상으로 한 연구를 근거로, 여러 특징들의 유전 가능성, 즉 유전의 영향으로 발생한다고 추정되

---

* 비록 안드레아의 영향으로 우리 둘 다 예술영화를 보면서 자라기는 했다.

는 변화의 비중에 관해서 이야기할 것이다. 제2부에서는 두뇌가 해야 하는 일을 살펴보고, 인생을 통한 경험과 생물학적 요인이 어떻게 상호작용하여 두뇌의 성취를 만들어내는지를 다룬다. 이 과정을 통해서 여러분은, 여러분이 현재 살고 있는 "차이의 공간"을 어떻게 다루고 있는지를 생각해보게 될 것이며, 나는 그런 고민의 실마리를 제공하기 위해서 최선을 다할 것이다. 그러나 본격적인 논의를 시작하기 전에 이 책이 다룰 내용과 다루지 않을 내용에 대해서 몇 마디를 덧붙이고 싶다.

이 책을 읽으면 여러분에 관해 알 수 있을까?

이제 언젠가는 해야 할 이야기를 할 때가 되었다. 정작 여러분의 두뇌가 어떤 식으로 활동하는지는 아직 전혀 말하지 않았다는 사실 말이다. 그러나 여러분이 지금까지 읽고 있는 것으로 보아, 최소한 여러분이 그 문제를 생각하게 만드는 데에는 성공한 것 같다. 이 책은 여러분의 신경과학에 관한 튼튼한 기초를 제공할 것이다. 우선 두뇌마다 생물학적 구조가 어떻게 다른지(제1부)를 살펴보고, 두뇌가 하는 일이 어떻게 우리들의 차이를 드러내는지(제2부)를 설명한다. 물론 내가 20년이 넘도록 쌓아온 지식을 한 권으로 집약해 전달한다고 해서 여러분의 두뇌가 런던의 택시 운전사들처럼 변할 수는 없으며, 나로서는 이 책에 포함할 내용과 빼야 할 내용을 어렵게 선택할 수밖에 없었다.

이 책에는 두뇌 구조들 중에 역설계를 통해서 쉽게 밝힐 수 있는 측면들을 주로 담았다. 따라서 이 책은 잘 쓰는 손 유형(왼손잡이, 오른손잡이)이나 성격적 특징 같은 것들을 주로 다룬다. 즉 여러분에 관해 이미 알고 있거나 이 책을 통해서 아는 방법을 찾을 수 있는 것들이다. 그러나 여러분의 두뇌가 어떻게 활동하는지 더 궁금한 것이 생긴다면, 내가 운영하는 홈페이지의 "연구" 메뉴를 언제든 방문해주기 바란다. 이곳에는 두뇌의 구조적 특징을 신속하게 측정해볼 수 있는 여러 가지 두뇌 게임이 있으므로 직접 시험해볼 수 있다.

아울러 이미 상세하게 연구되어 다양한 측면의 증거로 뒷받침되는 주제들도 기회가 있을 때마다 다룰 것이다. 안타깝게도 신경과학 연구에서 개인적인 차이는 현실적으로 법칙이라기보다는 예외로 취급된다. 이 책에서 소개하는 실험 중에는 최근 5년 이내에 이루어진 것들이 많다. 이 점을 참고하여 읽어주기 바란다. 이 책은 첨단 중에서도 최첨단에 해당하는 새로운 분야를 다룬다. 앞으로 5년쯤 후에는 우리가 아는 지식의 상당 부분이 바뀌리라. 최소한 나는 그렇게 되기를 희망한다. 우리는 아직 우리 자신에 관해서 모르는 것이 너무 **많기** 때문이다! 따라서 나의 목표는 여러분에게 모든 해답을 제공하는 것이 아니다. 두뇌의 수많은 활동 방식에 관해서 무엇을 알고 모르는지 생각해볼 수단을 제공하는 것이 목표이다.

아마도 이 책에서 다루지 않는 주제 중에 가장 큰 것이 있다면, 두뇌의 우열을 가리는 요인이 무엇인가 하는 점일 것이다. 나는 "모든 두뇌는 우수하다"라는 인식이 보편화되기 이전 세대임에도 불구하고, 나는 두뇌의 우열을 가린다는 것이 아무 의미가 없다고 생각한다. 택시 운전사 실험에서 알 수 있듯이, 특정한 두뇌의 구조가 절대적으로 "우수한지"보다는 두뇌와 환경이 얼마나 서로 잘 맞는지가 중요하다.

따라서 나는 여러분의 두뇌를 어떻게 **바꾸는지**에 관해서도 많은 지면을 할애할 생각이 없다. 물론 나도 성장의 사고방식을 지지하지만, 한편으로는 우리가 어떻게 변화시킬지에만 매달릴 것이 아니라 잠시 멈추어 우리의 두뇌가 활동하는 방식을 (감히) 이해하고 수용하는 편이 더 낫다고 생각한다. 우리의 두뇌가 활동하는 방식은 그 과정에서 (말 그대로, 또 상징적인 의미로) 아무리 우리를 괴롭히더라도 그럴 만한 이유가 있다. 물론 나는 여러분을 현재 상태에 이르게 했을 경험들에 관해서 이야기할 것이고, 우리 모두에게 도움이 될 만한 생활의 지혜도 공개할 것이다. 두뇌에 미치는 만성적인 스트레스를 피하는 방법 같은 것들 말이다. 그러나 나는 궁극적으로 여러분이 "더 낫다" 혹은 심지어 "정상적이다"라고 여기던 기존 관념으로부터 생각의 폭을 넓혀, 우리가 얼마나 다른 존재인지를 포용할 수 있기를 희망한다.

나는 또 집단 간의 차이에 대해서는 언급하지 않을 것이다. 예컨대 남성과 여성의 두뇌 차이가 대표적이다. 그런 접근방식은 단지 "모두에게 맞는" 방식이 "이 범주에 속하는 사람이면 누구에게나 맞는" 방식으로 바뀐 것에 불과하다. 그런 설명 방식이 유효하다는 보장은 어디에도 없다. 실제로 심사숙고하지 않으면 훨씬 더 나쁜 방식일 가능성이 더 높다. "남성성"이나 "여성성"은 유전과 환경의 상호작용과 밀접하게 연관되어 있기 때문이다. 예컨대 아이가 태어났을 때 어른들이 남자아이와 여자아이에게 사용하는 말부터 다르다.[28] 아기의 신체는 태어날 때부터 자신에 대한 사람들의 기대에 맞추어 삶의 경험을 형성한다.

게다가 성별의 차이에 미치는 유전과 환경의 영향을 구분할 수 있다고 하더라도, 남성과 여성의 두뇌에서 가장 많이 드러나는 차이—여성의 두뇌가 남성의 두뇌보다 대칭적이라는 주장 등—는 아직 문헌으로 일관되게 입증된 바가 없다. 그것이 의미하는 바는 너무 분명하다. **어떤 종류의** 두뇌 구조든 간에 그 특징은 사람마다 다르다는 것이다. 특정 집단(예컨대 남성과 여성) 사이에 상당히 큰 차이가 있다고 단언하려면, 그 집단 내의 차이가 다른 집단과의 차이보다 적다는 것이 통계적으로 입증되어야 한다. 게다가 이것은 같은 집단 내에 얼마나 많은 사람들이 있는지, 그 사람들이 해당 집단을 얼마나 대변하는지에 따라 달라진다. 이미 짐작했겠지만, 어쨌든 나는 사람들을 하나의 범주에 묶는 일을 별로 좋아하지 않는다. 따라서 그런 방식은 택하지 않을 것이다.

마지막으로, 이 책에서 다루는 연구 내용과 그것을 주도한 과학자들을 어떤 기준으로 선택했는지 밝히고자 한다. 두뇌가 얼마나 복잡한지, 나아가 신경과학이 얼마나 힘든 학문인지 지금쯤이면 여러분도 이해했으리라. 나는 이 분야의 연구자들이 너무나 어려운 문제의 조각들을 풀기 위해서 모두 최선의 노력을 기울이고 있다고 믿는다. 그 자체만으로도 너무나 대단한 일이다. 따라서 나는 존칭을 사용하지도, 그들이 어느 대학에 속해 있는지도 언급하지 않기로 했다. 연구자가 그 연구 논문을 쓸 당시에 이미 상위 학위를 취득했는지, 혹은 학위 이수 중에 대단한 연구를 하고 있었는지 등을 나로서는 알 수 없기 때문이다. 나는 내가 실수하는 것도 싫지만, 여러분이 "박사"학위가 없는 사람이 제1저자로 등재된 논문은 신뢰할 수 없다고 여기는 것도 싫다.* 아무개 저자가 아이비리그 대학 출신인지 아닌지 밝히지 않는 것도 바로 그 때문이다. 책의 내용과 관련이 없는 한 그런 것은 중요하지 않다고 생각한다. 이 책에 나오는 연구 논문은 모두 동료의 심사를 거친 것들이다. 물론 그렇다고 해서 결점이 전혀 없다고 볼 수는 없겠지만, 관련 분야의 동료 과학자들이 그 논문을 인정했다고 볼 만한 근거는 된다. 더구나 이런 연구는 대개 여러 사람들이 연

---

* 박사학위가 있어야만 유력 논문을 쓸 수 있다고 생각하는 분을 위해서 밝혀둔다. 나의 딸 재스민의 석사학위 논문 일부는 과학계에서 가장 권위 있는 학술지인 『사이언스(Science)』에 게재되었다. 나도 아직 『사이언스』에 논문을 게재한 적이 없는데 말이다. 물론 지금도 나는 열심히 노력하고 있다!

구진을 이루어 수행한다. 그 구성원들 모두가 연구에 공이 있으므로 어떤 연구를 인용할 때마다 모든 연구자의 이름을 일일이 언급한다면, 여러분이 읽기에 불편할 수도 있다. 따라서 나는 여러 사람들이 연구한 논문은 가장 크게 공헌한 연구자의 이름만 밝히기로 했다. 논문의 저자에 따라서는 가장 연배가 높거나 유명한 저자의 이름을 내세우기도 하지만, 나는 최대한 공정하게 논문의 공헌도에 따라 거명하고자 했다.

때로는 해당 연구에 참여한 인원수와 같은 세부 사항을 언급했다. 이것은 매우 **중요**하다. 다른 조건이 모두 같다면, 연구에 참여한 인원이 많을수록 오랜 시간이 지나도 그 연구 결과가 유효할 가능성이 높기 때문이다. 그리고 다른 조건이 같다는 말에 관해서인데, 나는 물론 그 연구의 피험자들이 해당 집단을 **대표하는지**의 여부는 언급하겠지만, 나이나 성별 이외의 변수는 거의 쓰지 않았다. 무엇인가 잘못된 부분이 분명히 눈에 띄지 않는 한(예컨대 아무 이유 없이 남성만 표본으로 삼은 연구 등), 피험자의 특징에 관해서는 별로 언급하지 않을 것이다. 그러나 나는 앞으로 나의 연구 분야가 발전하기를 원한다는 점을 분명히 밝혀둔다.

이제 신경과학을 제대로 이해할 토대가 마련된 것 같으므로, **여러분의** 두뇌를 본격적으로 탐색해보자. 브레네 브라운이 말했듯이, "가까이 다가가보면 미워할 사람은 아무도 없다."[29] 사실 거의 살덩이에 불과한 우리 두뇌의 적나라한 실상을 여러분에게 보여주는 것이, 여러분이 자신은 물론 다른 사람들을 이해하는 데에 과연 도움이 될지 다소 걱정이 되기도 한다. 지금까지 친구와 가족, 낯선 사람들과 수백 차례에 걸쳐 나의 연구에 관해서 대화를 나누어본 결과, 두 가지 사실이 분명하게 드러났기 때문이다. 첫째, 거의 모든 사람은 신경과학이 자신을 들여다볼 수 있는 창구가 된다는 점에 큰 관심을 보인다. 예컨대 "나는 원래 그런 사람이 아니야"라는 말에는 두뇌의 활동 방식이 여러분을 **여러분**답게 만든다는 일반적인 인식이 깔려 있다. 둘째, 나의 말을 듣고 다소 섬뜩한 기분이 든다는 사람이 많다. 내가 연구하는 내용을 듣고 난 후에 "당신은 나의 두뇌를 속속들이 설명하는 책을 써도 되겠어요!"라고 말하는 사람이 얼마나 많은지 알면 놀랄 것이다. 그리고 그들의 말은 옳았다.

제1부

두뇌 구조

두뇌 구조의 차이는 생각과 감정,
그리고 행동에 어떤 영향을 미칠까

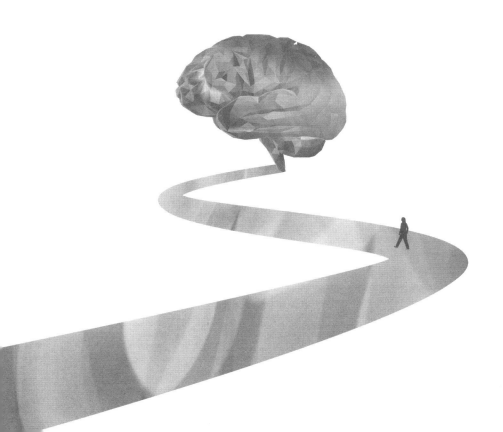

버스에 타고 앉아 있다 보면 상상력을 자극하기에 더할 나위 없는 경험을 할 수 있다. 나는 버스로 출퇴근할 때마다 마음이 주변 세상을 벗어나 멀리 떠나는 것 같은 경험을 할 때가 많다. 마치 밤에 꿈꿀 때처럼, 대낮의 이런 몽상 중에도 환상(제이슨 모모아가 작은 우산이 꽂힌 음료수 잔을 건네주고, 얼굴에는 태양의 온기가 **느껴진다**)과 시시한 일(이런저런 이메일을 보내야 한다는 생각), 무서운 장면(누군가가 버스 바퀴를 부여잡고 방향을 홱 튼다. 그러자 버스가 다리 난간을 향해 위태롭게 굴러간다. 그 아래로는 시퍼런 강물이 흐른다) 등이 모두 등장한다. 그럴 때마다 나의 의식, 즉 **정신적 현실**이 나의 몸을 담고 있는 물리적 현실과 괴리되는 것을 경험했다.

공상의 신경과학적 기초에 관해서는 나도 한동안 연구해본 적 있었지만, 바깥세상과 완전히 단절된 채 본격적으로 상상의 나래를 편다는 것이 정말 어떤 의미인지는 나중에야 깨닫게 되었다. 내가 여느 사람들처럼 버스에 타고 있을 때 그 중요성을 처음으로 깨달았다. 나는 학교로 출근하는 버스 안에서, 마주 대하기가 불편했던 학생 한 명과의 대면 상황을 머릿속으로 "상상하고" 있었다. 그 학생은 성적이 뒤처지고 있었고, 따라서 나는 그 이유를 알아내서 어떻게 하면 제대로 도와줄 수 있을지 고민하던 중이었다. 나는 그 학생의 문제를 다룰 방법을 여러모로 고민하며, 그를 나무라기보다는 따뜻한 태도로 말하기 "시작하는" 방법을 찾고자 애썼다.

이렇게 머릿속으로 "동기를 부여하는 대화"를 세 번쯤 반복했을 때, 바로 앞에 앉아 있던 한 여성의 표정이 눈에 들어왔다. 그녀의 부드러운 표정을 보면서 우리가 비록 한 공간에 있지만 각자 머릿속으로는 전혀 다른 세상에 살고 있다는 생각이 들었다. 그러자 학생과 나눌 대화로 마음에 가득했던 근심이 어느새 사라져버렸다. 나는 눈앞에 보이는 그녀가 무슨 생각을 하고 있을지 상상했고, 조금 전까지 마음을 가득 채웠던 걱정이 그녀의 눈에는 전혀 보이지 않는다고 생각하자 한결 마음이 편해졌다.

비유하자면, 우리는 둘 다 머리에 커다란 거품방울을 쓴 채 버스에 타고 있는 것 같았다. 우리는 각자 그 거품방울 안에서 자기만의 "리얼리티 쇼"를 보고 있는 셈이다. 물론 나의 거품방울 안에서는 내가 주인공이다. 주도면밀한 과학자이자, 때로는 과도하게 비판적인 역할로 급히 바뀌는 주인공 말이다. 반면 그녀의 거품방울 안에서 나는 기껏해야 주인공 건너편에 앉아 있는 엑스트라에 불과하다. 그러고 보니 버스를 탄 모든 승객에게 이 순간이 저마다 다른 이야기에 나오는 각각 다른 장면이라는 것을 깨달았다. 마치 하늘에 셀 수 없이 많은 별을 쳐다볼 때처럼, 우리 각자의 정신적 경험이 얼마나 다른지 깨닫게 되었다. 그렇게 나라는 존재가 얼마나 왜소한가를 깨닫자, **나만의** 현실과 실제 현실 사이의 엄청난 격차가 피부로 다가왔다.

여러분이 자신에 관한 신경과학을 배운 후에 얻어가기를 바라는 것이 딱 하나 있다면, 그것은 바로 여러분의 현실에서 여러분은 주인공도, 수동적인 관찰자도 아니라는 사실이다. 여러분은 그 현실의 **창조주**이다. 사실 여러분의 거품방울 안에서 영화가 상영될 때 여러분의 의식, 즉 두뇌는 바로 영사기이자 감독, 제작진, 그리고 청중의 역할을 동시에 맡은 셈이다! 비록 나는 공상으로 빚어진 환상의 세계에서 그런 각성의 순간을 경험했지만, 이 책의 제1부는 서로 다른 두뇌들이 하나의 "기초적인 진실"을 두고도 서로 다른 이야기를 구성해낼 수 있다는 점을 설명한다.

두뇌는 여러분의 경험을 자신만의 현실로 만들어낸다. 제1부에서는 그런 두뇌 활동을 형성하는 다양한 생물학적 특징을 설명한다. "편향"이라는 제목의 제1장에서는 세상에서 일어나는 일을 양쪽 두뇌가 조금씩 다르게 받아들인다는 점, 그리고 사람들 사이의 가변성은 바로 그 차이에서 온다는 점을 설명한다. 양쪽 두뇌가 사물을 바라보는 방식에 관해서 왼손잡이는 과연 무엇을 알려줄까? 이 장에서는 우리가 흔히 "좌뇌 사고"와 "우뇌 사고"라고 알던 것의 실상을 설명한다. "칵테일 기술"을 주제로 한 제2장에서는 이른바 신경 칵테일이 두뇌의 통신체계에서 맡은 역할과 그 요소를 살펴볼 것이다. 외향적인 성격과 커피나 차가 어떤 공통점이 있는지 궁금하다면 이 장을 매우 흥미진진하게 읽을 것이다. 제3장 "동기화"에서는 특정 시점에 머리를 오가는 모든 신호의 합창을 두뇌가 신경 리듬을 사용하여 지휘하는 과정을 알아본다. 그런 합창 중에는 저음도 있고 고음도 있다. 아울러 여러분의 두뇌가 어떤 신경 리듬을 선호하느냐에 따라 두뇌가 "외부" 세계를 선택하는 방식과 그 점에 이어 자기만의 이야기를 창조하는 방식이 달라진다.

종합하면, 제1부에서는 여러분의 두뇌가 이야기를 창조해내는 방식과 관련하여 중요한 통찰을 얻을 수 있다. 브라이언 러빈은 자서전적 기억과 자신에 관해 이렇게 말했다. "훌륭한 이야기꾼은 배경과 주인공, 앞선 사건, 줄거리, 시사점을 한데 엮을 줄 아는 사람이다."[1] 감히 말하건대, 여러분의 두뇌는 훌륭한 이야기꾼이다. 제1부의 가장 중요한 목적은 **여러분의** 두뇌 구조가 이야기를 풀어가는 방식을 알려주는 것이다.

1

편향

양쪽 두뇌의 이야기

여러분이 두뇌의 사진을 본다면, 아마도 커다란 호두처럼 생겼다(나쁜 뜻은 아니다)는 생각이 가장 먼저 들 것이다. 두뇌는 서로 독립적인 두 개의 반구가 고성능의 핵심부를 매개로 연결된 구조이다. 다소 이상하게 들릴지도 모르지만, 이것은 매우 독특한 구조이다. 사실 모든 척추동물의 두뇌는 가운데를 중심으로 둘로 나뉘어 있으므로, 아마도 수억 년에 걸쳐 이런 구조로 진화해온 것이 아닌가 생각한다.[1]

그중에서도 인간의 두뇌에서만 볼 수 있는 놀라운 점이 있다면, 평균적으로 우리 두뇌가 매우 **편향된다**는 특성을 띤다는 것이다. 인간의 좌뇌와 우뇌는 크기나 모양, 연결 방법 등에서 전혀 대칭적이지 않다. 이번 장에서 알게 되겠지만, 바로 이런 구조적 차이야말로 양쪽 두뇌가 받아들이는 정보를 서로 다르게 처리하는 결정적인 요인이다.

그러나 "좌뇌"는 분석적이고 "우뇌"는 창조적이라는 일반적인 관념과는 달리, 사람들의 두뇌가 보이는 가장 큰 차이는 어느 쪽이 어떤 일을 "담당하는지"[2]에 있지 않다. 사람들이 생각, 감정, 행동에서 보이는 차이는 바로 편향성의 정도, 즉 양쪽 두뇌의 차이가 얼마나 큰가에 따라 좌우된다. 그러므로 이 책에서 두뇌의 차이를 말할 때, 우선 두뇌의 내부가 기본적으로 어떻게 나누어져 있는지부터 시작한다. 그런데 두뇌의 구체적인 구조를 다루기 전에, 애초에 진화의 과정이 여러 선택안들을 검토하는 이유부터 생각해보자. 그것은 한마디로 전문화라는 말로 설명할 수 있다.

전문화된 두뇌의 장점, 그리고 단점

두뇌 구조가 편향이나 균형을 취함으로써 얻는 장단점을 이해하기 위해서, 잠시 여러분의 두뇌를 두 사람이 한 팀을 이룬 것으로 상상해보자. 두 사람이 사이가 좋고 재주가 비슷하다면 어떤 일을 맡더라도 비교적 쉽고 공평하게 역할을 분담할 수 있을 것이다. 그런데 만약 한 사람은 말솜씨가 뛰어나고 다른 사람은 훌륭한 그래픽 디자이너인 경우, 각자의 역량을 최대한 살리도록 업무를 체계적으로 분담할 수 있다면 그 팀은 멋진 성과를 거둘 것이다.

두뇌가 기능을 분담하는 방식을 살펴보자. 만약 양쪽 두뇌가 완전히 똑같다면 각자 담당하는 역할에는 어떤 차이도 없고, 그럴 이유도 없을 것이다. 그러나 조금이라도 차이가 발생하는 순간, 특정 역할을 담당하는 데에 한쪽이 다른 쪽보다 유리할 가능성이 생긴다. 이렇게 되면 양쪽은 좀더 체계적으로 기능을 분담할 수 있다. 나아가 두뇌의 특정 영역이 일정한 형태의 일에 적응함에 따라서, 그 영역은 점차 그 일을 더 잘할 수 있도록 전문적인 구조를 갖추게 된다.

어떻게 보면 전문화의 장점은 너무나 자명하다. 다른 모든 조건이 같다면 사람들은 재능이 평범한 사람보다는 뛰어난 그래픽 디자이너를 채용할 것이다. 그런데 그 그래픽 디자이너가 다른 일솜씨는 모두 형편없다면 어떨까? 구성원들의 재능이 모두 제각각인 경우, 누군가가 도움이 필요하거나 아파서 출근하지 못한다면 어떻게 될까? 두뇌가 전문화됨으로써 치러야 할 뚜렷한 대가가 있다. 전문화 덕분에 처리 능력은 증대하겠지만, 특정 영역이 할 수 있는 일이 점점 줄어든다.

슈테판 크네히트와 동료들은 이른바 **편측성**에 관한 연구를 통해서 편향성이 두뇌를 취약하게 만든다는 사실을 밝혀냈다.[3] 편측성이란 두뇌의 기능이 좌우 반구 중 어느 하나에 더 의존하는 정도를 가리키는 신경과학 용어이다. 연구진은 우선 이름이 적힌 사진을 제출한 총 324명의 피험자에 대해서 양쪽 두뇌의 혈압 변화를 측정했다.* 그리고 언어 능력의 편측성이 서로 다른 20명의 피험자를 선별했다. 언어 구사에 좌뇌나 우뇌에 의존하는 사람과 양쪽 모두를 골고루 구사하는 사람을 각각 절반씩 모집한 것이다.

그런 다음 연구진은 두부頭部 자기 자극TMS이라는 진단법을 사용하여 두뇌가 손상에 취약한 정도를 측정했다. TMS는 자기장을 통해서 두뇌의 각 부분을 안전하게, **일시적으로** 자극하는 비침습적 진단 방법이다.** 이때 특정 영역을 너무 오랫동안 계속 자극하면 감각이 무뎌진다.*** 이런 현상을 "가상 병변"이라고 한다. 밝은 빛을 보고 난 후에 시야에 잠시 사각지대가 생기는 것도 이와 비슷한 현상이다.

크네히트 연구진이 언어 기능을 관장하는 반구를 자극하여 "가상 병

---

* 특정 과업에 대해서 양쪽 두뇌가 담당하는 비율을 측정하는 간접적인 방법이다. 마치 연료 소비량을 보면 자동차 엔진에 걸리는 부하량을 알 수 있는 것과 같다.

** 두뇌에 아무런 구멍도 내지 않는다는 말을 의학적으로 고상하게 표현한 것이다.

*** 다음 장에서 이 현상의 기본적인 원리를 다룰 것이다.

변”을 형성하자, 예상대로 피험자가 언어 과제를 수행하는 속도가 상당히 느려지는 것을 알 수 있었다. 그런데 **양쪽 두뇌**가 언어 기능을 골고루 담당하는 사람일수록 TMS를 통해 한쪽이 일시적으로 마비되어도 언어 기능에 큰 변화가 없었다. 이것은 마치 조직 내의 여러 인원들을 번갈아 쉬게 하더라도 생산성에 큰 차이가 없는 것에 비유할 수 있다. 즉 두뇌 구조가 균형을 이루고 있을 때에는 마치 골고루 높은 기량을 골고루 갖춘 조직처럼 어느 한 영역이 손상되더라도 충분한 회복력을 발휘한다고 볼 수 있다.

그러나 평생 두뇌 세포에 지나친 손상을 입지 않는 우리 같은 평범한 사람에게도 두뇌 전문화에 따라 치러야 하는 대가가 있다. 그중 하나는 애초에 양쪽 두뇌가 서로 다르다는 점이다. 물론 “서론”에서 상당한 지면을 할애하여 진화 과정을 통해 우리 머리에 가능한 한 많은 지적 능력이 축적되었다고 설명했지만, 양쪽 두뇌가 전문화되는 방식만큼은 이런 규칙에서 예외에 해당한다. 메리언 아넷이 제안한 우편향Right-Shifted 이론에 따르면, 인간이 보이는 편향성은 유전자 변이에 따라서 우뇌의 일부 영역이 **축소된** 것이 원인일 가능성이 높다.[4] 아넷은 우리 두뇌가 이런 구조적 약점을 오히려 기능을 분담하는 도구로 활용하며 정교하게 진화해왔다고 설명한다.* 이런 이론을 뒷받침하듯이, 아넷의 연구 결과에 따르면 “균형 잡힌” 두뇌일수록 비교적 최근에 발달한 기능—언어 능력 등—에는 미숙할 수 있지만, 우뇌 공간은 오히려 더 **많**이 사용한다고 한다. 이 점은 공간지각 능력을 비롯한 많은 기능에 매우 중요하게 작용한다. 아넷

---

* 두뇌 영역마다 크기 차이는 뚜렷하지 않으며, 양쪽 두뇌의 차이가 크기에만 한정된 것도 아니다. 이 점은 나중에 더 자세히 설명할 것이다.

은 또 편향성이 큰 사람이 언어 능력이 떨어지는 경우는 거의 없지만, 공간지각 능력을 포함한 우뇌 기능은 미숙한 경우가 많다고 주장한다.

양쪽 두뇌가 전문화됨으로써 발생하는 장단점을 생각할 때 또 하나 염두에 두어야 할 점이 있다. 앞으로 이번 장에서 설명하겠지만, 두뇌가 전문화되는 데에는 모듈module이라는 고도로 숙련된 처리 기관들의 역할이 중요하다는 것이다. 모듈은 각자 해야 할 일에만 집중하며, 그러는 동안 두뇌의 다른 영역에서 오는 신호에는 전혀 신경 쓰지 않는다. 그러므로 전문화된 두뇌일수록 외부 정보를 인식할 때 전체를 하나로 보는 것이 아니라 구체적인 세부 사항을 하나하나 모아서 처리하는 경향이 있다. 다시 말해 원래 두뇌가 균형 잡힌 구조에서 편향된 구조로 바뀌면 정보 처리 방식도 "숲을 보던" 전체적인 형태에서 "나무 차원"의 세부 사항에 집중하는 형태로 변한다는 뜻이다. 구체적인 내용은 이번 장의 후반부에서 더 자세히 다루기로 하고, 여기에서는 먼저 여러분의 편향성이 어느 정도인지 알아보자.

편측성 진단

여러분의 두뇌 구조가 얼마나 편향적인지 알아내는 가장 좋은 방법은 양쪽 두뇌의 수많은 기능을 하나하나 측정해보는 것이다. 좌뇌와 우뇌가 기능을 골고루 잘 수행한다면 여러분의 두뇌는 균형 잡힌 구조일 것이고, 어느 한쪽이 더 뛰어나다면 편향성이 좀더 크다고 볼 수 있다.

우선 거의 모든 사람에게서 뚜렷이 드러나는 비대칭성, 즉 잘 쓰는 손 유형부터 생각해보자. 손을 많이 쓰는 직업을 가졌거나 부상 때문에 한 손을 쓰기 불편한 사람이라면, 손을 정밀하게 움직이는 데에 얼마나 많은 노력이 필요한지 잘 알 것이다. 그런데 인간과 침팬지의 유전적 차이 덕분에 우리가 얼마나 중요한 이점을 누리고 있는지 아는 사람은 드물 것이다. 그것은 바로 인간의 엄지손가락이 더 길다는 점이다.[5] 인간은 엄지손가락으로 나머지 네 손가락의 끝을 힘을 조절하며 정밀하게 누르는 능력 덕분에 다른 사람의 뺨에 묻은 속눈썹도 치울 수 있고 망치로 못을 박을 수도 있다. 이런 동작은 모두 언뜻 평범해 보이지만 사실은 상상 이상으로 높은 지능이 필요한 일이다.

실제로 손동작을 담당하는 신경회로는 너무나 커서 두뇌 속에 **손잡이**라고 부르는 U 자 모양의 덩어리를 형성하고 있다.* 약간의 훈련만 거친다면 호두 모양의 두뇌 사진 속에서 이 손잡이가 어디에 있는지 알아볼 수도 있다.[6] 손잡이는 한쪽 관자놀이에서 반대쪽 관자놀이까지 이어지는 운동 겉질(만약 꺼내서 머리 위에 얹는다면 딱 안경과 일치하는 크기와 모양이다)의 상부에 있으며, 신체 모든 부분의 동작을 통제한다. 사실 사람들의 각각 좌뇌와 우뇌에 있는 두 손잡이의 크기를 비교하면 그가 왼손잡이인지 오른손잡이인지 거의 알아맞힐 수 있다.[7] 이것이 바로 **여러분의 두뇌**를 연구하는 방식인 역설계 과정의 시작이기도 하다.

우리는 어떤 사람을 만나든 그가 왼손잡이인지 오른손잡이인지 알 수 있지만, 사실 잘 쓰는 손 유형은 둘 중의 하나로 구분되지 않는다. 우리는 모두 극단적인 오른손잡이와 극단적인 왼손잡이 사이의 어느 지점에 있다. 우리가 이 축의 어디쯤에 있는지를 파악하는 것이 바로 우리 두뇌의 편향성을 이해하는 첫걸음이 된다. 우선 에든버러 잘 쓰는 손 진단법

---

* 이 덩어리는 이른바 뇌 회전 과정을 통해서, 별로 크지 않은 머릿속에 연산 공간을 최대한 확보할 수 있게 된 대표적인 사례이다.

잘 쓰는 손 진단법

1. 펜이나 연필로 글씨 쓰기

2. 망치질하기

3. 던지기(공을 던질 때가 가장 많겠지만, 어떤 물건도 괜찮다)

4. 성냥불을 켤 때 성냥을 쥐기

5. 양치질할 때 칫솔을 들기

6. 가위질하기

7. 칼 쓰기(식탁에서 포크와 함께 쓸 때는 제외)

8. 숟가락 들기

9. 비질할 때 빗자루를 들기(해본 지 오래되었다면 실험 삼아 지금 해보라!)

10. 상자를 열기

을 바탕으로[8] 내가 작성한 설문지를 살펴보자. 여러분이 일상에서 두 손을 사용하는 방식을 묻는 이 간단한 설문지는 잘 쓰는 손 유형을 연구하는 신경과학자들이 가장 보편적으로 사용하는 것이다.*

잘 쓰는 손 유형의 축에서 여러분이 자리한 위치를 파악하려면, 일상에서 왼손이나 오른손을 어떻게 사용하는지에 관한 다음 10개의 문항에 답해보면 된다. 각 행동에 대해서는 +2점에서 −2점까지의 점수를 매긴다. 문항에 나온 행동을 반드시 오른손으로만 하고 왼손은 전혀 쓰지 않는다면 +2점을 준다. 오른손으로 하는 것이 편하지만, 가끔 왼손을 쓰기도 하는 행동이라면 +1점이다. 어떤 행동은 왼손, 오른손 상관없이 둘 다 사용할 수

---

* 양손의 상대적 능력을 더욱 자세하게 알고 싶다면, 내가 운영하는 웹사이트의 "연구" 메뉴에 소개된 "점 맞추기" 게임을 참고하기 바란다.

도 있을 것이다. 그러면 0점이다. 어떤 행동은 **왼손이 편한데**, 오른손을 쓸 때도 있다면 −1점을 주면 된다. **오로지 왼손만 쓰고** 오른손은 전혀 쓰지 않는 행동은 −2점이다. 대답하지 않는 경우는 문항에 나오는 행동을 한 번도 해보지 않았을 때밖에 없다(여러분이 빗자루질이나 **양치질**을 한 적이 없다고 하더라도 나의 마음대로 여러분을 단정할 생각은 없다. 그것은 이 책을 쓴 목적과 어긋나기 때문이다).

이제 잘 쓰는 손 지수를 계산해보자. 10개의 문항에 답한 점수를 모두 합한 다음 10으로 나누면 그것이 여러분의 평균 지수이다. 그 결과가 −2(강하고 일관된 왼손잡이 성향)와 +2(강하고 일관된 오른손잡이 성향) 사이에 들어오면 일단 계산은 맞다고 보면 된다. 양극단으로 가까이 다가갈수록 여러분의 두뇌는 편향성이 심한 것이다. 반대로 중앙값(−1에서 +1 사이)에 가까운 양손잡이는 양쪽 두뇌의 능력이 균형을 이루는 사람이다. 그러나 여러분은 초반에 등장하는 몇 가지 질문에 어떻게 대답하느냐에 따라 자신을 오른손잡이나 왼손잡이로 인식할 것이다. 후반 문항으로 갈수록 동작에 필요한 정밀성이 초반에 비해서 대체로 떨어지므로, 비교적 능숙하지 않은 쪽의 두뇌로도 "그럭저럭" 해낼 수 있다.

그렇다면 여러분의 잘쓰는 손 지수를 근거로 두뇌의 편향성에 관해서 알 수 있는 것은 무엇일까? 가장 먼저 주목할 점은 좌뇌의 운동 겉질이 신체의 오른쪽 절반을 관장하며, 우뇌의 그것은 왼쪽을 통제한다는 사실이다.* 여러분이 만약 강력한 오른손잡이 성향이라면 좌뇌의 운동 겉질,

---

* 나는 내 두뇌의 어느 영역이 어느 쪽을 통제하는지 떠올리려고 서툰 솜씨로 마카레나 춤 같은 동작을 해볼 때가 있다. 오른손으로 정수리의 왼쪽에 갖다 댄다. 그런 다음 반대로 왼손을 머리 오른쪽에 갖다 댄다. 신체 반대편을 통제하는 운동 겉질이 바로 그곳들에 있다. 그다음에는 두 손을 교차시킨 채 앞으로 쭉 펴보라. 그것이 바로 양쪽 두뇌가 어느 쪽을 보는지를 상징하는 모형이다! "서론"에서 말했듯이, 두뇌의 좌측은 오

특히 손잡이 주변 부위가 비대할 가능성이 있다. 비록 인구는 훨씬 더 적지만, 극단적인 왼손잡이 성향은 그 반대이다. 즉 우뇌의 운동 겉질이 더 크다. 이것이 여러분의 생활 방식에 어떤 의미를 가져다주는지는 나중에 좀더 다루기로 하고, 지금은 몇 가지 다른 기능을 살펴보며 여러분의 두뇌가 기능을 균형 있게 분담하는지, 편향적인지에 대해서 알아보자.

먼저, 여러분의 발을 살펴보라. 물론 발은 손보다 동작이 덜 정밀하지만, 편향성을 띠는 사람은 발을 사용하여 정교한 동작을 할 때에도 한쪽 발을 다른 쪽보다 더 잘 쓴다. 여러분은 어느 쪽 발로 공을 차는가? 계단을 오를 때는 어느 쪽 발을 먼저 내딛는가? 발가락 끝을 조금 앞으로 내밀어달라고 하면 여러분은 본능적으로 어느 쪽 발을 움직이는가? 일반적으로 거의 모든 사람은 손에 비해서는 발을 양쪽 골고루 사용할 수 있지만, 만약 이 모든 질문들에 여러분이 일관되게 어느 한쪽 발이라고 대답했다면, 그것 또한 여러분의 양쪽 두뇌 중 어느 한쪽에 능력이 치우쳐 있다는 증거가 된다.

이제 좀더 정교한 기능, 즉 양쪽 눈을 사용하는 방법의 차이를 생각해 보자. 우리의 두 눈은 모두 세상의 정보를 두뇌로 전달하지만, 한쪽 눈을 다른 쪽보다 더 많이 사용하는 사람도 분명히 있다. 재미있는 사실은 거의 모든 사람이 오른쪽 눈으로 들어오는 정보를 더 좋아한다는 것이다!* 잘 쓰는 손 유형과 마찬가지로, 어느 쪽 눈이 더 우세한지도 물론 측정할 수 있다. 예컨대 현미경이나 카메라 뷰파인더를 들여다볼 때 어느 쪽 눈

<hr />

른쪽 세상을 먼저 보고, 우측은 왼쪽을 먼저 본다.
* 그러나 "한쪽 눈 편향" 분포는 잘 쓰는 손 유형에 비하면 오른쪽 편향 정도가 훨씬 덜 하다. 오른손잡이는 전체 인구의 90퍼센트에 달하지만, 오른쪽 눈이 우세한 비율은 약 3분의 2에 불과하다.[9]

을 사용하느냐를 물어보면 된다. 그러나 "시각" 실험을 통해서 좀더 객관적으로 측정하는 방법도 있다. 2~4미터 정도 떨어진 물체를 하나 정한 다음, 그 앞에 검지를 들어 올린다. 두 눈을 다 뜨면 검지 너머로 그 물체가 보이면서 마치 손가락이 두 개인 것처럼 느껴질 것이다. 그러나 최대한 물체에 초점을 맞추면서, 나의 몸과 물체를 잇는 일직선상에 손가락을 두려고 해보라. 그런 다음 왼쪽 눈을 감는다. 무엇이 보이는가? 만약 손가락이 물체를 완전히 가렸다면, 여러분은 **오른쪽 눈이 우세**하다고 할 수 있다. 만약 손가락이 물체에서 약간 비켜나 있다면, 이번에는 오른쪽 눈을 감아보라. 이제 손가락이 물체를 가리는가? 그렇다면 여러분은 **왼쪽 눈이 우세**하다. 여러분과 물체의 거리가 충분히 먼 경우, 어느 쪽 눈을 감더라도 손가락이 물체와 정렬되지 않는다면, 여러분은 양쪽 눈의 우세 정도가 **대등**하다고 보면 된다.

지금쯤이면 한 가지 규칙이 보이기 시작했을 것이다. 두뇌의 편향성이 높은 사람은 항상 신체의 어느 한쪽을 다른 쪽보다 더 잘 쓴다. 두뇌 구조가 균형 잡힌 사람은 신체의 어느 부위든 양쪽을 골고루 쓸 줄 안다. 이제 완전히 다른 측정 방법을 시도해보자. 과연 여러분의 양쪽 두뇌가 세상을 이해하는 방식이 비슷한지, 다른지 알아보는 방법이다.

다음 쪽의 두 가지 표정을 보라. 여러분의 눈에는 어느 쪽이 더 기분 좋은 표정으로 보이는가?

이것을 속임수 질문이라고 생각했다면, 그 생각도 옳다. 두 그림은 똑같은 표정을 좌우로 바꾸었을 뿐이기 때문이다. 그러나 깊이 생각하지 말고 그저 느낌이 가는 대로 다시 한번 들여다보라. 양쪽 얼굴의 중간 지점을 응시하면 어느 쪽이 더 행복해 보이는가?

이런 가상 표정은 양쪽 두뇌가 감정 표정에 반응하는 방식을 연구할 때

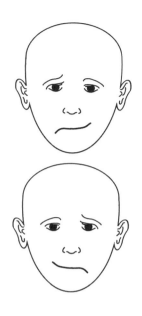

많이 사용된다. "서론"에서 설명했듯이, 그것은 두 눈의 유전적 구조에 크게 의존한다. 왼쪽 눈으로 들어온 정보는 우뇌로 먼저 들어가고, 오른쪽 눈으로 들어온 정보는 좌뇌로 들어간다. 따라서 아래의 표정이 더 기분 좋아 보인다고 선택한 사람은 우뇌를 거쳐 들어온 정보를 근거로 판단했을 가능성이 높다. 반대로 위의 표정을 선택한 사람은 좌뇌에 더 의존했을 것이다. 물론 균형 잡힌 두뇌를 가진 사람은 아래위의 그림이 거의 똑같다고 느낄 것이고, 따라서 어느 한쪽을 선택하더라도 무작위로 추측한 결과일 것이다. 연구실에서 이런 종류의 표정을 사용하여 편측성을 진단할 때에는 피험자가 주로 사용하는 두뇌가 좌우 어느 쪽인지를 높은 신뢰도로 파악하기 위해서 가능한 한 많은 표정을 보여준다.[10] 이 책에서는 데이터의 절대량이 부족하므로 여러분의 직관에 의존할 수밖에 없다.

 이런 진단 방법을 종합하면 양쪽 두뇌가 서로 얼마나 다르게 **보는지** 꽤 타당한 근거로 판단할 수 있다. 지금부터는 편향성의 차이와 두뇌가 주변 세상을 이해하는 방식의 관계에 관한 연구 결과를 몇 가지 살펴볼 것이다. 그러나 그 전에 먼저, 결과가 다른 경우가 얼마나 많은지에 대해 조금 이야기해보자. 이 점을 이해하고 나면 "평균적인 두뇌"를 대상으로 삼은 연구 결과들이 과연 여러분의 두뇌가 활동하는 방식을 얼마나 대변하는지 가늠할 수 있을 것이다.

여러분은 얼마나 일반적일까?

무려 90퍼센트의 인구가 자신을 오른손잡이라고 생각하지만, 모든 동작을 오른쪽으로만 능숙하게 하는 사람은 전체 인구의 60-70퍼센트에 불과하다. 진단 항목에 답한 결과 오른손잡이 성향이 강한(+2점에 가까운) 사람은 오른발과 오른쪽 눈도 능숙하게 쓸 가능성이 높다. 이 범주에 속하는 사람은 앞의 두 그림에 대해서도 더 기분 좋은 표정으로 아래쪽을 선택할 것이다.[11] 내가 그렇게 생각한 이유는 여러분을 다수 집단에 속한 사람이라고 가정했기 때문이다. 인간의 양쪽 두뇌가 기능을 분담하는 방식에 관한 우리의 지식은 **여러분**의 두뇌에도 마찬가지로 적용된다는 뜻이다. 그러나 이런 가정이 항상 옳지는 않다. 양쪽 두뇌의 읽기 능력에 관한 나의 연구에서 알 수 있듯이, 집단의 평균치를 근거로 판단한 상식이 반드시 모든 개인에게 적용되리라는 보장은 없기 때문이다.

게다가 균형 잡힌 두뇌 구조를 지닌 두 번째 인구 집단, 즉 25-33퍼센트의 사람들은 훨씬 더 복잡하다. 여러분이 만약 이 집단에 속한다면 편측성 검사를 받는 동안 엄청난 혼란을 겪을 것이다. 문항들을 볼 때마다 과연 내가 어느 쪽 손이나 발을 쓰는지 고민할 것이고, 양쪽 눈을 번갈아

감을 때마다 손가락을 어디에 두어야 할지 몰라 몇 번이나 이리저리 헤맬 것이다.[12] 나로서는 죄송할 따름이다. 하지만 그렇게 함으로써 자신을 좀더 잘 알 수 있다면 그럴 만한 가치가 충분하다고 생각한다. 우리는 여전히 여러분의 두뇌에 대해서 알아야 할 것이 많다. 특히 신경과학자들이(물론 나도 포함된다) 여러분을 정의하는 온갖 괴상한 방법을 고안해놓았기 때문에 더욱 그렇다. 세상에는 자신을 오른손잡이로 여기는 사람이 압도적으로 많다. 어쨌든 세상은 오른손잡이를 중심으로 만들어져 있고, 따라서 여러분의 좌뇌가 오른손을 잘 통제한다면 그 일에 꽤 능숙할 것이다. 그러나 오른손잡이의 성향이 뚜렷하지 않은 사람을 모두 왼손잡이로 간주하는 두뇌학자가 있는가 하면, 어떤 두뇌학자는 왼손잡이 성향이 강하지 않은 사람을 모두 오른손잡이로 판단하는 바람에 양손잡이까지 오른손잡이 집단으로 몰아넣기도 한다. 연구자들은 중간 집단을 임의적인 잣대로 분류하거나 글씨를 쓰는 손만 보고 두뇌 편측성을 판단하는 경우가 너무 많다. 잘 쓰는 손 유형 연구에서 무려 3분의 1에 해당하는 인구가 무작위로 분류되는 현실을 보면 정말 아연실색하지 않을 수 없다!

이런 모순된 현실 속에서도 잘 쓰는 손 유형을 연속선상에서 연구한 슈테판 크네히트 같은 사려 깊은 학자들 덕분에, 양측 두뇌가 골고루 우세하면서도 거의 모든 동작을 신체의 오른쪽으로 하는 사람들의 두뇌는 평균적으로 다수 집단과 비슷하다는 사실이 밝혀졌다. 즉 다수 집단이 표정 인식에 우뇌를 더 많이 쓴다면, **여러분의** 우뇌 또한 좌뇌보다 표정 인식에 더 많이 관여한다는 것이다. 그 결과 여러분은 대체로 아래쪽 얼굴을 더 행복한 표정으로 꼽을 것이다. 그러나 편향성이 강한 사람들의 좌뇌보다 여러분의 좌뇌가 표정을 더 능숙하게 읽을 수도 있다. 그러므로 여러분에게는 두 표정 중에 어느 한쪽을 선택하기가 더 어려울 수도 있다.[13] 만약 내가 연구실에서 이 검사를 했다면, 여러분을 선택의 속도가 느린 사람으로 분류했을 것이다. 만약 여러분의 두뇌가 균형 잡힌 구조면서도 약간 왼쪽 편향성이 있다면 더욱 그럴 것이다. 요컨대 균형 잡힌 두뇌일수록 기능 분담에 양쪽 두뇌가 다 참여할 가능성이 높다. 이것이 여러분의 두뇌 활동 방식에 어떤 의미가 있는지는 곧이어 자세히 설명할 것이다.

이제 가장 소수의 집단, 즉 3-4퍼센트 정도에 해당하는 **강한 왼손잡이 성향**에 관해서 이야기해보자. 진단 항목에서 극단적인 왼손잡이 성향으로 나타난(-2점에 가까운) 사람들은 강한 오른손잡이 집단과 마찬가지로 편향성이 높다. 그들은 왼발과 왼쪽 눈도 우세할 것이고, 다른 집단과 달리 위쪽 표정이 더 행복해 보인다고 답할 가능성이 높다! 학자로서 물론 중립을 지켜야겠지만, 이 집단은 나에게 가장 가까울 뿐 아니라 가장 소중하다. 내가 그들을 남다르다는 이유만으로 좋아하는 것은 아니다. 사실 나는 극단적인 왼손잡이의 데이터를 가장 많이 확보했고, 지난 24년간 끊임없이 반복해서 검증해왔다. 딸 재스민이 바로 강한 왼손잡이이다.

사실 내가 신경과학 분야에서 처음으로 했던 실험은 어린이들에게 수영모처럼 생긴 모자를 씌우고 모자에 전극을 설치하여 아이들의 두뇌에서 검출되는 전기신호를 기록한 것이었다. 아이들에게 핼러윈 의상 따위를 입혀본 사람이라면 이것이 신경과학 실험에서 가장 어려운 일이라는 것을 충분히 짐작할 것이다! 그런데 나에게는 남달리 유리한 점이 있었다. 캘리포니아 대학교 샌디에이고 학부생들 중에 내가 어린이를 다루어본 경험이 가장 풍부했다는 것이다. 나에게는 딸이 있었기 때문이다!* 더

---

* 연구 책임자 데비 밀스에게 무한한 감사를 드린다. 그는 나에게 딸이 있다는 사실을 오히려 긍정적인 점이라고 생각해서 연구 참여를 허락해주었다.

구나 재스민은 성격이 그리 까다롭지 않았으므로 아이를 직접 연구실에 데려와 "모자"를 쓰는 실험에 참여하게 했다.*

그러나 나는 재스민의 전극 모자에서 검출한 두뇌 데이터를 처음 보았을 때, 틀림없이 무엇인가가 잘못되었다고 생각했다. 재스민이 아는 단어와 모르는 단어를 듣는 동안 두뇌 활동(이것은 N400이라고 한다. 단어를 들은 후 0.4초 후에 나타나는 전기 극성의 마이너스negative 굴절 현상이라는 뜻이다)에서 관찰된 차이는 좌뇌보다 우뇌가 더 컸다. 나이가 훨씬 더 어리거나 말을 늦게 배우는 아이들 중에 양쪽 두뇌 모두에서 이런 차이가 관찰되는 경우가 간혹 있기는 해도,**14** 우뇌만 이토록 단어에 민감한 현상은 한 번도 본 적이 없었다. 나의 지도교수인 발달인지신경과학자 데비 밀스는 후속 연구를 위해서 이른바 "양자극 방안"을 포함한 실험을 몇 차례 더 해보자고 제안했다. 이 실험은 피험자에게 같은 높이의 목소리를 연달아 들려주다가 가끔 다른 높이의 목소리를 한 번씩 섞는 방법이다. 이 실험에서 거의 모든 사람은 우뇌에서 더 큰 값의 P300(목소리를 들은 후 0.3초 후에 나타나는 플러스positive 극성 변화) 활동 변화가 나타나는데, 재스민은 이 실험에서도 정반대 현상을 보였다.

이 실험에서 가장 흥미진진했던 점은 재스민이 왼손잡이라는 사실을 재스민의 몸이 행동하기도 전에 두뇌가 먼저 알려주었다는 것이었다! 경우에 따라서 더 빠를 수도 있지만, 어린이들의 잘 쓰는 손 유형이 뚜렷하게 드러나는 시기는 생후 18개월에서 2세 사이가 보편적이다. 재스민이 두뇌 검사를 받은 것은 생후 17개월쯤이었고, 나는 그 아이의 두뇌 성향

---

* 아이를 실험용으로 쓴 것이 아니냐고 비판하는 사람이 있다면, 싱글 맘이 일하는 동안 아이를 혼자 내버려두는 것이 더 나쁠 수도 있다는 점을 생각해보기 바란다. 재스민도 결국 커서 과학자가 되었으므로 그 일이 꼭 나빴다고 볼 수만은 없다고 생각한다!

이 반대로 드러나는 것을 보고 곧바로 왼손잡이임을 알 수 있었다. 그후로 오랫동안 나는 재스민의 두뇌 구조와 기능에서 이런 패턴을 꾸준히 확인했다. 아이의 양쪽 두뇌가 기능을 **무작위로 분담하는** 것 같지는 않았다. 오히려 우리가 "정상"으로 여기는 것과 정반대 방향으로 전문화된 것 같았다.

유감스럽게도 극단적인 왼손잡이들은 신경과학 연구에서 **배제되는** 경우가 많다. 이것 역시 두뇌 과학이 범용적인 연구 방법을 채택한 결과이다. 과학자들은 흔히 이런 경향을 해명하기 위해서, 왼손잡이는 "가변성이 크기" 때문에 재스민의 두뇌에서 나온 데이터와 **일반적인 두뇌의 데이터**를 합해서 평균치를 계산하면 혼란이 빚어진다고 주장한다. 그 결과 우리는 신경과학 실험에서 소외된 사람에 관해서는 전혀 알 수 없게 되어버렸다.* 그러나 이 점을 체계적으로 조사한 몇몇 연구 논문들은 내가 재스민을 관찰한 내용과 비슷한 결론을 도출해냈다. 즉 비록 두뇌 기능의 편측성이 반대로 나타나는 경우가 드물기는 해도, 이런 현상이 가장 많이 나타나는 집단은 **극단적인 왼손잡이들**이라는 사실이다.[15]

나는 신경과학자이자 한 아이의 엄마로 살아오면서, 재스민에게서 볼 수 있는 특이한 점—재스민은 TV를 볼 때 고개를 왼쪽으로 돌려 오른쪽 눈언저리로 보고(다시 말해, 재스민은 좌뇌로 먼저 받아들이는 정보가 많을 것이다), 또한 매우 똑똑하면서도 정보를 처리하는 속도는 그리 **빠르지 않**다—이 그녀의 희귀한 두뇌 구조와 관련이 있다고 생각한 적이 많다. 다음 절에서는 왜 양쪽 두뇌에 기능이 분담되는지, 그리고 그것이 다수 집

---

* 이 점을 반영하는 연구를 위해서 최근 연구비 지원 신청서를 썼다. 왼손잡이 두뇌의 활동 방식을 널리 알리지 못하는 현실은 도저히 용납될 수 없다는 점을 지원 기관들에 설득하는 데에 이 책이 도움이 되기를 바란다.

단과 다른 두뇌 구조를 지닌 사람들에게는 어떤 의미인지에 대해서 이야기해보자.

구조에서 기능으로 : 양쪽 두뇌에 기능이 분담되는 방식

두뇌의 모양과 기능이 서로 얼마나 복잡한 관계를 맺고 있는지 이해하려면 이 분야의 학자들조차 오해하고 있는 사실을 설명해야 한다. 바로 두뇌 기능과 두뇌 연산이 서로 다르다는 점이다. 다시 구성원들에게 업무를 분담하는 비유로 돌아가보자. 기능은 부여된 업무에 해당하고, 연산은 그 일을 해내는 데에 필요한 능력이라고 생각하면 된다. 두뇌의 활동 방식을 이해할 때, 두뇌의 특정 영역이 하는 일을 곧바로 **기능**으로 지칭하면서 정작 두뇌가 특정 기능을 수행하게 해주는 **연산**은 언급하지 않는 경우가 너무 많다. 이것은 과학자이든 일반인이든 똑같이 저지르는 실수이다. 그러나 잘 쓰는 손 유형에 따라 시선이 먼저 가는 방향이 달라지는 이유를 알기 위해서는 연산을 좀더 깊이 살펴보아야 한다. 두뇌의 구조와 그것이 발휘하는 기능을 연결해주는 것이 바로 연산이기 때문이다.

언어―두뇌의 가장 중요하고 인상적인 **기능**―를 예로 들어 이 내용을 살펴보자. 나는 상당한 시간을 들여 연구한 결과 **양쪽** 두뇌가 언어 처리에 모두 관여한다는 점을 밝혀냈지만, 대부분 사람들은 여전히 언어야말로 기능의 편측성을 보여주는 대표적인 사례라고 생각한다. 즉 언어 기능은 주로 좌뇌가 담당한다고 말이다. 실제로 프랑스 의사 폴 브로카가 좌뇌를 다친 환자가 단지 언어 능력만 잃어버린 사례를 보고한 이후,[16] 정신 기능 자체가 두뇌의 특정 영역에만 부여된다는 생각이 보편화되었다. 그의 사례 보고로부터 150년이 더 흐른 지금, 두뇌의 언어 영역을 다루는 모든 교과서는 왼쪽 이마엽을 "브로카 영역Broca's area"이라고 부르며 "말하기" 기능을 담당한다고 명시하고 있다. 그리고 왼쪽 귀 약간 위쪽은 "언어 이해" 기능을 담당하는 곳이라고 가르친다.

그러나 정확한 사실은 이렇다. 인간의 언어 **사용** 능력—관념을 전달하기 위해서 임의의 상징을 매개체로 삼는 일련의 체계—은 여러 종류의 연산에 좌우된다. 그리고 이런 언어 전달 과정에서 여러분이 발신자인지 수신자인지, 그 상징체계가 구어인지 문어인지 등의 요소는 여러분의 두뇌가 그 기능을 수행하는 데에 필요한 연산에 영향을 미친다. 말하기나 언어 이해가 두뇌의 각 영역을 실제로 얼마나 사용하는지는 여러분이 주목하는 연산이 무엇이냐에 따라 달라진다.

예를 들면 브로카의 환자가 손상을 입은 말하기 능력을 생각해보자. 애초에 "기능을 두뇌 영역과 연관 짓는" 방식이 이 사례로부터 시작되었으니 말이다. 편향된 두뇌를 지닌 거의 모든 사람은 브로카 영역이 손상되면 말하는 데에 어려움을 겪는다. 그러나 그렇다고 브로카 영역의 **기능**이 말하기라고 볼 수는 없다. 이것은 마치 타이어가 펑크 나면 자동차를 최고 속도로 몰 수 없다고 해서, 타이어의 기능이 자동차를 추진하는 것이라고 단정할 수 없는 것과 같다. 입으로 이해할 수 있는 말이 나오기까지 두뇌는 복잡한 연산을 거쳐야 한다. 먼저 머릿속에서 관념을 언어적 상징으로 해석한 후, 그것을 일련의 정교한 동작 프로그램과 연결해야 한다. 다시 말해 혀, 입술, 치아, 비강* 등의 구강 기관이나 성대를 정확한 타이밍에 정확히 움직여야 한다. 그래야 여러분이 내쉬는 공기가 진동으로 바

---

* 말하기에 비강이 사용되는 것은 "물론이다." 믿지 못하겠다면, 코를 막고 "노즈(nose)"라고 발음해보라. 아마 "도즈(dose)"로 들릴 것이다.

꿰어 다른 사람의 고막에 닿았을 때 "이해되는" 형태가 될 수 있다.*

"오래된" 자동차를 몰아보았다면 알겠지만, 타이어가 펑크 나서 차가 멈추는 데에는 여러 요인들이 있다. 자동차의 작동 원리를 자세히 살펴보면, 자동차가 무사히 도로를 달리기 위해서는 많은 조건이 갖추어져야 한다는 것을 알 수 있다. 말하기도 마찬가지이다. 실제로 니나 드롱커스라는 과학자와 연구진은 말하기 능력에는 브로카 영역이 아니라 대뇌섬insula이라는 기관이 오히려 더 중요한 역할을 한다는 사실을 밝혀냈다.[17]**

그뿐만이 아니다. 타이어가 펑크 나면 자동차가 앞으로 나아가지 못할 뿐 아니라, 방향을 바꾸기도 어렵고 승차감도 나빠지는 등 다른 문제들도 발생한다. 마찬가지로 주의 깊게 살펴보면 브로카 영역이 손상됨에 따라서 여러 가지 언어적, 비언어적 장애가 수반됨을 알 수 있다. 예컨대 문장의 의미를 제대로 이해할 수 있게 배열하는 능력이 떨어지거나,[18] 사람의 그림을 보고 무슨 동작인지 알아맞히지 못하는[19] 사람도 있다!

브로카의 발견 이후 약 160년이 지난 지금도 두뇌의 활동 방식에 대해서 우리가 알고 있는 지식은, 거의 모든 사람이 두뇌에 손상을 입으면 고장이 나는 기능 또는 실험을 통해 건강한 두뇌를 더 활동적으로 만드는 작업과 관련되어 있다는 것이 요점이다. 그러나 여러분 두뇌의 활동 방식을 정말로 이해하려면 그 활동 원리를 파고들어야 한다. 좌뇌와 우뇌 중

---

* 이 정보 처리 과정이 얼마나 복잡한지를 생각하면, 모든 두뇌가 아주 자연스럽게 이 일을 해낸다는 사실이 나에게는 마치 기적처럼 느껴진다.

** 사실 드롱커스 연구진은 첨단 두뇌 영상 장비로, 브로카가 보고했던 그 환자의 보존된 두뇌를 촬영하여 연구했다.[20] 그 결과, 연구진은 손상 부위가 브로카가 보고했던 것보다 더 넓어서 대뇌섬까지 포함한다는 사실을 발견했다. 따라서 나는 130년 만에 사실을 바로잡은 이 여성의 공로를 기려 대뇌섬을 "드롱커스 영역"이라고 부를 것을 제안한다.

어느 한쪽이 특정 기능에서 다른 쪽보다 우세하게 되는 원리는 과연 무엇일까?

나는 누구를 상대로 말할까? : 두뇌 속에 자리한 대화의 양 당사자

양쪽 두뇌 중에 한쪽이 일을 맡는 이유를 생각할 때 가장 중요한 단서는 잘 쓰는 손 유형과 언어의 편측성 사이의 관계에 있다. 거의 모든 사람이 좌뇌가 관장하는 오른손을 더 잘 쓰고, 말할 때도 좌뇌를 더 많이 쓴다는 사실은 좌뇌가 두 기능의 연산에 더 적합한 방향으로 진화했음을 시사한다. 브로카 영역 주변에 입술과 구강, 혀 등의 움직임을 담당하는 영역이 나란히 있음을 근거로, 이런 공동 연산 작업이 동작 조정, 즉 두뇌가 정확하게 신체를 조종하는 방식과 관련이 있다고 보는 사람이 많다.

그러나 **모든** 사람이 잘 쓰는 손을 담당하는 반구를, 말하기에도 똑같이 쓰지는 않는다. 이 사실은 슈테판 크네히트 연구진이 총 326명을 대상으로 잘 쓰는 손을 담당하는 반구와 말하기를 관장하는 반구가 서로 다른 비율을 조사해서 밝혀낸 결과이다.[21] 이 연구는 이 장의 서두에서 소개한 TMS 실험의 선행 연구에 해당하는데, 잘 쓰는 손을 기준으로 피험자들을 극단적인 오른손잡이에서 극단적인 왼손잡이까지 총 7개의 범주로 분류했다. 크네히트는 왼손잡이를 배제하기보다는 이해하려는 태도로 연구에 임했으므로, 무작위로 표본을 선정할 때보다 극단적인 왼손잡이(57명)와 양손잡이에 가까운 사람(101명)의 수가 더 많았다. 아울러 그는 7개 집단에서 말하기와 관련하여 양쪽 두뇌의 혈압을 비교해본 결과, 둘 사이에 뚜렷한 차이를 관찰했다. 극단적인 오른손잡이의 96퍼센트는 말할 때 오른쪽보다 왼쪽 뇌에서 혈압 변화가 더 큰 것으로 나타났다. 다시 말해, 극단적인 오른손잡이라면 거의 예외 없이 사진을 보고 이름을 알아맞히는 데에도 오른쪽보다는 왼쪽 뇌를 더 많이 사용한다는 것이다. 극단적인 왼손잡이 집단에서는 이 비율이 73퍼센트로 줄어들었고, 균형 잡힌 두뇌 집단은 그 중간에 해당하는 85퍼센트로 나타났다.*

이런 결과에서 주목해야 할 점이 몇 가지 있다. 첫째, 오른손잡이 성향이 강한 사람일수록, 그의 좌뇌는 말하기 능력의 바탕이 되는 연산에 특화되어 있을 가능성이 높다. 그러나 앞에서 언급한 TMS 연구 사례에서 알 수 있듯이, 이렇게 편향된 말하기 능력도 부상에 더 취약하기는 마찬가지이다. 한편, 균형 잡힌 두뇌는 양쪽 두뇌의 능력이 비슷할 가능성이 높다. 즉 양손잡이나 왼손잡이의 우뇌는 손재주뿐 아니라 말하기에도 재능을 발휘할 수 있다는 뜻이다. 그 결과 TMS를 통해서 양쪽 두뇌 중에 어느 곳이 마비되더라도 그들은 그다지 큰 지장을 받지 않았다.

또 한 가지 주목해야 할 점이 있다. 우뇌—예컨대 재스민의 우뇌—가 말을 잘할 가능성은 50퍼센트에 훨씬 못 미치고, 이는 왼손잡이도 마찬가지라는 사실이다. 이런 사실은 거의 모든 인간의 두뇌가 최소한 조금씩은 편향되어 있고, 그 차이는 사람에 따라 다를 뿐이라는 점을 다시금 떠올리게 한다. 편향성이 가장 적은 대다수 두뇌에서조차 말하기 능력이 우뇌보다는 좌뇌에 더 의존한다는 사실은, 양쪽 두뇌의 구조적 차이가 손을 통제하는 기능보다는 인간 두뇌의 진화 역사상 가장 최근에 형성된

---

* 이런 통계자료는 양쪽 두뇌 중에 말할 때 더 활성화되는 쪽이 어디인지를 가리키지만, 크네히트는 말하기에 관한 적절한 편측성도 잘 쓰는 손 유형과 마찬가지로 연속적인 속성을 지니고 있음을 발견했다. 좌우 어느 한쪽의 뇌를 주로 사용하는 사람도 있지만, 양쪽을 거의 똑같이 사용하는 사람도 있다.

말하기 기능에 더 중요하다는 점을 시사한다. 그러나 극단적인 왼손잡이의 73퍼센트가 양쪽 두뇌로 말하고 손을 움직인다는 사실 역시, 양쪽 두뇌가 연산을 공유하는 목적이 동작을 **통제하는 데에만** 있지 않음을 시사한다. 사실 양쪽 두뇌 사이에는 언어를 이해하는 방법에도 꽤 큰 차이가 있다. 이것만 보아도 이 둘이 어떻게 독립적으로, 또 협력적으로 세상을 이해하는지를 미루어 짐작할 수 있다.

좌뇌가 언어 이해를 주도한다는 증거로 가장 먼저 제시된 것은 청각 겉질이었다.[22] 즉 소리를 분석하는 두뇌 영역을 말한다. 초기의 몇몇 연구에서 피험자들이 사람의 음성을 들었을 때, (거의 **모든** 사람에게서)* 좌뇌의 청각 겉질이 우뇌의 그것보다 더 활성화된다는 사실이 발견되었다. 반대로, 그들이 음악을 들을 때는 우뇌가 좌뇌보다 더 활성화되었다! 다피트 푀펠[23]과 로버트 자토르[24] 같은 연구자들은, 시간에 따라 **빠르게** 변하는 움직임을 감지하는 연산 능력이 좌뇌가 더 뛰어나기 때문에 좌뇌가 언어 이해를 담당한다고 주장한다.** 물론 음악도 **빠를** 수는 있다. 음악과 동작 제어의 연관성을 보여주는 좋은 예로는 역사상 가장 **빠른** 드럼 연주자 시드하스 나가라잔의 연주를 들 수 있다. 그는 분당 2,109타라는 경이적인 드럼 실력을 선보였다.[25]

그러나 "바나나 파이"에서 "바"와 "파"의 차이를 이해하려면, 두뇌는 말하는 사람의 성대가 진동하기 시작할 때부터 입술이 벌어질 때까지

---

* 특히 잘 쓰는 손 유형과 관련하여 두뇌의 이런 효과에 관한 개인 간의 차이를 연구한 논문은 아직 찾아본 적이 없다. 그러나 청력 선호에 관한 행동학적 연구를 근거로 생각하면, 이것 역시 말하기를 비롯한 다른 편측성 기능과 대체로 비슷한 패턴을 따르리라고 생각된다.
** 두 연구자는 우뇌가 음악에 더 뛰어난 이유에 대해서 서로 의견이 약간 다르다. 관련 자료를 "주"에 첨부해두었다.

약 100분의 1초 사이에 일어나는 변화를 감지해내야 한다. 그것은 분당 5,999타와 6,000타의 드럼 소리를 구분해내는 것에 버금가는 능력이다. 둘 다 역대급 드럼 연주자들의 기록보다 **훨씬** 더 **빠른** 속도이다. 그렇다면 좌뇌의 우수한 연산 능력은 굉장히 **빠른** 속도로 변화하는 대상을 조정하거나 감지하는 능력과 관련이 있는 것일까?

이에 대한 대답은 "그렇다고 볼 수 있다"는 것이다. "서론"에서 언급했던 "건초 더미가 중요한 이유" 실험을 다시 떠올려보자. 좌뇌나 우뇌 중 어느 하나에 부여된 기능은 시간을 두고 천천히 드러난다고 했던 설명이 기억날 것이다.* 그렇다면 특정 언어 기능이 특정 개인의 좌뇌나 우뇌에 의존하는 이유는 어떻게 설명할 수 있을까?

한 가지 가능성은 1980년대 초반에 엘코논 골드버그와 루이스 코스타가 설명한 대로, 우리의 양쪽 두뇌가 **진화해온** 방식이 두뇌의 전문화를 추진하는 구조상의 결정적인 차이를 만든다는 것이다.[26] 좀더 구체적으로, 두 과학자는 양쪽 두뇌가 보여주는 연결 패턴의 차이가 양쪽 두뇌의 **내부** 영역이 서로 얼마나 의사소통하는지에 영향을 미쳤다고 제안했다.** 골드버그와 코스타에 따르면, 좌뇌는 "캡슐로 정보를 담은" 여러 개의 작은 두뇌 영역으로 구성된다. 이것이 바로 이 장의 서두에서 언급한 전문화된 "모듈"로서, 이웃 영역이 무엇이라고 하든 아랑곳하지 않고 특정 유형의 입력 정보를 처리하는 데에만 몰두하는 연산 처리 장치이다. 이 말은 곧 가장 일반적인 편향성을 보이는 두뇌에서 좌뇌가 특정 **기능**에 공헌하는 정도는 "분할 정복" 방식을 사용하여 그 기능을 달성할 수 있는가에 달려

---

* 전형적인 성인의 읽기 능력은 분당 200-300단어로, 평균적인 드럼 연주자의 연주 속도보다 훨씬 느리다.
** 이어지는 2개의 장에서 이런 통신 방법을 이야기할 것이다.

있다는 뜻이다. 언어 영역을 예로 들면, 소리에서 단어, 단어에서 개념, 그리고 개념에서 이야기의 순서로 옮겨가는 형태로 나타날 수 있다.

반대로, 골드버그와 코스타는 두뇌 각 영역 사이의 연결 고리를 훨씬 더 많이 보유한 우뇌가 다양한 형태의 정보를 통합하는 기능에 더 적합한 구조라는 주장을 내놓았다. 이 주장은 앞의 편측성 진단 설명에서 이미 언급했던, 거의 모든 사람의 우뇌가 얼굴 인식을 담당하는 이유를 설명해 준다. 사람들의 얼굴을 구분하려면 수많은 특징들의 미묘한 차이를 인식하고, 그것이 서로 간의 관계에서 차지하는 위치까지 고려해야 한다. 이 말이 믿기지 않는다면, 여러분과 가장 친한 친구의 얼굴을 코나 한쪽 눈만 보고 알아맞히려고 해보라. 얼굴의 전체적인 특징이 뒷받침되지 않을 때 생각보다 훨씬 어려운 일임을 알 수 있을 것이다.

이제 건초 더미 실험으로 돌아가서, 양쪽 두뇌가 사람들이 읽은 내용을 서로 다르게 이해하는 데에 어떤 역할을 하는지에 대해서 골드버그와 코스타의 개념은 어떻게 설명하는지 알아보자. 앞에서 설명했듯이, 이 실험에서 글을 읽은 **모든** 피험자들의 좌뇌는 문장의 부분적인 논리 구조에 민감하게 반응했다. 이 사실은 곧―최소한 읽기 능력에 아무 문제가 없는 대학생들의 경우―좌뇌의 전문화된 처리 모듈이 구체적인 언어를 바탕으로 그 문장의 의미를 구성하는 데에 관여한다는 점을 시사한다.

그러나 우뇌는 사람들의 읽기 능력의 우열에 따라 이 과정에 관여하는 정도가 달라진다. 읽기 능력이 가장 떨어지는 사람의 우뇌는 부분적인 논리 구조와 전체적인 시나리오 기반 맥락에 모두 관여하는 반면, 읽기 능력이 뛰어난 사람의 우뇌는 둘 중 어느 쪽에도 관여한 흔적이 보이지 않았다. 왜 그럴까?

우리가 발견한 사실은 골드버그와 코스타의 이론 중에서 내가 아직 설명하지 않은 부분과 일치한다. 그것은 바로 좌뇌의 전문화된 모듈에 어떻게 여러 기능을 부여하는지와 관련된다. 그들의 이론에 따르면, 복잡한 과제는 거의 언제나 우뇌에 먼저 할당된다. 한마디로 특정 과제의 중요한 부분이 무엇인지 모른다면, 우선 모든 정보를 사용하여 무엇을 해야 할지 파악하는 것이 급선무라는 뜻이다. 완전히 새로운 과제를 대했을 때에는 우뇌의 "큰 그림" 또는 "숲을 보는" 방식이 더 유리하다. 예를 들어 말도 통하지 않고 문화도 낯선 외국을 방문한 상황을 상상해보면, 이 방식이 효과적이라는 사실을 미루어 짐작할 수 있을 것이다. 그런 상황에서 어떻게 행동해야 할지 파악하려면 몸짓이나 표정 등을 실마리로 삼을 수밖에 없다. 그러나 새로운 과제에 관한 경험이 쌓일수록 작은 부분들, 즉 숲을 구성하는 "나무"에 대해서 알아가는 것이 과제를 수행하는 데에 더욱 중요한 역할을 한다. 이 단계에 접어들면 두뇌는 전문화된 처리 모듈에 의존하는, 더욱 빠르고 효과적인 전략을 개발한다. 그후에는 주변 상황을 이해하기 위해서 큰 그림에 의존할 필요성이 점점 줄어든다.

골드버그와 코스타의 이론대로, 경험이 쌓일수록 점점 더 좌뇌의 의존도가 커지는 기능이 몇 가지 있다. 예를 들어 갓난아이들은 두 손 모두 동작이 서투르기 마련이다. 그러면서 생후 1년 6개월 정도가 되어 여러 물건을 만져본 경험이 쌓인 후에야 한쪽 손을 꾸준히 더 잘 쓰는 모습이 관찰된다.[27]* 이 점은 말하기에도 그대로 적용된다. 처음에는 양쪽 두뇌가 모두 관여하다가, 말솜씨가 나아질수록 점점 좌뇌가 우세해진다.[28] 이중언어의 경우 좀더 복잡하기는 하지만,** 몇몇 연구에 따르면 제2외국어를

---

* 잘 쓰는 손 유형을 측정하는 방법(어느 쪽 손으로 움켜쥐거나 물건을 만지는지)에 따라서 시기가 달라진다. 그런데 균형 잡힌 두뇌라면 보통 유아기 후반부에 관찰된다!

** 어떤 사람이 이중언어를 구사할 수 있는 배경에는 여러 가지 다양한 언어 경험이 존재

배우는 시기가 늦고 모국어에 비해서 유창하지 못한 사람일수록, 제2외국어를 우뇌에 더 의존하는 경향이 있다고 한다.[29] 일부 연구에서는 상당한 수준의 음악 전문가와 초보자를 비교한 결과, 전문가들의 음악 처리 기능이 점점 좌뇌로 옮겨가는 현상을 발견했다고 한다.[30]

지금까지 **여러분의 두뇌에서** 말하기에 대해 다룬 내용을 요약하자면, 두 가지 기억해야 할 점이 있다. 첫째, 골드버그와 코스타의 이론에 따르면, 양쪽 두뇌가 연산에서 보이는 결정적인 차이는 주로 각자가 연결된 방식의 차이에서 비롯된다. 가장 편향된 두뇌에서는 좌뇌가 분할 정복 방식을 더 많이 사용하여 전문화된 모듈을 통해서 나무 수준의 구체적인 내용에 집중하는 데에 비해, 우뇌는 숲을 보는 전체적인 방식에 전문화된 경향을 띤다. 그러므로 극단적인 왼손잡이에 관한 연구가 드문 현실에서, 재스민처럼 편측성이 역전된 사람의 우뇌에 과연 전문화된 모듈이 존재하는지는 불명확하다. 지금으로서는 우선, 모든 두뇌에 숲을 보는 능력과 나무를 보는 능력이 어디엔가 있겠지만, 편향성이 큰 두뇌일수록 구체적인 특징이나 세부 사항에 주목하여 복잡한 문제를 푸는 데에 비해, 균형 잡힌 두뇌는 더 큰 그림을 보는 데에 치중하는 경향이 있다는 정도로 말할 수밖에 없다.

그런데 두 종류의 뇌 모두, 특정 과제에 관한 경험이 여러분의 두뇌를 구체적인 정보를 처리하는 장치에 좀더 가깝게 바꿀 수 있음을 명심해야 한다. 사실 손동작 제어와 같은 기능조차 경험을 통해서 형성된다.* 이른바 "강제적" 오른손잡이—생후 초기에는 왼손 사용을 선호했지만 사회

하고, 이런 경험은 이중언어를 구사하는 두뇌의 활동 방식에 다양한 시사점을 제공한다. 제3장 "동기화"에서는 이중언어 두뇌에 관한 나의 연구 내용을 일부 소개한다.

* 싫든 좋든 유전과 환경의 대결 구도는 모든 분야에 적용된다!

적 규범에 순응하기 위해서 오른손 사용을 강요당한 사람—의 두뇌를 연구해본 결과, 그들의 운동 겉질이 "태생적" 오른손잡이의 그것과 전혀 차이가 없었다는 보고도 있다.[31] 이런 사실은 환경이나 경험이 우리 두뇌의 태생적 특성보다 우세할 때도 있음을 보여준다.*

이제 균형 잡힌 두뇌나 편향된 두뇌의 의미를 좀더 분명히 이해하기 위해서, 실험실이 아니라 현실 세계로 나가서 우리의 양쪽 두뇌 기능이 일상에 관한 우리의 이해를 "실제로" 어떻게 형성하는지를 알아보자.

기능의 편향성 : 두뇌가 말하는 이야기

지금까지 이 장에서는 여러분의 양쪽 두뇌가 어떻게 활동하는지를 주로 기계적인 측면에 치중하여 설명했다. 그러나 균형 잡힌 두뇌나 편향된 두뇌가 현실 세계에서 여러분의 생각과 감정, 행동을 어떻게 형성하는지 좀더 깊이 이해하기 위해서는, 애초에 활동 방식이 서로 다른 2개의 반구가 있어야 하는 이유를 생각해보아야 한다. 그런데 이 대목에서, 기능의 전문화라는 개념이 진화를 통해 이미 오래 전부터 확립된 구조라는 사실을 이장의 서두에서 언급했음을 기억할 것이다. 조지프 딘에 따르면, 인간의 양쪽 두뇌가 보이는 구조적 차이는 말하기보다 훨씬 오래된 기능을 위해서 진화해온 결과라고 한다.

요컨대 딘은 편향된 두뇌—세상을 다양한 방법으로 동시에 이해하는

---

* 그러나 나는 누군가에게 오른손잡이가 되라고 강요하는 일은 추천하지 않는다. "강제적" 오른손잡이에게서 두뇌의 다른 부분—관장하는 범위가 더 큰 듯하다—이 더 작은 모습으로 관찰되었다는 사실을 충분히 참고할 만하다. 아마도 그들의 좌뇌가 태생적인 한계를 극복하기 위해서 우뇌를 억제한 결과가 아닌가 짐작된다.

두뇌—가 진화에서 결정적인 우위를 점한다고 주장했다.[32] 편향된 두뇌는 양방향을 향해서 동시에 주의를 기울일 수 있다. 한쪽 얼굴은 정면을, 다른 얼굴은 뒷면을 바라보는 로마의 신 야누스처럼, 우리 두뇌도 한쪽 뇌(좌뇌)는 다음 행동에 필요한 최적의 선택을 위해서 주로 미래를 내다보는 데에 집중하도록 진화한 반면, 다른 쪽 뇌(우뇌)는 **당장** 눈앞에 벌어지는 상황을 이해하는 일을 담당하게 되었다고 딘은 주장한다.* 이는 양쪽 두뇌가 기능 측면에서 보이는 또 하나의 차이점과 관련이 있다. 좌뇌는 행동에 "다가서기" 시작하는 데에 비해,[33] 우뇌는 행동을 "피하는" 데에 집중한다. 어느 경우이든, 이는 여러분의 두뇌가 미래를 예측하거나 좋은 방안을 찾는 데에 관여하는 생각, 감정, 연산 등이 현 상황을 이해하거나 목숨을 위협하는 일을 피하는 데에 필요한 생각, 감정, 행동과 충돌을 빚을 수도 있다는 것을 의미한다. 또 하나 기억해야 할 점이 있다. 이런 이론들이 기능, 즉 양쪽 두뇌가 구조적인 전문화를 추구할 잠재적 이유에 초점을 맞추기는 하지만, 골드버그와 코스타가 설명하는 양쪽 두뇌의 구조적 차이와도 전혀 모순되지 않는다는 사실이다. 전문화된 모듈 기반의 처리 장치는 진화를 통해서 탄생했다. **왜냐하면** 그것이 미래를 예측하는 데에 필요한 신속하고 구체적인 연산 처리 장치이면서도, 또 한편으로는 복잡한 규칙들의 인식, 연산을 처리하는 통합적이고 전체적인 장치로서 현재 상황을 이해하고 그 결과를 과거의 경험과 관련지어 위험 여부를 판단하기에도 적합하기 때문이다.

그렇다면 지금까지 이야기한 내용이 현실에서 활동하는 두뇌의 균형

---

* 이런 편측성 이론 중에 개인적인 차이를 설명하려는 시도가 단 한 번도 없었다는 점에 주목할 필요가 있다.

성이나 편향성과는 어떤 관계가 있을까? 여러분이 만약 영어를 유창하게 구사한다고 가정하고, 언뜻 보기에 아주 간단해 보이는 다음 문장을 읽는다고 생각해보자. "그들은 사과를 요리하고 있다(They are cooking apples)." 사실 이 문장의 의미는 다소 **모호하다**. 그러나 나는 여러분이 이 문장을 읽고 조금도 이상하다고 생각하지 않으리라고 확신한다. 그동안 이런 문장을 마주한 경험이 풍부하므로, 여러분의 좌뇌는 이 문장의 단어들을 전문화된 모듈로 보내 처리할 것이기 때문이다. 그러면 모듈들은 시간이 지남에 따라 드러나는 문장의 **의미**를 한 단어씩 판단한다. 그리고 두뇌는 정반대의 증거를 확인하지 않는 한—예컨대 문장이 서술하는 맥락과 두뇌가 처음 생각한 의미가 서로 일치하지 않는 상황—그 의미를 그대로 따른다. 즉 과거의 경험에 비추어 이 문장의 가장 타당한 의미를 **예상한다**. 여러분은 분명히 이 문장을 어떤 사람이나 사람들이 "사과"라는 물체를 두고 "요리"라는 행동을 실행한다는 뜻으로 이해했을 것이며, 그 외의 다른 해석은 틀림없이 염두에 두지도 않았을 것이다. 진짜 문제는 다음부터이다. 다음처럼 전후 맥락이 충분히 제공되었을 때, **여러분의** 두뇌는 과연 이 문장을 다르게 해석할까?

"재스민이 부엌으로 가보니 갈색 종이봉투에 담긴 사과가 눈에 띈다. 과일 접시에 담긴 사과와는 좀 다르게 생긴 것 같다. 아주 잘 익은 데다가 약간 멍이 든 것도 몇 개 보인다. 그녀는 뒤로 몸을 돌리더니 탁자에 놓인 가방을 가리키며 '이거 어디에 쓸 건데요?'라고 묻는다. 내가 말했다. '그거 요리할 때 쓸 사과야(They are cooking apples).'"*

---

* 솔직히 말해 이 사례는 현실성이 매우 낮다. 사실 나는 요리를 거의 하지 않기 때문이다. 그러나 여기에서의 논점은 시나리오의 구축에 관한 이야기이므로 다소 결점이 있더라도 양해하기 바란다.

세상에! 이제 여러분의 두뇌는 문장을 완전히 다른 의미로 재구성할 것이다. 이번에는 "그들"을 **사과**로, "요리"는 사과의 **성격**을 지칭하는 형용사로 말이다!

언어란 이토록 역동적이고 놀랍다.

여기에서 진정한 논점은 똑같은 정보를 놓고도 얼마든지 **다르게** 해석할 여지가 있다는 것이다. 앞의 건초 더미 실험에서도 확인했듯이, 문장의 구체적인 내용을 해석하기 위해서 맥락을 이용하는 수준은 사람들의 두뇌에 따라 다르다. 따라서 제1차 세계대전 당시의 그 유명한 기사, "프랑스의 대공세로 독일 후방이 봉쇄되다(French Push Bottles Up German Rear)"[34]를 쓴 사람은 이 문장이 **자신의** 방식 외에 **다르게도** 해석될 수 있다는 사실을 미처 깨닫지 못했을 것이다. 그들의 두뇌가 균형 잡힌—"숲을 보는"—유형이었든지, 아니면 **맥락**에만 사로잡힌 나머지 "대공세push"는 주로 명사보다는 동사("밀어내다")로, "봉쇄bottles"는 거꾸로 동사보다는 명사("병")로 더 많이 사용된다는 사실을 눈치채지 못했음이 틀림없다("프랑스인들이 독일 후방으로 병을 밀어내다"라는 뜻도 된다/역자).*

여러분의 두뇌가 숲을 보든 나무를 보든 상관없이, 우리는 평소에 불완전하거나 애매한 정보를 그토록 많이 대하면서도 **항상** 혼란스러움을 느끼지는 않는다는 사실은 정말 놀랍다. 우리의 두뇌에는 다양한 종류의 정보와 연산을 통해서 주변 상황을 이해하는, 이른바 **공백을 메우는** 능력이 있기 때문이다. 이 책을 읽으면 알게 되겠지만, 이런 능력은 같은 입력 정보를 두고도 **다르게** 이해할 수 있는 여지를 충분히 만들어낸다. 여러분의

---

* 이 책의 마지막 장은 다른 두뇌가 세상을 우리와 같은 방식으로 해석한다고 가정할 때 어떤 일이 일어나는지를 다룬다.

두뇌는 다양한 방식으로 세상을 이해하므로, 실제로 존재하는 데이터보다 더 튼튼하고 완벽한 이야기를 구축해낸다. 나는 지금 여러분의 두뇌가 읽은 이야기를 해석하는 방식에 대해서 말하는 것이 아니다. 여러분이 경험하는 현실을 만들어낼 때 두뇌가 **창조하는** 이야기를 말하는 것이다.

양쪽 두뇌가 이런 시나리오 만들기 과정에 참여하는 방식의 차이는 좌뇌는 "분석적"이고 우뇌는 "창의적"이라는 심리학계의 오랜 신화의 바탕이 되어왔다. 물론 분석적 두뇌와 창의적 두뇌라는 대척 구도가 반드시 옳다고 할 수는 없지만, 이 개념은 로저 스페리, 조지프 보건, 마이클 가자니가가 심각한 간질병 환자들의 양쪽 두뇌를 심각한 수준으로 절제했더니(뇌량 절제술이라고 한다) 질환을 다스릴 수 있었다는 관찰 결과에서 비롯된 것이었다.**35** 뇌량 절제술은 발작 증세가 한쪽 뇌에서 다른 쪽 뇌로 "확산하는" 것을 방지했지만, 동시에 그 환자들의 양쪽 두뇌가 서로 정보를 주고받는 것까지 막는 결과를 가져왔다. 따라서 양쪽 두뇌가 다른 쪽으로부터 정보를 받지 않는 상태에서, 안다는 것이 과연 무엇인지를 살펴볼, 매우 드물지만 절호의 기회가 되었다.

연구자들이 사용한 방법은 내가 읽기 능력을 연구할 때 사용한 방법과 같았다. 그들은 화면 한쪽에 단어나 그림을 보여주면서 시각 정보가 그 반대쪽 뇌로 전달되는 효과를 극대화했다. 좌뇌의 말하기 능력이 더 우세하다는 통념에 걸맞게, 뇌량을 절제한 환자들 **대부분은** 좌뇌가 먼저 인식하는 화면 오른쪽에 나타난 단어나 그림에 관해서만 말할 수 있었다. 그런데 여기에 흥미로운 대목이 있었다. 화면 왼쪽에 그림을 보여주어 우뇌만 볼 수 있도록 한 다음 뇌량 절제 환자에게 무엇을 보았느냐고 물었을 때, 그들이 한결같이 "아무것도 보지 못했다"고 답한 것이다. 그들이 말하는 두뇌는 좌뇌인데, 좌뇌는 아무것도 보지 **못했기** 때문이다. 그러나 왼손에 연필을 쥐어준 다음 우뇌가 본 것을 **그려보라고** 했을 때는 그릴 수 있었다! 놀랍지 않은가? 그러나 놀라기에는 아직 이르다. 더 이상한 이야기가 아직 남아 있다.

대학원 시절 스페리 교수 밑에서 이 연구를 시작한 마이클 가자니가는 이 실험을 수행하는 과정에서 매우 놀라운 사실을 발견했다. 환자들이 이따금 자기 왼손이 하는 동작을 바라보고 있을 때(양쪽 두뇌를 모두 사용해서), 아무것도 보지 못했다고 한 자신의 말과 지금 손으로 그리고 있는 것 사이의 불일치를 메우기 위해서 스스로 이야기를 꾸며내고는 했다. 또 한 예로 가자니가는 두 가지 그림이 한 화면에 동시에 나오는 장면을 만들었다. 그 화면의 오른쪽에는 태양이, 왼쪽에는 모래시계가 있었다. 그가 환자에게 "무엇이 보입니까?"라고 묻자, 환자는 "태양이 보입니다"라고 답한다. 좌뇌, 즉 말하는 쪽 뇌에서 얻은 정보를 근거로 답한 것이다. 가자니가는 환자의 왼손에 연필을 쥐어주며 "한번 그려보시겠습니까?"라고 묻는다. 그러면 환자는 모래시계를 그린다. 왼손을 제어하는 우뇌가 본 것이 모래시계였기 때문이다. 이제 말하는 좌뇌는 왼손이 그려놓은 것을 볼 수 있으므로, 왜 그런 그림을 그렸는지 이야기를 지어내기 시작한다. 가자니가가 다시 한번 묻는다. "무엇이 보였습니까?" 환자는 "태양"이라고 답하면서 이렇게 덧붙인다. "그런데 저는 해시계를 생각하고 있었기 **때문에** '시계'를 그렸어요." 좌뇌가 아는 것과 눈에 보이는 것 사이에 타당한 연관성을 **지어낸** 것이다. 이것이 바로 환자의 두뇌가 시나리오 만들기에 관여한 현장인 셈이다.*

---

* 앨런 알다와 가자니가가 "조"라는 뇌량 절제술 환자에 관해 대담을 나눈 유튜브 영상을 "주"에 소개해두었다.[36] 매우 놀라운 내용이다!

가자니가는 이 실험 과정에서 우리 두뇌의 말하기 담당 영역이 여러 사건의 관련성에 관한 **인과적인 해명**을 지어내기도 한다는 것을 우연히 발견했다. 이후 가자니가를 비롯한 다른 과학자들(나도 포함된다)은 정상인이든 뇌량 절제술을 받은 환자이든,[37] 양쪽 두뇌 사이에 이런 "추리" 과정이 차이가 있는지를 실험적으로 연구해왔다.[38] 그 결과 대다수 사람에게, 좌뇌는 타당하다고 판단되는 세부 사항을 근거로 하여 두 사건을 연관 짓는 가정을 만들어낸다는 결론에 도달했다. 나아가 가자니가는 이런 능력에 착안하여 좌뇌를 "해석 장치"라고 명명했다. 이 발견 이후 많은 언론인과 연구자들이 **분석적인** 좌뇌라는 개념을 창안하게 되었다.

여러분도 짐작하겠지만 이런 분석, 즉 관찰한 사건으로부터 인과관계를 거꾸로 추정하는 방식은 미래를 예측하는 데에 대단히 중요하다. 더구나 건강한 두뇌는 언제나 이런 방식을 사용한다는 점을 분명히 밝혀둔다. 두뇌가 분리된 환자들의 좌뇌가 자신이 제어하지 못한 행동을 지켜보고 그 격차를 해명하기 위해서 이야기를 지어내듯이, 여러분의 두뇌도 자기가 하는 일을 관찰할 때마다 그 인과관계를 설명하기 위해서 끊임없이 이야기를 창조해낸다. 물론 여러분의 양쪽 두뇌는 서로 원활하게 소통하겠지만, 사실 여러분이 하는 행동들 중에는 두뇌가 무의식적으로 수행하는 것이 너무나 많은데, 그럴 때마다 여러분의 해석 장치는 그 격차를 채워넣어야 한다.* 그러나 이 과정이 너무나 자주, 자연스럽게 일어나므로 우리는 두뇌의 시나리오 만들기 과정을 거의 눈치채지 못한다.

여러분의 두뇌가 이야기를 지어낸다는 사실이 믿어지지 않는다면, 한동안 의식을 잃고 있다가 깨어났을 때를 떠올려보라. 나는 대학원 시절, 내

---

* 이 이야기는 제6장 "길 찾기"에서 더 자세하게 다룰 것이다.

기억에 가장 놀라운 일을 경험했다.* 짤막하게 설명하자면, 어느 날 내가 "정신을 차리고" 보니 아파트 현관문에 머리를 붙이고 서 있었다. 그때 가장 먼저 떠오른 생각은 "아마 낮잠을 자고 있었나 보다"라는 것이었다.** 곧이어 나의 두뇌는 그런 해석이 사실인지 아닌지 확인에 들어갔다. "문 앞에서 잠이 들다니 대단히 피곤했던 게 틀림없어!"라는 생각으로 이어졌다. 그러나 나의 두뇌는 이내 그런 생각과 반대되는 정보와 마주했다. "잠깐, 나는 문 앞에서 잠을 자지 않는데!" 그러고는 기억을 다시 뒤지며 다른 해석을 찾기 시작했다. 이윽고 살갗이 타는 듯해서 간호사에게 전화했던 기억이 났고, 나의 좌뇌는 그 정보를 근거로 그동안 잊고 있던 좀더 타당한 이야기를 새로 구성할 수 있었다!***

이 과정은 나처럼 특이한 경우라면 잊을 수 없는 경험이 되지만, 잠이 들어서 의식이 없는 경우에도 해석 장치가 발동한다. 즉 예상하지 못한 상황을 마주하면 더 의식하게 된다. 예컨대 침대 위가 아닌 곳에서 깨어나면, 아직 졸린 뇌는 보고 듣는 상황이 왜 평소와 **다른지** 궁리한다. 이런 상황에 여러분의 해석 장치가 도대체 이곳이 어디인지 파악하려고 애쓰는 소리가 마음속으로 "들릴" 때도 있다. 그렇게 의식의 점이 서로 잘 연결되지 않는 순간이라면 여러분은 두뇌의 시나리오 만들기 과정에 좀더 민감해질 수도 있다. 물론 이런 현상은 주로 읽기 영역에서 연구되지만, 두뇌가 좀더 균형 잡힌 사람들은 폭넓은 맥락에 의지하여 상황을 이해하는 데에 비해, 편향된 두뇌를 지닌 사람들은 구체적인 세부 사항에 집중

---

* 걱정하지 마시라. 이 이야기는 전체 관람가이다.
** 싱글 맘 대학원생인 나는 너무 피곤해서 아무 곳에서나 잠이 드는 일이 허다했다.
*** 나는 일부 비타민 보조제 때문에 니아신 홍조 반응이라는 부작용을 겪었다. 추천하지 않는다.

하는 경향이 강하다.

이렇게 말하면 매우 **이상하게** 들릴 수도 있지만, 여러분의 두뇌가 여러분에게 이야기하지 않으면 큰 문제가 있는 것이다. 예를 들어 일반적인 속도로 대화를 주고받을 때, 여러분이 만약 "그들은 사과를 요리하고 있다"라는 상대의 말이 무슨 뜻인지 단 5초라도 궁금해진다면 그다음에 하는 **열 마디** 말을 놓치고 말 것이다. 그러면 대화를 이어가기 어려워진다!

아직 체계적으로 연구된 바는 없지만, 이 대목에서 내가 항상 궁금해하던 질문이 있다. 우리의 의식적인 시나리오 만들기 과정은 말하기와 얼마나 밀접한 관련이 있을까? 2020년 1월경 한창 트위터에 떠돌던 이야기에 따르면,[39] 방금 내가 언급했던 마음속 생각이 "들리는" 것 같은 경험을 누구나 겪지는 않는 듯하다. 사실 마음속의 생각을 있는 그대로 듣는 경험을 한 번도 해보지 않은 사람이 많다(남편 안드레아도 마찬가지이다). 그렇다면 균형 잡힌 두뇌를 지닌 사람은 말하기와 해석 기능이 서로 다른 쪽 뇌에 부여된 것이 아닌가 하는 의문이 들었다. 만약 그렇다면 그런 사람에게는 "개인적 이야기"가 전혀 다른 성격을 띠는 것 아닐까? 이런 이야기의 비서사적인 형태란 과연 어떤 것일까?*

양쪽 두뇌가 서로 단절된 환자를 관찰한 결과에 힌트가 있다. 그런데 그 힌트는 주로 우뇌보다는 좌뇌에서 일어나는 일을 "확인해주는" 것 같다. 뇌량 절제술을 받은 비키라는 환자가 있었는데, 그녀는 수술 직후 장을 보러 가는 일부터 그날 입을 옷을 고르는 것까지 일상의 모든 활동이 힘겨워졌다고 말했다. "오른손으로 무엇인가를 잡으려고 할 때마다 왼손

---

* 안드레아에 따르면, 비언어적 유형은 "의식의 넷플릭스", 언어적 유형은 "의식의 팟캐스트"를 가지고 있다고 한다.

이 불쑥 끼어들어 서로 싸움을 벌이다시피 했습니다……. 마치 양손이 서로 밀어내는 자석처럼 느껴졌어요."**40** 이런 일화를 보면 두 가지 분명한 사실을 확인할 수 있다. 첫째, 양쪽 두뇌가 수술을 통해서 서로 분리된 후에는 각자가 세상을 이해하는 방식이 다르므로 행동 방식에 대한 **생각도** 서로 달라진다. 둘째, 환자들이 **말로 표현하는** 주관적인 경험은 그들의 좌뇌가 행동하는 방식과 일치한다.

다행히 건강한 우리에게는 뇌량이라고 하는 대략 1억5,000만 개의 고성능 뉴런이 양쪽 두뇌를 연결하고 있어서 각자가 보는 세상의 정보를 신속하게 서로 주고받을 수 있다. 따라서 가끔은 무슨 옷을 입을지 고민하지만, 우리는 양쪽 두뇌의 통합 정보를 활용하는 하나의 통일된 "자아"가 이런 문제를 결정하는 것을 매일 경험한다. 다음의 두 장에서는 한쪽 뇌로부터 다른 쪽 뇌로의 정보 흐름을 통제하는 신경공학의 원리에 대해서 다룰 것이다.

요약 : 전체적, 구체적인 차원에서 진행되는
다양한 두뇌 연산이 우리의 이해를 형성한다

다음 장으로 넘어가기 전에 이 장에서 다룬 핵심 개념을 간단히 정리해보자. 다음 장부터는 이런 개념을 바탕으로 두뇌의 활동 방식을 더 자세히 살펴볼 것이다. 양쪽 두뇌 구조 사이의 관계와 반구들이 수행하는 다양한 연산에 관한 내용이 가장 중요하다. 거의 **모든** 사람의 좌뇌 구조는 분할 정복 방식에 최적화되어 있는 것 같다. 즉 좌뇌는 모듈을 사용하여 상호작용에 관여하지 않는 전문화된 연산을 수행한다. 이것은 마치 나무를 한 그루씩 심어 이해의 숲을 가꾸는 과정에 비유할 수 있다. 반면에 우뇌는 큰 그림을 그리는 방식을 취한다. 다양한 처리 장치로부터 정보를 최대한 많이 모으고 통합하여 어떤 사건이나 시나리오에 관한 일관된 이야기를 형성하는 것이다. 비유하자면 우뇌는 이렇게 말하는 셈이다. "내가 숲속에 있다는 것은 이미 알고 있어. 그러니 내 앞에 서 있는 키 큰 녀석은 나무가 틀림없어!"

극소수의 사람들에게서 이런 구조적 차이가 반대로 나타나는 경우가 있기는 하지만, 여러 두뇌마다 보이는 차이 중 가장 큰 것은 양쪽 두뇌가 전문화된 정도라고 할 수 있다. 물론 양쪽 두뇌가 세상을 서로 다른 관점으로 보는 데에서 얻는 장점도 있지만, 양쪽 두뇌가 극단적으로 편향될 때에는 부상에 취약하다는 점 외에도 큰 그림을 보아야 하는 기능에 약점을 보이는 등 여러 단점이 따른다.

이 장에서는 또 말하기나 문해력 같은 특정 기능이 좌뇌나 우뇌에 부여되는 과정이 양쪽 두뇌의 차이뿐만 아니라 어떤 사람이 해당 과제를 수행해본 경험이 얼마나 많은지에 따라서도 달라진다는 내용을 다룬 바 있다. 그러나 우리가 아직 언급하지 않은 미묘한 차이도 있는데, 이런 차이에 따라서 양쪽 두뇌가 어떤 기능에 얼마나 공헌하는지가 시시때때로 달라진다.

예를 들어 카사그란데와 베르티니의 연구에서는 오른손을 주로 쓰는 16명의 건강한 피험자를 대상으로, 그들이 깨어 있는 시간과 자는 시간 중 다양한 시점에 두뇌 활동과 두 손의 능숙도를 측정했다.[41] 그들은 피험자들이 깨어 있을 때는 모두 좌뇌의 활동이 더 활발하고 오른손을 더 잘 쓰지만, 잠이 든 직후와 깨어난 직후에는 우뇌가 더 활발하고 왼손이 더 능숙하다는 사실을 발견했다! 이 사실은 우리에게도 하루의 시작이나 끝 무렵에는 우리 두뇌의 나머지 반쪽이 어떤 "생각"을 하는지 엿볼 기회가 있음을 의미한다. 물론 우리가 그것에 관해 능숙하게 "말할" 수는 없지만 말이다.

이런 내용이 기이하다고 생각하는 사람이라면, 양손을 오랫동안 꽉 쥐고 있는 것만으로도 한쪽 뇌의 활성화 수준이 달라져 사고와 감정, 행동에 영향을 준다는 실험이 여러 차례 진행되었다는 사실을 참고할 만하다. 그중에는 왼손을 주먹 쥐면 특정 자극을 싫어하는 정도, 즉 "회피" 감정이 상대적으로 증가하는 데에 비해, 오른손을 꽉 쥠으로써 좌뇌의 운동 겉질이 활성화되면 특정 물체를 좋아하는 감정,**42** 즉 "접근" 동기가 향상된다는 실험 결과가 있었다. 이런 연구 결과는 사람들의 두뇌마다 지닌 편향성의 차이는 어느 정도 안정적인 것이 사실이지만, **내부적으로는** 바뀔 수도 있다는 점을 시사한다. 즉 평생을 살아가면서 특정 과정을 더 많이 경험함에 따라 천천히 바뀌기도 하고, 다양한 종류의 각성 상태를 겪거나 좌우 어느 쪽 뇌를 더 활성화하는 환경 요소에 반응하면서 **빠르게** 바뀌기도 한다. 따라서 아침에 눈을 떠서, 혹은 밤늦게 잠들기 직전에 마치 다른 사람이 된 듯한 **느낌**을 받았다면, 그런 순간이야말로 두뇌가 근본적으로 다른 방식으로 활동할 수도 있다는 사실을 깨달을 좋은 기회라고 할 수 있다. 다음 장에서는 두뇌 구조와 관련된 좀더 미묘한 측면을 살펴보고, 화학적 구성요소가 양쪽 두뇌의 내부는 물론 둘 사이에서 서로 주고받는 정보의 종류를 결정한다는 사실에 대해 알아보자.

2

칵테일 기술

두뇌의 화학 언어

이번 장에서는 두뇌의 구조적 특징 중에 가장 작은 부분, 즉 신경전달물질에 관해서 살펴보자. 신경전달물질이란 한마디로 뉴런의 통신 과정에서 핵심 역할을 하는 화학물질을 말한다. 모든 두뇌가 이 화학물질을 사용하지만, 특히 인간의 두뇌는 **수백 종의*** 신경전달물질을 소비한다.[1] 여러분의 두뇌는 매 순간 이런 물질들로 구성된 고유한 칵테일의 바다에 떠있다고 생각하면 된다.

친구들과 어울려 마리화나를 피우거나,** 사교 모임에서 두세 가지 알코올음료를 즐겨 마셔보았다면 두뇌의 칵테일 기술에 관한 중요한 요소를 이미 이해하고 있다고 볼 수 있다. 첫째, 여러분의 두뇌의 화학적 구조에 영향을 미치는 물질은 생각과 감정, 행동을 매우 극적으로 바꿀 수 있

---

*   이 숫자는 신경전달물질의 등급이나 화합물의 종류에 따라 달라진다. 그러나 이 책의
     목적에 비추어볼 때 그리 중요한 사실은 아니다. 이 분야의 거의 모든 연구가 대상으로
     삼는 신경전달물질은 그 종류가 극히 제한되기 때문이다.
** 들이마시기도 했을 것이다. 너무 놀라지 말라. 이미 여러 곳에서 합법화된 일이다.

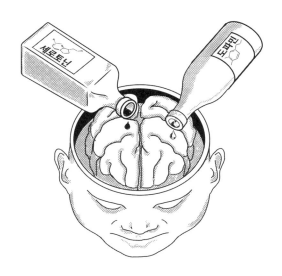

다. 둘째, 이런 변화는 사람마다 다른 모습으로 나타난다. 그리고 이 두 가지 현상 모두 두뇌가 화학물질을 통신체계에 사용하는 다양한 방식과 관련이 있다. 이번 장에서 여러분은 이토록 작은 요소가 여러분의 생각과 감정, 행동에 그토록 큰 변화를 초래하는 이유를 알게 될 것이다!

예를 들어 세계에서 가장 널리 알려진 약물인 카페인을 생각해보자.* 커피나 차 등 카페인이 함유된 음료를 한잔 마시면 체내의 화학물질 구성 비율에 다양한 변화가 일어난다. 그중에서도 가장 놀라운 사실은 두뇌에 **도파민**dopamine이라는 신경전달물질의 양이 증가한다는 것이다.[2] 도파민은 여러분의 신경 칵테일에서 가장 중요한 요소이다. 도파민이 두뇌의 행복회로를 돌리는 화학물질이기 때문이다. 모든 두뇌는 좋은 기분을 느끼려고 하므로, 두뇌의 도파민 회로는 학습과 의사결정에 깊이 연관되어 있

---

* 2014년에 발표된 한 설문조사에 따르면, 미국인의 85퍼센트는 하루에 최소 한 잔 이상의 카페인 음료를 마신다고 한다.[3] 더구나 이 통계에는 초콜릿이 포함되어 있지 않다!

다. 도파민 회로의 목적은 여러분이 세상을 살아가면서 크고 작은 결정을 내릴 때마다 가장 행복한 감정을 느낄 수 있도록 하는 데에 있다. 바로 이것이 오늘날 카페인 음료가 이토록 많은 사람에게 사랑받는 이유이다.

이제 어떤 두 사람의 기본적인 도파민 수치 차이가 여러분이 아침마다 카페인 한잔을 마시기 전과 후의 차이보다 더 큰 경우를 생각해보자. 한 사람은 평소의 기분이 여러분이 에스프레소를 한잔 마신 후와 같고, 다른 사람은 가장 기분이 좋을 때가 여러분이 아침에 커피나 차를 마시기 전과 같다.

여러분의 신경 칵테일에 포함된 여러 요소의 차이가 생각과 감정, 행동에 미치는 영향을 이해하기 위해서, 앞 장에서 다루기 시작한 구조와 연산, 기능의 관계에 대해 좀더 자세히 살펴보자. 우선 "편향된" 두뇌에서 연산의 차이는 **수백만**, 심지어 **수억** 개의 뉴런들이 네트워크를 구성하는 방식에서 비롯된다는 사실을 생각해야 한다. 그러나 "서론"에서 언급했듯이, 뉴런 하나하나는 **사실상** 하는 일이 모두 같다. 뉴런의 연산 작업은 주변의 다른 뉴런이 "전하는 말"을 듣고, 자신의 신호를 다음 단계로 전달할 만한 증거가 충분한지 판단하는 것이다.

사실 개별 뉴런이 어떤 **기능**, 예컨대 "말하기"에 공헌하는 정도는 주로 뉴런이 두뇌의 어디에 있느냐에 따라서 달라진다. 왜냐하면 위치는 뉴런이 어떤 말에 귀를 기울일지를 결정하는 주된 요소이기 때문이다. 즉 한 뉴런이 발휘하는 기능은 그것이 수행하는 연산의 입력 정보에 전적으로 좌우된다.

이런 사실은 1988년에 일단의 신경과학자들이 갓 태어난 담비의 두뇌를 수술하여 눈에서 신호를 받아들이는 뉴런과 귀에서 정보를 받아들이는 뉴런을 서로 연결하면서 두뇌 구조를 바꾼 결과 명백히 밝혀졌다.[4] 신경과학자들은 원래 소리를 듣는 기능을 담당하는 두뇌 영역인 청각 겉질을 사용하여 사물을 보는 담비를 창조해낸 것이다. 결국 그 담비의 청각 겉질은 이전과 같은 입력 정보를 받고서도 사물을 보는 **기능**을 획득하게 되었다.[5]*

그러나 공감각을 보이는 사람에게서 신경 신호가 서로 바뀔 때[6] 어떤 일이 일어나는지를 보여주는 놀라운 자연의 증거를 확인할 때도 있다. 이것은 정신이나 두뇌에 두 가지 감각 정보가 섞일 때 일어나는 현상으로,[7] 전체 인구의 약 2–4퍼센트 정도가 겪는 것으로 알려져 있다. 이런 사람들은 다양한 음식의 맛을 볼 때 형태(사각형이나 원 모양 등)를 느끼거나, 특정 글자나 단어를 보면 여러 가지 색상이 떠오른다고도 한다. 무려 860억 개의 뉴런이 앞다퉈 두뇌에 메시지를 전하면 누가 누구에게 말하는지(그리고 듣는지) 알기 위해서 조직적인 체계가 필요하므로 이런 현상이 발생한다고 설명할 수 있다.

이 책의 취지에 충실하게도, 이 구조적 문제―뉴런이 기능을 체계적으로 관리하기 위해서는 서로 중복되는 신호를 구분 및 확인해야 한다는 문제―는 나름대로 몇 가지 해결책이 있는 두뇌–설계 공간을 만들어냈다. 얄궂게도 이렇게 큰 문제가 발생하는 곳이 실제로는 아주 작은 공간이다. 그곳은 **시냅스**synapse라는 뉴런들 사이의 공간으로, 크기가 머리카락 지름의 2,000분의 1에 불과한 0.02마이크론 정도의 간격이다. 이곳이 바로 여러분의 칵테일 기술이 뉴런의 기능 형성에 결정적으로 작용하는 장

---

* 이 담비들의 시력이 수술받지 않은 정상적인 담비의 수준에 미치지는 못했다는 점에 주목할 필요가 있다. 앞 장에서도 살펴보았듯이, 이런 사실을 보면 자연이 특정 두뇌 영역에 특정 기능을 부여한 이유가 있음을 알 수 있다. 청각 겉질도 시각 겉질이 하는 일을 수행할 수는 있지만, 시각 겉질이 하는 만큼 잘 하지는 못한다.

소이다. 각 뉴런이 다른 뉴런과 얼마나 활발하게 의사소통하는지를 결정함으로써 말이다.

이 과정을 이해하기 위해서, 뉴런들 사이의 통신을 어렸을 때 즐기던 전화놀이에 비유해서 설명해보자. 전화놀이는 처음에 한 사람이 옆 사람에게 비밀 이야기를 귓속말로 전하는 것으로 시작한다. 그 이야기를 들은 사람은 다시 옆 사람에게 귓속말로 전달하고, 똑같은 과정을 반복하여 맨 처음에 이야기를 시작한 사람에게로 다시 돌아오는 것으로 끝이 난다. 이 놀이에서 가장 재미있는 점은 이야기가 돌아왔을 때 대개 처음의 내용과 완전히 달라져 있다는 것이다. 말이 전달될 때마다 청자는 약한 신호(귓속말)와 시끄러운 환경(아이들이 떠드는 경우가 많다) 때문에 어느 정도 메시지를 임의로 해석할 수밖에 없다. 그 결과 "바나나 케이크를 먹고 싶어요?"라는 원래 메시지가 "반반한 에이스는 보고 왔어요"로 바뀌는 경우가 허다하다.

믿기지 않겠지만, 여러분의 두뇌가 활동하는 방식도 크게 다르지 않다. 단, 뉴런 사이의 귓속말이 신경전달물질이라는 점만 다르다. 사람들이 귓속말로 주고받는 메시지가 입에서 귀로 전달되는 음파의 형태를 띤다면, 뉴런 사이의 공간으로 전달되는 메시지는 화학물질의 형태를 띤다. 바로 여기에서부터 두뇌의 가장 작은 구조적 특징, 즉 화학물질이 여러분의 행동 방식을 형성하기 시작한다.

우선 각 뉴런이 두뇌 속의 다른 뉴런을 향해서 메시지를 전달하는 능력이 제한되어 있다는 사실을 말해둔다. 뉴런은 자신의 목적을 달성하기 위해서 주로 쓰는 화학물질이 따로 있다. 실제로 어떤 뉴런이 자신이 들은 메시지가 정말 마음에 든다면, 여러분의 신경 칵테일에 자기 화학물질을 최대한 방출하고는 일시적으로 마비 상태에 빠져버린다. 이는 마치 데이

팅 앱에서 이성의 관심을 끌 만한 권한을 모두 써버리는 것과 같다.* 실생활에서 예를 찾아보자면 햇빛이나 카메라 플래시를 바라본 직후 시야에 사각지대가 생기는 현상과 비슷하다.** 그토록 강렬한 빛을 보면 눈 뒤쪽의 뉴런이 흥분하여, 모든 화학물질을 분비하며 자신이 속한 네트워크에 그 사실을 알리려고 애쓴다. 그러나 햇빛을 바라보는 것은 눈에 해로우므로, 안전한 실험의 예를 한 가지 들어보자.

위의 레코드판처럼 생긴 이미지의 가운데에 10초간 시선을 집중하라. 그런 다음 쪽의 빈자리, 혹은 주위를 둘러보거나, 아니면 아예 눈을 감아보라. 일시적으로 **환영**이 보일 것이다. 이런 안전한 실험을 자유롭게 몇 번이고 반복해보라.

여러분이 본 것을 역전된 "잔상"이라고 한다. 가운데가 어둡고 바깥이

---

* 물론 데이팅 앱과 신경 칵테일의 관계는커녕 데이팅 앱에 그런 기능이 있다는 사실조차 모르는 분도 있을 것이다.
** 참고로 이런 행동은 하지 말기 바란다. 햇빛을 정면으로 바라보면 망막에 영구 손상을 입을 수 있다.[8] 이것은 도시 전설 같은 것이 아니라 사실이다.

밝은, 마치 "사우론의 눈(소설 『반지의 제왕*The Lord of the Rings*』에 나오는 절대악의 상징/역자)"처럼 생긴 이미지가 눈에 보일 것이다. 시야의 중심에서 밝은 빛을 보게 해주는 뉴런과 그 주변의 고리에서 어둠을 감지하게 해주는 뉴런에서 신경전달물질이 고갈되었기 때문에 일어나는 현상이다.* 그리고 그 뉴런들이 전달물질을 잃어버리면, 그 소식을 "듣고" 자신의 의견을 전달하는 주변의 연결된 뉴런들은 **정반대**의 사건이 일어났다고 해석하게 된다.

결국 환각은 여러분의 두뇌가 정보 처리 과정에서 기본적으로 있는 시끄러운 배경 소음으로부터 "외부 세계"의 불완전한 정보를 **해석할** 때에 일어나는 일을 직접 경험할 수 있게 해준다. 더구나 이 방법은 **여러분**이 경험하는 현실이 두뇌가 만들어낸 산물임을 약물에 의존하지 않고 깨달을 수 있는 가장 중요한 방법이기도 하다.

그러나 모든 두뇌에는 처음부터 통신에 필요한 요소가 다양하게 있다. 예를 들어 우리가 실험실에서 잔상에 관한 실험을 해보면, 피험자들이 얼마나 오랫동안 이미지를 바라보아야 잔상이 보이는지, 또 그 잔상이 얼마나 오래 지속되는지 등은 사람마다 다르다는 것을 알 수 있다. 실제로 캘리포니아 대학교 총장과 국립과학재단 이사를 역임한 리처드 앳킨슨의 실험에 따르면, 사람마다 잔상이 지속되는 시간에서 보이는 차이가 최면 감수성[9]이나 개인 간 신경화학물질의 차이와도 관련이 있다고 한다.[10]

신경 칵테일을 구성하는 화학물질의 차이가 여러분의 고유한 생각, 감정, 행동에 어떤 영향을 미치는지 이해하려면 이런 구조적 특징을 더 자세

---

* 실생활에서 우리는 초당 몇 차례나 눈동자를 움직인다. 이렇게 함으로써 우리는 정보를 작은 조각으로 나누어 입수하며, 그동안 시각 뉴런은 신경전달물질을 다시 보충할 수 있다.

하게 살펴보아야 한다. 다음 절에서는 두뇌의 화학적 통신체계의 활동 원리, 그리고 다양한 설계 구조에 따르는 비용과 편익을 살펴보자.

신경전달물질의 차이에 따른 비용과 편익

신경전달물질이 부족하면 어떤 대가가 따르는지는 비교적 쉽게 이해할 수 있다. 잔상 경험에서 알 수 있듯이, 뉴런에 "연료가 바닥나면" 두뇌의 전화놀이에서 이루어지는 신호전달 과정이 멈춘다. 더 나아가 여러분의 뉴런 일부가 마비되면 여러분이 세상을 경험하는 방식이 근본적으로 달라진다. 실제로 미국 성인의 7.8퍼센트에 해당하는 우울증 환자들[11]은 두뇌에 행복 물질인 도파민과 이와 관련된 신경화학물질이 부족할 때 얼마나 큰 고통이 따르는지 잘 알고 있다.

그렇다면 왜 두뇌는 자신이 원하는 화학적 통신체계를 모든 뉴런에 무한히 공급하지 않는 것일까? 아주 미량의 화학물질이라고 해도 분명히 공간을 차지한다는 점을 가장 먼저 떠올릴 수 있을 것이다. 그리고 알다시피 두뇌 속의 공간은 제한되어 있다. 그러나 두뇌가 모든 화학물질을 확보할 때에 발생하는 비용과 편익은 단순히 공간의 문제보다 훨씬 더 복잡한 측면이 있다.

신경 칵테일에 구성요소가 **너무 많을** 때 발생하는 비용을 이해하려면, 뉴런들이 이런 화학물질을 사용해 의사소통하는 과정을 좀더 자세히 살펴보아야 한다. 가장 먼저, 한 뉴런이 이웃 뉴런에 화학적 메시지를 "귓속말"로 전달할 때, 자신이 전달하는 메시지를 누가 받을지 전혀 **통제할 수** 없다는 사실에 주목해야 한다. 그 뉴런은 그저 화학적 신호를 칵테일의 바다에 무작위로 던져놓을 수밖에 없다. 이것은 아이들이 전화놀이를 하는 상황과 전혀 다르다. 전화놀이에서는 메시지가 발신자로부터 수신자에게 일대일로 직접 전달된다. 반면에 두뇌에서는 수만 개의 발신 뉴런이 전달하는 귓속말을 어떤 수신 뉴런이든 마음대로 듣고 공유할 수 있다!

이런 두뇌 구조에는 소음이 너무 많이 발생한다는 문제가 있다.* 그리고 주변에 화학적 신호가 많이 돌아다닐수록 수신 뉴런이 이웃의 귓속말을 알아듣기도 매우 어려워진다. 더구나 이상적인 경우라면 모든 뉴런의 화학적 메시지는 여러분의 외부에서든 내부에서든 시한이 정해져 있어야한다. 그러나 그 메시지가 즉각 **접수되지** 않으면, 계속해서 두뇌 속을 떠돌아다니게 된다. 메시지를 보낸 시간과 받는 시간 사이의 격차가 벌어질수록 그 메시지는 효력을 잃어버린다. 이미 짐작하겠지만, 이렇게 되면 완전히 새로운 소음이 발생한다. 예를 들어 여러분의 두뇌 속에서 한 뉴런이 **지금** 주변에서 일어나는 일과 5분 전에 일어난 일을 조합해서 어떤 결정을 내리려고 한다고 생각해보자. 그럴 경우, 순간적인 판단에 따라서 하는 모든 행동이 재앙이 될 것이다. 그러므로 특정 화학물질이 부족해도 두뇌의 일부가 마비되지만, 화학물질이 너무 많아도 두뇌가 엉뚱한 뉴런으로부터 메시지를 받거나 올바른 뉴런의 메시지라도 제시간에 받지 못해 이른바 "시끄러운" 상태가 되므로, 결국 주변 세상을 제대로 이해하지 못하게 된다.

다행히 두뇌의 화학적 의사소통 과정이 방금 묘사한 것처럼 마구잡이로 이루어지지는 않는다. 우선, 가까운 거리가 중요하게 작용한다. 뉴런들 사이의 거리는 머리카락 굵기보다 훨씬 더 짧으므로 멀리 떨어진 뉴런

---

* 이런 소음은 두뇌의 특징이지만, 한편으로는 도청 장치임이 밝혀졌다. 이 소음이 두뇌의 연산에 매우 중요한 해석 과정을 주도하기 때문이다.

보다 바로 옆 뉴런의 메시지를 먼저 들을 확률이 높다. 더구나 두뇌가 보기에 B라는 뉴런이 다른 뉴런보다 A 뉴런의 메시지를 들어야 한다고 생각하면 B의 "귀", 즉 **수용체**를 키워서 A 뉴런에 더 가까이 다가가도록 한다. 바로 우리 두뇌는 바로 **이렇게 무엇인가를 배운다!**

　나아가 두뇌가 **너무 시끄러워져서** 뉴런이 원하는 메시지를 들을 수 없는 상황을 방지하기 위해, 두뇌는 두 가지 방법으로 볼륨을 줄일 수 있다. 첫 번째는 **재흡수** 방식이다. 이것은 발신 뉴런이 방출한 화학물질 중에 어떤 뉴런에도 전달되지 않은 것이 있으면 회수해서 다시 사용하는 일종의 재활용 공정과도 같다. 재흡수 과정을 효과적으로 운영하는 뉴런은 자신의 화학물질을 조금이라도 더 효과적으로 사용할 수 있지만, 반대로 수신 뉴런들은 이렇게 "반송" 낙인이 찍힌 메시지를 받기가 매우 힘들어진다. 볼륨을 줄이는 두 번째 방법은 대사작용이다. 모든 사람의 신경 칵테일 속에는 신경전달물질을 만날 때마다 이를 분쇄하는 효소 물질이 들어 있다. 이 효소가 작용하면 나머지 메시지는 더 이상 전달되지 않는다. 그러나 이런 메시지 조각들의 일부는 다시 발신 뉴런으로 재흡수되어 다시 온전한 신경전달물질로 재구성된다. 이 네 가지 구조적 특징—발신 뉴런이 사용할 수 있는 신경전달물질의 양, 발신 뉴런이 운영하는 재흡수(즉 재활용 과정의 효율), 수신 뉴런이 지닌 수용체(귀)의 수와 거리, 뉴런들 사이에 전달되지 않은 메시지를 분쇄하는 효소의 양 등—이 합해져서 신경 칵테일을 구성하는 모든 요소의 양에 영향을 미친다.

　그러나 **여러분의** 두뇌에서 핵심적인 화학물질의 수준이 어느 정도인지 알 수 있는 구조적 특징이 또 한 가지 있다. 두뇌가 전화놀이라는 정교하면서도 한편으로는 무질서한 게임을 관리하는 중요한 방법으로서, 모든 뉴런이 "말하는" 화학적 언어가 다 똑같지는 않다는 것이다. 두 가지 언어 형식으로 메시지를 전달하는 뉴런도 있지만, 수신 뉴런의 수용체는 오직 한 가지 언어에만 반응할 수 있다.* 같은 일을 하는 뉴런 집단은 그들이 공유하는 화학적 언어를 중심으로 조직된다. 이것은 두뇌의 칵테일 기술을 이해하는 매우 중요한 특징이다. 이 장에서 알게 되겠지만, 특정 유형의 화학물질은 두뇌의 특정 기능과 연관되어 있다. 그리고 이것이 바로 여러분의 칵테일 성분을 이해하기 위해서 역설계 과정을 시작하는 지점이기도 하다!

성격으로 알아보는 신경화학

여러분의 칵테일 성분을 진단하는 한 가지 방법이 있다. 여러분의 생각과 감정, 행동의 특징을 나열해보는 것이다. 이 과정을 간소화하기 위해서 제라드 소시어의 "미니-마커스Mini-Markers" 성격 진단법[12]을 수정한 형용사 목록을 소개한다. 이런 특징 중에는 개인별 신경화학의 차이와 관련된 것이 많다는 사실을 이 장을 통해서 알게 될 것이다.[13]** 여러분이 할 일은 각 단어가 같은 연령대의 다른 사람들에 비해 **평균적으로** 여러분을 얼마나 대변하는지 생각해보는 것이다.*** 그런 다음 각 형용사가 여러분을 얼마나 잘 묘사하는지를 −3점(매우 부정확)에서 +3점(아주 정확)까지

---

* 모든 신경 수용체는 특정한 형상의 단백질로서, 특정 신경전달물질과 자물쇠-열쇠의 관계를 맺고 있기 때문이다.

** 성격이나 특질과 신경화학의 관련성을 연구한 논문은 **많으며**, 이 장에서도 그중 일부를 자세히 살펴볼 것이다. 그러나 최신 과학 논문을 읽고 싶다면 "주"에 제시된 드퓌와 트로피모바의 논문을 추천한다.

*** 물론 이것은 매일 달라질 수 있으므로, 여러 차례 시도해서 자신의 "평균"을 내보는 것이 좋다.

점수로 매기면 된다. 예를 들어 "열정적인"이라는 단어의 경우, 나는 20세 시절에는 전혀 열정적이지 않았으나 지금은 동년배에 비해 열정적인 편이므로 +2점을 줄 수 있다.

물론 자신을 솔직하게 직시할수록 정확한 평가를 얻을 수 있다. 잘 모르겠다는 생각이 들 때는 용기를 내어 가까운 사람에게 설문을 대신 작성해서 비교해달라고 부탁해도 된다.* 그중에는 "협조적인"이나 "친절한"처럼 긍정적인 특징도 있지만, "체계적이지 못한", 혹은 "이기적인" 같은 부정적인 성격도 있다. 따라서 사회적 규범을 의식하여 긍정적인 성격에는 높은 점수를, 부정적인 성격에는 낮은 점수를 주는 편향이 발생할 수도 있다. 성격 진단법 중에는 이런 문제점을 보완하기 위해서 간혹 속임수 같은 질문을 포함하기도 하지만,[14] 나는 그렇게 하지 않았다. 나의 목적은 어디까지나 여러분이 자신을 더 잘 알도록 도와주는 것이고, 이것은 단지 하나의 단계일 뿐이다! 마지막으로, 이것은 어휘력 테스트가 아니다. 따라서 무슨 뜻인지 모르는 단어가 나올 때는 사전을 찾아보면 된다. 또 어떤 단어의 미묘한 어조나 여러 가지 의미가 고민된다면 어쩌면 여러분이 너무 깊이 생각한 것일지도 모른다.

우리는 이 점수를 사용하여 여러분이 성격의 두 가지 차원 중에 어디에 해당하는지를 판단할 것이다. 그러나 그 전에 성격의 과학에 대해서 잠시 살펴보자. 한 가지 주목할 점이 있다. 이미 **수십만 명**을 대상으로 진행된 성격 분야의 방대한 연구 논문은 이런 성격 중의 일부가 군집화된 특징을

---

* 미리 말해두지만, 여러분의 지인과 의견이 엇갈린다고 해서 잘못된 것은 아니다. 자신은 물론이거니와 다른 누군가를 이해하는 일은 원래 어렵다. 그 이유는 이 책의 마지막에서 따로 다룰 것이다. 지금은 우선, 여러분만 이 일을 어렵게 생각하는 것이 아님을 알기 바란다!

성격 진단법

아래 각 형용사가 다른 동년배에 비해서 여러분의 생각과 감정, 행동을 얼마나 잘 묘사하는지를 −3점에서 +3점까지의 점수로 매겨서 단어 옆에 써보라.

−3	−2	−1	0	+1	+2	+3
부정확						**정확**
매우	보통	약간	중간	약간	보통	매우

1. 불안한 ___
2. 대담한 ___
3. 침착한 ___
4. 냉정한 ___
5. 협조적인 ___
6. 창의적인 ___
7. 체계적이지 못한 ___
8. 효율적인 ___
9. 열정적인 ___
10. 상상력이 풍부한 ___

11. 지적인 ___
12. 시기하는 ___
13. 친절한 ___
14. 변덕스러운 ___
15. 예민한 ___
16. 외향적인 ___
17. 철학적인 ___
18. 현실적인 ___
19. 조용한 ___
20. 느긋한 ___

21. 무례한 ___
22. 수줍은 ___
23. 이기적인 ___
24. 체계적인 ___
25. 말이 많은 ___
26. 소심한 ___
27. 시기하지 않는 ___
28. 고집이 센 ___
29. 내성적인 ___
30. 걱정 많은 ___

보여준다는 사실이다. "불안한"과 "시기하는"을 예로 들어보자. 이런 형용사는 두 가지 서로 다른 감정을 나타내는 말이다. **불안감**은 걱정과 두려움, 또는 불편한 마음을 가리키고, **시기심**은 다른 누군가가 가지고 있는 것을 원하거나, 다른 사람을 좋아하거나 그로부터 사랑받고자 하는 부정적인 마음을 뜻한다. 만약 여러분에게 불안하기는 했으나 시기심은 없었을 때나 그 반대의 상황을 떠올려보라고 하면 누구나 쉽게 그런 기억을 떠올릴 수 있을 것이다. 그러나 자기가 다른 사람보다 늘 불안한 편이라고 생각하는 사람은 대체로 다른 사람보다 시기심도 많은 편이라고 생각할 가능성이 높다. 그 반대도 마찬가지이다. 다른 사람보다 불안감을 별로 느끼지 않는다는 사람은 시기심도 적게 느낀다고 말할 것이다. 이것은 곧 사람에 따라 다르면서 두 가지 감정 상태에 모두 영향을 미치는 좀 더 근본적인 요소가 있다는 사실을 뜻한다. 사람들의 생각과 감정, 행동의 차이를 설명하는 데에 이런 요소가 얼마나 **많이** 필요한지에 관해서는 전문가마다 의견이 다르지만, 그런 요소가 우리의 신경화학적 차이와 관련이 있다는 데에는 모든 전문가가 동의하는 편이다.[15]* 내가 선택한 두 가지 차원은 특히 개인 간의 신경화학적 차이와 폭넓은 연관성이 있다.

여러분이 첫 번째 차원에 속한 사람인지 확인하려면, 먼저 다음의 네 가지 긍정적인 형용사, 즉 "대담한", "열정적인", "외향적인", "말이 많은"과 관련된 여러분의 점수를 모두 더한다.

이제는 앞의 네 가지 형용사와 **반대되는** 요소에 관한 점수들을 더해본다. 즉 "소심한", "수줍은", "내성적인", "조용한" 등이다. 다 더했으면 두 번째 점수의 부호를 바꾸어본다. 이 성격은 각각 반대 성향을 띠기 때문이다. 예를 들어 여러분이 만약 조용하고, 수줍고, 소심하며, 내성적이라는 데에 강하게 **동의한다면** 여러분의 점수는 −12점이 될 것이다. 그러나 이런 성격이 전혀 아니라고 판단한다면 점수는 +12점이 된다. 이제 두 점

---

* 성격의 생물학적 근거를 설명하는 이론으로는 각각 한스 아이젠크와 제프리 그레이가 제안한 이론들이 가장 유명하다. 아이젠크의 이론은 세 가지 기본적인 차원에 바탕을 둔다. 즉 외향성, 신경증, 그리고 정신증적 경향이다. 한편 그레이의 이론은 불안감과 충동성의 두 가지 차원을 근거로 삼는다. 더 자세한 내용이 궁금한 분이 이 두 이론을 비교한 매튜스의 탁월한 논문을 "주"에 소개했으니 참고하기 바란다.

수를 합한 다음 8로 나누면 성격 차원 1에 대한 여러분의 평균 점수가 나올 것이다.* 점수가 −3점에서 +3점 사이의 값이라면 제대로 계산한 결과이다.

이제 두 번째 차원의 점수를 계산해보자. 계산 방법은 대체로 위와 같다. 세 가지 긍정적인 요소, 즉 "침착한", "느긋한", "시기하지 않는"에 대한 여러분의 점수를 더한다. 그다음에는 반대되는 요소와 관련된 다섯 가지 형용사에 대해서 점수를 더한다. 즉 "불안한", "시기하는", "변덕스러운", "예민한", "걱정 많은" 등이다. 여기에서 두 번째 점수는 부정적인 요소이므로 역시 부호를 바꾼다. 이제 두 점수를 더한 다음 8로 나누면 성격 차원 2에 대한 여러분의 평균 점수가 산출된다. 이제 여러분의 칵테일 성분에 대해서 두 가지 힌트를 확보했다! 그렇다면 이것이 무엇을 의미하는지 살펴보자!

여러분은 얼마나 일반적일까?

신경화학의 차이와 개인의 성격이 맺는 관계의 핵심을 살펴보기 전에, 우선 진단 결과를 통해서 여러분이 얼마나 일반적인 신경화학의 구조적 특징을 가지고 있는지 알 수 있다는 점을 짚고 넘어가고자 한다. 무엇보다 이 진단 결과는 개인의 차이를 측정하지 않는 신경화학 연구가 여러분의 두뇌의 활동 방식을 얼마나 반영하는지를 알려준다. 성격적 특징은 "정규분포" 곡선을 그리는 경우가 많다. 정규분포란 특정 변수의 값이 달라짐

---

* 여러분의 성격을 빠르게 진단해보는 대략적인 방법이다. 좀더 전문적인 진단법에서는 복잡한 분석 방법을 통해서 여러분이 다양한 성격 차원 중에 어디에 해당하는지를 파악한다.

에 따라서 나타나는 전형적인 변화 추세를 가리키는 통계 용어이다. 쉽게 말해 어떤 변수가 정규분포 곡선을 보일 때 거의 모든 사람은 그 중간값에 가까운 값을 지니게 된다(이 경우에는 0이다). 그 평균값으로부터 어느 방향으로든 멀어질수록 사람들의 점수는 급격히 낮아진다. 이것을 그래프로 그리면 종처럼 생겼다고 해서 종 곡선이라고도 한다. 이 사실을 근거로 생각해보면, 여러분 대부분(대략 68-70퍼센트)의 점수는 각 차원의 중간 지점, 즉 -1점에서 +1점 사이에 자리할 가능성이 높다. 여기에서 좀 더 떨어져 두 번째로 큰 집단(25-27퍼센트)은 -1에서 -2점 사이, 또는 +1에서 +2점 사이에 놓일 것이다. 그리고 맨 마지막에 자리한 약 4-6퍼센트의 인구는 +2점을 넘거나 -2점에 미치지 못하는 점수를 기록한다. 분포 곡선의 맨 끝에 가까울수록 여러분의 두뇌에는 지금부터 살펴볼 화학 요소가 비정상적으로 많거나 낮은 수준을 보일 것이다.

행복의 원리 : 도파민 보상이 행동으로 이어지는 과정

성격 차원 1에서 높은 점수를 기록한 사람이라면 자신을 **외향적인 사람**이라고 인식할 가능성이 높다. 이것은 말 그대로 외향적인 성격, 즉 외부 세계로부터 정신적인 자극을 얻는 사람을 지칭하는 용어이다. 성격 차원 1에서 낮은 점수를 기록한 사람은 스스로 **내향적인 사람**이라고 생각할 것이다. 즉 외부 세계보다는 내면의 생각이나 감정에 집중하기를 더 좋아하는 사람들이다. 그러나 다음 절에서 살펴보겠지만, 사실은 중간값에 가까운 점수를 기록하는 사람이 가장 많다. 거의 모든 사람은 외부 세계와 내면에서 골고루 자극을 얻는 균형적인 성격을 보여준다. 그러나 여러분이 어느 편에 속하든, 그것은 도파민 소통 체계가 조금이나마 작용한 결과라는 것이 수많은 연구의 결론이다.[16] 그 원인을 이해하기 위해서는 여러분의 두뇌에서 뉴런이 서로 연합하여 행복 물질인 도파민을 통해 소통함으로써 이루고자 하는 공동의 목적, 즉 **보상 동기**motivation for rewards를 이해해야 한다.

이 장의 서두에서 카페인의 효과를 설명하면서 두뇌의 행복 요소인 도파민을 소개한 적이 있다. 그러나 그것이 꼭 완벽한 비유라고 할 수는 없다. 카페인이 신경계에 미치는 자극 효과 중에는 도파민과 상관없는 다른 것도 있기 때문이다. 더구나 여러분이 매일 카페인을 마시는 85퍼센트의 미국인들 중에 한 명이라면, 곧 살펴볼 이유 때문에 카페인으로 인한 도파민 수치의 증가는 그저 미미한 수준에 그칠 뿐이다. 지금은 우선, 도파민이 행복을 유발하는 전체 그림에 대해 살펴보자.

다음과 같은 시나리오를 생각해보자. 만약 여러분이 예컨대 「두뇌는 자신이 원하는 것을 원한다」라는 새로운(그리고 아주 유명한) TV 예능 프로그램에 참여자로 출연한다고 하자. 이 프로그램에서는 두 가지 선택지 중에 어느 쪽이 여러분의 두뇌에 도파민을 더 많이 방출하는가를 놓고 벌이는 게임을 한다. 올바른 선택지를 고르는 사람이 우승자가 된다! 1번 문을 선택하면 완벽한 날씨의 목가적인 산속에서 스파와 헬스장 시설을 공짜로 즐기는 휴가를 보낼 수 있고, 2번 문 뒤에는 캘리포니아 코첼라 뮤직 페스티벌의 무대 뒤를 방문하고 VIP석에 앉을 수 있는 티켓이 기다린다.* 여러분이라면 어느 쪽을 선택할 것인가?

이 게임에서 우승하려면 여러분이 가장 **원하는** 상을 골라야 한다. 이유는 간단하다. 물론 그 과정은 다소 복잡하지만 말이다. 여러분의 두뇌는

---

* 더구나 비욘세가 다시 출연한다고 한다!

행복을 **추구하므로**, 가장 큰 보상을 안겨주는 쪽을 선택하라고 명령한다. 두뇌가 더 많은 도파민을 원할수록, 두뇌는 여러분에게 무엇인가를 원하는 마음을 불어넣을 것이다.

그런데 잠깐, 우리는 처음에 두뇌의 도파민 분비량을 증대하는 약물을 이야기했는데, 지금은 스파와 코첼라 페스티벌을 놓고 선택해야 하는 상황이다. 어떻게 된 일인가? 사실, 명상에서 마약까지 우리 기분을 좋게 하는 **모든 것**은 두뇌의 도파민 수치를 높여준다.[17] 적어도 잠깐은 말이다.* 강력한 환희를 맛보든, 가벼운 기분 좋음이든, 행복한 느낌에는 모두 도파민이 관련되어 있다.

결국 도파민은 두뇌가 인생의 모든 경험을 **보상 가치**reward value로 바꾸어내는 데에 사용하는 "점수 체계"라고 할 수 있다. 다시 말해 여러분의 인생이 비디오 게임이라면, 여러분이 보유한 칵테일 중 도파민의 양은 여러분이 그 게임을 이기고 있는지를 두뇌가 판단하는 방법인 셈이다. 여기에 재미있는 점이 있다. 만약 칵테일 중 도파민에 영향을 미치는 약물을 덜어낸다면, 여러 가지 사건에 반응하는 신경화학 반응을 측정하지 않고서는 여러분의 두뇌가 어떤 "점수 체계"를 채택하고 있는지 알 길이 없다는 사실이다. 특정 시점에 "어떤 일의 상대적인 선호도" 지수는 오로지 그 사람만의 고유한 값이다. 예를 들어 매우 더운 날이라면 나는 물이나 소다보다는 얼음을 띄운 레몬차가 더 좋지만, 그것조차 바닐라 아이스크림에 비할 바는 아니다. 진심 어린 칭찬은 바닐라 아이스크림보다 **조금 더 낫**

---

* 물론 명상이나 마약이 두뇌의 도파민 수치를 높이는 방법과 그것이 건강에 미치는 혜택 혹은 위험은 완전히 다르다. 그러므로 나라면 마약보다는 명상을 권할 것이다. 다만 여기에서 말하고자 하는 요점은, 누군가가 어떤 방법으로든 행복을 경험하는 정도가 두뇌가 어느 정도의 도파민 반응을 보이느냐에 따라서 결정된다는 사실이다.

다. 물론 어떤 칭찬인지에 따라 다르지만 말이다.*

　그런데 이런 이야기가 여러분이 외향적인지, 내향적인지와 무슨 상관이 있을까? 물론 외향적인 사람과 내향적인 사람이 특정 행동에 대해서 느끼는 보상 가치는 전혀 다를 것이다. 특히 그들이 다른 사람을 상대하거나 외부 자극을 추구할 때에는 더욱 그렇다. 사람들은 이런 가치관의 차이 때문에 전혀 다른 선택을 한다. 그러나 외향적인 사람과 내향적인 사람이 원하는 바가 서로 다른 이유에도 도파민이 분명히 관련이 있다.

　이 점을 이해하기 위해서는 두뇌가 여러분에게 동기를 부여하기 위해서 도파민을 사용하는 방식을 살펴보아야 한다. 간단히 말해 두뇌는 깨어 있는 모든 순간마다 「두뇌는 자신이 원하는 것을 원한다」의 게임을 하고 있다고 보면 된다. 다만 차이가 있다면, 여러분은 미래를 볼 수 없으므로 문 뒤에 어떤 보상이 있는지, 여러분의 선택이 어떤 결과를 초래할지 알 수 없다는 것이다. 단지 과거 경험에 비추어 1번 문과 2번 문 중에 어느 쪽이 더 기분 좋은 선택일지 추측할 수 있을 뿐이다.**

　알기 쉽게 설명하자면, 여러분의 두뇌는 인생에서 아주 멋진 일이 "문" 뒤에 있다고 판단하면 도파민을 분비한다. 도파민이 분비되면 **기분이 좋아질 뿐 아니라**, 두뇌 내부에서 학습을 촉진하는 환경이 조성된다. 미래에 더 큰 보상을 얻기 위해서 도파민 신호는 두뇌의 가소성을 향상하여 성장과 변화를 촉진함으로써 그런 결정에 참여한 뉴런들이 장차 더 원활한 의사소통을 할 수 있게 한다. 그 결과 여러분이 그런 문을 다시 만났을 때, 비록 시간이 한참 지나서 지난번에 어떤 일이 있었는지 기억하지 못하

---

*　동물이 등장하는 재미있는 영상이나 훌륭한 섹스는 또 칭찬을 훨씬 앞선다. 이제 사적인 이야기는 그만하자.

**　이 내용은 제6장 "길 찾기"에서 더 자세히 설명할 것이다.

더라도 두뇌는 그 문을 다시 **열고 싶게** 만든다.

물론 이 게임이 TV 리얼리티 쇼에서 벌어진다면, 여러 개의 문을 열어 본 후에야 비로소 기분 좋은 일을 경험할 수 있다. 예를 들어 무더운 여름날 낯선 동네를 걸어가고 있다고 생각해보자. 길을 걷다가 갈림길을 마주했는데, 한 번도 가보지 않은 곳이어서 완전히 어림짐작으로 왼쪽 길을 선택했다. 그랬더니 놀랍게도 불과 30미터 앞에 "당신이 가장 좋아하는 여름철 간식"을 파는 상점이 있지 않은가! 이제 두뇌는 어떤 일이 벌어질지 안다. 전에 "좋아하는 간식"을 파는 가게를 들른 적이 있기 때문이다. 그 상점에서 맛있는 간식을 살 수 있다는 것을 안다! 그래서 두뇌는 **욕구**를 발동한다. "가게 문을 열고 줄을 서라"라고 명령한다. 그리고 "이제 원하는 것을 말한 다음, 원하는 지불 방법을 선택하라!"라고 지시한다.

당연해 보이지만, 원하는 보상을 향해서 다가가는 이런 작은 행동 하나하나는 모두 두뇌의 도파민 보상 회로에 따라 형성된 것들이다. 그렇게 손에 넣은 맛있는 간식을 한 입 베어 물 때마다 두뇌는 도파민을 분비하여 올바른 선택에 관여한 뉴런들의 통신체계를 더욱 강화한다. 생물학적 차원에서 이런 변화는 여러분의 네트워크를 구성하는 뉴런들 사이의 연결성을 증대하거나 감소시킨다. 나아가 행동의 차원에서는 이런 과정을 통해서 장차 보상을 얻는 방안을 선택할 가능성이 높아지게 된다.

이 방식이 외향적인 성격이나 내향적인 성격으로 이어지는 과정을 이해하려면 한 가지 구체적인 내용을 더 알아야 한다. 두뇌가 특정한 결과를 내기 위해 도파민을 더 **많이** 분비할수록 두뇌는 더욱 강력한 학습 효과를 발휘한다는 사실이다. 따라서 만약 그 가게가 "여러분이 두 번째로 좋아하는 간식"을 판매했다면, 같은 갈림길에서 **왼쪽**을 선택할 가능성―또는 애초에 그 동네를 다시 걸을 가능성―은 다소 낮아질 것이다.

바로 이 대목에서 내향적인 사람과 외향적인 사람의 차이가 드러난다. 외향적인 사람에게 **예상하지 못한** 보상이 돌아왔을 때, 그들의 두뇌는 똑같은 일이 내향적인 사람에게 일어날 때보다 **도파민을 더 많이** 분비하는 것으로 알려졌다. 나의 대학원 시절 친구인 마이크 코언과 그의 지도교수 카란 랑가나스* 연구진이 실험을 통해서 이 사실을 처음으로 밝혔다.[18] 코언은 자신을 "가끔 외향적이지만 기본적으로 내향적인 사람"이라고 묘사한다. 그들이 연구에 사용한 방법은 나를 포함해 많은 신경과학자가 인간 두뇌의 활동 방식을 연구할 때 많이 쓰는 자기공명영상 기술, 즉 MRI였다. 자세한 기술적 설명은 생략하지만,** 건강상의 이유로 MRI 촬영을 해본 사람이라면 이것이 체내의 여러 세포 조직을 3차원 이미지로 **매우** 자세히 촬영하는 기술이라는 것을 알 것이다. "일반적인" MRI 기술로도 두뇌 **구조**를 아주 상세한 이미지로 구현해낼 수 있지만, 불과 30년 전에 개발된 최신 기술을 사용하면 두뇌 구조의 **활동 방식**까지 들여다볼 수 있다.

간단히 말해, 대사 에너지를 많이 소모하는 두뇌가 활동하려면 인체는 산화된 피의 공급량을 늘려서 그에 필요한 에너지를 감당해야 한다. 그런데 MRI 장비는 다양한 세포 조직의 특성을 구분할 정도로 정밀한 덕에 혈액 속에 함유된 산소의 양을 측정할 수 있다. 여러분의 두뇌는 **너무나 비싼** 존재이므로, 산소화된 혈액은 두뇌가 가장 활발하게 활동하는 영역

---

* 공동 연구자로 소개한 랑가나스 교수는 이 책에서 나중에 호기심을 다룰 때 매우 중요한 연구자로 다시 등장한다.
** 사실 나는 랑가나스 교수로부터 MRI 물리학을 배웠다. 지면상의 이유로 이 책에서는 스핀 메아리나 k-스페이스와 같은 전문적인 개념을 설명할 수 없어서 안타깝다. 더 자세한 내용이 궁금하다면 "MRI 작동 원리"와 국립보건연구소를 검색해보자.[19] 동영상이 첨부된 훌륭한 논문을 찾아볼 수 있다.

에 필요한 만큼 공급된다. 따라서 만약 어떤 사람을 좁은 유리관에 눕히고 두뇌를 **완전히** 고요한 상태로 유지한 채, 헤드폰을 통해서 소리를 듣거나 눈앞에 설치한 거울로 컴퓨터 화면을 보게 하면 그의 **두뇌가 활동하는 과정을 관찰할 수 있다.** 나는 이미 16년간이나 이 실험을 해왔지만, 아직도 이것만 생각하면 소름이 돋는다. 너무 멋진 일이다!

코언의 연구에서 MRI 장비에 누운 사람들은 마치 실험실에서 잘 통제된 방식으로 「두뇌는 자신이 원하는 것을 원한다」의 게임을 하는 것처럼 행동했다. 피험자들은 매번 "안전한" 문 뒤에 존재하는 것이 과연 자신이 원하는 것인지를 선택해야 했다. 한쪽을 선택하면 80퍼센트의 확률로 1.25달러를 벌 수 있지만, 조금 더 "위험한" 다른 쪽을 선택하면 40퍼센트의 확률로 2.5달러를 벌 수 있었다. 현실 상황과 달리 피험자들은 자신의 선택에 따른 정확한 확률을 미리 들을 수 있었다. 그러나 통계에 밝은 사람이라면 이미 짐작했듯이, 어느 쪽 문을 선택하든 결국에는 벌어들이는 돈이 비슷해지게 된다. 여러분이라면 어느 쪽을 선택하겠는가?

실험 결과, 내향적인 사람이든 외향적인 사람이든, 뒤에 아무것도 없다고 판단한 문은 열려고 하지 않았다. 즉 두 집단 모두 위험한 문보다는 안전한 문을 선택하는 비율이 더 높았다. 그러나 안전한 쪽을 선택하더라도 불확실성이 완전히 사라지는 것은 아니다. 그리고 연구자들이 가장 관심 있게 지켜본 것도 바로 이 대목이었다. 현실에서와 마찬가지로, 어떤 일이 일어날 **확률**을 안다고 해서 그것이 꼭 일어날지 그렇지 않을지 **보장할 수 있는 것은 아니다.*** 코언 연구진이 가장 관심을 기울인 부분은 사실이 밝

---

* 여러분은 어떤지 모르지만, 나는 지금도 일기예보에서 비 올 확률이 10퍼센트라는 말을 들을 때마다 짜증이 난다. 내가 시애틀에 살아서 그런 것이 아니라, 예보관이 비 올 확률 10퍼센트라고 하면 열 번 중에 한 번은 꼭 비가 온다는 뜻이기 때문이다.

혀진 후에 두뇌 활동에서 보이는 **일시적인** 변화였다. 과연 내가 돈을 벌었는가, 아닌가? 독립된 두 피험자 집단 모두 자신을 외향적이라고 생각하는 사람일수록, 보상을 얻지 못했을 때보다 보상을 얻었을 때 두뇌가 더 **크게** 반응했다. 바꾸어 말하면, 내향적인 사람일수록 보상을 얻었을 때와 그렇지 않았을 때 두뇌 반응의 차이가 더 **적은** 것을 알 수 있었다.

이 실험이 비록 신경화학을 직접 측정하지는 않았지만, 도파민을 매개로 한 의사소통이 내향적인 사람과 외향적인 사람 사이에 다르게 작용한다는 것을 간접적으로 증명한 것은 분명하다. 우선, 외향적인 사람의 경우 보상을 얻은 후 산소를 더 소비한 두뇌 영역에서는 주로 도파민을 통해서 소통이 이루어진 것으로 나타났다. 그중에서도 측좌핵이라는 영역이 결정적인 증거였다. 이 영역은 도파민 보상 처리 과정과 너무나 긴밀히 연결되어, 두뇌의 "행복 센터pleasure center"라고 불리기도 한다.

결정적인 증거라고 하기에는 다소 약하지만 두 번째 힌트도 있다. 코언 연구진은 두 번째 실험에서 피험자들의 유전자를 분석하여 한 사람이 보유한 특정 도파민 수용체의 수에 영향을 미치는 유전자의 특정 형태(대립형질)를 조사해보았다.* 그들이 다양한 형태의 대립형질에 대한 사람들의 두뇌 반응을 비교해본 결과, 이것이 외향적인 사람과 내향적인 사람의 차이와 **상당히** 유사하다는 사실을 밝혀냈다. 한 집단이 다른 집단보다 불확실한 보상에 더 크게 반응한 것이다. 물론 어떤 사람의 경우 대립형질이 바뀔 때마다 스스로 외향적이라고 평가하는 정도도 크게 달라졌더라면 더욱 놀라운 발견이었을 것이다. 그러나 아쉽게도 코언의 연구에 참여한

---

* 좀더 구체적으로 설명하면, Taq1A라는 유전자 사이트는 도파민 체계 내에 뉴런을 수용하는 D2라는 도파민 수용체의 구현과 관련이 있다. 제6장 "길 찾기"에서 이것의 중요성에 대해서 자세히 설명할 것이다.

사람(총 16명 중 하나의 대립형질 집단이 9명, 나머지는 7명이었다) 중에 이런 측면에서 뚜렷한 효과를 보여준 사람은 별로 없었다.

그러나 5년 후, 루크 스밀리 연구진이 이 문제와 관련된 논란을 종결짓는 결과를 발표했다.[20] 연구진이 외향적인 성격으로 구성된 집단에서 같은 유전변이를 보이는 사람들을 조사해본 결과, 코언의 연구에서 보상에 더 큰 두뇌 반응을 보였던 대립형질을 지닌 사람이 93퍼센트에 달했으며, 그들은 그런 대립형질을 지니지 않은 131명의 피험자보다 성격도 훨씬 더 외향적인 것으로 나타났다!

이후 스밀리 연구진은 추가 연구를 통해 유전자와 두뇌 반응 모두에서 외향성과 도파민의 관련성을 입증하는 데이터를 모았다.[21] 그들은 두뇌 기능 연구에 사용되는 또 하나의 유명한 방법을 사용하여 연구했다. MRI를 보완하는 강력한 연구 방법인데, 바로 뇌파 전위 기록, 줄여서 EEG라고 한다.* EEG는 한마디로 민감한 두피에 센서를 부착하여 대량의 뉴런이 두뇌에서 동시에 의사소통하는 것을 측정해내는 기술이다. 즉 뉴런이 축적한 화학 신호를 누구든 듣는 상대방에게 발신하면, 이 과정을 통해서 세포 내외부의 전극 방향이 바뀌게 된다. 흥미로운 점은 신호를 발산하는 뉴런이 아주 많아지면 사람의 두뇌 외부에서도 전극의 변화를 측정할 수 있다는 점이다! 이런 신호가 두뇌의 어디에서 발생하는지 정확히 알기는 어려우나,** 수백만분의 1초 단위로 변화하는 두뇌의 활동 정보를 정확히 측정할 수 있다.

---

* 내가 이 기술을 사용하던 초기에는 수영모처럼 생긴 장비였다.
** 어렵지만 불가능하지는 않다. 여러 가지 정교한 알고리즘을 사용하여 두뇌 전체의 전기 거동의 변화를 측정할 수 있고, 해부학적 한계를 고려하여 두피의 특정 영역에서 전기 거동의 출처를 찾아내는 모형을 세울 수도 있다.

EEG는 MRI보다 훨씬 더 오래된 기술이므로, 신경과학자들은 사람들이 예상하지 못한 보상을 얻거나 기대에 미치지 못할 때 두뇌의 전기적 거동이 어떻게 변화하는지에 관한 증거를 꽤 많이 축적해왔다. 좀더 구체적으로 설명하면, 전극이 마이너스 방향으로 크게 움직이면—학계 용어로는 피드백 관련 부정극성이라고 한다—어떤 일이 일어나는지 꽤 정확하게 알 수 있다. EEG는 MRI보다 훨씬 더 손쉬운 방법으로서, 많은 피험자의 개인별 차이를 정확하게 측정할 수 있다.

스밀리 연구진은 2019년에 EEG를 사용한 실험에서, 총 100명의 피험자가 예상하지 못한 보상과 실패의 소식을 들었을 때 보이는 두뇌 반응의 차이를 데이터로 확보했다.[22] 이 연구에서는 세 가지 다른 방법을 통해서도 피험자들의 성격을 진단했고, 그중에는 이 장에서 이미 소개한 미니-마커스 진단법도 포함되어 있었다. 그 결과 연구진은 예상하지 못한 보상에 대한 뉴런의 반응은 세 가지 성격 측정을 통해서도 오로지 외향적인 사람들에게서만 관찰되었고, 다른 성격과는 아무런 연관성이 없음을 확인했다. 이는 마이크 코언 연구진의 연구 결과와도 일치했다.

이제 이런 결과를 도파민 보상 네트워크에 관해 배운 지식과 결합하여 여러분의 두뇌가 활동하는 방식을 이해해보자. 이상에서 살펴본 연구 결과를 통해서, 외향적인 사람일수록 예상하지 못한 보상에 두뇌가 강하게 반응한다는 점을 알 수 있다. 다시 말해, 외향적인 사람은 인생에서 기분 좋은 일을 맞이할 때마다 **행복 점수**를 차곡차곡 쌓는다고 표현할 수 있다. 이것은 외향적인 사람이 내향적인 사람에 비해 자신을 더 행복하고 낙관적이라고 생각하는 이유를 화학적으로 설명하는 것이라고도 볼 수 있다.[23] 외향적인 사람이 내향적인 사람에 비해 좋은 일이 생겼을 때 더 기분이 좋다면, 그들이 외부 자극을 더 추구하는 것도 당연할 것이다. 도파민 반응이 더 클수록 똑같은 보상을 다시 누리려는 학습 효과와 동기도 더 커진다는 것을 우리는 이미 배운 바 있다.

그러나 이런 구조적 특징의 비용은 무엇일까? 더 **행복해지는 데에 따르는** 단점이라는 것이 과연 있기는 할까? 이런 질문에 대한 해답은 아무리 기분이 좋아 보이더라도 실제로는 좋은 일이 아닐 때 그 유혹을 얼마나 이겨낼 수 있느냐 하는 것과 관련이 있다.

도파민의 "사이렌 소리"가 지닌 위력은 1950년대에 처음 밝혀졌다. 당시 과학자들은 좋은 일이 일어날 때 도파민을 분비하는 쥐의 두뇌 부위에 직접 전극을 부착해서 조사해보았다.[24] 그들은 쥐가 특정 손잡이를 누를 때마다 소량의 전기를 두뇌에 흘려보냈고, 그로 인해 엄청난 양의 도파민이 분비되었다. 이미 짐작하듯이, 도파민의 효능에 따라서 쥐는 손잡이를 누르면 좋다는 것을 금방 배웠고, 또 그렇게 행동했다. 실제로 「사이언티픽 아메리칸Scientific American」에 게재된 논문에 따르면 쥐들은 시간당 무려 5,000번이나 손잡이를 눌렀고,[25] 심지어 24시간 내내 잠시도 쉬지 않고 누른 적도 있었다고 한다!

연구자들은 이후 계속된 실험을 통해서 이 쥐들에게 도파민이 얼마나 강하게 작용했는지를 측정했다. 쥐들은 먹이와 손잡이 중 하나를 선택하는 상황에서 거의 예외 없이 손잡이를 선택했다. 심지어 며칠 동안 아무것도 먹지 않은 상황에서도 그렇게 했다. 우리는 여기에서 좋은 일에 대한 도파민 반응이 너무 클 때 치러야 할 비용을 분명히 확인할 수 있다. 「두뇌는 자신이 원하는 것을 원한다」의 게임에서는 행복이 모든 것에 우선한다.

그러나 일상생활에서는 아무리 **기분 좋은** 일이라도 그 유혹을 이겨내야 하는 경우가 (너무나) 많다. 그것이 실제로는 우리에게 좋지 않기 때문이기도 하지만, 그보다 더 좋은 일이 우리를 기다리고 있을 수도 있기 때문이다. 그런데 도파민 반응이 왕성한 사람은 그 유혹을 이겨내기가 여간 어려운 일이 아니다. 즉 나로서는 아이스크림보다는 아이스티를 거절하기가 더 쉬운 일이지만, 나보다 내향적인 사람이라면 얼마든지 둘 다포기할 수 있는 것과 같은 이치이다. 사실 스밀리가 외향적인 사람에게서더 많이 발견된다고 했던 그 유전자 변이는 집착에도 그대로 적용된다.[26] 한편, 도파민이 부족하면 냉담증에 걸릴 수도 있다.[27] 우울증 환자들이그렇듯이 아무런 기쁨을 느낄 수 없는 상태가 되는 것이다.

그러나 여러분의 도파민 반응이 어느 정도이든, 도파민은 수백 가지 요소 중에 하나일 뿐이라는 점이 중요하다. 또한 두뇌의 여러 구조적 특징과 마찬가지로, 도파민이 여러분의 행동에 미치는 영향은 다른 여러 특징에 의존할 수밖에 없다. 다음 절에서는 도파민과 흥미로운 관계를 보이는세로토닌serotonin이라는 신경전달물질에 대해 살펴보자.

세로토닌과 포만감 : 과다와 부족 사이의 균형을 찾아서

물론 행복의 영역에서 가장 중요한 요소는 도파민이지만, 도파민을 많이분비해서 얼마나 더 **행복해지느냐**를 결정하는 것은 바로 **세로토닌**이다. 세로토닌이 없이 도파민 수치만 높으면 항상 더 많은 자극을 추구하면서도 결코 **만족하지 못하는** 사람이 된다. 세로토닌은 포만감을 안겨주는 신경전달물질이기 때문이다.[28] 세로토닌은 도파민의 "양기"에 "음기"를 보완하는 역할을 담당한다. 도파민과 세로토닌은 밀물과 썰물처럼 서로 반대 방향으로 작용하는 것으로 알려져 있다. 사람들은 일상생활에서 어떤보상을 안겨줄 것으로 보이는 문이 나타나면 도파민 수치가 증대되어 그

문을 열어보고 싶은 마음이 생긴다. 그러나 일단 그 욕망이 **충족되면** 세로 토닌이 만족감의 신호를 보냄으로써 말 그대로, 또 상징적으로 "충분하다"라는 메시지를 발신하게 된다. 사실 체내 세로토닌의 90퍼센트는 소화관에서 만들어진다.[29] 그리고 두뇌의 뉴런이 세로토닌을 통해서 의사소통을 시작하면 도파민 억제 효과를 유발하여 욕구가 줄어들게 된다. 세로토닌의 포만감 신호가 없다면 우리는 마치 금붕어처럼 멈출 줄도 모르고 행복을 추구하다가 죽을 때까지 스스로를 갉아먹고 말 것이다!*

그렇다면 세로토닌 통신체계를 갖추지 못한 사람은 어떨까? 대답은 도파민이 어떤 작용을 하느냐에 달려 있다. 예컨대 세로토닌 수치가 낮아지고 도파민이 증가하면, 결과를 생각하지 않고 행동하는 성향, 즉 충동성이 증대되는 것으로 알려져 있다.[30] 사람들(동물도 마찬가지이다)이 행동에 앞에서 **먼저** 심사숙고하는 데에는 세로토닌이 도움이 되는데, 이는 세로토닌이 단지 만족감을 안겨주는 것 이상의 역할을 한다는 점을 시사한다. 도파민이 보상을 예측하는 것과 마찬가지로, 세로토닌은 싫어하는 일을 **피하게** 해주는 역할을 한다고 주장하는 신경과학자들이 적지 않다.

그러나 도파민과 세로토닌은 화학적으로 긴밀히 연결되어 있으므로, 세로토닌 수치를 저하시키는 조건은 도파민에도 마찬가지 효과를 미치는 경우가 많다. 모노아민 산화 효소MAO — 도파민과 세로토닌을 파괴하여 의사소통에 아무런 소용이 없게 하는 효소 — 가 바로 대표적인 예이다. 다른 사람보다 신경 칵테일에 포함된 MAO의 비중이 큰 사람은 도파

---

* 이럴 때에는 세로토닌을 두뇌에 주사하는 수밖에 없다![31] 나는 금붕어가 정말로 죽을 때까지 자신을 갉아먹는지 검증하는 연구에서, 연구자들이 세로토닌을 금붕어의 두뇌와 내장에 각각 주사하는 장면을 지켜본 적이 있다. 그 결과, 두뇌에 세로토닌 주사를 맞은 금붕어는 식욕을 잃었지만, 내장에 맞은 금붕어는 그렇지 않았다.

민과 세로토닌 수치가 모두 낮을 가능성이 높다. 이 두 신경전달물질이 모두 낮은 사람은 무기력과 불만족을 동시에 겪을 수 있다. 쉽게 말해 늘 배가 고프면서도 음식을 먹는 데에는 그다지 관심이 없다. 우울증 환자의 치료에 가장 많이 쓰이는 약품은 바로 MAO를 차단하여 두뇌에서 세로토닌과 도파민의 의사소통을 증진시키는 물질이다.

이미 짐작하다시피, 두뇌 칵테일 성분 중에 세로토닌의 양을 따로 구분해내는 것은 도파민과의 밀접한 관계 때문에 그리 쉬운 일이 아니다. 이 문제에 관해서는 성격 진단의 두 번째 차원에서 기록하는 점수로부터 어느 정도 힌트를 얻을 수 있다. 성격 차원 2에서 나타나는 가장 부정적인 면은 불안감과 신경증이고, 가장 긍정적인 면은 정서적인 안정이다. 세로토닌 통신 회로가 성격 차원 2와 관련이 있음을 뒷받침하는 연구가 상당히 많지만, 그 결과가 도파민과 외향성의 관계만큼 직접적이지는 않다.[32] 한편 셀렉사, 렉사프로, 프로작, 팍실, 졸로프트 등 세로토닌 수치에 초점을 맞춘 현대의 의약품들은* 주로 불안 증세나 우울증을 겪는 사람들에게 처방되는 경우가 많다. 선택적 세로토닌 재흡수 억제제[SSRI]라고 불리는 이런 약품들은 발신 뉴런의 세로토닌 재활용 능력을 차단함으로써 전달되지 않은 메시지가 더 오랫동안 돌아다니다가 적절한 수신자를 만날 확률을 증대시키는 원리를 이용한다.

이렇게 말하면, 성격 차원 2에서 부정적인 점수를 기록한 사람은 세로토닌 통신 수준이 낮은 것이 아닐까 하고 생각할 수도 있다. 그러나 첫 번째 힌트만 놓고 보더라도 세로토닌 수치와 여러분의 기분 사이에 다소 혼

---

* 이런 약물은 사실 도파민보다 세로토닌에 더 직접적인 효과가 있다. 도파민과 세로토닌은 다양한 차원에서 상호작용하므로 둘 중 어느 하나의 영향만 따로 측정하는 것은 불가능하다.

란스러운 점이 있음을 알 수 있다. 우울증과 불안감은 분명히 경험하는 증세가 서로 다른데 어째서 같은 약품으로 치료할 수 있을까?

사실 이 약품들이 모든 사람에게 효과적이지는 않다. 증상의 종류나 정도에 따라 다르겠지만, 일부 연구 결과에 따르면 SSRI 처방이 듣지 않는 환자는 3분의 1 정도에 이른다.[33] 지금까지 이 책에서 배운 내용에 비추어 볼 때 이런 사실이 그리 놀랍지 않다고 생각하는 분도 많으리라. 정신 건강이란 그 바탕이 되는 두뇌만큼이나 복잡하며, 우울증과 불안감이라는 증세도 건강을 구성하는 여러 측면의 영향을 받을 수밖에 없다. ADHD를 유발하는 조건이 이 증세가 일어나는 전체 맥락에 의존하는 것처럼, 두뇌에서 이루어지는 세로토닌 활동의 변화가 여러분의 생각과 감정, 행동에 미치는 영향도 두뇌의 내부와 외부에서 일어나는 다른 일들에 따라서 달라진다. 이 점을 염두에 둔 채, 지금부터는 세로토닌 수치 변화가 생각, 감정, 행동에 미치는 독특한 영향을 연구한 결과들을 살펴보자.

세로토닌 작용의 주요 기능이 도파민 회로에 충분하다는 신호를 보내는 것이라는 사실이지만, SSRI를 통해서 세로토닌 수치를 높임으로써 각종 기능 장애를 치료한 사람이 많다는 사실을 보면, 신경 칵테일에 세로토닌이 많이 함유될수록 좋은 것이 아닌가 하고 생각할 수도 있을 것이다. 실제로 세로토닌 부족이 우울증의 원인으로 알려지는 바람에 이것을 "행복 약물"이라고 하는 사람이 많을 정도이니 말이다! 그러나 이것이 반드시 옳은 말이라고 할 수는 없다. 최소한 "일반적인" 범위 내에서는(즉 기능 장애 수준이 아니라면), 세로토닌 수치가 지나치게 높으면 성격 차원 2의 점수가 낮아진다는 연구 결과가 상당수 존재한다.

예를 들어 일부 유전학 연구에서는 불안 증세나 신경증과 같은 성격적 특성을 자연적인 세로토닌 재흡수에 영향을 미치는 유전자 변이와 비교한 사례도 있다. 이런 유전자의 길이가 긴 대립형질을 보유한 사람들은 그것이 짧은 사람들에 비해 세로토닌 재흡수 관문(세로토닌 전달물질)을 1.7배나 더 만들어낸다고 한다. 이 물질은 미전달 메시지를 재흡수했다가 발신 뉴런이 나중에 다시 사용할 수 있게 해준다. 즉 세로토닌을 재활용하는 일을 한다. 따라서 길이가 짧은 대립형질을 보유한 사람들은 신경 칵테일에 세로토닌이 더 많이 떠돌아다니고 있는 셈이다. 다른 조건이 모두 같다면, 이런 형태의 대립형질을 보유한 사람들은 SSRI를 처방받은 사람들과 생각이나 감정, 행동이 비슷하다고 볼 수 있다. 그러나 이 유전자의 다양한 변이를 보유한 505명의 성격을 비교한 연구에서는 길이가 짧은 대립형질을 보유한 사람들이 긴 대립형질을 보유한 사람보다 불안 증세를 더 많이 토로했다고 한다![34]* 그러나 이 실험에 참여한 사람이 그렇게 많았음에도 불구하고, 세로토닌 재흡수 유전자와 불안 증세의 관계를 연구한 다른 사례에서는 똑같은 결과가 나오지 않았다.[35]

왜 그럴까?

그 이유들 중 하나로는 성격 차원 2의 특징, 즉 불안감과 유사한 성격들이 제대로 분류되지 않았다는 점을 들 수 있다. 예를 들면 시기심과 불안감을 유발하는 두뇌 요소가 서로 다른 것은 아닐까? 세로토닌 재흡수 유전자와 신경증을 구성하는 성격의 관계에 관한 26건의 연구를 분석한 결과에 따르면, 각 연구에 사용된 성격 측정 방법에 따라서 결과가 모두 달라진다는 사실을 발견했다.[36] 이런 사실은 세로토닌 수치에 따른 성격

---

* 이 연구에서 유전자 변이가 불안감에 미치는 효과는 상당히 큰 것으로 나타났지만, 그 비중은 그리 크지 않았다는 점에 주목할 필요가 있다. 유전자 변이가 전체적인 성격 변화에서 차지하는 비중은 3-4퍼센트 정도였고, 내재적인 변이에서 세로토닌 유전자가 차지하는 비중은 7-9퍼센트에 불과했다.

요소의 발현 정도가 불안감이나 신경증을 진단하는 문항에 따라 달라질 수 있다는 점을 시사한다. 불일치 현상을 설명하는 또다른 원인으로는 세로토닌 재흡수 유전자와 불안감에 속하는 성격의 관계가 도파민 수치에 의존하는데, 이들 연구에서는 이 점이 간과되었다는 점을 들 수 있다. 앞에서 설명했듯이, 도파민 수치가 높은 사람이 경험하는 세로토닌 수치의 변화는 그렇지 않은 사람과 다를 가능성이 있다. 세 번째 가능성은 불안감과 세로토닌의 관계가 외부 환경, 즉 스트레스나 "피해야 할" 자극이 얼마나 큰가에 따라 달라진다는 것이다. 다음 절에서는 두뇌가 스트레스에 반응하는 차이를 연구한 결과를 중심으로 이 세 번째 가능성에 대해 살펴보자.*

칵테일에 스트레스가 포함되면 어떻게 될까?

스트레스가 반드시 **나쁜** 것만은 아니라는 사실을 먼저 짚어두고 싶다. 스트레스를 신경과학적 관점에서 바람직하지 않은 정신 상태로 보는 사람이 많지만, 사실 그것은 두뇌와 신체가 다양한 환경에 직면할 때 보이는 아주 자연스러운 반응이다. 다른 사람과 갈등을 빚든, 추위나 배고픔 같은 물리적 스트레스를 겪든, 혹은 낯선 환경에 처한 상황에서든, 두뇌가 그런 환경에 몸과 마음을 준비시키는 과정이 바로 스트레스 반응이라는 뜻이다. 그러나 이 책에서 지금까지 배운 지식은 물론, 일상생활에서의

---

* 지면이 충분하고 여러분도 무한정 귀를 기울인다면, 세로토닌의 효과가 무려 열다섯 가지의 세로토닌 신경 수용기에 따라서, 또 그것이 두뇌와 체내의 어디에 있느냐에 따라서도 달라진다는 점을 설명할 수 있다. 그러나 그 내용만으로도 책 한 권을 다시 쓸 수 있을 만큼 방대한 양이다.

경험에 비추어보더라도 모든 두뇌가 스트레스에 똑같은 방식으로 반응하는 것은 아님을 알 수 있다. 예를 들어 많은 사람들은 **우울증**을 두뇌가 환경적 스트레스에 대해서 일반적으로든, 기능적으로든 제대로 대응하지 못한 결과로 인식한다.[37]*

물론 건강한 두뇌는 여러 가지 방법으로 스트레스에 반응할 수 있지만, **일반적으로** 두뇌가 스트레스에 반응하는 방식은 모두 신경화학의 변화와 관련이 있다.[38] 그중에서도 가장 중요한 반응은 에피네프린 및 노르에피네프린(아드레날린과 노르아드레날린이라고도 한다)을 분비하는 것이다. 즉 두뇌는 싸우거나 도망치는 것 중에 하나를 선택할 채비를 갖춘다. 이런 물질은 두뇌와 혈류에 분비된 후 체내에 일련의 연쇄반응을 일으킨다. 심박수와 혈당을 상승시키며 폐 근육의 긴장을 완화하여 호흡을 원활하게 한다. "위기"의 순간을 맞이하거나 무엇인가에 깜짝 놀라 불안이나 어지럼증을 느낄 때 바로 에피네프린과 노르에피네프린 효과를 경험한다고 보면 된다.

안타깝게도 오늘날 우리가 일상에서 마주치는 스트레스 요인들은 우리 두뇌가 진화를 통해서 체득한 투쟁-도피 반응으로 감당할 수 있는 정도보다 훨씬 더 오래 지속된다. 따라서 두뇌는 이런 "만성적인" 스트레스에 대응하기 위해서 코르티솔cortisol이라는 화학물질을 분비한다. 진화의 관점에서 보면 인체 내의 코르티솔 작용은 스트레스가 오래 지속되는 드문 상황에 대비해 에너지를 비축하기 위해서 고안된 장치이다. 그래서 코르티솔은 인체의 대사 속도를 늦추고 인슐린 신호를 차단하여 혈액 내의

---

* 두뇌에서 세로토닌 수치가 조정되면 우울증과 불안 증세가 모두 호전되는 이유도 바로 이 때문이다. 두 가지 모두 스트레스에 제대로 대응하지 못한 결과일 수 있다.

당분을 에너지로 사용한다. 사실 여러분이 "포레스트 검프"가 아닌 다음에야, 일상에서 찾아온 만성 스트레스—예컨대 가족을 위해서 재정적 안정을 추구하는 일이나 전 세계적인 전염병 유행에 대처하는 일 등—를 무작정 달린다고 해결할 수 있는 것은 아니다.* 게다가 우리 두뇌나 신체는 원래 **만성** 스트레스를 견딜 수 있는 구조가 아니므로, 코르티솔 수치가 높은 상태로 오래 지속되면 건강에 좋지 못한 영향을 받는다.

그렇다면 세로토닌 수치의 개인별 차이는 신체의 신경화학적 스트레스 반응과 무슨 관련이 있을까? 볼드윈 웨이와 셸리 타일러는 한 가지 실험을 통해서, 세로토닌 재흡수에 관여하는 유전자가 두뇌의 스트레스 반응에 영향을 미칠 수 있다는 주장을 내놓았다.[39] 그들은 총 182명의 젊고 건강한 성인들의 유전정보를 수집하여 그들의 세로토닌 전달물질 대립형질의 길이가 긴지(세로토닌 재흡수량이 많다), 짧은지(세로토닌 재흡수량이 적다)를 조사했다. 그런 다음 피험자들을 무작위로 선정하여 각각 낮은 수준과 높은 수준의 스트레스 조건을 부여했다. 그리고 두 경우 모두, 실험을 시작하기 전에 피험자들 각자가 가상의 직무에 적합한 이유를 5분간 스스로 설명하도록 했다. 스트레스 수준이 낮다는 의미는 이 5분간의 설명을 혼자 방 안에서 진행했다는 것이었고, 스트레스 수준이 높은 상황이란 그 설명을 여러 심사원이 보는 앞에서 공개적으로 했다는 것이었다.** 연구진은 피험자들의 스트레스 반응을 기록하기 위해서 그들의 타액에 흐르는 코르티솔의 양도 측정했다. 먼저 실험을 시작할 때, 그리고 20분,

---

* 그러나 규칙적인 운동이 몸에 좋은 것은 분명하다!

** 스트레스 연구에서 널리 쓰이는 방법이다. 대중 앞에서 말하는 것과 누군가에게 심사받는 상황은 누구에게나 극도의 스트레스 상황이므로, 이 두 가지가 합쳐진 환경을 견뎌낼 사람은 거의 없다.

40분이 경과된 시점, 마지막으로는 연설이 끝난 지 시간이 한참 지난 75분 뒤에 각각 측정했다. 그 결과, 예상대로 스트레스 지수가 낮을 때와 높을 때 사이의 코르티솔 수치에는 **대체로** 큰 변화가 없었다. 그러나 여기에서 주목할 점이 있다. 대립형질의 길이가 짧은 사람들―재활용 과정이 효과적으로 이루어지지 않아서 세로토닌 신호가 시냅스에 머무르는 기간이 더 길다―은 그 길이가 긴 사람에 비해 스트레스 지수가 높은 환경에서 코르티솔 수치가 **훨씬 더 증가했다**는 것이다. 그러나 스트레스 지수가 낮을 때는 두 유전자 집단 사이에 코르티솔 수치의 차이가 없었다. 이상을 종합하면, 세로토닌 재흡수의 개인별 차이와 자기 보고적 불안 특성이 스트레스 지수가 높은 환경에서 더욱 뚜렷한 관련성을 보일 것이라는 점을 알 수 있다.*

지금쯤 여러분은 이런 이야기의 내막이 무엇인지 충분히 이해하리라고 생각한다. 두뇌의 구조적 특징들 중에 우연히 드러나는 것은 하나도 없다. 오히려 모든 사람의 두뇌는 저마다 환경의 특정한 촉발 요인에 적절하게 대응하도록 설계되어 있다. 제1장 "편향"에서 우리는 양쪽 두뇌의 방대한 조직과 그 둘의 차이가 어우러져 여러분의 두뇌가 복잡한 문제를 해결하는 과정을 살펴보았다. 이 장에서는 다양한 뉴런이 특수한 화학적 언어를 사용하여 특정 기능의 네트워크를 형성하며, 다양한 환경 요인들이 이런 네트워크의 상호작용을 통해서 개인별 차이를 심화시킨다는 사실을 살펴보았다. 다음 장에서는 두뇌가 뉴런들을 서로 연결하여 주변 세

---

* 2만1,000명의 핀란드인 쌍둥이를 대상으로 한 연구에서, 심각한 스트레스를 겪은 후 스스로 말하는 신경 증세의 수준에 차이가 있었다는 보고가 있다. 나는 이런 불안 증세나 신경증이 2020년에 시작된 세계적인 전염병 유행 이후에 분명히 더 심해졌으리라고 생각한다.

상을 이해하는 구조적 특징을 살펴볼 것이다. 두뇌는 바로 이런 구조에 따라 다양한 환경에 유연하게 대처할 수 있다. 이제 이 장에서 살펴본 내용과 그것이 두뇌의 활동 방식에 어떤 점을 시사하는지 요약해보자.

요약 : 환경에 대한 반응과 의사결정을 형성하는 두뇌의 다양한 화학적 구조와 균형

먼저 우뇌가 주변 상황을 이해하는 전체적인 맥락을 살펴보자. 우선, 여러분의 독특한 사고, 감정, 행동을 결정하는 수백 개의 신경전달물질 중에서, 이 장에서 살펴본 것은 도파민, 세로토닌, 코르티솔 등 단 세 종류였다.* 그러나 이렇게 문제를 단순화했음에도, 이런 요소들이 주변 환경뿐 아니라 두뇌의 다른 통신체계의 작용에 영향을 받기 때문에 금세 상황이 복잡해짐을 알 수 있었다.

그런데 아직 언급하지 않았지만, 이 미세한 균형을 더욱 복잡하게 만드는 요소가 한 가지 더 있다. 두뇌는 신경화학의 변화에 적응함으로써 저마다의 방식으로 자신이 선호하는 화학물질의 수준을 **유지한다**는 사실이다. 이 장의 서두에서, 인체의 화학적 통신체계를 운영하는 네 가지의 구조적 특징을 설명한 바 있다. 그것은 바로 발신 뉴런이 사용하는 신경전달물질의 양, 특정 화학적 메시지를 수신하는 수용체의 수, 발신 뉴런이 발휘하는 재흡수 능력(즉 재활용 과정), 그리고 그런 신경화학물질을 파괴하는 효소의 양이다. 카페인을 많이 마시거나 프로작 같은 처방약품을 섭취하는 등 신경화학 구조를 인위적으로 변경하면, 두뇌가 그 효과를 상

---

* 마지막 장에서는 또 하나의 중요한 신경전달물질인 옥시토신을 소개할 것이다.

쇄하기 위해서 다른 구조적 특징을 변경하여 대응한다는 것을 사람들은 자주 간과한다.[40] 예컨대 신경 칵테일의 도파민 수치를 높이는 약품을 복용하면, 두뇌는 그 효과를 상쇄하기 위해서 원래 가지고 있던 도파민 수용체의 수를 줄이거나 도파민의 통신 기능을 무력화하는 효소 수를 증대한다. 이렇게 되면 장기적으로 신경화학을 변경하는 약품의 효능에 대해서 저항이 생길 뿐 아니라, 해당 약품의 복용을 중단할 때 다양한 부작용이 발생한다. 예컨대 매일 카페인을 여러 잔 마시는 데에 익숙해지면 두뇌는 "정상적인" 활동을 하는 데에도 일정한 양의 카페인이 필요하도록 바뀌고 만다. 그 결과, 카페인 섭취를 갑자기 크게 줄이면 몇 가지 증상—두통, 집중력 부족, 우울증 등—을 겪게 된다.[41] 이것은 그들의 두뇌가 이미 화학적 간섭작용에 어느 정도 익숙해졌음을 보여준다. 다행히 약물 복용을 중단하면 두뇌가 새로운 조건에 다시 적응하므로 이런 증상이 지속되는 기간은 며칠 정도에 불과하다.

이런 역학 관계의 기초적인 내용만 살펴보아도 신경화학 통신체계의 차이가 주변 세상을 경험하는 방식에 얼마나 큰 영향을 미치는지 알 수 있다. 이 장에서 나는 도파민 보상 회로라는 개념을 소개하면서 자신이 외향적이라고 생각하는 사람의 두뇌는 예상하지 못한 좋은 일이 생길 때 기분 좋은 도파민 보상을 더 많이 생산한다고 설명했다. 나아가 그들은 그런 예상하지 못한 보상을 얻을 수 있는 행동을 반복하게 된다. 그러나 도파민 수치가 너무 높아지면 오히려 건강에 해로운 행동에 중독될 위험이 있다. 한편, 도파민 수치가 너무 낮으면 의욕을 잃거나 기쁜 감정을 느끼지 못한다. 이것이 바로 우울증으로 이어지는 결정적인 원인이다. 앞으로 제4장 "집중"과 제6장 "길 찾기"에서는 도파민이 주의집중과 동기부여, 의사결정에서 수행하는 역할에 대해 좀더 자세히 살펴볼 것이다.

우리는 또 이상적인 환경이라면 도파민과 세로토닌이 두뇌에서 음과 양의 작용을 한다는 사실을 배웠다. 세로토닌은 사람들이 도파민에 중독되어 보상을 얻기 위해서 (먹지도 쉬지도 않은 채) 24시간 동안 계속해서 손잡이를 눌러대는 쥐와 같은 신세가 되지 않도록 "포만감" 신호를 보내 도파민을 억제함으로써 무한정의 욕망을 차단하는 기능을 담당한다. 그러나 역설적으로 "이제 그만"이라고 알리는 신경화학물질이 너무 많아지면 불안 증세가 심해진다. 특히, 스트레스 상황에서는 더더욱 그렇다. 그러나 어떤 약품을 복용하든 두뇌가 그 효과를 상쇄한다는 점을 생각하면, 음과 양의 기능이 무너졌을 때는 어떻게 균형을 회복할 수 있을까?

가장 먼저 고려해야 할 점은 영양 상태이다. 두뇌가 신경전달물질을 생산하는 데에 필요한 기초 요소들 중에는 체내에서 생산되지 않는 것도 있기 때문이다. 그런 요소는 반드시 외부로부터 섭취해야 한다. 대표적으로 **트립토판**을 들 수 있다. 트립토판은 닭과 달걀, 생선, 우유 등에 다량으로 함유된 아미노산의 일종이다. 트립토판은 세로토닌을 형성하는 중요한 전구체로서, 체내에서 생성되지 않는다. 실제로 신경과학자들이 세로토닌 수치 **저하**가 행동에 미치는 영향을 연구할 때, 피험자에게 아미노산이 풍부한 음식을 제공하면서 트립토판은 **전혀** 주지 않는 방법을 사용한다.* 두뇌의 도파민을 생산하는 전구체인 **타이로신**tyrosine은 치즈**와 함께 앞에서 언급한 닭과 생선에도 많이 함유되어 있다. 타이로신은 운동 전후에 마시는 에너지 음료의 원료이자 노르에프네프린의 전구체이기도 하

---

* **급성 트리토판 감손**이라는 이 조치 때문에 두뇌에서 세로토닌 통신량이 무려 90퍼센트나 줄었다고 한다![42] 그러나 집에서 그저 재미 삼아 이 방법을 시도하지는 말라. 트리토판 감손이 일어나면 우울증, PMS 악화, 소화불량 등의 증상이 나타날 수 있다.
** 물론 다른 이유로 치즈를 좋아하는 사람도 많을 것이다.

다. 그러나 타이로신이 혈압과 불안 증세에 미치는 영향을 연구한 결과가 일정한 결과를 내지는 않았다는 사실에 주의하자.[43]*

그렇다고 너무 걱정할 필요는 없다. 여러 가지 건강한 활동을 통해서 스트레스를 줄이고 화학물질의 양을 조절할 수 있기 때문이다. 예를 들어 적당한 수준의 유산소 운동은 장단기적으로 세로토닌과 도파민 수치를 **높여주는** 것으로 알려졌다.[44] 2016년에 사스키아 헤이넌과 동료들이 발표한 리뷰 논문에 따르면, 사람들이 운동을 통해서 경험하는 물리적 스트레스(그들은 이것을 "좋은 스트레스"라고 한다)는 오래도록 이어지는 심리적 스트레스(또는 "나쁜 스트레스")에 비해 장기적으로 두뇌에 긍정적인 영향을 미친다고 한다.[45] 운동과 신경화학의 변화는 다양한 구조를 통해서 서로 연결되며, 지금도 인간과 동물을 대상으로 하는 연구가 진행되고 있다. 예컨대 활성 근육이 혈류로부터 긴 사슬의 아미노산을 흡수함에 따라 두뇌의 세로토닌 수치가 높아지면, 트립토판이 혈액과 두뇌 사이의 장벽을 뛰어넘을 가능성이 높아진다. 그러나 도파민 수치의 상승은 운동 후의 엔도카나비노이드 분비와 관련이 있다. 이것은 THC(대마초 등에서 발견된다) 등과 같은 약물이 두뇌에서 모방하는 자연발생적인 신경전달물질이다.**

스트레스를 줄이기 위해서 하는 다른 행동도 신경화학의 변화를 일으키는 것으로 알려졌다. 예를 들어 마사지 요법이 두뇌의 칵테일 구성에 미치는 효과도 지금까지 살펴본 것과 같다![46] 마사지는 두뇌의 코르티솔

---

* 이런 불일치 현상은 이번 장에서 이미 언급했던 환경과 타이로신 전구체 수치의 상호 작용 등과도 관련이 있을 것이다.
** 이 사실을 알고 나면 "격렬한 운동 후에 느끼는 쾌감"을 완전히 새로운 차원에서 이해할 수 있다.

수치를 최대 50퍼센트까지 낮출 뿐 아니라 도파민과 세로토닌의 수치를 40퍼센트나 높여주기도 한다. 명상이나 마음 챙김 같은 훈련법도 코르티솔의 수치를 낮추고 세로토닌의 수치를 높인다.[47] 심호흡법을 훈련한 사람의 코르티솔 수치가 낮아지고 기분이 좋아졌다는 연구 결과도 있다.[48] 물론 이런 "개입"이 여러분의 두뇌에 얼마나 유의미한 변화를 초래하는지는 다른 요소에 의존한다. 이것이 바로 이 책의 핵심 주제이기도 하다. 신경화학의 기본적인 조건은 물론, 일상생활의 변화도 이런 여러 가지 방법이 두뇌에 미치는 효과를 완화할 수 있다.

"상황에 따라 다르다"는 말이 너무 많이 등장해서 질릴 수도 있지만, 사실 두뇌의 이런 상호의존성이야말로 두뇌가 발휘하는 놀라운 능력의 핵심이다. 두뇌가 내외부적 환경 변화에 다양한 방식으로 반응하는 구조를 갖추지 않았다면, 인간은 지금보다 뻔한 존재가 되어 진화를 통해서 살아남기 어려웠을 것이다. 다음 장에서는 인간이 생물학적으로 환경 변화에 유연하게 대응할 수 있는 또 하나의 구조적 특징인 신경 동조 현상에 대해서 살펴보자.

3

동기화

유연한 행동을 조율하는 신경 리듬

다음으로 살펴볼 구조적 특징은 두뇌의 정보 처리 과정들 사이의 조율에 관한 것이다. 이 말이 "배를 문지르면서 머리를 쓰다듬는" 것과 같은 조율에만 해당되는 것은 아니다. 그러나 두뇌의 내부 동조의 방법이 이렇게 간단해 보이는 동작을 너무나 어렵게 만드는 것은 사실이다. 이 과정을 더 자세히 이해하기 위해서 전화놀이를 다시 생각해보자. 두뇌가 벌이는 전화놀이에는 서로 가까운 위치에 있는 수천 개의 뉴런이 화학물질을 분비하기 때문에 수많은 배경 소음이 발생한다는 어려움이 있음을 기억할 것이다. 제2장 "칵테일 기술"에서 우리는 두뇌가 "화학적 언어"의 다양한 조합을 통해서 수많은 뉴런이 주고받는 중첩된 신호를 조율한다는 사실을 배웠다. 이번 장에서는 두뇌가 뉴런의 통신을 조작하는 또다른 방법을 살펴본다. 이것은 같은 언어를 말하는 뉴런을, 맡은 일에 따라 여러 개의 팀으로 모으는 **역동적인 방법**이다.

간단히 말하면, 두뇌는 발신 메시지의 타이밍을 조절함으로써 수많은 배경 소음 중에서 특정 신호를 "들을" 수 있다. 파티장에서 나는 소음과

147

합창 소리의 차이를 생각하면 쉽게 이해할 수 있다. 파티장에 들어설 때 여러 사람이 주고받는 대화에서 나오는 불협화음은 도저히 서로 구분할 수 없는 시끄러운 소리일 뿐이다. 그중에서 단 하나의 대화에만 귀를 기울이기는 너무나 어렵다. 이런 상황과 합창단이 노래하는 조화로운 목소리를 비교해보자. 합창 소리는 훨씬 귀에 잘 들리고 이해하기도 쉽다. 심지어 관중석에서 들리는 배경 소음이 있더라도 말이다.

두뇌가 신호를 처리하는 과정도 이와 같다. 두 메시지가 동시에 전달되면, 둘이 서로 어긋날 때보다 수신 뉴런이 그 메시지를 "접수할" 가능성이 훨씬 더 높아진다. 자연현상들이 모두 그렇듯이 두뇌 역시 엄청난 양의 리듬을 만들어낸다.[1] 모든 뉴런은 신호를 연속적으로 보내는 것이 아니라* "귓속말"과 "침묵"을 반복하며, 그 주기 또한 달라진다. 수신 뉴런도 구조적으로 특정 주파수에 "귀를 기울일" 수 있다. 마치 자동차 스테레오에서 특정 주파수를 골라 들을 수 있는 것과 같다. 물론 모든 두뇌는 초당 1가지의 신호부터 100가지가 넘는 신호를 들을 수 있지만, 얼마나 빠르거나 느린 주파수를 들을 수 있는지는 사람마다 다르다.

사실 우리는 뉴런들이 이렇게 통신을 "동기화하는" 과정을 꽤 오랫동안 측정해왔다. 25년 전에 내가 재스민에게 전극 모자를 씌우고 실험했던 바로 그 방법을 사용해서 말이다.** 그러나 이 방법은 앞에서 설명했던, 두뇌가 **특정한 행동**을 할 때 나타나는 전극의 변화를 측정하는 것과 다르다. 이 방법으로는 **아무 일도 하지 않는** 두뇌의 거동을 살펴본다. 나의 실

---

* 왜냐하면 뉴런의 화학물질이 빨리 고갈되기 때문만이 아니라 뉴런의 활동 원리 자체가 그렇게 할 수 없기 때문이다. 뉴런은 화학적 메시지를 "발송하고" 나면 아주 잠깐이라도 멈추어야 또 발송할 수 있다.
** 다행히 성인은 이 실험을 더 쉽게 할 수 있다. 요즘 나오는 장비는 수영모보다는 최신식 헤드밴드에 가깝다. 끈적이는 젤을 바를 필요도 없다!

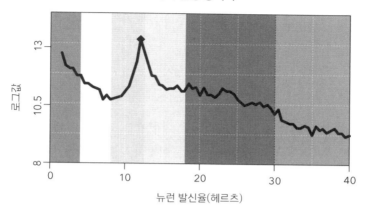

나의 신경 동기화

로그값 (y축)

뉴런 발신율(헤르츠)

험에서는 피험자들에게 그저 눈을 감고 편안하게 있으라고만 했다(물론 이것조차 모든 사람이 쉽게 하지는 않았다). 단, 잠이 들면 안 된다고는 당부했다. 이 상태에서 사람들의 마음은 자유롭게 떠돌아다니게 된다(내가 버스에 탈 때처럼). 그동안 우리는 약 5분에서 10분에 걸쳐 그들의 두뇌가 자유롭게 발산하는 전기 거동을 기록했다.

그런 다음 우리는 사람들의 두뇌가 어떻게 동기화되는지 파악하기 위해서 기록된 뇌파를 여러 주파수 대역별로 나누어 수학적으로 분석했다. 이것은 두뇌가 발산하는 합창을 듣고 그중에서 소프라노와 알토, 테너, 베이스의 소리를 구분해내는 것과 비슷하다. EEG 데이터를 분석하는 데에는 몇 가지 방법이 있지만, 결과는 대체로 비슷하다. 특정 영역에서 기록된 활동량의 추정치는 특정 주파수 대역에서 동기화된 통신을 하는 뉴런들로부터 나온다. 나의 두뇌가 자유롭게 공상을 펼칠 때 초당 2-40헤르츠 주파수대에서 기록된 데이터가 어떤 모습인지를 위에 예로 들었다.

위의 그래프에서 높이(x값)는 특정 주파수에서 내 두뇌의 의사소통 비율을 추정한 값이다. 높을수록 해당 주파수에서 의사소통 비율이 크다고 보면 된다. 그래프에서 볼 수 있듯이, 주파수가 가장 낮은 왼쪽에서 가장 높은 오른쪽으로 갈수록 이 값은 커졌다가 줄어들며 12헤르츠 지점에서 급격하게 상승한다. 작은 다이아몬드 형상으로 표시한 최고치는 나의 두뇌가 공상할 때 가장 즐겨 사용하는 주파수라고 볼 수 있다. 이 최고치의 값은 나의 두뇌에 초당 12개의 신호를 발신하는 뉴런이 10개나 15개를 발신하는 뉴런보다 더 많음을 보여준다. 이것이 무엇을 뜻하는지는 이 장의 후반부에서 다시 설명할 것이다. 이렇게 "아무것도 하지 않는" 상태로 동기화된 두뇌를 측정한 결과는 두뇌의 활동 방식을 이해하는 데에 매우 중요한, 일종의 신경 지문과도 같은 역할을 한다. 한 사람만 보면 이 측정치가 비교적 안정된 추세를 나타내지만, 다른 사람과 비교하면 꽤 큰 차이가 있다. 그러나 전극이 달린 모자를 집에서도 쓰고 있을 수는 없으므로(아직은), 이런 주파수 지문이 두뇌의 다양한 연산 활동과 어떤 관계가 있는지는 기존의 지식에 의존해서 판단할 수밖에 없다.

다소 허무한 느낌이 드는 것도 사실이지만, 두뇌가 동기화되는 것이 반드시 좋은 일은 아니라는 점을 먼저 언급할 수밖에 없다. 간질 발작의 경우가 대표적인 사례이다. 발작은 두뇌의 한 영역에서 출발한 신호가 전 영역으로 퍼져나가면서 전기자극의 폭발적인 연쇄반응을 일으키는 현상이다. 사실 알고 보면 이런 현상이 실제보다 더 자주 일어나지 않는 것이 오히려 신기할 정도이다. 두뇌의 **모든** 뉴런은 평균 6개의 매개체를 통해서 다른 모든 뉴런과 연결되어 있기 때문이다(모든 배우는 6단계만 건너면 케빈 베이컨과 연결된다는 **네트워크 이론**과 같은 원리이다).**2*** 너무 시끄

---

* 케빈 베이컨의 6단계 법칙 놀이는 다음과 같이 해볼수 있다. 우선 아무 배우나 생각나

러운 뉴런 집단이 두뇌에 심각한 히스테리를 유발하는 것을 막기 위해서, 뉴런이 지금처럼 **동기화되어** 활발하게 활동하지 **않도록** 하는 것이 오히려 더 중요할 때가 있다.

이것이 건강한 두뇌에서 얼마나 중요한 역할을 하는지 설명하기 위해, 집에서 간단하게 해볼 수 있는 두뇌 실험을 하나 소개한다. 먼저 각자 주로 쓰는 쪽의 발목을 움직여 발가락 끝을 시계 방향으로 돌려본다. 그 동작을 계속하면서 마음속으로 "두뇌의 두 뉴런을 연결하는 고리는 평균 몇 개인가?"라는 질문에 대답하듯, 공중에 6자를 크게 써본다.

어떤 일이 일어나는가?

손동작 때문에 발의 움직임이 방해받아 방향이 바뀐 사람이 거의 대다수일 것이다. 이제 같은 실험을 다시 한번 해본다. 이번에는 발목을 시계 반대 방향으로 돌리면서 6자를 쓴다. 어떻게 되었는가? 이번에는 훨씬 더 쉽게 할 수 있을 것이다. 더구나 6자를 다 쓴 순간에 발가락 끝과 손의 위치가 일치한, 즉 **동기화된** 사람이 대부분일 것이다.* 이 실험을 통해서 우리는 손동작을 조율하는 데에 사용된 "메시지"가 발을 제어하는 메시지의 간섭을 받는다는 사실을 알 수 있다.

이런 간섭작용이 항상 일어나는 것을 방지하기 위해서 두뇌는 또 하나

는 대로 이름을 말해본다. 그리고 그 배우와 함께 영화에 출연한 다른 배우를 떠올리며 케빈 베이컨까지 연결하는 것이다. 위키피디아에 나온 예를 살펴보자. 엘비스 프레슬리는 영화 「체인지 오브 해빗(Change of Habit)」에 에드워드 애스너와 함께 출연했다. 에드워드 애스너는 「JFK」에 케빈 베이컨과 함께 출연했다. 이 경우, 엘비스 프레슬리와 케빈 베이컨은 불과 한 단계(에드워드 애스너) 만에 연결된다.

* 이 실험은 여러분이 6자를 쓸 때 맨 위에서 시작해서 시계 반대 방향으로 돌아 아래에서 끝낼 것이라고 가정한다. 왼손잡이라면 반대로 아래에서 시작해서 맨 위 꼬리 부분에서 끝내는 사람도 분명히 있을 것이다. 그런 사람은 발을 시계 반대 방향으로 돌리기가 훨씬 더 어려울 것이다!

의 의사소통 조율 수단을 가지고 있다. 이 방법은 특히 물리적으로 가깝지 않은 거리에 있는 뉴런들 사이에 적용된다. 두뇌는 길이가 긴 뉴런 다발을 통해서 멀리 떨어진 영역을 서로 이어주는 일종의 정보 고속도로를 운영한다. 이 **백색 신경조직**은 미엘린myelin이라는 두꺼운 피막으로 둘러싸여 신호전달 과정의 속도를 높이고 도중에 정보를 잃어버리지 않도록 한다.[3] 실제로 이렇게 피막으로 보호된 뉴런을 통해서 전달되는 신호는 그 속도가 무려 시속 400킬로미터에 달해, 두뇌의 한쪽 끝에서 반대편까지 불과 8밀리초 만에 도달할 수 있다. 반대로 이런 피막이 없는 **회색 신경조직**(두뇌의 바깥 부분을 둘러싸고 있다)의 신호전달 속도는 시속 2–6킬로미터 정도에 불과하다. 이것은 내가 조깅이나 산책할 때보다도 느린 속도이다. 따라서 이런 신호가 멀리 전달되지 않는 것이 다행인 셈이다!

이제 두뇌의 통신 속도가 빠르면 항상 좋을 것 같지만, 사실은 그렇지 않다고 말하는 이유를 이해했을 것이다. 그러나 성인 두뇌의 절반 이상을 차지하는 백색질 고속도로의 뛰어난 속도와 효율을 생각했을 때, 그보다 느리고 방해 소음도 많은 "리드미컬한" 신호 방식이 진화를 통해서 살아남은 이유는 무엇일까?

그 이유는 바로 **유연성**에 있다.

만약 두뇌가 한쪽 영역에서 이웃 영역까지 신호를 무조건 신속하게만 전달하도록 **진화되었다면** 정보의 흐름을 **재구성할** 여지가 거의 없을 것이다. 글 읽기가 바로 대표적인 사례이다. 읽기를 배우는 사람의 두뇌에서는 시각적인 요소를 인식하는 뉴런과 단어의 의미를 파악하는 뉴런 사이에 백색질 통로가 형성된다.[4] 놀랍게도 이 통로가 완전히 발달해서 한번 읽기 능력을 익힌 사람은 글자만 보면 뜻이 저절로 이해되며, 학습하기 이전으로 되돌아갈 수 없다.

글을 읽을 때 "사이렌 소리"가 어떤 역할을 하는지는 색상 이름 말하기 게임을 해보면 쉽게 알 수 있다.[5]* 정상적인 색상 감각을 지닌 어린이는 글을 읽기 훨씬 전부터 색상을 판별할 줄 안다. 따라서 여러분은 아마 성인이라면 누구나 특정 색상 위에 어떤 글자가 인쇄되어 있든, 그 이름을 정확히 말할 수 있으리라고 **생각할** 것이다. 그러나 이상하게도 특정 상황에서는 이것이 그리 만만한 일이 아니다. 바로 어떤 색상 위에 다른 색상의 **명칭**이 적혀 있는 경우이다. 만약 이 책에 "파란색"이라는 글자가 등장할 경우, 그 글자의 색상이 무엇이냐고 물어보면 "검은색"이라고 정확히 말하는 사람이 의외로 드물다는 것을 알 수 있을 것이다.**

우리는 실험실에서 예컨대 "가나다라마" 또는 "범블비BUMBLEBEE"***처럼 색상과 전혀 상관없는 글자들의 색상을 사람들이 얼마나 **빠르고** 정확하게 말하는지를 측정한 후, "파란색"이라는 글자를 다른 색상으로 적었을 때는 얼마나 빨리, 정확하게 말하는지 측정하여 서로 비교해본다. 이때 가장 간단한 방법은 글자를 모두 무시하는 것이다. 글자의 뜻이 무엇이든 이 과제와는 아무 상관이 없기 때문이다. 그러나 글을 읽을 줄 아는 사람이라면 도저히 그럴 수 없다. 물론 일부 아주 흥미로운 예외가 있기는 하지만, 사람들은 글자의 뜻과 실제 색상이 다를 때는 정확한 색상을 말하지도 못하고 속도도 느린 경우가 대부분이었다. 정보 고속도로가 한

---

* 무려 100여 년 전에 이 방법을 창안한 심리학자 존 리들리 스트룹의 이름을 따서, 스트룹 검사법이라고 한다.

** 향후 1–2년 내로 출판 관행이 급격히 바뀌지 않는 한, 이 실험은 아주 간단하게 해볼 수 있다. 이 책의 글자는 모두 검은색으로 인쇄되어 있기 때문이다. 그러나 실험실에서는 다른 색상을 쓸 수 있으므로 상당히 어려워하는 사람이 실제로 많다.

*** 음절도 많고 잘 쓰이지도 않아서 실험용으로 쓰기에는 부적합한 단어이지만, 재미있는 단어라고 생각해서 골랐다.

번 자리를 잡으면, 싫든 좋든 시야에 들어오는 데이터는 곧바로 의미를 인식하는 두뇌 영역으로 들어가게 된다.

바로 이 대목에서 신경 리듬이 작용한다. 인간의 두뇌가 보이는 가장 놀라운 특성은 바로 그 유연성에 있기 때문이다. 우리는 목적이 무엇이냐에 따라 같은 정보에 대해서도 다르게 **반응**할 수 있다.

예를 들어 내가 이 책에서 가장 중요한 내용이라고 생각하는 이 단락을 한번 읽어보자. 이제 내가 이 단락이 중요하다고 말했<u>으므로</u>, 아마도 여러분의 읽는 태도는 다소 달라질 것이다. 이 단락에서 말하는 한마디 한마디와 그것이 여러분의 두뇌 활동에 의미하는 것이 무엇인지 좀더 주의를 집중할 것이다. 그런데 만약 내가 여러분에게 이 단락을 **교정해달라**고 부탁했으면 어떠했을까? 여러분이 이 단락을 보는 관점은 분명히 달라졌을 것이다. 엉뚱한 단어나 쉼표, 잘못 쓰인 느낌표!* 등이 문장이 전하는 의미보다 훨씬 더 먼저 눈에 들어왔을 것이다. (자, 이제 교정은 그만하자. 이제부터는 정말 글의 의미가 중요하다!) 나는 이 단락에 등장하는 단어를 다르게 발음해달라고 안내할 수도 있다. 예를 들어 "단락"을 "달락"으로 읽지 말고 하나하나 끊어서 **단, 락**으로 읽어달라고 말이다. 물론 여러분이 지금까지 읽어온 습관과는 다르지만, 내가 안내한 대로도 충분히 읽을 수 있을 것이다. 그러면 같은 내용이라도 머릿속에서 느끼는 어감이 전혀 달라진다!

방금 우리는 목표나 지침에 따라서 두뇌가 상황에 맞게 스스로 프로그램을 재구성하는 놀라운 능력을 확인했다. 다시 말해, 두뇌가 거의 자동

---

* 그렇다. 여기에 등장한 느낌표는 의도적이다. 다른 쪽에는 오타나 문법적 오류가 그리 많지 않다.

으로 글을 읽는 능력을 갖춘 후에는, 글자가 전하는 메시지를 재구성하여 다른 일을 할 수 있다는 것이다. 이렇게 주어진 지침이나 목표에 따라 뉴런을 재배치하는 역동적인 과정은 신경 통로가 백색질로 진화되었다면 도저히 불가능한 일이었을 것이다. 이것이 가능하려면 두뇌의 합창이 다양한 신경 리듬을 세심하게 조정할 수 있어야 한다. 다음 절에서는 이런 유연한 조정 과정에서 다양한 신경 리듬이 담당하는 역할, 그리고 두뇌가 생각하는 속도가 빠르거나 느릴 때의 비용과 편익에 대해 살펴보자.*

신경 동기화의 속도에 따른 비용과 편익

사람마다 신경 동기화의 과정이 어떻게 다른지를 설명하기 전에, 빠르거나 느린 리듬에 가장 적합한 다양한 종류의 연산에 관해 살펴봐야 한다. 먼저 알아야 할 점은, 뉴런의 속도를 느리게 동기화하는 편이 빠르게 하는 것보다 더 쉽다는 것이다. 다시 합창에 비유해보면, 느린 노래일수록 단원들이 한목소리를 내기가 쉽다고 생각할 수 있다. 세상에서 제일 빠른 래퍼들을 모아 합창단을 만든다고 생각해보자. 그중에 초당 12음절까지 발음할 수 있는 사람[6]이 수두룩하다면 과연 어떻겠는가? 단 몇 분의 1초만 어긋나도 합창이 엉망이 되어 도저히 알아들을 수 없는 소리가 되고 말 것이다. 비슷한 이유로 두뇌의 저주파 신호는 대량의 뉴런이 참가하여 동기화되는 경우가 많다. 예를 들어 깊은 수면 상태에서는 두뇌 세포들이 모두 낮은 주파수 대역에서 동기화되어 진동한다. 즉 이때 전달되는 신호

---

* 노벨상 수상자인 대니얼 카너먼의 유명한 책이 떠올랐을 수도 있다. 읽어보면 두 아이디어 사이에 연관성이 있음을 알 수 있다.

는 1초당 4개도 되지 않는다.

또 하나 주목해야 할 점은, 저주파 신호는 고주파 신호에 비해 더 멀리 전달될 수 있고, 주위 환경이 변화해도 크게 동요하지 않는다는 사실이다. 내 두뇌의 주파수 대역(12헤르츠)과 비슷한 코끼리 울음소리가 무려 3킬로미터 밖의 다른 코끼리에게도 들리는 이유가 바로 여기에 있다! 반대로 1,000−8,000헤르츠 사이에 해당하는 새 지저귀는 소리는 거리가 멀수록 잘 들리지 않는다.

그런데 두뇌에서 수많은 뉴런들이 코끼리 울음소리 같은 저주파로 주고받는 신호가 조그만 새들의 지저귀는 소리와 충돌한다면 어떻게 될까? 그렇게 신호가 충돌하면 상황이 매우 복잡하고 흥미로워지겠지만, 최종적으로는 고주파보다 저주파 신호가 통신에 더 큰 영향을 미치게 된다.

그렇다면 저주파 신호에 모두 묻혀버리는 고주파 신호는 왜 존재할까? 우선 빠른 속도로 의사소통하는 뉴런은 주위에서 일어나는 상황을 좀더 빨리 알아챈다. 제1장 "편향"에서 배웠듯이, 말을 알아듣는 것과 같은 일상적인 일들은 수천분의 1초 단위의 정밀한 환경 변화를 감지해내는 능력에 좌우된다. 두뇌가 세상에서 일어나는 일을 초당 몇 회 정도의 속도로 파악한다면 우리는 살아남기조차 힘들 것이다. 실제로 두뇌에서 감각을 담당하는 네트워크는 가장 빠른 속도로 연락을 주고받는다. 두뇌가 이런 네트워크를 통해서 통신을 동기화하는 속도가 빨라질수록 세상일을 더욱 "실시간"에 가깝게 파악할 수 있을 것이다.

그러면 저주파 신호가 하는 일은 무엇일까? 이미 짐작한 분도 있겠지만, 저주파는 두뇌의 다양한 영역을 모아 팀을 구성하는 역할에 가장 적합하다. 실제로 얼 밀러와 동료들이 연구한 바에 따르면, 이마엽에는 중요한 뉴런이 있어서 달성해야 할 목표에 따라 두뇌 전체에 걸쳐 고주파 뉴런들의 통신 과정을 조율한다.[7] 이런 조율 과정은 두뇌에서 메시지가 중첩되면서 발생하는 온갖 불협화음에 질서를 **부여한다.** 말하자면 무려 860억 명의 합창단을 지휘하는 것과 같다.

두뇌가 유연하고 체계적으로 활동하는 것은 당연히 좋은 일이다. 그러나 여기에서 주의할 점이 있다. 발을 움직이는 실험에서 보았듯이, 이런 목표지향적인 저주파 신호는 영역별 처리 센터에서 나오는 고주파 신호에 비해서 중간에 많은 간섭을 받을 수밖에 없다. 동시에 여러 가지 일을 할 수 있는 사람이 **드문** 이유도 바로 여기에 있다.[8]

둘째, "목표지향적인" 저주파 신경 진동이 고주파 신호를 조율하는 과정은 우리가 주변 세상을 인식하는 데에 방해가 된다.* 내적 목표를 추구하는 일과 주변 세상을 파악하는 능력이 충돌하는 정도를 측정하는 실험 방법을 주의 **과실** 측정법이라고 한다.[9] 이때 피험자는 빠른 속도로 바뀌는 시각 자극 중에서 특정 목표를 찾아내야 한다. 예를 들어 주로 글자만 나타나던 시각 신호 중에 가끔 보이는 숫자를 기억하라고 하거나, 거의 사각형만 등장하던 중에 갑자기 나타난 원 모양의 색깔을 맞히라고 하는 것 등이다. 시각 자극은 한 번씩 잠깐만 보였다가 사라지고 다음으로 넘어간다. 그렇게 대략 10-15개 정도를 보여준 후 마지막에는 지금까지 본 것이 무엇이냐고 물어본다. 이 실험을 해보면 놀라운 점을 발견하게 된다. 피험자들이 첫 번째 이미지를 본 후에 두 번째 이미지를 **인식하지** 못하는 시간의 틈이 있다는 사실이다. 주의 과실이라고 하는 이 틈이 지속되는 시간은 대략 0.5초 정도이다.

바로 여기에 난제가 숨어 있다. "실시간"에 가깝게 정보를 처리하려면,

---

* 두뇌가 사물을 인식하는 다양한 방법은 다음 장에서 다룰 것이다.

두뇌는 고주파 통신 네트워크를 갖추어야 한다. 그러나 그런 네트워크를 통해서 정보를 두뇌의 각 영역으로 전달하려면 유연성이 떨어지는 고정식 회로나 혼선에 취약한 저주파 통신체계를 이용할 수밖에 없다. 모든 두뇌가 이 두 가지를 어느 정도 조합해서 사용하지만, 우리 연구실을 비롯한 여러 연구진이 조사한 바에 따르면, 신경 통신체계의 동기화되는 속도가 저주파이냐 고주파이냐에 따라서 사람들의 정보 처리 과정이 크게 달라진다.[10] 다음 절에서는 여러분의 두뇌가 어떤 방식으로 동기화되는지 알 수 있는 진단법을 소개한다.

두뇌 속도 검사법

솔직히 말해 지금 설명할 첫 번째 검사 방법은 매우 어렵다! 내가 무슨 말을 하든, 이 검사를 잘 수행한 사람은 마치 록스타라도 된 듯한 느낌이 들 것이고, 그렇지 못한 사람은 실패자가 된 듯한 기분을 맛볼 것이다. 그러나 여러분의 두뇌를 한계까지 밀어붙이는 데에는 그만한 이유가 있다. 비용과 편익 항목에서 살펴보았듯이, 이 검사에서 좋은 성적을 거두든 그렇지 않든, **모두 긍정적인 측면이 있다.**

이 방법은 인간의 정보 처리 과정에서 가장 큰 병목에 해당하는 작업 기억 용량을 측정한다. **작업 기억**이란 생각을 통해서 정신과 신경의 처리 과정을 동기화하는 매우 특별한 의식 상태를 말한다. 이런 의식 상태에서 얼마나 많은 정보를 유지할 수 있는지는 사람마다 다르다. 이 값을 바로 작업 기억 "역량"이라고 한다. 마치 신경 합창단의 지휘자가 두뇌의 통신을 사용하여 지휘하는 음악에 비유할 수 있다.

이 검사법은 여러분이 작업 기억에 얼마나 많은 정보를 투입하고 그 내부에서 조작하는지를 측정한다. 이 검사법의 모든 문항을 제대로 맞히는 사람이 거의 **없는** 만큼, 여러분의 정보 처리 능력이 어느 정도인지 측정하도록 고안되었기 때문이다. 나아가 이 검사는 책을 읽고 스스로 할 수도 있지만, 다른 사람에게 문항을 읽어달라고 하거나 나의 웹사이트에 들어와서 하는 편이 더 정확하다. 마지막으로, 이 검사법은 여러분의 두뇌 상태에 따라 크게 달라지므로 충분히 휴식을 취한 후에 고도의 집중력을 발휘하는 상태에서 해야 한다.

이 검사의 목적은 주어진 항목에서 최대한 많은 글자나 숫자를 기억해내는 것이다. 주의해야 할 점은 원래 제시된 것과 **반대**의 순서로 떠올려야 한다는 것이다. 먼저 줄이 유선 공책을 준비한 다음에 펜이나 연필을 들고 지금 몇 번째 줄을 하고 있는지 알기 쉽게 세로로 1에서 14까지 숫자를 매긴다. 다음으로, 도와줄 사람이 있다면 그에게 각 줄에 나오는 숫자나 글자를 1초에 하나 정도로(한 항목을 말할 때마다 마음속으로 "1초"라고 말하면서 센다) 큰 소리로 말해달라고 한다. 그리고 한 줄이 끝날 때마다 "시작"이라고 말해달라고 한다. 혼자 할 때는 숫자나 글자를 한 번씩만 읽어가다가 "시작"이라는 글자가 보이면 책을 덮는다. "시작"이라는 소리가 들리거나 글자가 보이면 그것은 항목을 반대 순서로 떠올리며 종이에 쓰라는 신호이다. 예를 들어 "C K R G 시작"이라는 소리를 듣거나 글자를 읽었다면, "G R K C"라고 종이에 쓰는 식이다. 도와주는 사람이 있다면, 다음 문항을 할 준비가 되었을 때 그렇다고 말해주어야 한다.

맨 윗줄은 짧고 아래로 갈수록 점점 길어진다는 점에 주목하라. 검사를 수행하다 보면 어느 순간 기억력의 한계에 다다랐다는 느낌이 올 것이다. 두 줄이나 세 줄 연속으로 완전히 감에 의존했다는 생각이 들면 더 이상 애쓸 필요 없이 거기에서 멈춘다. 부분 점수는 없으므로 마지막 두 단어나 세 단어만 계속 되뇌고 있다면 그것 역시 한계에 다다른 신호일 가능성이 높다. 시작하기 전에 몇 가지 규칙을 더 말해둔다. 첫째, "시작"이라는 말을 듣거나 보기 전에는 종이에 쓰기 시작하면 안 된다. 둘째, 글자를 들은 순서대로 써두었다가 나중에 반대로 쓰는 것도 안 된다. 순서를 뒤집는 것은 머릿속으로 해야 한다. 셋째, 다 끝나기 전에는 정답을 확인하지 말라. 조바심을 내지 말라. 이제 시작할 준비가 되었는가?

작업 기억 검사법

1. 5 8 2 시작

2. L D R 시작

3. 3 9 4 1 시작

4. D X K Q 시작

5. 7 4 2 9 5 시작

6. Y M R K V 시작

7. 4 1 8 5 9 3 시작

8. H D N B R T 시작

9. 8 5 4 2 1 6 3 시작

10. G L Z K V I C 시작

11. 9 4 2 1 5 8 3 7 시작

12. F B V K W L P S 시작

13. 2 5 8 4 1 7 9 3 6 시작

14. C X S V R N D H P 시작

검사를 모두 마치고 나면 여러분의 작업 기억력이 어느 정도인지 알 수 있다. 먼저, 모든 항목을 정확히 맞춘 줄만 점수에 반영해야 한다. 이미 말했듯이, 이 검사에서 부분 점수는 없다. 다음으로, 정확히 맞춘 줄이 하나도 없다면 여러분의 작업 기억력 점수는 2점이다. 그렇지 않다면 **숫자와 글자를 모두** 정확히 맞춘 가장 긴 줄을 기준으로 점수를 계산한다. 항목마다 1점으로 계산하는데, 숫자나 글자 어느 한쪽만 정확히 맞춘 줄이 있다면 0.5점을 더한다. 예컨대 항목이 3개인 줄은 둘 다 맞췄는데(3점) 4개 항목으로 된 줄은 하나만 맞췄다면(+0.5점) 점수는 3.5점이 된다. 점수를 제대로 계산했다면 최종 점수는 2-9점이 될 것이다.

글자와 숫자만 들여다보느라 머리가 복잡해졌을 테니 이제 조금 더 재미있는 내용으로 바꾸어보자. 이번에는 연필 한 자루와 종이 몇 장, 그리고 타이머가 필요하다. 이 과제는 토런스의 창의적 사고 검사법[11]을 응용한 것이다. 여러분이 할 일은 간단하다. 5분 동안 다음 쪽에 제시된 모양이 들어간 물체를 최대한 많이 그리는 것이다(먼저 펼쳐보지 말라!). 얼마나 창의적으로 그렸느냐에 따라 점수를 더 주므로, 최대한 틀을 벗어난 사고를 해야 한다. 그러면서도 최대한 많이 그려야 한다. 이 검사의 목적은 5분이라는 제한된 시간 내에 가능한 한 다양한 물체를 창의력을 최대한 발휘하여 그려내는 것이다. 도구와 타이머가 준비되면 시작 버튼을 누르고 다음 쪽을 펼쳐보라.

창의력 검사법

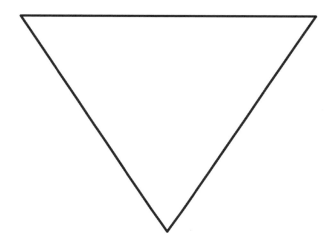

5분이 지난 후, 얼마나 많은 종류의 그림을 그렸는지 세어본다. 실험실에서는 각 물체의 창의성까지 다른 사람과 비교하여 점수를 매긴다. 예컨대 텐트나 아이스크림콘, 집(역삼각형을 거꾸로 세우지 말라고 한 적은 없다), 파티 모자를 쓴 사람 등을 그린 사람이 많을 것이다. 그러나 여우, 공룡, 화산, 마티니 잔 같은 물체를 그린 사람은 상대적으로 드물 것이다. 지금은 우선 여러분이 몇 개나 그렸는지 세어보고, 얼마나 색다른 반응이 나왔는지 최대한 객관적으로 판단해보라. 그 결과가 여러분에 관해 무엇을 말해주는지는 조금 후에 이야기하기로 한다.

그리고 검사를 하나만 더 해보자. 매우 어려운 검사를 한 후 그보다 좀 더 재미있고 창의적인 검사를 해보려는 것이다. 일종의 단어 퍼즐인 이 검사의 문제 중에는 작업 기억 검사처럼 꽤 어려운 것도 있지만—내가 생각하기에—그보다는 꽤 재미있을 것이다! 이 방법은 에드워드 보든과 마크 정-비먼이 창안한 복합 원격연상 검사법[12]에서 차용했다. 각 문항에는 세 단어가 포함되어 있다. 여러분이 할 일은 이 세 단어와 어울리는 네 번째 단어를 찾아내어 익숙한 문장이나 복합어를 구성하는 것이다. 예를 들어 내가 "코티지, 스위스, 케이크"라는 단어를 제시하면, 여기에 한 단어를 더 보태서 유의미한 단어를 만들어낼 수 있겠는가? 한 예로 "치즈"가 답이 될 수 있다. "코티지 치즈", "스위스 치즈", 그리고 "치즈 케이크" 등이 모두 여기에 해당하기 때문이다.

이 검사법에도 펜이나 연필, 종이, 그리고 타이머가 필요하다. 항목은 총 10개이므로 종이에 1부터 10까지 번호를 매겨두면 어디까지 했는지 알기 쉽다. 한 문항당 30초 안에 답을 생각해내기를 권한다. 여기에 한 가지 주의 사항이 있다. 어떻게 답을 떠올렸는지 종이에 적어본다. 그 단어가 마치 영감처럼 머리에 떠올랐다면 해답 옆에 +라고 표시해둔다. 그렇지 않고 체계적인 방식으로 생각해냈다면, 예컨대 "코티지"와 어울리는 모든 단어를 떠올리고 다른 단어와도 비교해보았다면 해답 옆에 체크 표시를 해둔다. 뒤로 갈수록 문항이 점점 더 어려워지므로 생각이 나지 않더라도 너무 걱정할 필요는 없다. 다소 의도적으로 어려운 문제를 포함해두었다.

복합 원격연상 검사법

1. 팬, 헬스, 활동
2. 흔들, 회전, 낚시
3. 벌레, 장, 갈피
4. 농구, 놀이, 탁구
5. 끈, 인정, 말
6. 맨, 컴퓨터, 스타
7. 장場, 커튼, 캡cap
8. 만능, 고리, 구멍
9. 아귀, 겨루기, 자랑
10. 위, 소리, 연지

다 끝났으면 다음 쪽에서 정답의 수를 확인하라!

복합 원격연상 문제들의 해답

1. 클럽club
2. 의자
3. 책
4. 공
5. 머리
6. 슈퍼
7. 샤워shower
8. 열쇠
9. 힘
10. 입술

　확인한 다음에는 정확히 맞힌 해답 중에서 영감을 떠올려 맞힌 답과 체계적인 사고를 통해서 얻은 답의 비율을 계산해보라. 체계적인 방법으로 맞힌 답이 하나도 없다면 분모를 1로 계산하면 된다.

여러분은 얼마나 일반적일까?

두뇌와 정신을 구석구석 검사했으므로, 이제 이런 검사 점수가 두뇌의 동기화 방식과 어떻게 연결되는지 궁금할 것이다. 이 모든 검사는 두뇌의 지배적인 통신 속도의 개인별 차이와 관련이 있다. 이 속도를 **알파***라고

---

*　가장 먼저 발견된 신경 진동 구간이기 때문에 이런 이름을 얻었다. 알파 주파수를 두뇌에서 가장 흔히 볼 수 있음을 생각하면 놀랄 일도 아니다. 긴장을 푼 사람의 뇌파를 측정하면 EEG 기록표에 알파 주파수가 나타난다. 복잡한 수학 계산도 필요 없다.

한다. 나의 경우, 그 속도는 12헤르츠에 해당한다. 먼저, 여러분의 두뇌가 선호하는 속도에 관해서 이런 검사로 무엇을 알 수 있는지 살펴보자.

우선, 여러분의 작업 기억 점수로부터 두뇌가—최소한 긴장을 풀고 공상의 나래를 펴는 상태에서—얼마나 빠른 속도로 진동하는지를 알 수 있다. 영화 「위플래시Whiplash」에서 J. K. 시먼스가 "빨랐나, 느렸나?"라고 다그치던 질문처럼 말이다.[13] 리처드 클라크 연구진이 3개국 550명의 알파 주파수와 작업 기억력을 측정한 방대한 연구에서, 작업 기억 용량에 담긴 내용이 많을수록 알파 주파수가 더 빠를 가능성이 높다는 사실이 밝혀졌다.[14] 연구 결과에 따르면, 작업 기억 검사의 평균 점수는 5점에 가깝다. 좀더 구체적으로 설명하면, 11−30세의 사람들의 68퍼센트는 3.5−7점의 점수를 기록하고, 알파 주파수는 8.5−11헤르츠에 형성된다. 나이가 많을수록 점수는 점차 낮아지지만,* 알파 주파수와 작업 기억력의 관계는 나이에 상관없이 일관된 것으로 나타났다. 특히 연구진은 알파 주파수가 1헤르츠 높아질 때마다 작업 기억에 담아둘 수 있는 내용이 0.2개씩 늘어난다고 주장한다. 따라서 작업 기억력이 그보다 좋거나(7−9개) 나쁜(3개 이하) 사람들은 "최고" 알파 주파수도 11헤르츠 이상이거나 8.5헤르츠 이하일 가능성이 높다. 그리고 이제 여러분도 알다시피 양극단에 가까워질수록 두뇌는 일반적인 동기화 패턴과는 거리가 멀어진다.

창의성 검사 이야기는 나중에 다시 살펴보자.

우선 복합 원격연상 검사법 결과에 관해 이야기해보자. 문제의 난도는 위에서 아래 방향으로 점점 높아진다. 맨 위 문항은 대학생들의 80퍼센트

---

* 31−50세의 인구는 그보다 젊은 사람들보다 기억하는 항목이 평균 1개 적고, 51세 이상의 인구는 30세 이하의 인구에 비해서 평균 1.5개 적다.

가 30초 안에 풀 수 있는 정도의 난도이고, 맨 아래는 그 비율이 10퍼센트도 채 되지 않는다. 이 문제를 푸는 능력이 사람들의 작업 기억력 및 자연적인 추리력과 상관관계가 있다고 말하는 연구 결과가 최소한 하나 이상 존재한다. 따라서 이 문항을 거의 모두 맞힌 사람이라면 작업 기억 검사에서도 5점 이상을 받을 수 있을 것이다.

그러나 그보다 더 관심이 가는 대목은 체계적인 사고를 통해서 답을 찾은 횟수 대비 "영감"으로 해답을 찾은 비율이다. 최근 브라이언 에릭슨 연구진이 오른손잡이인 51명의 젊은이를 대상으로 한 연구에 따르면, 이 비율이 꽤 안정적이라는 특성이 있다.[15] 그들은 앞에서 소개한 복합 원격연상 검사법과 애너그램 검사법—무작위로 뒤섞인 철자의 순서를 재배치해 유의미한 단어로 만들어내는 검사법—을 약 2주일 간격으로 실시하여 연구했다. 내가 했던 것처럼 그들도 피험자에게 체계적인 조사를 통해서 해답을 찾아냈는지, 혹은 영감을 통해서 떠올렸는지를 말해달라고 했다. 그랬더니 흥미롭게도 두 가지 검사 사이에 상당히 긍정적인 상관관계가 있다는 결과가 나왔다. 특히 앞의 검사에서 체계적인 방법으로 답을 찾아냈다고 말한 사람들 중에서 30퍼센트가 2주일 후에 전혀 다른 문제를 해결하는 데에도 똑같은 전략을 적용했다고 답했다.

이런 문제 해결 방식의 차이는 이들 피험자가 아무런 과제도 하지 않을 때의 두뇌 활동에서 관찰한 신경 동기화의 독특한 패턴과 관련이 있었다. 이 사실은 두뇌의 동기화를 이해하는 데에 매우 중요한 역할을 한다. 특히 영감에 많이 의존하는 사람들은 4-14헤르츠의 저주파 통신을 좌뇌 언어 영역에서 활용하는 경우가 많았다.*

---

*   피험자가 모두 오른손잡이였으므로, 언어 기능을 주로 좌뇌에 의존한다고 가정한다.

종합하면, 이 두 가지 검사법은 신경 리듬이 주로 활용하는 속도나 고주파에 비해 저주파 통신 채널을 동기화에 사용하는 비율 등에 관한 정보를 상호 보완해준다. 이 두 가지 검사법이 제공하는 정보가 서로 다른 종류라는 점에 주목할 필요가 있다. 나의 뇌파 그래프를 다시 떠올려보면, 작업 기억력이 우수한 사람은 알파 주파수가 매우 빠른 지점에 있으면서도—즉 검은 다이아몬드로 표시된 지점이 그래프의 오른쪽에 치우쳐 있으면서도—저주파 채널에서 일어나는 통신량이 많을 수도, 적을 수도 있으리라는 점을 알 수 있다. 이것은 최고점의 높이뿐 아니라 그 왼쪽 선의 높이를 보면 알 수 있다. 다음 절에서는 두뇌의 통신 형태가 이렇게 다르다는 사실이 의미하는 바에 대해 좀더 폭넓게 살펴보자.

메시지 선별법

신경 동기화가 여러분의 생각과 감정, 행동에 미치는 영향을 이해하기 위해, 두뇌에서 벌어지는 통신 활동이 전화놀이보다 훨씬 더 복잡한 이유를 한 가지만 더 설명해보자. 전화놀이에서는 한 명의 "발신자"가 보낸 메시지가 시작점에서 종착점까지 한 바퀴 돌아온다. 그러나 두뇌에서는 2개의 메시지가 서로 반대 방향으로 돈다! 하나는 바깥세상과 연락을 주고받는 뉴런이 감각기관과 고주파 통신을 통해 전달하는 메시지이다. 이 신호를 "상향식" 과정이라고 한다. 이 신호는 두뇌가 밑바닥부터 실시간으로 파악한 정보를 바탕으로 주변 상황을 이해하고 판단할 수 있도록 한다. 또 하나의 메시지는 이마엽에 자리한 "통제 센터"*에서 나오는 것으

---

* 다음 장의 주요 주제가 바로 두뇌의 "큰 부분을 차지하는" 이 영역이다.

로, 당면한 목표나 계획에 따라 저주파 채널을 통해서 여러 뉴런을 모아 팀을 구성하는 역할을 한다. 이런 신호를 "하향식" 과정이라고 한다. 말 그대로 이 신호의 목적은 여러분의 생각과 감정, 행동에 명령을 내리는 것이다.

이렇게 신호를 서로 다른 방식으로 주고받는 목적은 두 가지 방법으로 퍼즐을 조합하려는 것으로 생각할 수 있다. 상향식 고주파 신호는 비슷한 색상과 모양의 조각을 한데 묶어 퍼즐을 이해하기 위한 것이다. 반면에 하향식 저주파 신호는 주어진 틀 안에서 그림을 보고 퍼즐의 "의미"나 "계획"에 따라 그 조각이 어디에 속하는지를 판단한다.

물론 이런 방식은 두뇌의 전화놀이를 한 차원 더 어렵게 만든다. 두뇌의 내부나 외부에서 들어오는 정보는 항상 여러분의 생각, 감정, 행동과 경쟁을 펼친다. 그리고 우리는 이미 저주파와 고주파가 충돌할 때 어떤 일이 벌어지는지 잘 안다. 그렇다면 이런 사실은 검사를 통해서 파악한 우리의 신경 리듬과는 어떤 관련이 있을까?

먼저 주목할 점이 있다. 두뇌가 선호하는 저주파 통신은 감각 뉴런이 정보 "꾸러미"를 내부 세계에 전달하는 속도와 일치한다는 사실이다. 이미 살펴보았듯이, 뉴런들이 내부에서 가장 시끄럽게 떠드는 소리는 대략 초당 7–14회의 속도로 전달된다. 그리고 이런 소리는 외부 뉴런의 작은 소리를 쉽게 압도하므로 마치 문지기와 같은 역할을 한다. 작은 소리는 큰 소리가 잠깐 멈추는 순간에만 "들린다!"

알파 주파수의 속도와 외부 신호 접수율 사이의 관련성을 가장 잘 보여준 사례는 로베르토 세서리와 그 동료들의 연구였다.[16] 그들은 두뇌가 계속해서 바뀌는 감각 정보를 이해할 때, 외부에서 들어오는 "정보 꾸러미"를 알파 리듬이 받아들이는 속도에 따라 그 이해가 어떻게 달라지는지에 관심을 기울였다. 그들이 사용한 검증 방법은 소리를 두 번 들려주고 그 중 첫 번째 소리가 날 때와 맞추어 불빛을 한 번 켜는 것이었다. 그 결과, 두 소리 사이의 간격이 평균 10분의 1초일 때, 사람들은 불빛이 한 번만 켜졌는데도 두 번 본 것으로 착각했다. 연구진은 가장 보편적인 알파 주파수(10헤르츠)와 일치하는 10분의 1초 간격에서 이 효과가 가장 뚜렷하게 드러났다는 사실로부터, 선호하는 알파 주파수가 서로 다른 사람들은 소리의 간격에 따른 시각적 착각을 다르게 경험할 수도 있다고 생각했다.

이런 추론의 근거는 상향식 정보 처리 방식과 하향식 정보 처리 방식이 서로 충돌하는 데에서 찾을 수 있다. 구체적으로, 두 가지 정보가 거의 동시에 접수되면—우리는 그것을 같은 알파 주파수 대역에서 일어나는 일로 정의한다—상향식 내부 뉴런은 그것을 하나의 정신적 실체로 통합하려고 한다. "오리처럼 생겼으면 오리처럼 꽥꽥거린다"는 속담이 있다. 첫 번째 소리와 불빛이 동시에 발생했으므로, 두뇌의 내부 뉴런은 그것을 "바깥세상"에서 일어난 하나의 사건으로 인식한다.* 그렇다면 두뇌는 두 번째 소리를 어떻게 인식할까? 두 번째 소리를 만약 똑같은 알파 주파수가 전달한다면, 하향식 뉴런은 그것을 첫 번째 사건의 일부로 인식한다. 뉴런은 그 자극을 2개의 소리와 동시에 발생한 하나의 불빛으로 받아들인다. 그러나 두 번째 소리가 다른 알파 주파수를 통해서 별도로 전달될 경우, 내부 뉴런은 "공백을 채워 넣을" 가능성이 더 높다. 그들은 불빛과 소리를 같은 사건이라고 생각하므로, 이런 경험이 두 번 발생했음이 틀림없다고 여겨 두 번째 불빛을 보았다고 착각하게 된다.

---

* 지금까지 이 책에서 얻은 지식에 비추어볼 때, 눈과 귀를 통해서 들어온 정보를 통합하여 하나의 사건으로 인식하는 것은 좌뇌와 우뇌 중에 어느 쪽일까?

세서리 연구진은 이 가설을 검증하기 위해서 피험자들이 아무런 과제도 하지 않을 때의 뇌파를 기록하여 주로 사용하는 알파 주파수를 측정했다. 그런 다음 피험자들에게 불빛과 소리 자극을 여러 차례 준 후에 불빛을 몇 번이나 보았는지 물어보았다. 이번에는 "불빛 한 번에 소리 두 번"이라는 까다로운 조건하에서 소리 사이의 간격을 정확히 1,000분의 12초 단위로 증가해보았다. 그 결과, 예상대로 사람들의 알파 주파수와 두 번째 불빛을 보았다고 착각하게 만드는 소리 간격 사이에 밀접한 상관관계가 있음이 드러났다. 특히, 주로 빠른 알파 주파수를 사용하는 사람들은 신호를 빨리 접수하므로, 소리 간격이 좁을수록 착각을 일으키는 빈도가 높았다. 반면에 느린 알파 주파수를 주로 사용하는 사람들은 소리의 간격이 넓을수록 착시 현상을 많이 경험했다.

그렇다면 이런 신호 접수 속도가 작업 기억력과 관련이 있는 이유는 무엇일까? 물론 이 주제는 아직도 연구가 활발하게 진행되고 있지만, 내부 뉴런이 외부로부터 새로운 정보를 받는 속도가 기존의 정보를 개편하는 데에도 영향을 미치기 때문이라고 설명할 수 있다.[17] 이는 마치 마음속으로 저글링을 하는 것과도 같다. 기억하려고 애쓰는 숫자나 글자가 저글링하는 공에 해당하고, 공을 땅으로 끌어당기는 중력은 망각의 힘에 해당한다. 저글링이라는 비유가 시사하듯이, 작업 기억의 내용은 계속해서 개편하지 않으면 금세 땅에 "떨어지고" 만다. 저글링할 수 있는 "물건"의 수, 즉 기억력이 제한되어 있다는 점에서도 이것은 매우 적절한 비유인 셈이다. 더구나 이 검사를 받아보면 알 수 있듯이, 기억하려는 숫자나 글자가 하나만 더 많아져도 먼저 기억했던 것들을 모두 잊어버리는 경우가 많다. 알파 주파수가 빠른 것은 손동작이 빠른 것과 같다. 중력은 항상 일정하지만, 공을 빨리 던질수록 더 많은 공을 공중에 머무르게 할 수 있다.

마음속으로 많은 공을 저글링할 수 있다는 비유가 아무리 적절하다고 해도, 반대로 신호를 빨리 접수할 때는 내부로 들어오는 꾸러미 속에 정보가 적을 수 있다는 단점이 있다. 그렇다면 느린 알파 주파수를 주로 쓰는 사람들은 각 꾸러미 속에 정보를 오래 담아둘 수 있으므로 정보 활용의 폭이 넓어질까?

바자노바와 아프타나스는 앞에서 소개한 삼각형 검사법과 유사한 방법으로 창의성을 측정한 결과, 그럴 가능성이 높다는 제안을 내놓았다.[18] 그들은 98명의 피험자가 주로 쓰는 알파 주파수를 기록한 뒤 그들에게 표준적인 창의성 검사를 받도록 했다. 즉 사람들은 5분 안에 특정 모양의 물체를 최대한 많이 그리는 과제를 비롯해 다양한 삼각형 검사를 수행했다. 검사 성적은 5분이라는 시간 동안 얼마나 다양한 그림을 그렸는지를 보는 **능숙도**와 틀을 벗어난 사고방식을 보여주는 **창의성**을 기준으로 점수가 매겨졌다. 예를 들어 지붕이 삼각형인 집을 그렸다면 등딱지가 삼각형인 공룡을 그린 것보다 창의성 점수가 낮은 식이었다. 그들의 데이터를 보면 알파 주파수의 속도가 **빠른** 사람의 반응이 대체로 더 많았음을 알수 있다. 그러나 **느린** 알파 주파수를 사용하는 사람은 더 **창의적인** 반응을 보여주었다.

한마디로 속도가 전부는 아니라는 것이다.

이상을 통해서 우리는 서로 다른 것이 반드시 더 좋거나 나쁜 것은 아님을 알 수 있다. 다음 절에서는 두뇌의 동기화에 대해서 배운 내용을 정리해보고, 이것이 두뇌의 다른 구조적 특징과 어떤 관계가 있는지 살펴보자. 이 점을 염두에 둔다면, 이제 두뇌가 기본적인 과제를 달성하는 다양한 방법을 여러분의 두뇌를 통해서 파악할 수 있을 것이다.

요약 : 두뇌는 다양한 주파수를 통해서 사고함으로써
내부와 외부의 정보를 처리한다

이 장에서 소개된 여러 검사법은 두뇌 동기화에 대해서 두 가지 상호보완적인 정보를 제공한다. 작업 기업 검사에서 "저글링할" 수 있는 항목이 많을수록 두뇌가 내부 신호를 처리하는 속도는 빨라질 것이다. 그러나 창의성에 관한 연구 결과들을 살펴보면, 한꺼번에 많은 정신 활동을 저글링할 수 있는 사람은 아이디어를 많이 내지만, 신경 합창단에 "베이스"를 많이 포함한 사람에 비해 "틀을 벗어난 사고"를 하는 빈도는 줄어든다는 점을 알 수 있다. 아울러 저주파 통신을 더 많이 활용하는 사람은 그렇지 않은 사람보다 영감을 발휘하여 문제를 해결하는 경우가 많다.

특정 주파수 대역에서 두뇌가 동기화되는 방법에 관해서는 별로 다루지 않았지만, 이 문제 역시 유전과 환경이 모두 중요하다는 이야기를 마치 고장 난 녹음기처럼 반복할 수밖에 없다. 고주파 통신 회로는 주변 환경에 반응하는 데에 쓰이므로, 우리는 주로 저주파 내부 통신체계를 타고난 경우가 많다는 사실도 충분히 미루어 짐작할 수 있다.[19] 실제로 총 500쌍의 쌍둥이에 관한 데이터를 보면, 주요 알파 주파수에서 나타나는 변이 중 무려 81퍼센트가 유전에 기인한다는 것을 알 수 있다! 그러나 클라크 연구진의 작업 기억에 관한 방대한 연구 결과에 따르면, 주요 알파 주파수는 살아가는 동안 계속 바뀐다는 것을 알 수 있다.[20] 평균 알파 주파수의 속도는 유아기부터 증가하여 가장 빠른 시기인 20세까지 평균 5.5헤르츠의 증가폭을 기록하여 대다수 인구에 비해 두 배나 더 빠른 속도를 보여준다.[21] 이후로는 점점 느려져서 비록 논쟁의 여지가 있지만 70세에는 대략 0.5-2.5헤르츠에 머무른다고 한다. 물론 개인별로 차이가 있으며, 유전과 생활 습관이 모두 영향을 미칠 것이다.

예를 들어 명상은 신경 동기화에 매우 흥미로운 영향을 미치는 것으로 알려져 있다.[22] 물론 명상이나 마음 챙김 수련법에도 다양한 종류가 있지만, 이들은 모두 외부 세계의 자극이나 사고에 반응하는 것이 아니라 내면의 의식이나 주의력에 집중한다는 공통점이 있다. 신경과학자들은 이미 50여 년에 걸쳐 숙련된 명상가와 초보자들의 두뇌 반응을 기록해왔다. 이렇게 방대한 데이터를 통해서 알 수 있는 사실은, 명상에 빠진 사람의 알파 주파수는 더 활성화되거나 **동기화됨**으로써 내부와 외부의 소음에 방해받지 않는다는 것이다. 명상에 들어간 상태에서는 신호 처리 속도, 즉 개인별 알파 주파수가 느려진다는 연구 결과도 있다.

그러나 이런 훈련으로 두뇌의 신경 리듬이 **영구적으로** 바뀐다는 증거는 아직 뚜렷하지 않다. 물론 숙련된 명상가의 두뇌 활동 패턴이 초보자의 그것과 다르다는 연구 결과는 많지만, 명상 경험과 두뇌 기능의 인과관계를 입증하기는 여전히 어려운 일이다. 내부 뉴런이 더 많이 동기화된 사람이 명상 수련법을 더 잘 배울 수 있다거나, 명상을 통해서 내면의 정보 흐름에 대한 통제력을 강화하는 일이 과연 가능할까? 명상법을 배우는 동일 집단 내에서 두뇌 활동의 **변화를** 측정한 일부 연구 결과를 보면, 3개월간의 수련을 통해서 알파 주파수가 상당히 느려졌다는 사례가 있다.[23] 그러나 명상에 관한 모든 연구가 이런 결과를 보여주지는 않았다는 사실은, 훈련법의 종류에 따라 신경에 미치는 영향이 다르거나 그것이 개인별 정보 처리 방식과도 상관이 있을 가능성을 시사한다.[24] 다만 명상 훈련을 통해서 신경 동기화에 변화가 일어난다는 사실에는 대체로 합의가 이루어져 있는 편이다.

외부 자극에 따른 경험, 예컨대 액션 비디오 게임 등은 정반대 주파수 대역의 신경 통신에 영향을 주는 것으로 알려져 있다. 게임이 사람들의 최고 알파 주파수 대역을 최소한 일시적으로는 증가시킨다는 연구 결과가 있다.[25] 혹은 커피나 차 한 잔이 그런 효과를 발휘할지도 모른다. 실제로 250밀리그램의 카페인(커피 두 잔 정도)을 섭취하면[26] 내부 뉴런의 주요 주파수 대역이 증가하고 신경 동기화의 균형이 내면에서 외부 세계로 옮겨진다는 연구 결과도 있다.

요약하면, 두뇌가 선호하는 신호 처리 속도는 대체로 유전에 따라 결정되지만, 두뇌에 어떤 일을 꾸준히 요청함에 따라 감각 뉴런이 외부 상황에 관한 정보를 내면 세계에 전달하는 속도는 분명히 바뀔 수 있다. 사실이 주제는 이 책의 전반부에서 계속 다루어왔다. 여러분은 특정 두뇌 구조를 타고났을 수도 있지만, 주변 환경도 분명히 두뇌의 활동 방식에 영향을 미친다. 예컨대 편향성이 강한 두뇌를 지닌 사람은 좌뇌에 전문화된 처리 모듈이 발달한 반면, 우뇌는 모든 정보를 종합하여 "큰 그림"을 보는 경향이 강한 편이다. 그러나 신경 연산이 아무리 비대칭성을 띤다고 해도, 두뇌는 특정 과제나 사건을 먼저 경험한 후에야 비로소 분할 정복 방식을 시도할 수 있다. 마찬가지로, 우리는 제2장 "칵테일 기술"에서 도파민과 세로토닌 통신 회로에 미치는 유전적 영향은 사람들이 구체적인 상황을 맞이한 후에야 드러난다는 사실을 확인한 바 있다. 예를 들어 외향적인 사람과 내향적인 사람의 도파민 통신 차이는 그들의 두뇌가 예상하지 못한 보상에 반응하는 방식과 밀접히 연관된 것으로 보이며, 세로토닌 재흡수 과정이 활발한 사람과 그렇지 않은 사람의 차이는 스트레스 환경에 놓일 때 가장 뚜렷하게 드러나는 것으로 알려져 있다.

이 책의 후반부에서는 유전과 환경의 관계를 본격적으로 다룰 것이다. 우리는 두뇌의 생물학적 구조에 초점을 맞추기보다는 개별 두뇌가 모든 인류의 생존에 꼭 필요한 **과업**을 달성하는 방법을 주로 논의할 것이다. 다시 말해서 여러분의 두뇌가 자동차라면, 그 자동차가 사륜구동인지 아닌지보다는 어느 길로 가야 목적지에 효과적으로 도착할 수 있는지에 관해 이야기할 것이다. 여러분의 두뇌가 우수한 연비와 훌륭한 스테레오를 갖춘 혼다 시빅이라면 혹시 교통 체증이 빚어지더라도 좋아하는 방송을 들으며 다소 느긋하게 운전할 수 있을 것이다. 반대로 여러분의 두뇌가 연료비는 좀더 들어도 타이어 성능이 우수한 스바루 아웃백이라면, 한번쯤 "도로를 벗어나는" 운전을 감행해볼 수도 있을 것이다. 이제 준비가 되었다면 여러분의 두뇌를 현실 세계에서 시운전해보자.

제2부

두뇌 기능

두뇌 구조의 차이는 우리에게
어떤 영향을 미칠까

세발자전거를 타고 계단을 내려가면 안 된다는 것을 깨달았던 순간이 나의 첫 기억이다. 불행히도 그런 생각이 든 것은 이미 자전거를 타고 계단을 내려가기 시작한 **후**였다. 방에서 자전거를 꺼내 계단 맨 꼭대기에 섰던 기억이 희미하게 난다. 카펫이 깔린 계단을 내려다본 기억도 나는 것을 보면, 내가 무슨 짓을 하고 있는지 잠깐 "생각했던" 것 같기도 하다. 1인칭 어린아이의 관점에서는 영원히 잊을 수 없는 기억임이 분명하다.

두 살 반짜리 어린아이에 불과했던 나로서는 계단 맨 아래에서 90도로 뒤집히면 큰일 난다는 것을 알기에는 인생의 경험도, 물리학 지식도 없었다. 그다음으로 생생히 기억나는 순간이 있다. 마치 시속 160킬로미터 같은 속도로 벽에 다가가면서, 그 어린 마음에도 인생에서 처음으로 **큰일 났다**고 생각했다. 그리고 의식을 잃었다.*

46년이 지난 지금 되돌아보면, 두뇌에 기록된 **나의** 이야기가 전설적인

---

* 다행히 벽이나 바닥에 부딪힌 기억은 없다. 그 사고로 다리가 부러졌으니 엄청나게 아팠을 것이 틀림없는데도 말이다.

실패부터 시작하는 것은 너무나 당연한 일이다. 물론 보호자를 생각하면 **여러분의** 맨 처음 이야기가 유명 스턴트 배우의 이야기처럼 들리지 않기를 바란다. 그러나 어쩌겠는가. 우리는 살아가면서 배워가는 존재이다. 약간의 운이 필요하지만, 두뇌의 활동 방식을 생각하면 이런 일은 누구나 **흔히** 가지고 있는 기억이라고 할 수 있다.

살아가면서 배운다는 것은 이 책의 후반부에서 다룰 핵심 주제이다. 달리는 자전거의 회전 각도를 짐작하는 단순한 일부터 인생에서 마주치는 중요한 결정에 이르기까지, 두뇌는 정교한 문제 해결과 의사결정의 방법에 깨어 있는 모든 시간을 할애한다. 물론 그 방식은 두뇌마다 조금씩 다르다.

예를 들어 두뇌가 해야 할 가장 중요한 일은 매 순간 마주치는 수천 개의 정보 중에서 무엇이 가장 중요한지 결정하는 것이다. 이어지는 제4장 "집중"에서는 지금까지 다루어온 여러 두뇌 구조가 그것이 주목하는 정보와 어떤 관계가 있는지 살펴볼 것이다. 우리는 이런 관계가 두뇌의 기능에 커다란 시사점을 제공한다는 사실을 알게 될 것이다. 이 관계는 우리의 기억에 가장 뚜렷이 남은 경험과 그로부터 얻을 교훈, 그리고 앞으로 비슷한 상황이 오면 다른 선택을 할지의 여부 등에 영향을 미친다. 계단에서 자전거를 탄 사건을 내가 지금도 기억하는 것을 보면, 나의 두뇌는 이 사건이 인생에서 "잊을 수 없는 순간"이 되기를 **바랐음**을 짐작할 수 있다.

그다음 제5장 "적응"에서는 잊을 수 없는 순간의 실체가 과연 무엇인지에 대해서 살펴볼 것이다. 여러분은 아마 스스로 어떤 유형의 학습자라고 나름대로 생각하겠지만, 우리가 인생에서 배우는 거의 모든 지식은 책에 쓰여 있는 것도, 교실에서 배울 수 있는 것도 아니다. 실제로 인생에서 마주치는 **모든** 경험은 두뇌의 물리적인 변화를 초래하고, 그 결과 두뇌는 그렇게 형성된 환경에 정밀하게 조정된 방식으로 활동한다. 두뇌의 관점에서 **중요**

한 경험이 무엇인지 알고 나면 여러분은 분명히 놀랄 것이다. 이런 경험은 결국 우리가 살아가는 세상을 보는 관점을 형성하는 것은 물론, 많이 경험하지 못한 사람과 상황까지 이해하게 해준다.

두뇌가 주변 환경에 적응하여 집중할 대상을 찾으려고 이토록 열심히 노력하는 것은 결국 올바른 선택을 하기 위해서이다. 곧이어 제6장 "길 찾기"에서 배우겠지만, 제2장 "칵테일 기술"에서 언급한 도파민 회로는 의사결정의 결과를 이해하는 데에 큰 역할을 한다. 그러나 여러 두뇌 회로가 다양한 방식으로 의사결정을 주도하며, 특정 결과가 어떤 사람에게는 큰 영향을 미치지만 다른 사람에는 그렇지 않을 수도 있다. 예를 들어 내가 "계단 모험"을 몇 차례 시도한 끝에 드디어 성공했다면, 계단이야말로 흥미진진한 기회가 될 수 있다고 굳게 믿을 것이다. 아울러 우리가 기억을 통해서 세상을 이해하는 지식의 지도와 그 속에서 우리가 차지하는 위치를 구축하는 과정을 살펴볼 것이다. 이때 우리는 두뇌의 놀라운 시나리오 만들기 능력을 활용하여 규칙을 읽어내고, 그 규칙을 통해서 우리가 경험한 장소와 사건을 유의미한 방식으로 연결해낸다.

그런데 길 찾기에 실패하면 어떻게 될까? 과거 경험을 근거로 분명히 일어난다고 생각했던 일이 일어나지 않는다면? 혹은 아직 적응하지 못한 환경을 맞이하여 어떤 일이 펼쳐질지 전혀 예상되지 않는다면? 제7장 "탐구"에서는 두뇌가 이런 상황에서 호기심을 만들어내어 기존 지식과 새로운 상황의 격차를 메우려는 방식에 대해서 알아본다. 그러나 두뇌는 그런 미지의 상황에 위험이 도사리고 있는지 아닌지를 어떻게 판단할까? 진정한 미지의 상황이라면 그것이 무엇이든, 새롭고 유용한 무엇인가를 배울 수 있으며 나에게 물리적, 정신적 피해가 될 요소를 찾을 수 있다. 제7장 "탐구"에서는 두뇌가 그런 위험을 감수하고 미지의 영역을 탐구하는 데에 개인별 차이와 상황의 영향이 함께 작용한다는 사실을 배울 것이다.

마지막으로는 우리가 **결코** 알 수 없는 중요한 영역을 살펴볼 것이다. 바로 다른 사람의 마음이다. 제8장 "관계"에서는 우리 두뇌가 다른 사람을 이해하는 방식이 다른 사람들과 전혀 다르다는 점을 다룬다. 두뇌의 구조에 따라 세상을 이해하는 방식이 얼마나 서로 다른지를 이해하면 사회신경과학자들이 두뇌에서 **동종 선호** 경향을 밝혀냈다는 사실이 전혀 놀랍지 않을 것이다. 즉 우리는 비슷한 사람끼리 어울리고자 한다. 아마도 우리가 다른 사람을 자신을 비추는 거울로 보려는 본능 때문일 것이다. 물론 이런 전략을 자신과 다른 성향의 사람에게 적용할 때에는 오류가 생긴다. 예를 들어 어머니는 현실적인 분이었으므로, 내가 세발자전거로 계단을 내려올 수 있다는 생각을 전혀 하지 못했다. 사실 어머니가 세발자전거를 다른 장난감이 있던 위층 방에 옮겨둔 것은 다른 사람이 타지 못하도록 하기 위해서였다.

이제 나의 학습 곡선에 관한 이야기는 그만하자.

여러분은 이제 **여러분의** 두뇌 구조를 어느 정도 이해했으므로, 이런 구조가 일상의 중요한 기능을 어떻게 수행할 수 있는지를 살펴보자. 지금부터 우리 앞에는 굳이 계단에서 구르지 않더라도 충분히 험난한 여정이 기다리고 있다!

4

집중

마음을 통제하려는 신호들 사이의 경쟁

이 장의 부제에 너무 신경 쓸 필요는 없다. 다른 사람도 다 마찬가지이다. 사람들에게 내가 하는 일을 말해주면 늘 "마인드 컨트롤"이나 "사람들의 마음을 읽는 법" 등을 물어본다. 나 역시 이런 일이 쉽다고 생각해본 적은 전혀 없다. 2013년 8월에 나는 안드레아와 친구이자 동료 학자인 라제시 라오의 두뇌를 서로 연결하여 캠퍼스에서 함께 비디오 게임을 하는 실험을 해보았다. 좀더 구체적으로 설명하면, 나는 안드레아의 동의하에(물론이다) 라제시의 두뇌가 안드레아의 운동 겉질을 일부 **통제하여** 안드레아의 손을 움직이도록 했다. 라제시가 컴퓨터공학과 건물에서 비디오 게임 화면을 보는 동안, 우리는 그의 오른손을 통제하는 두뇌 영역의 전기 거동을 기록했다. 손을 움직이겠다고 **생각하면** 저주파 통신의 균형이 세상을 인식하는 고주파 대역으로 옮겨가므로, 우리 컴퓨터 알고리즘은 라제시가 손을 움직이려고 하는 순간을 포착해낼 수 있었다.* 그 순간, 컴퓨

---

* 그렇다. 이것도 일종의 마음 읽기라고 볼 수 있다.

터가 인터넷을 통해 그 신호를 캠퍼스 반대편에 자리한 우리 연구실인 학습 및 두뇌 과학연구소로 전송하면, TMS 장비가 그 신호를 받아 작동하기 시작했다. 제1장 "편향"에서 설명했듯이, TMS는 자기장을 이용하여 두뇌에 약한 전류를 흐르게 하는 장비이다. 안드레아의 좌뇌 운동 겉질에 TMS 코일을 심어두었으므로 라제시가 오른손을 움직여야겠다고 생각하면 안드레아의 오른손이 움직였다. 그리고 안드레아는 키보드 위에 손을 올려두었으므로, 라제시는 사실상 안드레아라는 고성능 조이스틱을 사용하여 비디오 게임을 즐기는 셈이었다.[1] 이 실험은 다른 매체에서도 몇 차례 재현되었는데, 관심 있는 분은 유튜브에서 검색해보면 원본 영상을 확인할 수 있다.[2]* 우리는 이 실험을 통해서 한 사람의 두뇌에서 다른 사람으로 정보가 직접 전달될 수 있음을 세계 최초로 증명했다. 물론 안타까운 일이지만 우리의 실험에 우려를 표명한 사람도 많았다.

그러나 라제시가 과연 안드레아의 **마음**까지 통제했는지는 여전히 의문이다. 나 역시 두뇌 간 직접 소통의 수신자 역할을 해봤는데, 그때 느낌은 생각을 가로채기 당했다기보다는 그저 반사작용을 경험한 정도였다. 사실 키보드를 클릭하는 감촉이 전해지거나 소리를 듣기 전까지는 나의 손이 움직이는지도 몰랐다. 한 사람의 두뇌가 다른 두뇌에게 버튼을 눌러야겠다는 **의지**를 전달하는 것은 아직 먼 훗날의 일이라고 보아야 한다!

그러나 나를 남의 마음이나 통제하는 사악한 과학자라고 생각하는 사람이 여전히 있을 것이다. 충분히 이해한다.** 사실 두뇌 접속 기술을 둘러싼 윤리적 논쟁을 더 자세히 살펴보고 싶은 분에게는 「나는 인간이다

---

* 카메라에 잡히지는 않지만 1분 18초쯤에 내가 웃는 소리가 들린다.
** 안드레아가 얼마나 훌륭한 남편인지 아는 사람들은 내가 어떻게든 그의 혼을 빼놓은 것이 틀림없다고 생각한다!

I am Human」라는 다큐멘터리를 추천한다.[3] 우리가 했던 실험을 포함해 신경과학 기술 전반을 다루는 훌륭한 영화이다.* 내가 남편의 마음을 조종한다는 생각 때문에 여러분이 **자신**을 통제하는 법을 배우는 데에 방해받기를 원치 않는다. 그러므로 인간 두뇌의 접속에 관해서 다음과 같은 사실을 생각해주었으면 한다. 첫째, 두뇌에 외부 정보를 안전하게 주입하는 모든 기술은 실제 생각에 비하면 그 정밀도가 훨씬 낮은 수준에 머문다. 자기장 펄스를 이용하면 사람들의 손가락을 움직이거나 있지도 않은 불빛을 "보게" 할 수 있다. 그러나 영화 「인셉션Inception」에 나오는 생각의 전이 현상은커녕 다소 정교한 생각을 유도하는 것조차 아직은 너무나 먼 미래의 일이다. 둘째, 이런 기술을 수신자도 모르게, 혹은 그들의 동의조차 없이 사용하는 것은 **불가능한** 일이다. 유튜브 영상을 보면 안드레아와 라제시 중에 한 사람은 뇌파를 검출하는 모자를 쓰고, 다른 한 사람은 머리의 특정 부위에 코일을 센티미터 단위로 정밀하게 부착한 채 가만히 앉아 있는 것을 볼 수 있다. 물론 나는 누군가에게 위력을 휘둘러 이런 실험에 참여시킬 수도 있다. 그러나 그럴 힘이 있었다면 애초에 그보다 훨씬 더 나쁜 일(은행 강도?)을 시키는 편이 더 쉽고 효과적일 것이다. 이런 사실은 이 장의 핵심 주제인 세 번째 논점과 이어진다. 여러분은 자신의 마음을 통제하는 실체를 얼마나 많이 알고 있을까? 사실 우리 주변에는 언제 어디에나 "마음을 조종하려는" 신호로 가득 차 있다. 그런 신호들은 내가 상상할 수 있는 그 어떤 두뇌 접속 기술보다 더 강력한 영향력을 사람들에게 행사한다. 비키니 차림의 슈퍼모델이 햄버거를 한 입 베어 무는 광

---

* 이 영화에는 타린 서던과 엘레나 가비라는 탁월한 감독들의 지적 수준과 열정까지 녹아 있다.

고부터 인터넷에 등장하는 각종 음모론에 이르기까지,[4] 우리 두뇌를 강타하는 "전통적" 방식의 문자와 이미지가 개인이나 집단에 미치는 영향은 우리의 상상을 초월한다.

외부의 어떤 사람이나 메시지가 자신의 사고(나아가 행동)에 영향을 미친다는 개념이 불편하게 느껴진다는 것은 충분히 이해하지만, 나는 마음을 통제한다는 것이 과연 무슨 뜻인지 대부분 잘 모를 것이라는 사실도 잘 알고 있다. 그뿐만 아니라 여러분의 마음을 통제한다는 것은 과연 무슨 뜻일까? 이런 질문은 수천 년 전부터 철학자들의 마음을 사로잡았다. 물론 신경과학자들이 해야 할 일이 아직 많이 남아 있지만, 의식과 통제의 관계에 대한 지식은 매일매일 증가하고 있다. 다음 절에서는 정보가 여러분의 마음을 사로잡는 다양한 방식과 그것이 마인드 컨트롤과 어떤 관계가 있는지 살펴보자.

주의집중과 마인드 컨트롤의 관계

먼저, 정보가 의식에 들어가서 주의를 사로잡고 "마인드 컨트롤"의 한 단계를 차지하는 데에는 여러 가지 **방법**이 있음을 지적하고자 한다. 이 단계의 맨 아래에서는 반사, 혹은 관찰에 해당하는 주의 과정이 진행된다. 이 단계에서는 의도와 상관없이 정보가 우리의 주의를 **사로잡는다**. 걱정거리를 곰곰이 생각하든, 눈앞에 나타난 다람쥐 때문에 고개를 돌리든, 이런 마인드 컨트롤은 두뇌가 전화놀이를 벌이는 도중에 어떤 신호를 중요하다고 자동으로 판단하고 거기에 우선순위를 부여할 때에 진행된다.[*]

---

[*]   다음 장에서 더 자세히 살펴볼 것이다.

이 단계의 중간에서는 좀더 통제되고 유연한 형태의 주의집중이 일어난다. 여기에서는 작업 기억에 보관된 정보가 낮은 단계에서 관찰한 내용에 지침을 내린다. 제3장 "동기화"에서 소개한 문장 읽기의 예는 이 과정이 어떻게 진행되는지를 잘 보여준다. 어떤 경우는 단어의 의미가 주의를 사로잡는다. 또다른 경우는 철자에 주의를 기울인다. 단어의 소리가 마음을 사로잡을 때도 있다. 이것은 정보의 우선순위를 자동으로 정하는 과정보다 의식적인 사고가 앞서도록 두뇌가 값비싸게 설계되었기 때문에 일어나는 현상이다. 어떤 사람이 나에게 주의를 집중해달라고 요청할 때, 그들은 나의 두뇌를 상대로 그렇게 해달라는 것이다.

마지막으로, 주의집중의 맨 꼭대기에서는 자기 인식과 관련된 일이 일어난다. 이곳에서는 우리 "마음의 눈"이 내면을 들여다보며 우리가 하는 일이 과연 내면의 목적에 부합하는지 판단한다. 여기에서 두뇌는 "과연 내가 시험에 A 학점을 받을 만큼 충분히 공부했는가?", 혹은 "왜 나는 이런 상황이 되면 항상 자제력을 잃어버리지?" 같은 질문을 던지며 의식의 처리 과정을 스스로 읽어내려고 한다.

각각의 주의 과정에 관여하는 연산은 서로 다르지만, 그 모두는 공통된 제약을 따라야 한다. 즉 우리가 한 번에 인식할 수 있는 정보의 종류는 극소수라는 것이다.* 정보가 어떤 경로를 통해서 "그 자리"에 들어갔든 간에 일단 그곳을 차지하면 다른 정보를 밀어내게 된다. 따라서 우리가 반추를 통해서 관찰한 것이나 그것을 통제하려는 시도, 그리고 정신적인 자

---

* 사실 한 번에 인식할 수 있는 정보의 수란 "정보", "인식", "한 번" 등을 어떻게 정의하느냐에 따라 모두 다르다. "정보"를 주어진 상황에서 끌어내 어떻게든 조작할 수 있는 것으로, "인식"을 의식 활동을 통해서 다른 과정을 통제할 수 있는 것으로, 또 "한 번"을 어떤 사건이 정확히 같은 순간에 일어나는 것이라고 정의한다면, 그런 사건의 수는 하나에서 넷 사이에 있을 것이다.

기 응시 과정 등이 모두 제한된 의식의 공간을 차지하려고 경쟁을 펼친다. 물론 이런 여러 주의 과정이 의식적인 사고를 사로잡는 정도는 두뇌의 유전적 구조와 인생 경험에 따라서 다를 것이다. 다음 절에서는 두뇌의 구조와 여러 유형의 "마인드 컨트롤"이 개인의 사고에 어느 정도로 영향을 미치는지 살펴보자.

편향된 두뇌의 주의집중

두뇌 기능에 관한 이야기를 두뇌 구조를 살펴볼 때와 같이 좌뇌와 우뇌를 중심으로 시작한 것은 나름 타당해 보인다. 전형적인 편향성을 보이는 두뇌에서 좌뇌와 우뇌의 특징을 결정하는 연산의 차이는 주의집중 방식에도 큰 차이를 낳는다. 이런 차이는 두뇌가 "무지"라는 특정 조건에 처할 때 가장 뚜렷이 드러난다. 감각 체계가 어떤 사건을 고스란히 감지했음에도 전혀 인지하지 못하는 상황 말이다. 두뇌 손상을 입은 환자에게서 찾아볼 수 있는 가장 대표적인 무지 현상이 바로 "편측 공간"이다.[5] 이 현상은 우뇌에 손상을 입은 후에 가장 많이 나타난다. 이렇게 상황이 지나치게 단순화될 위험에 처한 사람들은 편측 공간을 무시하여 주의 경쟁을 급격히 줄이려고 한다. 그들의 두뇌는 외부 세계의 반쪽 정보를 전혀 고려하지 않기 때문이다. 예를 들어 우측 마루엽—시각 겉질의 앞쪽 윗부분에 자리하여 이마엽과 연결되는 부분—이 손상되었지만 시력에는 아무 문제가 없는 사람에게 주변에서 일어나는 일을 물어보면, 그들은 거의 예외 없이 코를 중심으로 오른쪽에서 벌어지는 상황만 설명한다. 그들의 앞에 음식이 담긴 그릇을 놓아두면 정확히 오른쪽 절반만 먹는 모습을 볼 수 있다. 그림을 보여주고 그대로 그려보라고 해도 오른쪽 절반만 그린다.

이런 상황을 가장 흥미롭게 "연출한 TV 방송"을 보면, 그들에게 시계 그림을 떠올려서 그려보라고 하자 왼쪽은 고스란히 비워둔 채 오른쪽 숫자판만 그리는 장면이 나왔다.[6]

그러나 이런 사람이 놓치는 것은 시각 정보뿐만이 아니다. 그들에게 면도나 머리 빗기 같은 일상적인 동작을 해보라고 하면 주로 신체의 오른쪽만 움직이는 것을 볼 수 있다. 심지어 **옷을 입을 때도 왼쪽을 깜박하는** 경우가 허다하다. 가장 놀라운 일은 그들은 자신이 그런 것들을 놓치고 있다는 사실 자체를 깨닫지 못한다는 것이다! 좌뇌에 비슷한 손상을 입은 사람과 달리, 우뇌 손상 환자들은 질병불각증anosognosia, 즉 "자신이 처한 현실을 인지하지 못하는 증상"을 보이는 경우가 훨씬 더 많다. 그들은 반사 지각부터 자기 인식에 이르는 주의집중의 모든 단계에서 이런 어려움을 겪는다. 물론 무지가 다행일 때도 있지만, 이런 무지는 실제로 환자들의 치료 가능성에 재앙처럼 작용한다.[7]

그에 비해 좌뇌에 입은 손상은 이런 무지 증상으로 이어지는 경우가 드물다.[8] 물론 이런 증상도 그동안 체계적으로 연구되어왔지만, 내가 아는 한 좌뇌 손상 후에 주의력결핍에 시달리는 사람들은 전형적인 편향성, 즉 균형 잡힌 두뇌를 지닌 경우가 드문 편이다. 그러나 이런 경우도 좌뇌 손상 환자는 자신이 겪는 어려움을 인지하고 있다는 연구 결과가 있다. 따라서 그들은 우뇌 환자에 비하면 주의력의 한계를 극복하는 법을 배우기가 한결 더 쉽다.*

좌뇌와 우뇌 손상 환자가 겪는 주의력결핍 증상이 이토록 다르다 보니,

---

*   한 예로, 환자들이 음식을 다 먹었다고 생각하면 그릇을 180도 돌려놓도록 가르치는 방법이 있다. 그러면 그들에게는 마술처럼 또 한 그릇이 나타난 것처럼 보인다!

건강한 두뇌에서는 한쪽 뇌(주로 좌뇌)가 좀더 통제와 목표지향적인 주의력을 담당하는 동안, 다른 쪽 뇌(주로 우뇌)에는 집중해야 할 대상이 자동으로 부여될 것이라고 제안한 연구자들이 많다.[9] 이런 설명이 타당한 이유는 앞에서 살펴보았듯이, 좌뇌와 우뇌가 연산을 전문화한 방식이 서로 다르다는 점에서 찾을 수 있다. 적어도 전형적인 편향성을 지닌 두뇌에서, 빠르고 전문화된 과정을 병렬 처리하는 좌뇌의 특성은 특정 정보의 흐름을 선별하고 증폭하기에 적합하다. 한편, 우뇌는 수많은 정보의 흐름을 통합하여 일관된 규칙으로 만들 수 있어서 특이한 현상이 나타나거나 무엇인가 일이 잘못되었을 때 이를 **감지해낼** 수 있다.

이렇게 양쪽 두뇌의 주의 기능이 분화된 것은 딘이 야누스 모형에서 제안한 양쪽 두뇌의 기능의 목적과도 일치한다. 이 모형에 따르면, 좌뇌의 목적은 미래를 예측하는 데에 있고 우뇌는 지금 여기에 집중하는 역할을 맡는다. 미래를 담당하는 좌뇌가 목표와 계획을 동원하여 결과를 예측하기에 가장 **적합한** 정보에 초점을 맞추는 한편, 현재 상황을 이해하려는 우뇌가 주변 상황을 인지하려고 애쓴다는 것은 충분히 타당한 설명이라고 볼 수 있다.

그러나 제1장 "편향"에서 간단히 언급만 하고 넘어간 질문이 있다. 좌뇌와 우뇌의 주의를 사로잡은 정보가 서로 다를 때에는 어떤 일이 일어날까? 뇌량 절제술을 받은 비키라는 환자가 옷장에서 옷을 꺼내려고 할 때마다 왼손이 방해하는 바람에 고생했다는 이야기를 다시 떠올려보자. 비키의 경우는 양쪽 두뇌 사이의 연락이 끊어진 극단적인 사례로서, 그녀가 아는 것은 오른손의 의도(좌뇌가 지시한다)뿐이었던 것으로 보인다. 나는 연구 초기에 이런 현상을 가자니가가 말한 "해석자" 기능과 관련지어 설명했다. 어떤 일이 일어나는 **이유**를 이야기로 구성하는 것은 (거의 모든 사람의) 좌뇌가 할 일이라는 것이다. 그러나 오늘날 우리는 이 퍼즐의 다른 조각을 덧붙일 수 있다. 세상에서 일어나는 일에 관한 좌뇌의 혼잣말은 좌뇌가 주목하는 정보의 종류를 **결정하며**, (거의 모든 사람의) 우뇌는 주위에서 일어나는 일에 자동으로 반응할 뿐이라는 것이다.

예를 들어 비키가 월요일 출근을 앞두고는 그날 걸어야 할 일이 많다는 것을 인식하고 바지 정장에 튼튼한 신발을 신기로 했다고 하자. 이런 목적에 적합한 옷을 찾아낸 좌뇌의 명령에 따라 오른손이 반응할 것이다. 그러나 하필 그때 귀여운 보라색 드레스가 우뇌의 주의를 사로잡으면 어떻게 될까? 양쪽 두뇌가 연결되어 있는 경우, 그 정보는 그녀의 주의를 놓고 경쟁을 벌여 최종 의사결정으로 이어진다. 자동으로 진행되는 주의 집중과 목표지향적인 사고 중에 어느 쪽이 마음을 사로잡거나 주의를 분산시키는지는 양쪽 두뇌에서 나오는 신호가 주의력을 놓고 펼치는 경쟁에 좌우된다는 연구 결과가 점점 많아지고 있다.* 이런 사실은 두뇌의 기능을 이해하는 데에 매우 중요한 역할을 한다. 다음 절에서는 이런 주의 집중 환경에서 여러분의 두뇌가 자리한 곳은 어디인지 간단히 진단하는 방법을 소개할 것이다.

---

* 이 문장에 "주의 분산"이라는 단어를 쓰면서, 오늘 오후에 개와 산책하며 오디오북(에드워드 할로웰과 존 레이티의 『주의력 결핍장애에 대한 의문과 해답』)을 들으려면 헤드폰을 충전해야겠다는 생각이 났다. 헤드폰을 가지러 방에 들어간 순간 파자마가 아직 마루에 널려 있다는 생각이 났고, 다시 나가 파자마를 주워서 빨랫감이 쌓인 곳에 던져두었다. 그때 개가 뒤따라 들어와 머리를 흔들었다. 그러자 그 녀석의 귀를 닦아주어야겠다는 생각이 들었다. 그래서 면봉을 가지러 욕실로 들어갔는데, 치아 사이에 무엇인가가 끼인 것 같았다. 그래서 이를 닦았다. 10분 동안 이리저리 방황하던 끝에 다행히 헤드폰을 충전하려고 했던 것이 기억났다. 또한 내가 책을 쓰는 중이라는 사실도 떠올랐다. 이것이 바로 양쪽 두뇌가 통제력을 두고 경쟁을 벌일 때 일어나는 일이다.

집중력 검사

여러분은 이미 두뇌의 편향성이 어느 정도인지 대략 파악하고 있겠지만, 구체적으로 양쪽 두뇌가 집중력에 얼마나 공헌하는지 측정하는 간단한 방법이 있다. 먼저 연필, 종이, 자(또는 줄자)가 필요하다. 책에는 군데군데 수평선을 그린 예가 나와 있다. 이 그림을 그대로 사용하면 종이는 필요 없다. 그러나 책에 연필 자국을 내기 싫다면 별도의 종이에 한가운데를 피해 길이가 다른 수평선을 10여 개 그려서 실험을 시작하면 된다.

할 일은 너무나 간단하다. 자나 줄자를 쓰지 않고 최대한 선의 한가운데 지점에 맞추어 펜이나 연필로 수직의 2등분선을 그리는 것이다. 시작할 준비가 되었는가?

자신의 정밀도를 진단하는 방법에는 여러 가지가 있다. 정밀도는 시간을 얼마나 할애하느냐, 또 얼마나 정확하게 하느냐에 따라 달라진다. 가장 빠르고 간단하게는 정중앙보다 왼쪽이나 오른쪽에 치우쳐 그려진 2등분선의 수를 세어서 주로 어느 쪽으로 치우치는 경향이 있는지 확인할 수 있다. 이렇게 확인하면 자를 쓸 필요도 없다. 종이를 한 장 더 준비해서, 그려둔 2등분선을 기준으로 왼쪽과 같은 길이의 선을 그은 다음, 그 선을 오른쪽에 갖다 대본다. 오른쪽이 더 짧다면 한가운데보다 오른쪽으로 치우쳐 2등분선을 그린 것이다. 오른쪽이 더 길다면 여러분은 정중앙의 왼쪽에 2등분선을 그린 것이다. 이 방법을 사용하면, 치우친 빈도(10번 중에 몇 번)가 더 많은 쪽을 확인하여 여러분의 주의력이 얼마나 편향되어 있는지 파악할 수 있다. 예를 들어 오른쪽과 왼쪽으로 치우친 횟수가 같다면 점수는 10분의 5로, 주의력이 매우 균형 잡힌 셈이 된다. 그러나 한 번을 제외한 나머지를 모두 한가운데에서 오른쪽에 그었다면, 점수는 10분의

선을 2등분하기

9점이며 주의력의 편향성이 매우 높은 수준이라고 보면 된다.

원한다면 자를 사용하여 각 선이 정중앙에서 얼마나 벗어났는지를 재어볼 수도 있다. 정중앙보다 왼쪽에 선을 그었을 때는 거리를 마이너스로 표시하고, 오른쪽이라면 플러스로 표시한다. 그런 다음 10개 값을 모두 더해 10으로 나눈다. 그 숫자가 바로 집중력 편향성을 평균한 값이다. 예컨대 열 번을 시도한 결과 정중앙에서 떨어진 거리의 평균값이 3분의 1센티미터 이내라면, 이것은 꽤 균형 잡힌 집중도를 보여주는 값이다. 어느 방향이든 정중앙에서 멀리 떨어질수록 주의력의 비대칭성은 더 커진다.

그렇다면 좌뇌와 우뇌 중 어느 쪽이 여러분의 주의력을 담당할까?

가장 **전형적인** 좌뇌 주도형 사람들은 정중앙을 기준으로 오른쪽보다는 왼쪽에 치우쳐 그리는 경우가 더 많다.[10] 그렇게 왼쪽에 치우쳐 그리는 빈도가 높을수록 좌뇌가 우세한 목표지향적 주의력을 보일 가능성이 높다. 반대로 좀더 균형 잡힌 우뇌 주도형 사람들은 정중앙보다 오른쪽에 치우쳐 그리는 빈도가 더 높다. 이런 반응 결과는 주의가 분산되기 쉬운 "유기적인" 주의력에 해당한다.

사실 주의력결핍 과잉행동장애ADHD를 안고 있는 사람은 항상 정중앙보다 오른쪽에 2등분선을 그린다.[11]* 이것이 바로 ADHD 증상이 좌뇌 및 우뇌의 주의력 경쟁과 최소한 어느 정도 관련이 있다는 증거이다. ADHD가 오른손잡이가 아닌 사람들에서 주로 나타난다는 사실도 이런 관점과 부합한다![12] 그러나 ADHD가 주의력을 모두 잃어버린 것은 아니라는 사실을 명심해야 한다. 그보다는 차라리 통제된 방식이 아니라 자동 주의 과정에 더 큰 영향을 받는 주의력 패턴이라는 것이 더 정확한 표현이다. ADHD 증상을 지닌 사람이라고 해서 주의를 집중할 수 없는 것은 아니다. 단지 그들은 그렇게 하기가 더 힘들 뿐이다. 이 과정을 더 자세히 이해하려면 마인드 컨트롤이라는 개념을 더 깊이 살펴보아야 한다. 두뇌 속에서 의식의 통제를 두고 벌어지는 경쟁은 과연 어떻게 진행될까?

마인드 컨트롤의 리듬

마인드 컨트롤과 관련해 재미있게도, 모든 과학자, 교육자, 학부모들이 마인드 컨트롤을 더 많이 할수록 더 좋다고 생각한다. 자동 과정과 통제 과

---

* 정중앙보다 오른쪽에 2등분선을 그리는 것이 ADHD 증상임을 뜻하는 것은 분명히 아니다. 그러나 "서론"에서 언급했듯이, ADHD 증세가 나타나는 방식은 연속적이므로 누구나 어느 정도는 그런 증상을 경험했을 가능성이 높다.

정의 차이에 관한 연구의 대다수가 통제 측면에 더 비중을 두는 이유도 바로 여기에 있다. 그런 관점으로는 통제력을 얻거나 자발적인 집중력의 이점을 이해하는 데에 더 큰 노력이 필요한 두뇌가 있다는 사실을 간과하기 쉽다. 그러나 마음속으로 무엇인가를 하려고 할 때—누군가의 이름을 떠올리거나 그보다 더 복잡한 일, 예컨대 앞 장에서 나온 문제들을 풀려고 애쓰는 일 등—해답을 찾는 유일한 방법은 그것을 그만두는 것임을 본능적으로 느낀 적이 있으리라. 두뇌의 통제 영역을 아예 닫아버리는 것이 가장 좋은 방법임을 힘들게 깨닫고, 마음속으로 "언젠가는 생각날 거야"라고 생각했을 수도 있을 것이다. 우리에게는 두 가지 주의 방식이 모두 필요하고, 그중 어느 한쪽이 방해될 때가 분명히 있기 때문이다.

나는 자동과 통제라는 두 가지 주의 방식이 말과 기수騎手의 협력과 비슷하다고 생각한다.* 말은 두뇌의 자동 주의 영역에 해당한다. 그것은 경험과 본능을 통해서 주의를 기울여야 할 대상을 학습한다. 말은 기수의 지휘 없이도 어디에 발을 디뎌야 할지 스스로 선택한다. 생존 본능이 강하므로 그냥 내버려두면 좋은 곳을 향해 움직이고 나쁜 곳은 피할 줄 안다. 그러다가 새로운 무엇인가를 만나거나, 혹은 이미 알고 있던 곳이라도 낯선 장소에서 마주칠 때는 일단 멈추고 자세히 살펴보며 어떻게 할지 궁리한다. 기수는 말의 이런 행동에 짜증이 나겠지만, 결국 걷는 것보다

---

* 이 비유는 이 책을 쓰면서 나를 찾아가는 동안 마음속에 깊이 잠재되어 있었다. 어느 날 아침 나는 안드레아에게 이렇게 말했다. "내 두뇌가 마치 말처럼 느껴져. 언제 채찍을 휘둘러야 할지, 언제 목덜미를 쓰다듬어야 할지 모르겠거든." 서른 살까지는 말을 가지고 싶다고 생각하며 살았고, 이후 15년간은 머릿속에 든 말을 어떻게 통제해야 할지 궁리해온 나는 마침내 이 비유를 책에 쓰기로 했다. 그러나 안타깝게도 이 비유를 내가 창안한 것은 아니다. 지크문트 프로이트, 팀 셜리스 등 이미 많은 학자들이 인간의 마음을 말과 기수에 비유하여 설명했다.

는 말을 타는 편이 목적지에 더 빨리 도달하는 방법이다. 그런데 말이 이런 방식으로 주의를 기울이는 것은 바로 **수억 년 동안** 동물이 지구상에서 살아남을 수 있었던 방법이기도 하다. 지금 이곳의 환경에 재빨리, 효율적으로 반응하는 방식 말이다.

한편, 기수는 통제에 주로 의존하는 주의 영역을 상징한다. 그들은 고차원적인 목표에 따라 현재 상황과 무관하게 움직인다. 그리고 그 목표를 위해서 기구를 사용하여 말의 방향을 조종한다. 심지어 구글맵도 활용할 수 있다. 사실 유능한 기수는 말을 타고 소를 몰거나 전장에 뛰어드는 등 말 혼자서는 **꿈꾸어보지도** 않았던 일들을 시킨다.

비유의 범위를 좀더 넓혀보자. 말을 타본 사람이라면 누구나 말을 잘 타기 위해서는 타이밍 감각이 필요하다는 것을 안다. 말은 자연스러운 리듬에 따라 움직이므로, 다음 행동에 최대한 영향을 미쳐야 할 때인지 혹은 최소한에 그쳐야 할 때인지를 순간순간 결정해야 한다. 예컨대 말이 질주하느라 네 발이 공중에 뜬 순간에는 아무리 방향을 돌리려 애써도 소용이 없을 것이다. 제3장 "동기화"에서 살펴보았듯이, 우리 두뇌도 이런 타이밍에 아주 민감하다. 사실 두뇌의 통제 센터가 자동 주의 과정을 만들기 위해서 제공하는 "지원"은 저진동 알파 주파수에 의한 신경 진동이다. 따라서 두뇌의 "기수" 영역이 목표를 앞세워 자동 주의 기능의 볼륨을 **꺼버리면**, 그 자리에는 알파 볼륨이 **켜지게** 된다. 이미 배웠듯이, 내면의 저주파 소리와 외부의 고주파 소음이 충돌하면 항상 외부 소음이 진다. 물론 그 반대도 마찬가지이다. 두뇌의 기수 영역이 말에게는(자동 주의 과정) 별로 관심이 없는 특정 정보에 주의를 집중하고 싶을 때는, 두뇌의 특정 영역에서 알파 주파수를 **끄고** 외부에서 들어오는 그 정보의 볼륨을 **키울** 수 있다. 즉 특정 정보의 흐름에 주의 경쟁의 우선권을 부여하는 것이다. 이 과정이 효과적으로 작동하면 내부의 기수는 의식에 어떤 종류의 정보가 들어올지를 "통제할" 수 있다.

사스키아 하헌스 연구진은 촉각 판별 검사를 통해서 이 과정의 작동방식을 보여주었다.[13] 피험자들은 왼손이나 오른손의 엄지손가락에 전기자극을 받았다. 그다음 자신이 받는 전기자극이 빠른 주파수(41-66헤르츠)인지 느린 주파수(25-33헤르츠)인지 판단해야 했다. 감각이 지속된 시간은 총 4분의 1초 정도였고, 자극의 강도는 임계치를 조금 넘는 수준이었다. 이 실험은 시작 시점에 양쪽 엄지 모두에 자극이 가해졌기 때문에 더 어려웠다. 그러나 피험자들은 한쪽 손의 감각을 무시하고 **다른 쪽에만** 신경 써야 했다. 매번 자극이 전달되기 전, 이번에는 어느 손에 집중해야 하는지 안내받았다. 그 말이 끝난 후, 연구자들은 그 손을 담당하는 운동겉질의 알파 주파수를 측정했다. 실험 결과, 무시한 손을 담당하는 두뇌 영역의 알파값이 올라가고, 집중한 손에 해당하는 영역의 알파값은 줄어들었다. 결정적으로, 이렇게 매번 측정된 알파값을 통해서 피험자가 질문에 정확히 대답할지 여부를 예측할 수 있었다. 다시 말해, 사람들은 주의를 기울이는 손의 감각이 "켜졌을 때"와 무시하는 손의 감각이 "꺼졌을 때"의 차이를 잘 느낄 수 있었다는 것이다.

레베카 콤프턴 연구진의 또다른 연구는 알파 주파수의 통신 볼륨을 측정하는 데에 스트룹 검사를 사용했다.[14] 스트룹 검사란 제3장 "동기화"에서 자동 읽기 과정을 설명할 때에 소개한 색상 이름 맞히기 검사법이다. 아마 기억하겠지만, 우리는 대부분 단어를 보자마자 자동으로 읽기 시작하므로, 검은 잉크로 인쇄된 "빨간색"이라는 단어를 보고 "검은색"이라고 답하는 것은 마치 오른쪽에 설탕이 담긴 통을 둔 채 두뇌 속 말에게 왼쪽으로 가라고 명령하는 것과 같다! 그 결과, 예상대로 이런 갈등 상황에서 피험자들이 대답하는 순간, 집중을 담당하는 우뇌의 알파값이 증가하는 것을 알 수 있었다. 이 검사를 **가장 쉽게** 했던 사람들, 즉 반응 시간이 가장 짧은 사람들은 좌뇌와 우뇌의 알파 주파수 차이도 가장 큰 것으로 나타났다.[15] 우뇌의 알파값이 "조용했다"는 점에서, 목표지향적인 좌뇌가 정보를 받아들이는 동안 우뇌는 억제되었음을 알 수 있다! 이것이 바로 마인드 컨트롤이 어떻게 이루어지는지를 보여주는 장면이다.

편측성과 신경 동기화가 집중력의 차이와 관련이 있다는 이런 발견은 제3장 "동기화"에서 소개한 브라이언 에릭슨 연구진의 연구 내용과도 일치한다. 아마 기억하겠지만, 그들은 좌뇌의 알파값이 더 큰 것은 단어 퍼즐을 영감에 더 의존하여 푸는 성향과 관련이 있고, 좌뇌의 알파값이 작은 것은 체계적이고 통제된 문제 해결 방식과 관련이 있음을 밝혀냈다.

이런 연구를 종합하면, 좌뇌와 우뇌의 연산 차이는 두뇌의 신경 동기화와 함께 우리의 주의를 사로잡는 대상을 결정한다는 것을 알 수 있다. 두 요인의 이런 조합으로 두뇌의 기수가 말을 몰 때는 언제이고, 말이 본능대로 가게 놔둘 때는 언제인지가 결정된다고 생각할 수도 있을 것이다. 그러나 이 비유의 가장 큰 문제는 기수가 말을 어디로 데려갈지를 어떻게 결정하는지는 설명하지 않는다는 점에 있다. 기수에게 **두뇌**가 있다고 생각한다면, 그 두뇌에도 말과 기수가 있는지 궁금해진다. 그렇지 않다면, 그 두뇌는 또 누가 통제하는가? 이런 순환논법에 빠지면[16] 아무런 결론도 낼 수 없을 것 같다. 다음 절에서는 마인드 컨트롤의 아주 세부적인 내용까지 깊게 파고들 것이다. 이런 논의에는 통제력을 발휘한다는 느낌을 안겨주는 생물학적 체계가 곧 통제의 주체라는 사실이 시작부터 끝까지 모두 포함된다.

두뇌의 통제 주체는 무엇일까?

다소 도발적인 경고로 시작해보자. 이 절 제목에 제시된 "질문"은 분명히 두뇌에 관한 가장 중요한 질문이다. 그리고 이 질문은 영성부터 의식, 자발성에 이르는 모든 측면을 포함한다. 그러나 그 대답은, 혹은 적어도 이 문제에 관한 오늘날의 과학적 이해는 많은 사람의 마음을 불편하게 할 수 있다.*

우리는 책의 앞부분에서 이 문제를 다루기 위한 준비 작업을 많이 해왔다. 예를 들어 제1장 "편향"에서는 분열된 두뇌가 신체의 반쪽이 하는 일을 통제하지 못한다는 "느낌"을 받거나, 신체의 반쪽에서 들어오는 정보가 두뇌에 영향을 미치는 당혹스러운 현상을 살펴보았다. 아울러 좌뇌는 자신이 이해할 수 없는 일이나 자신이 주도하는 인간의 행동 방식을 통합하기 위해서 자동으로 이야기를 꾸며낸다는 사실도 배웠다.

이후 제3장 "동기화"와 이 장에서는 저주파 대역의 뉴런이 당면한 목표나 의도에 따라서 정신작용의 유연성을 조정하는 데에 사용될 수 있다는 점을 살펴보았다. 그러나 "조정", "안내", "영향" 등의 말들은 두뇌의 일부 영역이 독자적인 사고 능력으로 다른 영역을 통제한다는 말처럼 들린다.

따라서 우리는 "두뇌 속의 두뇌"라는 해묵은 난제와 다시 마주한다. 지금까지 나는 두뇌의 활동 방식에 관한 우리의 지식이 얼마나 부족한지 솔직하게 말하려고 노력했지만, 이제 와서 여러분의 두뇌 한가운데에 "무엇을 할지는 여러분의 두뇌가 결정할 일이다"라고 빈칸으로 남겨둔다면, 그

---

* 이 문제에 관심이 있다면, 로버트 새폴스키의 『행동(*Behave*)』에서 이 주제를 다루는 부분을 읽어보기를 적극 추천한다.[17]

야말로 내가 지금까지 설명한 것은 아무것도 없는 셈이다!*

　다행히(혹은 불행히),** 두뇌에서 결정을 담당하는 **주체**에 관해서 지금까지는 별말을 하지 않았지만, 그렇다고 내가 구체적인 사실에 관심이 없는 것은 아니었다. 오히려 관심이 **너무 많은 것**이 문제일 정도이다. 그것이 바로 나의 전문 분야일 뿐만 아니라 나와 안드레아가 사적으로, 또 학문적으로 함께 맺어진 계기도 바로 이 문제와 관련이 있기 때문이다. 신경과학의 이 분야는 너무나 **중요하고도 복잡해서**, 3년이라는 세월을 보낸 후에야 이 주제와 관련해 무엇이든 써볼 수 있겠다는 생각이 들 정도였다. 나는 정말 이 책을 제대로 쓰고 싶다. 작동하는 뉴런이 860억 개나 되기 때문이다. 그러니 여러분의 두뇌와 나의 심장을 지휘하는 **대뇌 기저핵**을, 3막으로 구성된 나의 러브 스토리로 설명하는 점을 양해해주기 바란다.

　제1막. 내가 커피 약속 자리에 나간 것은 표면적으로는 연구 논의를 위해서였다. 그 자리는 흑발의 키 큰 이탈리아 남자가 마련했다. 우리 둘 다 수년 전에 박사학위를 마치고 마음과 두뇌에 관한 컴퓨터 모형을 활용하는, 카네기멜론 대학교의 각각 다른 연구실에서 일하던 시기였다. 나는 첫 데이트부터 너무나 진지한 과학 분야로 대화를 몰아갔다.

　　나 : (편안한 대화에 능숙했기 때문에) "만약 X라면, Y이다"라는 명제만
　　　　으로 ACT-R***이 작동한다는 거죠?

---

*　이런 문제를 "난쟁이 논쟁"이라고 하며, 인지신경과학자들(나도 포함된다)이 설명할 때 쉽게 **빠져드는** 오류이다! 한번은 맥주에 잔뜩 취한 채, "나의 두뇌가 결정한다"는 개념이 두뇌의 활동 방식을 충분히 설명할 수 있다는 친구 롭의 주장에 반대하는 바람에 그를 좌절시킨 적도 있었다. 나에게 친구가 별로 많지 않은 이유가 다 있는 셈이다.

**　나중에 나의 설명이 다 끝나고 나면 각자 판단해보기 바란다.

***　ACT-R은 정신 모형화에 꽤 널리 사용되는 컴퓨팅 아키텍처로, 안드레아의 박사후 연

안드레아 : (내가 모형화를 좀 안다는 데에 신이 나서) 맞아요!

나 : (추파를 던지는 데에는 더 서툴렀으므로) 하지만 두뇌는 그런 식으로 활동하지 않아요.

안드레아 : (나와 과학 논쟁을 펼치는 것에 더 신나서) 글쎄요, 실제로* 요즘 연구하는 모형에 따르면 두뇌의 한 영역은 정확히 그렇게 활동하던데요!

나 : (깜짝 놀라며) 좀더 자세히 말해보세요.

교훈 : 안드레아의 모형(이것 역시 수많은 실험 데이터로 뒷받침된다)에 따르면, 대뇌 기저핵은 주변 상황(예컨대 "나는 지금 다른 낯선 장소가 아니라 집에 있다")과 관련된 정보를 사용하여 특정 과제에 적합한 신호가 어느 것인지 결정(예를 들어 집이라면 내가 잘 아니까 "물리적 공간에는 신경 쓸 필요가 없다")하는** 핵의 집합이다. 이것은 제3장 "동기화"에서 다룬 **유연성**에도 매우 중요하게 작용한다. 어느 한 시점에 중요한 신호는 다른 신호를 무시하기 위해서도 꼭 필요하기 때문이다. 이 과정은 사실상 통제된 목표지향적 행동에 수반된 "프로그래밍"을 가능하게 해준다.

제2막. 안드레아와 내가 데이트를 시작한 지 수개월이 지났다. 그가 우리 집 주방의 식탁 한쪽에 앉아 대뇌 기저핵 모형을 연구하고 있다. 물론 공식 명칭은 "조건부 경로 모형"이지만,[18] 우리끼리 있을 때에는 그 모형을 "아기"라고 불렀다. 나는 식탁 반대편에 앉아 작업 기억력이 다른 사람들이 문장을 읽을 때에 보인 두뇌 반응을 MRI 스캐너로 측정한 비교 데

구 과정 지도교수이자 친구인 존 앤더슨이 개발했다.

*   나는 안드레아가 이 단어를 말할 때 길게 발음하는 소리가 참 듣기 좋다.

**   대뇌 기저핵이 어떻게 의사결정을 내리는지는 이 절이 끝나기 전에 꼭 설명하겠다!

이터를 분석하고 있다.[19] 그런데 일부 겉질 처리 센터에서 검출한 데이터는 충분히 이해되지만, 작업 기억력이 우수한 사람들이 글을 읽을 때 보이는 특이한 현상이 두뇌 한가운데의 꼬리핵에서 나타난 것이 너무 당황스러웠다. 인지과학 분야를 공부해본 사람이라면 알겠지만, 우리는 중요한 일은 모두 두뇌 외곽의 겉질에서 일어나며, 파충류 뇌에 해당하는 중간 부분에서는 절대로 발생할 리 없다고 배웠다! 그래서 꼬리핵에 관한 연구 논문을 찾아보고 그것이 바로 대뇌 기저핵*의 일부라는 것을 알고는 너무나 흥분했다! 나는 엄청난 읽기 능력을 발휘하는 피험자들의 두뇌에서 이 녀석이 하는 일을 이해하는 데에 안드레아가 도움을 주기를 바란다. 알고 보니 그의 모형은 작업 기억력이 우수한 사람의 글 읽는 방식이 그렇지 않은 사람—그들의 두뇌는 일시적 기억용량보다 주의를 통제하는 데에 더 특화되었다—과 다른 이유에 대해서 새로운 시각을 제공해줄뿐 아니라, 내가 연구하던 꼬리핵과 이마엽의 겉질 영역의 관계까지도 설명해준다.

교훈 : 여러분이 지금까지 두뇌에 관해 읽은 내용은 거의 모두 두뇌의 "기수"가 이마엽에 있다고 가르쳤을 것이다. 다 틀린 말은 아니지만, 그렇다고 완전히 옳다고 할 수도 없다. 물론 우리의 가장 정교한 행동을 모두 이마엽의 공으로 돌리고 싶은 마음은 인정한다. 결국 인간과 침팬지를 구분 짓는 가장 크고 멋진 두뇌 영역이 바로 이마엽이기 때문이다. 더구나

---

* 대뇌 기저핵은 두뇌를 구분하는 8개 영역 중의 하나를 지칭하는 이름이다. 사실 나도 처음에는 혼란을 겪었다! 그러나 이 영역은 곧 이야기할 신호전달 방식에서 중요한 기능을 담당한다. 문제가 더 복잡해지는 이유는 기저핵을 더 작게 나눈 영역들을 모두 합해서 배측 선조체, 또는 복부 선조체라고 부르기 때문이다. 사실 이렇게 상세한 내용까지 알 필요는 없지만, 두뇌 과학을 전문적으로 연구하다 보면 대뇌 기저핵이 여러 가지 이름으로 불린다는 것을 알게 된다.

오랜 진화를 거쳐 그곳에 새로 형성된 회색질의 뉴런들이라면 무엇인가 멋진 일을 할 것이 틀림없어 보이는 것도 사실이다. 언어를 연구하는 사람으로서, 나도 이 사실에 반박할 생각은 없다. 다만 이마엽도 좀더 오래되고 숙련된 조수로부터 이 일에 결정적인 도움을 받고 있다는 말을 덧붙이려는 것뿐이다. 그것이 바로 두뇌 한가운데 자리한 대뇌 기저핵이다.

이런 협력 관계를 가장 쉽게 설명해보자면, 이마엽 겉질이 행동의 목표, 즉 인과 관계에서 "원인" 항을 담당하는 반면, 대뇌 기저핵은 "결과" 항의 실행을 돕는다는 것이다. 즉 그들은 주어진 목표에 따라 적합한 신호를 켜거나 끄는 일을 함께 수행한다. 요컨대 기저핵은 무대 뒤에서 이마엽에 도착하는 정보에 영향을 미친다. 그들은 마치 소셜 미디어 회사가 여러분에게 어떤 친구의 포스팅을 보여줄지는 물론, 어떤 광고와 뉴스를 보여줄지까지 결정하기 위해서 사용하는 알고리즘과 같다.*

제3막. 안드레아와 나는 결혼한 지 1년이 넘었고, 현재 워싱턴 대학교에서 이중언어 구사가 기저핵의 신호전달 방식에 미치는 영향에 관해 공동 연구하고 있다.[20]** 최근에 나는 자폐 스펙트럼 장애ASD의 신경과학적 기초에 관해 리뷰 논문을 써달라는 요청을 받았는데,[21] 이것은 내가 ASD에 어떤 전문 지식이 있어서가 아니라 이 논문이 내가 꽤 전문적으로 연구해온 신경 동기화를 다루고 있기 때문이다. 그러나 논문을 읽으면서 ASD의 행동들이 이중언어 구사자들이 보이는 행동과 거울처럼 반대되는 특징을 띤다는 사실을 알게 되었다. 아직 너무 이른 시간인 데다가 마

---

* 참고로 나는 이런 기술을 별로 좋아하지 않는다. 그 이유는 차차 밝혀질 것이다.
** 안드레아는 3개 국어를 유창하게 구사한다. 영어는 그에게 제3외국어인데도 나보다 더 유창하게 구사하므로, 사실 이 분야는 나의 약점이기도 하다. "할 수 있는 자는 하라. 할 수 없는 자는 가르쳐라"라는 말은 연구 분야에도 그대로 적용되는 것 같다!

침 일요일 오전이므로, 조금만 더 살펴보다가 다시 침대에 누우면서 안드레아에게 속삭이듯이 말한다. "안드레아……. 기저핵이 자폐증에서는 무엇인가 좀 **다른** 일을 하는 것 같아." 평소에 일찍 일어나지도 않고, 그렇다고 일찍 깨워달라는 사람도 아닌 그가 한쪽 눈을 뜨더니 이렇게 말한다. "좀더 자세히 말해봐."

그날 아침 내가 "영감"을 얻은 순간을 이해하려면 기저핵을 연구하는 많은 사람이 특히 운동 겉질에 연구의 초점을 맞추고 있다는 점을 알아야 한다. 기저핵이 오랜 진화를 통해서 맡아온 가장 중요한 일이 바로 이것이라는 점은 의심의 여지가 없다. 동작 제어—다른 제어 분야도 그렇듯이—는 주로 이마엽 겉질이 담당한다. 그날 아침 내가 깨달았던 사실은 기저핵의 크기와 기능에서 보이는 이상 증세가 **이미** ASD에 기록되어 있지만, 그전에 이미 반복적이고 정형화된 동작 행동의 증상 중 하나와 관련이 있다는 것이었다. 나는 "아기" 모형이 설명하는 "인과" 관계를 통한 유연한 연산이 언어와 사회적 기능에도 유효하다는 점을 이 분야 연구자들이 그동안 놓치고 있었음을 깨달았다. 그것이 바로 ASD에서 나타나는 또다른 두 증상이었던 셈이다.* 아울러 나는 내가 검토하던 논문이 말하는 신경 동기화의 불규칙적 패턴을 기저핵의 신호전달 방식으로 설명할 수 있을지도 모른다고 생각했다. 그래서 나는 반쯤 눈을 뜬 안드레아에게 ASD를 앓는 사람들의 기저핵은 목표에 따라 신호를 켜고 끄는 유연한 기능을 담당하지 **않을지도** 모른다고 큰 소리로 말했다.

다행히 안드레아와 나는 대학의 연구진 네트워트를 통해서 이런 개념

---

* 내가 아는 한 2020년 현재 언어장애는 더 이상 ASD 증상에 포함되지 않는다. 그러나 이 스펙트럼의 더 심각한 극단에 있는 많은 사람이 언어장애를 보이고 있으며, 그들 모두 어떤 형태로든 사회적 장애를 안고 있다.

을 함께 탐구할 나탈리아 클라인한스를 만났다. 그녀는 탁월한 심리학자이자 ASD 연구자였다. 우리는 성인 ASD 환자 16명과 ASD 증세는 없지만 17세 수준의 지능을 보이는 같은 수의 성인을 통제집단으로 삼아서, "Go / No-Go" 과제라는 주의 통제력 측정 방법으로 그들의 기능적 MRI 데이터를 분석했다.[22] Go / No-Go 과제는 꽤 지루하지만, 사고 제어와 운동 제어의 교차점을 살펴보기에는 훌륭한 방법이다. Go 블록에서 피험자들은 화면에 어떤 이미지가 보일 때마다 버튼을 누른다(블록에 따라 얼굴이나 글자가 나온다). 좀더 어려운 블록에서 피험자들은 특정 자극을 보면 버튼을 누르지 **말라**고 안내받는다(예컨대 글자 블록이라면 X 자, 얼굴 블록에서는 슬픈 표정 등). 우리 실험에서는 자극의 절반이 No-Go였다. 안드레아와 내가 생각한 이 과제에서 기저핵이 하는 일을 근거로, 우리는 Go / No-Go 과제를 하는 동안 기저핵이 활성화되면 자극에 관한 정보 처리를 담당하는 뒤통수엽과 과제 목표에 관한 정보를 보관하고 버튼을 누르는 이마엽 사이의 신호 흐름이 **감소하며**, 이것이 주의력이 필터링되는 증거라는 가설을 제시했다. 실험 결과, ASD 증세가 없는 통제집단에서는 이 가설이 옳은 것으로 밝혀졌다. 그러나 ASD 환자의 경우, 기저핵이 활성화되자 뒤통수엽과 이마엽의 연결성이 **증가하는** 것으로 나타났다. 마치 ASD 환자의 기저핵은 **모든** 신호의 볼륨을 키우는 것처럼 보였다.

교훈 : 기저핵이 덜 중요한(혹은 방해되는) 신호를 끄는 일은 **최소한** 적절한 신호를 켜는 것만큼 중요하다. 이것은 앞에서 살펴본 하헌스 연구진의 촉각 판별 결과와 일치한다. 사람들은 두 엄지손가락이 동시에 자극을 느낄 때, 알파 리듬으로 다른 쪽에서 들어오는 신호를 **끔으로써** 나머지 한쪽의 자극을 더 잘 감지할 수 있었다. 이 결론이 옳은 이유는 이 책을 읽으면서도 주변의 온갖 방해 요소에 순간순간 주의를 빼앗긴다는 점

을 생각하면 쉽게 알 수 있을 것이다. 이 장의 중요한 **요점**은 다음과 같다. 주변에서 일어나는 일 중에는 우리가 내리는 결정에 그리 중요하지 않은 일이 중요한 일보다 항상 더 많다는 것이다. 바로 여기에서 우리 부부의 기저핵 러브 스토리가 원점으로 돌아와 여러분이 아는 두뇌의 활동 방식과 연결된다. 기저핵이 수정된 신호 다발을 이마엽 겉질에 보낼 때마다 그들은 이런 신호전달에 따라 결정된 정보를 도파민 신호로 **되돌려받**는다. 기저핵은 이런 방식으로 도파민을 사용하여 어떤 신호를 켜고 끌지를 오랜 세월에 걸쳐 배워나간다!

요약 : 본능에 따르는 "말"과 통제력을 발휘하는 "기수"가 다양한 정보에 반응하는 의식을 사로잡으려고 경쟁한다

이 장의 주제를 다시 한번 반복하자면, 기저핵은 우리 부부의 러브 스토리뿐 아니라 여러분의 두뇌에서도 물리적으로나 상징적으로나 핵심을 차지하는 존재이다. 대뇌 기저핵은 모든 면에서 두뇌를 오가는 수많은 신호의 지휘자이다. 기저핵이 모든 것의 중심에 있다는 것은 주변에서 일어나는 모든 소문을 듣고 "세상의 최신 흐름"을 파악하기에 가장 유리한 자리를 차지한다는 뜻이다. 그리고 실제로 그런 역할을 한다. 실제로 기저핵은 두뇌의 **모든** 영역으로부터 고속 신호를 전달하는 백색질 섬유에 둘러싸여 있다. 그중에는 "외부"에서 오는 감각 정보뿐만 아니라 당면한 목표에 관한 작업 기억을 담은 정보, 즉 다음에 해야 할 일을 알려주는 "원인" 항도 포함된다. 편측성에 관한 연구에 비추어보아도 목표는 주로 좌뇌의 주의력에 사용되는 반면, 외부 세계의 감각 정보는 더 오래되고 본능적인 우뇌식 주의력의 핵심이 되는 경우가 많다고 한다. 이런 신호들은 대뇌 기저핵에 모이면서 이전의 도파민 피드백 신호를 이용해 현재 상황에 가장 중요한 정보, 즉 이 공식의 "결과" 항을 결정한다.*

이 기능이 중요한 이유는 기저핵이 이마엽 겉질에 도달하는 방대한 중복 신호를 "평가하고", 그들이 판단하는 목표에 따라 그 과정을 **변경할** 수 있기 때문이다. 거기에서부터는 이마엽이 통제권을 넘겨받는다. 이마엽은 저주파 통신을 사용하여 생각이나 행동, 또는 그 둘의 조합을 만들어 내는 활성 패턴을 생성한다. 제2장 "칵테일 기술"에서 살펴보았듯이, 그다음에는 기저핵이 도파민 보상 회로를 통해서 이마엽이 선택한 결과물이 무엇인지, 그것이 예상보다 더 좋았는지, 나빴는지, 아니면 예상대로였는지 등을 결정한다. 그리고 이것은 같은 목표가 주어질 때 기저핵이 미래에 전달할 정보의 유형을 결정한다. 그러므로 여러분을 통제하는 것은 결국 매우 기계적인 일련의 연산인 셈이다. 이것이 주변 상황이나 목표, 우선순위를 정하거나 신호의 경중을 판단하는 체계로 드러나며, 또다른 사람들에게는 일어난 일의 결과를 바탕으로 신호의 우선순위를 바꾸는 일일 수도 있다.

너무 낭만적이지 않은가?

다음 장에서는 기저핵의 학습 과정을 좀더 깊이 살펴볼 것이다. 여러분이 경험하는 일들은 기저핵과 겉질의 연산 센터가 서로 협력하여 주변에서 일어나는 일을 파악하고 대처하는 데에 어떤 영향을 미칠까?

---

*   제6장 "길 찾기"에서 도파민의 역할과 이 피드백 신호를 더 자세히 살펴볼 것이다.

5

적응

두뇌가 학습을 통해서
주변 환경을 이해하는 법

이 장의 집필을 마무리할 때쯤, 나는 코로나 바이러스 유행으로 인한 지난 18개월 동안의 격리 제한에서 벗어나서 대학으로 돌아가 대면 수업과 연구할 준비를 하고 있었다. 처음으로 "자가 격리" 명령을 받은 순간, 이전까지는 그저 "폭설" 기간쯤으로 느껴지던 기분에서 갑자기 새장 속의 새가 된 듯한 심정으로 바뀌었던 기억이 생생하게 떠오른다. 외향적인 성격에 천성적으로 다른 사람의 지시를 받는 것을 좋아하지 않는 나*로서는 그런 변화가 꽤 힘들었다.

그러나 결국 어떻게 되었는가?

나는 익숙해졌다. 심지어 좋아하게 된 부분도 있었다. 매일 편한 복장으로 발등에 개들이 눕도록 놔둔 채 회의에 참석할 수 있었다. 이제 상황이 충분히 호전되어 1주일에 며칠 정도는 연구실에 나가게 되자, 오히려

---

* 누군들 그렇지 않을까? 물론 나는 규칙과 제한이 건강이나 안전에 큰 영향을 미친다는 것을 알기 때문에 따르는 편이다. 게다가 사회의 기능은 그에 좌우되기 마련이다.

현실에서 사람들을 만나는 일이 너무 **피곤하게 느껴진다.***

　다른 사람보다 전염병의 전 세계적 유행의 영향을 유독 더 많이 받은 사람도 물론 있겠지만, 그것은 우리 모두에게 결코 잊지 못할 결과를 초래했다.** 그로부터 수년이 지난 현재, 나는 이 책을 읽는 모든 분들이 전염병이 시작되던 때와 완전히 달라졌다는 것을 **긍정적으로** 생각한다.

　그것이 바로 두뇌의 활동 방식이기 때문이다. 두뇌는 경험을 통해서 모든 상황에 **적응하도록** 바뀐다. 최선의 상황이 아니어도 마찬가지이다.

　적응은 모든 사람의 두뇌에서 찾아볼 수 있는 가장 **인간적인** 특징이다. 실제로 인류의 진화를 바라보는 현대적인 관점에 따르면, 우리 조상들은 적응이 불가피했기 때문에 "인지적인 진화"를 거듭할 수밖에 없었다.[1] 극심한 기후 불안정기를 거친 이후에 고대인의 두뇌 체적이 증가했음을 시사하는 증거들에 따르면,[2] 환경 변화에 적응하지 **못한** 인류는 생존에 실패했다는 것이 인류의 놀라운 유연성을 설명하는 가장 보편적인 학설이다. 반면 유연한 사고와 적응력을 지닌 인류는 안정적인 환경이 춥고 불안정하며 가혹한 환경으로 바뀌어도 새로운 행동 방식에 잘 적응할 수 있었다. 즉 현대인의 두뇌는 변화하는 환경을 학습하고 적응하는 능력 때문에 자연의 **선택**을 받은 셈이다.

　이후 **빠른** 학습 능력과 유연한 사고력을 발휘하는 사람들이 수천 년에 걸쳐서 번식을 거듭해온 결과, 그 자손들의 두뇌와 두개골의 크기도 점점 증가했다. 그에 따른 중대한 대가도 있었다. 출산이 위험한 일이 되었다는 것이다. 그 결과 여성들은 점차 아기를 발달 초기 단계인 채로 낳기 시

---

*　게다가 이제는 개들을 집에 두고 오면 대단히 신경질을 부린다.
**　목숨을 걸고 우리를 위해서 애써준 분들에게 진심으로 감사드린다. 아울러 가까운 사람을 잃은 분들에게도 심심한 애도를 표한다.

작했다.* 실제로 두뇌의 크기가 성인 두뇌 크기의 27퍼센트에 지나지 않는 현대 유아들은 선사 시대의 조상들에 비해서 땅을 달릴 준비도 **되지 않은** 상태로 태어난다. 심지어 태어난 후에도 머리를 가눌 근력이나 조정력조차 없는 상태로 3–6개월의 시간을 보내야 한다!**

인간 아기는 다른 동물들보다 더 약하고 위험한 상태로 태어나지만, 뛰어난 학습 능력이 바로 그런 약점을 어느 정도 보완해준다. 우리는 이런 강력한 학습 방식을 진화 과정에서 본능으로서 물려받은 덕분에 엄청나게 다양한 환경에 적응할 수 있다. 그 결과, 인류는 오늘날 지구 곳곳에서 번영을 구가하고 있다. 나의 생전에 그런 일이 일어날지는 모르겠지만, 언젠가는 중력이 지구의 38퍼센트 정도인 화성에서 자란 아이가 세발자전거로 계단 내려오기를 나보다 훨씬 더 잘할 날이 올지도 모른다.

그러나 이토록 놀라운 유연성에 따르는 큰 대가도 있다. 인간이 세상이 어떻게 돌아가는지 너무 모르는 상태로 태어난다는 점이다. 심리학의 탄생에 지대한 공헌을 한 미국의 철학자 윌리엄 제임스는 저서 『심리학의 원리 *The Principles of Psychology*』에서, 그런 상태로 태어난다는 것이 어떤 의미인지를 다음과 같이 시적으로 서술했다.[3]

"눈, 귀, 코, 피부, 그리고 내장의 공격을 한꺼번에 받은 아기는 그 모든 일이 엄청나게 시끄러운 아수라장으로 느껴진다. 그리고 우리는 생이 끝날 때까지 모든 것을 한 공간에 안고 살아야 한다. 우리의 인식을 통해서 한꺼번에 들어오는 모든 감각들의 원래 범위 혹은 크기가 하나의 동일한

---

* 인간이 유독 발달이 미숙한 상태로 태어나는 이유를 이것이—두뇌 크기가 증가했기 때문이 아니라—적응에 유리하기 때문이라고 설명하는 주장은 꽤 설득력이 있다. 물론 이런 주장에는 여전히 논쟁의 여지가 있는 것이 사실이다.

** 반면 침팬지는 태어날 때의 두뇌 크기가 성체 두뇌의 36퍼센트이며, 우리와 좀더 먼 영장류인 짧은꼬리원숭이는 태어날 때의 두뇌 크기가 성체 두뇌의 70퍼센트 정도이다.

공간으로 합쳐지기 때문이다." 여기에서 "하나의 동일한 공간"이란 당연히 두뇌를 말한다. 이번 장에서는 두뇌가 외부 세계의 "모든 감각들의 크기"에 질서를 부여하는 법을 어떻게 학습하는지를 다룬다.

태어날 때 겪었던 "엄청나게 시끄러운 아수라장"을 기억하는 사람은 아무도 없으므로, 여러분의 경험이 세상에 대한 이해를 얼마나 형성했는지를 알기는 너무 어렵다. 그런데 누군가와 같은 경험을 놓고 대화를 나누면서도 이야기가 서로 너무 달라서 당황스러웠던 기억이 있다면, 아마 그 기억에서 힌트를 찾을 수 있을지도 모른다. 그럴 때 우리가 엄청난 좌절을 느끼는—인정하자—이유는 우리 두뇌가 구성한 **각자의 생생한 현실**을 정말로 그렇다고 믿고 있기 때문이다. 인터넷에 떠돌던 드레스 사진을 다시 떠올려보자.* 어떤 사람이 경험한 현실이 나와 다르다는 것을 알았을 때 마치 가스라이팅을 당했다는 느낌이 들 수도 있지만, 그럴 때조차 두 사람 모두 자신만의 진실을 말하고 있는 것일 수 있다.** 사람들이 이야기를 **기억하는** 방식에는 각자 원래 사건을 **경험한** 방식의 차이가 녹아 있기 때문이다. 이런 현상을 과학적으로 설명하겠지만, 결국은 **시각**의 차이라는 뜻이다.

"시각"이라는 단어는 두뇌가 특정한 삶의 경험에 의해서 형성될 때 일어나는 현상을 설명하기에 특히 적합한 것 같다. 이 단어는 사람이 차지하는 물리적 공간과 그 경험을 해석하는 정신적 공간을 모두 지칭하기 때문이다. 비슷한 용어인 **관점**도 같은 뜻—감각과 인지의 영역을 초월하는

---

* 약속대로, 사람들이 드레스 색깔을 서로 다르게 본 이유를 드디어 이 장에서 설명할 것이다.
** 사람들이 거짓말을 하지 않는다는 뜻이 아니다. 거짓말을 할 때도 분명히 있다. 한 사건을 사람마다 다르게 기억하는 데에 또다른 요소도 작용할 수 있다는 것이 내 말의 요점이다.

다양한 "장소"에서 같은 사건을 경험한다—을 포함한다.

지금까지 배운 내용에 비추어보면 이것은 그리 놀랄 일이 아니다. 책의 전반부에서 우리는 두뇌의 다양한 구조가 세상을 이해하며 행동하는 방식을 형성할 수 있다고 이야기했다. 바로 앞 장에서는 두뇌가 주의를 기울이는 방식에 따라서 한 사람의 주의를 사로잡는 정보가 달라지며, 나아가 한 사건에 대한 의식적 경험을 좌우한다는 것을 살펴보았다. 이번 장에서는 우리의 경험이 어떻게 두뇌를 형성하고 세상을 보는 렌즈를 창조하는지를 알아보자.

그 과정을 자세히 살피기 전에 한 발 물러서서 "서론"에서 소개한 해석 과정을 다시 생각해보자. 나는 여러분에게 두뇌의 활동 방식을 설명하기에 앞서서, 강력하면서도 독립적이고 유한한 정보 처리 장치가 물리적인 세계를 저해상도의 스냅숏으로 찍은 점들을 서로 이음으로써, 연속적이고 무한한 세상을 이해하기 위해 최선을 다한다는 그림을 제시했다. 이 장에서는 점들을 잇는 이 과정을 우리의 경험이 어떻게 인식하는지를 자세히 들여다본다. 그러나 내가 말하는 "해석"이란 "이 사람이 X라고 **말했지만, 사실은 Y를 뜻한다**는 것을 나는 안다"*라는 식의 의도적인 해석을 의미하지 않는다. 이 책에서 말하는 해석은 현실을 구성하는 훨씬 더 **보편적인** 방법을 말한다. 그것은 감각 뉴런에서 오는 모든 정보를 우리가 인식하는 과정에서 벌어지는 일이다. 결국 나는 여러분의 두뇌가 세상을 수동적으로 바라만 보는 것이 아님을 알려주고자 한다.

두뇌는 삶의 경험으로 형성된 렌즈로, 현실에 대한 이해를 **창조한다**.

---

* 누구나 이런 생각을 한다. 다른 사람과의 의사소통이 왜 어려운지에 관해서는 마지막 장인 "관계"에서 설명할 것이다.

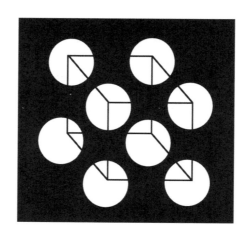

대체로 이 과정은 너무나 빨리, 자동으로 이루어지므로 여러분의 시각 중에 어느 부분이 "외부 세계"를 감지하고, 두뇌의 어떤 영역이 그것을 해석하는지 알 수 없다. 이를 아주 간단하고 안전하게 검증해보려면, 위의 그림을 들여다보면 된다.

무엇이 보이는가? 아마도 거의 모든 사람이 검은 선으로 된 3차원의 정육면체가 흰색 물방울무늬가 있는 검은색 배경 위에 떠 있다고 답할 것이다. 그러나 흰 물방울무늬들 사이의 공간을 자세히 보면, 실제로는 정육면체의 모서리들이 서로 이어져 있지 않다는 것을 알 수 있다. 실제로 그려져 있는 것은 검은 선들이 그어져 있어서 마치 서툰 솜씨로 자른 피자처럼 보이는 여러 개의 흰 동그라미들이다. 정육면체란 여러분의 기대에 따라 두뇌가 **구성한** 것일 뿐이다.

이런 착시 현상을 인터넷에서 검색해보자. 지각을 연구하는 심리학자들이 두뇌가 사물을 만들어낸다는 것을 보여주기 위해서 구성한 재미있는 예들이 수십 개나 있다. 우리는 TV 화면에 깜박이는 정적이고 2차원적인 이미지로부터 깊이와 움직임을 **지각한다.** 마치 휴대폰으로 대화를 나눌 때, 누락된 음성 신호를 채워 넣으며 매끄럽게 이어지는 소리로 듣는 것과 같다. 두뇌는 자신이 받아들이는 불완전한 데이터를 이해하기 위해서 온갖 지름길을 만들어낸다. 그러나 이 장에서 앞으로 알게 되겠지만, 이런 지름길을 사용하는 데에는 엄청난 대가가 따른다. 특히 두뇌가 아직 적응하지 못한 환경에서 활동할 때에는 더욱 그렇다. 다음 절에서는 두뇌가 과거의 경험을 바탕으로 앞으로 무엇을 보게 될지 짐작하는 과정을 설명하면서, 이런 지름길의 출처가 어디인지 알아보자.

학습의 과정

내가 만나본 사람들은 거의 모두 자신이 어떤 유형의 학습자인지 분명히 알고 있다고들 한다. 다만, 자신을 "시각"이나 "촉각" 학습자라고 하면서 그들이 주로 사용하는 **지시 양식**만을 표현한다는 것이 문제이다. 교실에서 듣는 수업부터 유튜브 영상까지, 사람들은 **학습**을 인간이 언어로 이루어지는 지시에 기반을 둔다고 이해한다. 그러나 우리가 하는 학습의 대부분은 이런 활동들보다 훨씬 더 수동적으로 이루어진다. 실제로 그 누구보다도 **뛰어난** 학습자인 아기는 아직 언어 체계를 갖추지 못한 탓에 다른 사람의 지시를 따를 수도 없다.

　신경과학적 관점에서 학습이란, 경험을 통해 사고와 감정, 행동이 바뀌는 **모든** 과정이다. 두뇌를 자세히 관찰해보면 깨어 있는 모든 순간에 학습—그리고 망각—이 이루어진다는 증거를 확인할 수 있다.* 모든 경험

---

* 　수면 중에도 중요한 학습과 망각이 진행되지만, 그 분야에서는 개인별 차이에 관한 연구가 드물어서 이 책에서는 생략했다.

은 흔적을 남기기 때문이다.⁴ 해변을 거닐 때마다 수백만 개의 모래알이 조금씩 옮겨진 흔적이 남듯이,* 정신이 경험하는 모든 일은 뉴런들 사이의 연결에 **물리적인** 변화를 초래하여 이후의 통신에 영향을 미친다.

경험이 두뇌를 형성하는 가장 중요한 방법으로 **헵의 학습**Hebbian learning이라는 과정을 들 수 있다.⁵ 헵의 학습은 주변 환경에서 어떤 일이 얼마나 자주 일어나는지에 관한 통계적 정보를 두뇌가 지속적으로 추적, 관리하게 해주는 생물학적 원리를 말한다. 스포츠 팀이 선수들의 기록을 통계자료로 관리하면서 누구를 선발로 내세울지, 누구를 교체할지 결정하는 것처럼, 두뇌는 여러 가지 사건들이 발생하는 빈도를 "측정해둔다." 그래서 접수한 정보가 불완전하더라도 이 체계에 근거해 앞으로 일어날 일을 예측할 수 있다.

다행히 두뇌가 정보를 통계적으로 수집하는 과정에서 우리가 할 일은 전혀 없다. 그 과정은 뉴런들끼리 소란을 떨면서 하는 일이다. 누가 누구에게 얼마나 큰 소리로 이야기하는지 결정되는 공간에서 말이다. 제3장 "동기화"에서 이런 통신 과정을 조직하는 데에 가장 중요한 것이 타이밍이라고 말했음을 기억할 것이다. 그런데 이 타이밍이 학습에서도 너무나 중요한 역할을 한다. 가까운 두 뉴런이 동시에 활성화되면 둘 사이의 연결이 강화되어 한쪽이 전하는 메시지를 다른 한쪽이 접수할 가능성이 높아진다. 헵의 학습의 실제 원리는 이것보다 좀더 복잡하지만, 나는 항상 학부 시절에 배운, "동시에 활성화되는 뉴런은 서로 연결된다"⁶라는 문구가 먼저 떠오른다. 뉴런들 사이에 이런 일이 자주 일어나면, 둘 사이의 연결은 더욱 강해진다. 이것이 바로 두뇌가 점을 잇는 방식이다. 두뇌는 A

---

* 이 비유는 원래 안드레아가 강의 중에 말한 것을 내가 차용한 것이다.

라는 사건과 B라는 사건이 항상 동시에 일어나면 그 둘을 같은 "신경 사건"의 일부분으로 판단한다. 그렇게 되면 두뇌는 외부 세계에서 A만 일어나고 있다는 증거가 뚜렷해도 B 역시 함께 일어나고 있다고 판단한다. 세서리의 실험에서 피험자의 알파 리듬이 다른 두 번의 소리를 듣는 동안 불빛은 한 번만 켜졌는데도 피험자가 불빛을 두 번 **보았다**고 하던 그 경험이 여러분에게도 일어나는 것이다.

헵의 학습은 평생에 걸쳐 두뇌에 영향을 미친다. 그 과정에서 형성된 수십억 개의 강력한 연결 고리는 일상에서 경험한 모든 일이 앞으로 어떻게 나타날지를 보여주는 **거대한 데이터베이스 역할**을 한다. 예컨대 나의 두뇌는 이웃의 누군가가 개를 데리고 산책하는 모습을 보면, 앞으로 어떤 일이 일어날지를 별도의 증거 없이도 쉽게 알 수 있다. 나 역시 매일 개를 데리고 산책하면서 다른 사람도 그러는 모습을 자주 보므로 데이터베이스에 비슷한 사건이 **수천** 개나 축적되어 있기 때문이다. 그 결과 나의 두뇌 속에는 개와 관련된 활동에 전문화된 뉴런 네트워크가 아주 잘 연결되어 있다. 그 덕분에 나는 어떤 사람이 쥐고 있는 줄에 연결된, 복잡한 3차원의 움직이는 동물을 알아보는 꽤 어려운 시각 과제를 잘 수행할 수 있다. 시야에 들어오는 개의 크기와 모양, 색깔 등이 아무리 다양하더라도 자신 있다.

솔직히 말해, 나는 어느 날 우리 동네의 어떤 남자가 **염소** 두 마리와 함께 산책하는 광경을 보기 전까지는, 이런 중요한(나에게는 그렇다) 적응을 아주 당연하게 여기고 있었다! 나의 두뇌에 존재하는 "줄 끝에 달린 것이 무엇일까"라는 공백은 이미 채워져 있었으므로, 약 1초간은 아무런 "생각도 하지 않는" 표정으로 물끄러미 쳐다보다가 **실제로** 그 동물이 무엇인지 알고 나서는 깜짝 놀라고 말았다. 염소의 생김새가 개보다 알아보기 어렵기 때문이 아니다.* 만약 시골길을 운전하다가 어느 헛간 앞에 푸른 잔디가 펼쳐진 광경을 보고 있는데 염소가 나타났다면, 그 동물이 개가 아니라 염소라는 것을 훨씬 쉽게 알아차렸을 것이다. 40년 넘게 동물을 사랑하며 살아온 나의 두뇌는 언제 어떤 상황에서 어떤 동물이 나타날지에 대한 정보를 꽤 많이 습득했기 때문이다. 그리고 이제는 "동네"와 "줄을 잡고 걷는다"라는 정보가 교차한 지점에, "개"와 "염소"라는 두 가지 가능성이 놓이고 말았다. 보통 정답은 "개"이다. 동네에서는 "염소"라는 깜짝 놀랄 만한 가능성보다 개가 나타날 확률이 수천 배나 더 높다.

우리 두뇌가 만들어낸 이런 지름길은 생존에 결정적이다. 모든 정보를 조사하여 매우 상세한 모형을 만들 수도 있겠지만, 그러면 **너무 많은** 시간이 걸리므로 그 모형을 이해할 때쯤에는 이미 세상이 바뀌어 있을 것이다. 바로 이런 이유로 우리는 방금 전에 존재한 세상을 근거로 결정을 내린다. 예컨대 무단횡단은 개가 있든 없든 매우 위험하다고 말이다.

그러나 전문화된 두뇌 영역이 "다목적" 능력을 잃는 것처럼, 경험이 풍부한 두뇌가 특정 환경에 적응하면 평소 익숙하지 않던 일을 이해하는 능력이 떨어진다. 나의 훌륭한 동료 퍼트리샤 쿨의 연구에 따르면, 유아들이 모국어에 몰입할 때 바로 이런 일이 일어난다.[7] 그녀는 모든 유아가 "세계 시민"으로 태어난다고 말한다.[8] 아기들은 세상 **모든** 언어의 말소리를 듣고 구별해내기 때문이다. 그러나 처음에는 그중 어떤 것도 잘 알아듣지 못한다. 그러다가 한 가지 특정 언어를 듣는 경험이 쌓이면서** 두뇌가 모국어의 소리에 적응하게 된다. 그러나 이 과정이 빠르게 진행되는

---

* 염소는 대략 300가지 품종이 있지만, 그 크기나 특징이 개만큼 다양하지는 않다.
** 걱정하지 말라. 세계 인구의 절반이 넘는 이중언어 구사자에 관해서도 곧 다룰 것이다.

만큼, 상대적으로 많이 접하지 않는 소리를 듣고 말하는 능력은 점점 잃어버리기 시작한다. 아기는 6개월쯤 지나면 이미 자신만의 환경에서 들리는 소리에 **정밀하게 조정되는** 징후를 보이기 시작한다. 물론 나이를 좀더 먹은 아이나 심지어 어른도 새로운 언어를 배울 수 있지만, 유아기에 비하면 실제로 훨씬 더 어렵다. 사람마다 말투가 정해지는 이유도 바로 여기에 있다. 심지어 자신의 말투가 어떤지 **의식하지도** 못하므로 그것을 바꾸기란 여간 어려운 일이 아니다.

지금까지 헵의 학습이 경험을 근거로 두뇌의 모습을 바꾸는 방식과, 그런 적응 과정의 비용과 편익에 대해서 살펴보았다. 다음 절에서는 두뇌가 적응하는 경험의 종류에 대해서 좀더 알아보자.

어떤 경험이 두뇌를 형성할까?

사람들의 고유한 경험이 세상을 보는 방식에 어떤 영향을 미치는지 자세히 살펴보기 전에, 우리 시각의 형성과 관련하여 과연 무엇을 경험으로 "간주하는가" 하는 문제부터 따져보자. 간단히 말하자면, 우리는 우리의 모든 **신경 경험**으로부터 배운다. 두뇌의 관점에서 보면 그 신호가 외부 세계에서 시신경을 거쳐서 전달된 것인지, 그저 버스를 타고 공상하다가 떠오른 것인지는 별로 중요하지 않다. 그로 인한 모든 전기자극은 두뇌 데이터베이스의 지형을 만들어낸다.

그 이유는 다음과 같이 생각해보면 충분히 짐작할 수 있다. 예를 들어 아주 난처하거나 고통스러운 사건을 떠올릴 때,* 그 사건과 관련된 감정

---

* 어떤 과학 행사에서 제프 베이조스를 만났을 때 내가 아주 **촌스럽게** 말한 적이 있다. 로

을 다시 경험할 때가 있다. 심지어 실제로 얼굴을 붉히거나 울음을 터뜨리기도 한다! 이것은 저장된 기억을 **다시 떠올리는** 과정에서 두뇌가 그 기억이 저장될 때와 매우 비슷한 상태에 놓이기 때문이다. 두뇌는 이렇게 기억을 다시 경험하는 일을 두 번째 학습으로 간주한다. 한번 갔던 해변 길을 다시 걸으면 원래의 기억이 흐릿해지면서도 한편으로는 길을 잘 알아볼 수 있듯이, 처음의 기억을 다시 경험하면 원래 경험의 속성이 바뀌기도 하지만, 동시에 미래에 그 사건을 떠올리기도 더 쉬워진다. 기억은 물론 완전히 상상에 불과한 사건도 이런 방식을 통해서 두뇌가 현실의 정보를 처리할 때에 발생하는 것과 유사한 학습 효과를 낼 수 있다.*

나는 아이를 키우면서 이런 지식을 충분히 활용한 적이 있다. 재스민이 네 살쯤 되자 체육 수업을 받기 시작했다. 딸아이의 몸은 꽤 우아하고 튼튼했지만, 또래 아이들에 비하면 체구가 거의 두 배에 달했다. 그래서 철봉 종목처럼 힘을 쓰는 동작을 어려워하는 바람에 수업 진도를 따라가지 못했다.

체육관에 가본 적이 없는 분들을 위해서 지금부터 아주 본능적인 이 과정을 말로 표현해보겠다. 철봉 운동을 하려면 몸통과 상체에 엄청난 힘이 필요하다. 그리고 봉을 잘 다룰 줄 알아야 한다. 우선 발은 바닥을 디딘 상태에서 손으로 봉을 잡는다. 그리고 봉을 향해 가슴을 끌어당기고 발은 앞으로 공중에 차올리는 동작을 한꺼번에 하면서, 빨래가 널리듯이

    켓을 주제로 훨씬 흥미진진한 대화가 오가던 중에 "남편이 킨들을 아주 좋아해요"라고 말해버렸다.

*   희소식이 있다. 만약 해변에서 칵테일을 마시는 제이슨 모모아를 실제로 만난다면, 나의 두뇌는 눈앞의 현실을 즉각 알아차릴 것이다. 물론 나쁜 소식도 있다. 그렇다면 틀림없이 내가 또 어이없는 행동을 할 것이다.

봉에 몸을 걸친다.* 재스민은 나름대로 다른 기술을 모두 익혔는데, 딱 철봉에서 막혀 다음 단계로 넘어가지 못했다. 재스민은 놀이터에서든 쉬는 시간이든 틈이 날 때마다 최선을 다해 수개월이나 연습했다. 거의 성공할 뻔하면서도 마지막에 몸을 봉에 걸칠 때는 항상 다른 사람이 살짝 받쳐주어야 했다. 마지막 수업을 앞둔 밤, 그 아이는 끝내 철봉이 안 되는 자기만 빼고 다른 아이들이 모두 승급해서 속상하다고 털어놓았다.

사실 나도 속이 상했지만 내색하지는 않았다. 재스민은 대학원을 다니는 싱글 맘 밑에서 자랐다. 나는 우리 둘 다 "실패를 모르는 사람"이라고 생각한 적은 별로 없지만, 그래도 그 조그만 얼굴에서 실망한 기색을 보기는 싫은 것이 엄마의 마음이다. 나 역시 힘든 일을 성취하려면 그만한 노력이 필요하다고 생각하지만, 운동에 재능이 없는 나로서는 그런 말에도 한계가 있다는 점을 인정한다.** 나는 그 좌절의 순간에 대학원 수업에서 심상과 운동에 관해 배운 내용을 떠올렸다.

나는 아이를 침대에 누이면서 이렇게 물어보았다. "철봉에 성공하면 어떤 기분일지 상상할 수 있니?" 아이가 대답했다. "네." 내가 말했다. "좋아, 그럼 마음속으로 연습해보는 거야." 우리는 함께 그 과정을 생각해보았다. 나는 철봉에 오르기 직전에 선생님이 받쳐줄 때 어떤 기분이었느냐고 물어보았다. 우리는 함께 그 장면을 상상했다. 발을 구르고 몸을 끌어올린 다음, 팔을 당기면서 휙 걸친다.

솔직히 말하면 나에게도 상상으로 철봉에 성공하게 되리라는 믿음은

---

* 나의 설명이 너무 서툴러서 오히려 다행이라고 생각한다. 궁금한 분은 유튜브에서 "철봉 풀오버 하는 법(How to do pullover)"을 검색해보라.**9** 그런데 영상만 보면 너무 쉬워 보인다는 것이 함정이다!

** 안타깝게도 다양한 상황에서 노력을 방해하는 꽤 심각한 제도적인 장벽도 있다.

없었다. 나는 그저 아무것도 할 수 없다는 것을 견딜 수 없는 평범한 사람일 뿐이다. 다만, 그다음 날 딸아이가 또 철봉에 실패하면, 그리고 이후로도 계속 그렇다면 정말 **견딜 수 없을 것** 같았다.*

철봉 오르기에 성공하는 장면을 상상하던 그 기억은 이후 재스민과 나의 두뇌에 잘 닦인 길이 되었다. 그래서 무슨 걱정거리가 있을 때마다 서로에게 그 기억을 재빨리 떠올려주었다. 이것은 상상하고 **싶지 않은** 일을 마음속으로 연습하는 것이라고 생각할 수 있다. 앞으로 계속해서 세상을 이해하는 방식에 영향을 미치는 정신적인 경험에 관해 배울 때마다, 여러분이 기억하고 상상하는 현실은 물론, 일종의 데이터인 모든 걱정은 두뇌가 환경에 적응하는 데에 사용된다는 점을 기억하기 바란다. 다음 절에서는 특별한 종류의 경험인 언어와 그것이 두뇌 형성에 미치는 심오한 영향에 대해서 살펴보자.

언어 경험 진단법

이 장의 핵심은 삶의 경험이 미래에 맞이할 비슷한 경험에 두뇌가 최적의 대응을 할 수 있게 해준다는 것이다. 안타깝게도 내가 여러분의 관점을 형성한 삶의 **모든** 경험을 포착하는 진단법을 만들 수는 없다. 혹시 내가 그런 것을 만들 수 있다고 하더라도 그중에는 학계에서 충분히 연구되지 않은 내용이 대부분일 것이다. 따라서 나는 거의 모든 사람의 마음과 두

---

* 물론 이 일화의 대조실험은 없다. 딸아이가 정말 열심히 연습하고 밤에 숙면했다면 실제로 성공했을 수도 있다. 그렇지만 아무리 마음속으로 연습해도 신체의 한계를 극복할 수는 없다. 꿈속에서는 가능하더라도 실제로 내가 하늘을 날지는 못한다. 그러나 정신의 연습으로 어느 정도 개선이 가능하다는 실험 결과는 많이 보고되고 있다.[10]

뇌에 영향을 미치는 것으로 알려진 인류 공통의 경험인 언어, 즉 우리가 하는 말에 초점을 맞추기로 했다. 언어는 사고와 감정, 행동 방식의 중심이며, 우리가 깨어 있는 거의 모든 시간을 할애하는 활동이기 때문이다. 아래에 우리가 연구실에서 주로 쓰는 언어 경험 및 숙련도 설문LEAP-Q[11]에서 발췌한 문항을 몇 가지 제시했다. 이 설문을 개발한 사람은 블루먼펠드와 카우샨스카야이다.

간이 언어 경험 진단법

1. 자신이 배운 순서대로 구사하는 언어를 모두 나열해보라.
2. 1주일을 기준으로, 각 언어를 사용하는 시간 비중은 평균 어느 정도인가? 직접 말하는 것뿐만 아니라 음악을 듣거나 TV를 보는 것도 포함된다(검산법 : 각 언어를 사용하는 비중의 합계는 100이 되어야 한다).
3. 2개 이상의 언어를 구사한다면 두 번째 언어는 몇 살부터 배우기 시작했는가? 3개 이상일 경우도 마찬가지로 대답해보라.
4. 회화가 능통한 언어가 2개 이상일 경우, 두 번째 언어를 자유롭게 말하기 시작한 것은 몇 살부터인가? 3개 이상일 경우도 마찬가지로 대답해보라.
5. 2개 이상의 언어를 구사한다면, 두 번째 언어의 숙련도를 다음의 항목별로 0부터 10까지의 점수로 표현해보라.
   a. 말하기
   b. 듣기
   c. 읽기
(주의 : 두 번째 언어의 경험이 없을 경우 공란으로 남겨둘 것.)

여러분의 언어의 통계적 정보는 얼마나 다양할까?

이 분야에서 여러분이 얼마나 "일반적인지"를 묻는 것은 큰 의미가 없다. 나는 여러분의 출신 지역을 모르기 때문이다. 예컨대 여러분이 룩셈부르크에 거주하며 한 가지 언어밖에 모른다면, 매우 소수파에 해당하는 사람일 것이다. 반면 미국의 많은 도시에서는 한 가지 언어만 아는 사람이 대다수이다.* 이 장의 주제—환경에 적응하는 것—를 생각하면, 대부분의 사람이 한 가지 언어만 사용하는 미국의 상황을 충분히 이해할 것이다. 언어는 단지 적응의 한 가지 예에 불과하다. 그러나 그것은 우리가 깨어 있는 동안 끊임없이 사용하는 통계적 정보에 좌우되므로 두뇌가 적응하는 방식에 관한 훌륭한 모형을 제공해준다.

아는 언어가 하나뿐이거나, 두 번째 언어에 대한 지식이 한정적이거나(예컨대 숙련도 점수가 4점 미만인 경우), 습득한 시기가 늦은 경우라면(예컨대 성인이 된 이후) 여러분의 두뇌는 다양한 언어를 경험했을 경우에 비해 첫 번째 언어에 더 초점이 맞추어져 있을 것이다. 그런 경우, 여러 언어를 배운 사람보다 하나의 언어를 더욱 잘 구사할 준비가 되어 있다는 장점이 있다. 여러 언어를 구사하는 사람은 하나의 언어를 이해하고 말하기 위해서 통계적 정보를 사용할 때 더 많은 선택지를 고려해야 하기 때문이다.** 그들은 특정 언어를 사용하기 전에 선택지들이 펼치는 경쟁 문제를

---

* 언어 사용에 관한 미국의 인구조사 데이터는 꽤 제한된 편이다. 우선 가정에서 영어를 사용하지 않는 사람이 있는지 물은 다음, 영어 숙련도를 "전혀 모름", "미숙함", "능숙함", "유창함"의 사지선다형으로 묻는 내용이 전부이다. 비영어 언어의 숙련도나 두 언어의 사용 빈도 등을 묻는 문항은 없다.

** 이렇게 되면 문제가 더 복잡해지는데, 교차 언어를 통한 의사소통은 이중언어 두뇌가 어느 한쪽 언어의 정보를 선택하려고 할 때 경쟁을 유발하기 때문이다.

해결해야 한다. 다시 말해, 아무리 해당 언어가 유창하더라도 사용할 언어 정보를 선택하기까지 단 몇 분의 1초라도 더 오래 걸린다.

　그러나 이 장에서 배우겠지만, 다양한 통계적 정보에 폭넓게 접근할 수 있다는 것에도 장점이 있다. 다중언어를 사용하는 사람들은 행동의 선택지도 풍부하지만,* 행동 방식을 결정할 때 고려할 수 있는 정보도 더 많다. 예컨대 그들은 현재 상황에 가장 적합하다고 생각하는 언어를 선택할 수 있다. 그러나 "현실에서" 이렇게 다양한 대응 방식을 고려하려면 그에 따르는 대가도 만만치 않다. 요컨대 폭넓은 선택지를 가진 두뇌는 특정 환경이나 맥락에서의 처리 속도가 느릴 수밖에 없지만, 한편으로는 더 많은 상황에 대처할 수 있다는 장점도 있다.

　그렇다면 여러분의 두뇌는 얼마나 좁게, 혹은 넓게 언어에 초점이 맞추어져 있을까? 여러분의 반응 형태를 살펴볼 때 한 가지 짚고 넘어가야 할 점이 있다. 이 책에 등장하는 다른 주제가 모두 그렇듯이, 언어 사용은 다면적인 개념으로, "단일언어 사용", "이중언어 사용", "다중언어 사용" 등으로 표현되는 하나의 축만으로는 충분히 설명할 수 없다는 것이다. 우리 연구실에서는 두뇌 지각의 여러 차이를 언어 경험의 네 가지 측면과 관련지어서 연구한다.[12] 첫째, 어떤 사람이—만약 이중언어 이상을 구사한다면—얼마나 이른 시기에 두 번째 언어에 노출되었는가? 둘째, 두 번째 언어, 혹은 열세한 언어에 얼마나 능숙한가? 셋째, 습득한 언어를 얼마나 자주 사용하는가? 넷째, 구사하는 언어들이 얼마나 서로 유사한가? 이 네 가지 측면은 두뇌가 과거의 경험을 사용하여 세상을 이해하고 그 속에

---

* 어떤 언어를 사용할 때 그 해당 언어 사용자와의 대화의 기회가 열린다는 장점은 자명하다고 간주했다.

서 활동하는 방식을 결정한다.

　그러나 이 질문 중에 어떤 것도 얼마나 많은 언어를 구사하는지 묻지 않는다. 다양한 언어 경험이 두뇌를 형성하는 방식은 다른 요소에 좌우되기 때문이다. 이 장의 후반부에서는 언어를 모형 경험으로 삼아 이런 요소들이 중요한 이유와 그것이 두뇌가 적응해야 하는 폭넓은 삶의 경험에 던져주는 통찰에 관해 생각해볼 것이다.

나이의 중요성 : 초기와 후기 경험의 효과 차이

언어는 경험이 두뇌를 형성하는 방법을 탐구하는 흥미로운 모형이다. 언어는 대다수 사람이 평생 사용하기 때문이다. 예컨대 영어를 구사하는 성인이 아는 영어 단어는 평균 2만−3만5,000개* 수준이지만,[13] 현재 영어에서 **사용되는** 단어는 모두 17만 개가 넘는다. 이것은 여러분이 글을 읽거나 팟캐스트를 듣거나 익숙하지 않은 주제로 대화를 나눌 때 한 번도 들어보지 못한 단어를 마주칠 기회가 많다는 뜻이다. 어쩌면 이 책에서도 새로운 단어를 배웠을지 모른다. 그러나 언어는 성인이 된 후보다는 어린 시절에 배우는 편이 훨씬 더 쉽다는 것을 우리 모두 알고 있다. 여기에 한 가지 의문이 생긴다. 우리가 어린 시절 "엄청나게 시끄러운 아수라장"을 이해하려고 애쓸 때에는 얼마나 많은 학습이 이루어질까? 또 나중에는 얼마나 많이 적응할 수 있을까?

　간단하게 대답하자면, 두뇌의 영역마다 서로 다른 적응의 창이 있다. 쉽게 말해 두뇌는 얼마나 많은 경험을 오랫동안 할 수 있느냐에 따라 세 가

---

*　웹사이트 testyourvocab.com을 방문하면 어휘력을 간단히 측정해볼 수 있다.

지 영역으로 구분할 수 있다. 첫 번째는 **경험-독립** 영역으로, 생존을 유지하는 기능을 전담한다. 이 영역은 호흡, 심박수, 체온 등 생명에 직결되는 기능을 담당하며 환경이 바뀌어도 크게 달라지지 않는다.

다음으로 **경험-기대** 영역이 있다. 이것은 "외부" 세계에 관한 정보를 감각기관을 통해서 받고 그것을 해석하는 데에 특화된* 두뇌 영역이다. 예를 들어 발달기에 있는 보통 유아의 경우, 눈으로 들어오는 빛은 뒤통수엽 겉질로 전달되고, 귀를 통해서 전달되는 소리는 관자엽의 청각 겉질에 도착하며, 코로 들어오는 냄새는 두뇌 앞쪽 아래에 자리한 후각 신경구가 처리한다. 우리가 보고, 듣고, 냄새 맡은 것을 인지하는 법을 **배워야 한**다는 사실 덕분에, 아기는 자기가 태어난 환경에 대한 지식을 쌓아갈 수 있다. 프랑스 다큐멘터리 「아기Bébés」에도 묘사되어 있듯이,**14** 세계 곳곳에서 자란 유아들이 처한 환경은 놀랄 만한 유사점과 흥미로운 차이점을 모두 가지고 있다.

그러나 우리 두뇌가 진화한 것은 비행기나 인터넷을 통해서 세계 곳곳을 쉽게 돌아다니기 전이므로, 경험-기대 영역에는 정보를 받아들이는 "결정적인 시기"**가 있는 것도 사실이다. 생애 초기에 이 영역은 데이터를 수동적으로 기다리며 매우 유연한 상태에 머물러 있다. 그러나 점차 나이를 먹고 이 영역이 주변 세계로부터 수많은 정보를 축적함에 따라 익숙한 정보를 처리하는 데에 매몰되는 한편, 외부 세계의 새로운 정보에는 둔감해진다. 경험-기대 영역이 생애 초기 경험에 강점을 보이는 것은

---

* 어느 호기심 많은 신경과학자가 여러분을 실험동물로 삼아 이 구조를 바꾸어놓기 전에는 말이다.
** 과학자들은 이것을 일괄적인 현상이라기보다는 특정 경험에 노출되는 정도의 문제라고 보아서 "민감" 시기라고 부른다. 정보에 개방된 상태가 끝나는 시기와 정도도 사람마다 다르다.

1970년대에 일련의 실험으로 뚜렷하게 입증되었다. 고양이를 매우 특수한 시각적 환경, 예를 들어 수직선만 가득 찬 방이나 왼쪽으로만 회전하는 물체가 벽에 걸린 곳에서 기른 실험이다.[15] 고양이의 두뇌는 이런 환경에서 자라면서 엄격하게 제한된 자극에 조정된 탓에 생애 초기에 본 적이 없는 것들, 예컨대 수평선이나 오른쪽으로 회전하는 물체를 인식하지 못했다! 감사하게도 우리는 아기를 장벽에 가둬놓고 기르지 않지만, 퍼트리샤 쿨의 연구에 따르면, 특정 음성에 노출된 아기의 경우에도 이와 유사한 현상이 나타났다고 한다. 다시 말하지만, 아기는 생후 1년이 지나면 모국어에 없는 소리에는 둔감해진다.

다행히 우리 두뇌에는 평생에 걸쳐 유연함을 잃지 않는 영역이 있다.* 그것은 바로 **경험-의존** 영역이다. 그 대부분을 차지하는 겉질 "연상" 영역에는 우리가 평생 새로운 어휘를 습득할 수 있는 영역이 포함되어 있다. **경험-의존** 영역의 가장 중요한 부분인 이마엽은 앞 장에서 배웠듯이 인간의 적응력을 특징짓는 유연한 행동을 뒷받침한다. 이미 짐작했겠지만 기저핵도 경험-의존적인 특성을 띤다. 사실 기저핵이 두뇌에서 가장 적응력이 높은 영역인 이유는, 이곳에 신경 가소성을 증대하는 도파민 통신 신호가 풍부하기 때문이다. 다음에 살펴볼 제6장 "길 찾기"에서 우리는 이 영역이 두뇌의 의사결정 과정에 얼마나 중요한 역할을 하는지 알게 된다. 한편, 두뇌가 충분한 정보를 근거로 행동 방식을 결정하기 **전**에 먼저 해야 할 중요한 일이 있다. 두뇌가 다음에 할 일을 배우기 위해서는 현재 일어나는 일을 제대로 판단해야 하기 때문이다. 다음 절에서는 지름길

---

* 그렇다고 우리 두뇌의 유연성이 평생 **똑같다**거나, 생애 초기와 후기의 경험이 행동 방식에 미치는 영향이 똑같다는 뜻은 아니다. 그러나 유독 다른 곳보다 새로운 경험에 유연한 특성을 유지하는 두뇌 영역이 있는 것도 사실이다.

에 관한 내용으로 돌아가서, 시각 영역에서 경험이 세상을 이해하는 방식에 어떤 영향을 미치는지 알아보자.

관점의 개발 : 환경이 시각을 형성하는 과정

경험이 세상을 이해하는 방식을 결정하는 것을 보여주는 놀라운 사례는 역시 "드레스" 사진이다. 그 사진을 보고 어떤 사람은 흰색과 금색이라고 하고, 다른 사람은 파란색과 검은색이라고 말하는 이유는 알고 보면 모두 사람들의 경험의 차이 때문이다. 사실, 색깔을 알아본다는 것은 생각보다 훨씬 복잡한 해석이 개입되는 일이다. 우리가 보는 색상이 빛의 특정 파장에 해당한다고 배운 사람이라면 이 말이 꽤 당황스럽게 들릴 수도 있을 것이다. 심지어 색상 시야는 망막 뒤편에 있는 세 가지 수용체가 긴 파장, 중간 파장, 짧은 파장에 선택적으로 반응한 결과라고 배운 사람도 있을 것이다. 이렇게 이해하면 점을 이을 필요도 없이 물체의 색상을 간단하게 파악할 수 있을 것 같다. 물체의 **색상**을 알아보는 데에 무슨 해석이 필요하단 말인가?

다행히 우리가 색상을 알아보는 일은 그렇게 간단하지 않다. 만약 그랬다면 "드레스"의 색상에 대해서도 모든 사람의 의견이 일치했을 것이다. 그러나 우리는 녹색 사과가 석양에서는 붉은색으로 보이고 그림자가 지면 푸르스름해진다는 것을 안다.* 물체에서 반사된 빛의 속성이 달라지면 눈을 거쳐 두뇌에 도착하는 빛의 파장도 똑같이 바뀌기 때문이다. 다행히

---

* 태양이 지평선에 가까워지면 빛의 파장이 대기에 흡수되는 비율이 달라진다는 등의 상세한 내용은 생략한다. 여기에서는 여러 가지 조건이 바뀌면 물체에 반사되어 눈으로 들어오는 빛의 특성이 상당히 달라진다고만 말해둔다.

두뇌는 경험을 통해서 물체에 반사된 빛의 특성이 물체 자체의 색상보다 더 쉽게 바뀐다는 사실을 배운다. 따라서 두뇌는 빛의 여러 가지 조건에 적응하기 위해서 **지름길**을 사용한다. 특정 맥락에서 존재할 수 있는 모든 파장을 검토한 후 그들 사이의 차이(절댓값이 아니다)를 이용해서 물체의 색상을 파악하는 것이다.

두뇌가 드레스 사진을 까다롭게 느끼는 이유는 거기에 어떤 빛이 반사되는지 사진만으로는 맥락을 알 수 없기 때문이다. 이런 상황에서 사람들의 두뇌는 저절로 사진 속 빛의 속성에 대해서 제각각 **다른** 가정을 하게 된다. 드레스를 흰색과 금색으로 본 사람은 두뇌가 평소 광원과 관련된 경험에 따라 빛이 뒤편에서 비친다고 생각했고, 따라서 드레스에 그림자가 졌다고 보았다. 두뇌는 이런 상황을 "보정하기" 위해서 짙은 푸른색과 검은색을 자동으로 **빼낸** 다음 우리 눈에는 흰색과 금색만 보여주는 것이다. 반면에 나처럼 드레스를 푸른색과 검은색으로 본 사람은 정면이나 위에서 빛을 고스란히 받은 것으로 가정한다. 일종의 인공조명일지도 모른다. 그래서 그런 색보정을 하지 않은 것이다.

그렇다면 어떤 삶의 경험이 우리의 이런 가정에 영향을 미치는 것일까? 작가이자 시각 연구가인 패스칼 월리시는 아침에 일찍 일어나는 사람(종달새형 인간)과 늦게 일어나는 사람(올빼미형 인간)이 드레스 색깔을 다르게 보는지를 조사하여 한 가지 흥미로운 가정을 검증해보았다.[16] 그는 종달새형은 자연광을 더 많이 경험한 결과 드레스에 그림자가 졌다고 판단해서 흰색과 검은색으로 볼 가능성이 높으며, 올빼미형은 어두울 때 깨어 있는 시간이 많으므로 인공조명에 더 익숙하기 때문에 드레스를 검은색과 푸른색으로 본다고 가정했다. 그는 가정을 검증하기 위해서 총 1만 3,000명에게 드레스의 색깔을 물어본 뒤 평소 수면 습관을 말해달라고 했다. 그 결과, 그의 통찰과 일치하는, 작지만 믿을 만한 실마리를 찾아냈다. 종달새형은 드레스를 흰색과 금색이라고 답한 비율이 높았던 반면, 올빼미형은 주로 푸른색과 검은색이라고 말했다는 것이다!*

한 가지 더 주목할 점이 있다. 이 장의 앞부분에 나온 그림에서 내가 아무리 실제가 아니라고 말해도 검은색 정육면체가 눈에 보이는 것은 어쩔 수 없었듯이, 조명 효과를 이제 알았다고 해도 기존에 보이던 드레스 색깔이 "바뀔" 가능성은 별로 없다. 이것은 두뇌가 경험에서 배운 자동적인 과정을 목표와 지시가 이겨낼 수 없음을 보여주는 가장 중요한 증거이다. 이 점은 제6장 "길 찾기"에서 더 다루겠지만, 만약 드레스의 색깔을 보는 방식을 정말 바꾸고 싶은 사람이라면 생애 초기에 형성되는 것으로 보이는 이 과정을 바꾸기 위해서 빛에 관한 여러 가지 경험(자연광이든 인공조명이든)을 체계적으로 두뇌에 제공해야 할 것이다.

드레스 하나 때문에 그렇게까지 할 사람이 있을지 모르겠지만, 두뇌가 좀더 복잡한 관계를 이해하는 방식을 조정하는 데에 관심이 있는 사람은 분명히 있을 것이다. 인종, 성별, 성적 취향 등에 관한 두뇌의 **경험–의존** 영역을 형성하는 암묵적인 편견도 여기에 포함된다. 물론 이런 편견이 조성되는 데에는 더 높은 차원의 개념과 관련된 학습 방식이나 같은 맥락에서 그런 편견들 사이의 관계도 중요하게 작용하지만, 그럼에도 불구하고 여전히 생애 초기에 형성된 영구적인 세계관에 큰 **영향**을 미칠 수 있다.

---

* 나는 극단적인 종달새형인데 드레스가 푸른색과 검은색으로 보인다. 반면 월리시는 심한 올빼미형인데도 드레스를 흰색과 검은색으로 보았다고 했다. 그러나 월리시는 시각 경험이 평생에 걸쳐 구성되므로, 수면과 기상 습관의 영향은 여러 변수들의 일부에 지나지 않는다고 보아야 한다고 말했다. 예컨대 종달새형 중에도 실내에서 많은 시간을 보내는 사람이 있고, 아무리 올빼미형이라고 해도 정규 근무를 하는 직장에 다니려면 아침 일찍 일어날 수밖에 없다.

이와 관련해 전 세계의 다양한 사람과 조건에서 수많은 연구를 통해 입증된 뚜렷한 사례가 있다. 사람들은 실체가 모호한 물건이 흑인 옆에 놓여 있을 때면 백인 옆에 있을 때보다 그것을 무기로 **인식하는** 경우가 더 많다는 것이다. 이런 효과는 2001년에 키스 페인이라는 사람이 최초로 발견했다.[17]* 페인은 두 차례의 실험을 통해서, 60명의 흑인이 아닌 피험자에게 각종 공구와 권총을 촬영한 흑백사진을 5분의 1초 간격으로 재빨리 화면으로 보여준 다음, 자신이 본 것이 무엇인지 말해달라고 했다. 그리고 두 실험 모두, 물건 사진을 보여주기 전에 흑인이나 백인 남성의 얼굴을 잠깐씩 보여주었다. 피험자들에게는 그 얼굴이 곧 물체가 나타난다는 신호라고만 말해주었다. 그것은 지금부터 볼 물체와는 아무 상관이 없다고 말했고, 실제로 그렇기도 했다. 흑인과 백인의 얼굴이 나타난 빈도는 공구와 권총 모두 같았다. 그럼에도 피험자들은 흑인의 얼굴을 보고 난 뒤에는 백인의 얼굴을 보았을 때보다 권총을 훨씬 더 **쉽게** 알아보았다. 그것은 그들의 반응 시간을 보면 알 수 있었다. 또 사람들이 백인의 얼굴 뒤에 나온 공구와 권총을 인지하는 속도는 같았지만, 흑인의 얼굴 뒤에는 권총을 훨씬 더 쉽게 알아보았다.

이 효과의 크기는 비록 미미하지만,** 그것이 피험자들의 학습과 두뇌에 관해 말해주는 의미는 대단히 **중요하다**. 흑인의 얼굴을 본 뒤에 총을 가장 알아보기 **쉬웠다**는 사실은 피험자들의 신경 데이터베이스에 흑인의 얼굴(A)과 총(B)을 연결하는 지름길이 형성되어 있음을 시사한다. 다

---

* 그가 발견한 불편한 진실을 생각하면, 그의 이름 "페인"이 너무나 적절한 것 같다("고통"을 뜻하는 영어 단어[pain]와 발음이 같다/역자).
** 흑인의 얼굴이 나타난 뒤에 총을 보여주었을 때에는 인지하는 데에 걸린 시간이 0.02초에서 0.03초까지 단축되었다.

시 말해 사람들이 흑인의 얼굴을 본 뒤에 총을 더 빨리 알아보는 이유를 가장 간단히 설명하자면, 그들이 흑인의 얼굴을 보는 순간 이미 무기라는 개념으로 재빨리 두뇌의 공백을 채우기 때문이다.

"지름길"이라는 개념에 함축된 이 섬뜩하고 현실적인 의미는 두 번째 실험에서 더욱 뚜렷이 드러난다.[18] 이 실험에서 피험자들은 제시된 이미지가 총인지 아닌지 더 빨리 판단할 수밖에 없었다. 즉 흑인의 얼굴을 본 뒤에는 공구를 총으로 착각한 비율이 37퍼센트에 달했지만, 그 반대의 실수, 즉 총을 공구로 오인한 비율은 25퍼센트에 그쳤다.*

이런 현상이 초래하는 치명적인 결과는 뉴스만 보아도 분명히 알 수 있다.** 안타깝게도 이런 연구는 "어떻게 바로잡을 수 있느냐?"라는 중요한 질문에는 **답해주지 않는다**. 가장 먼저 해야 할 일은 이런 편견을 초래하는 데이터의 원천이 무엇인지 살펴보는 것이다. 미국인이 비록 총을 소지하는 비율이 높다고는 하지만, 이 연구에 참여한 일반 대학생들이 흑인과 총이 연관된 사건을 실생활에서 많이 경험했을 리는 (어쩌면 전혀) 없다. 그렇다면 이런 지름길의 출처는 어디일까?

이 질문에 답하기 위해서 우리 두뇌가 무엇을 경험으로 "간주하는지"를 다시 생각해보자. 한마디로 우리가 특정 사람이나 장소, 또는 사물을 현실에서는 별로 경험하지 못했을 때, 그 주제에 관한 두뇌의 데이터베이스는 주로 TV나 뉴스, 소셜 미디어, 혹은 **허구적인** 묘사에서 본 내용으로 채워질 가능성이 높다. 다시 말하지만, 두뇌는 여러분이 어떤 대상을 실제로 경험했는지, 기억하는지, 아니면 상상했는지를 별로 상관하지 않는다.

---

* 피험자들이 백인의 얼굴을 본 뒤에 공구와 총을 착각하는 비율은 똑같았다.
** 말콤 글래드웰이 『블링크(*Blink*)』라는 책에서 이 내용을 어느 정도 다루었다.[19]

두뇌는 이 모든 정신적인 경험을 똑같이 대우한다. 따라서 흑인들이 청진기보다는 총을 들고 있는 장면이 TV에 많이 나온다면,* 두뇌는 그 장면을 현실이라고 판단하고 경험에 근거한 데이터베이스에 함께 포함시켜버린다.

이런 식으로 우리가 다른 사람**이 만들어놓은 현실을 소비하다 보면 두뇌는 우리 사회가 만들어놓은 체계적인 편견에 그대로 노출된다. 그리고 이런 편견은 우리가 세상을 보는 방식을 드레스의 색상을 해석할 때처럼 빨리, 그리고 자동으로 작동하게 바꾸어놓는다. 여기에서 또 한 가지 주목해야 할 중요한 사실이 있다. 이 연구의 피험자들, 그리고 두뇌에 이런 지름길을 보유한 사람들이, 총을 소지하는 사람은 이러이러한 사람일 것이라고 **분명하게** 의식하지 않았다는 점이다. 사실, 의식적인 신념과 경험에서 축적된 데이터베이스는 서로 완전히 다를 수도 있다. 이 점은 제6장 "길 찾기"에서 더 자세히 다룰 것이다. 따라서 오늘날 우리가 일터와 생활 현장에서 만연한 암묵적인 편견을 습득하는 것이 두뇌가 형성한 지름길에 과연 영향을 미치는지, 미친다면 어느 정도인지 알기는 쉽지 않다.*** 드레스의 실제 색깔은 검은색과 푸른색인데 왜 우리 눈에는 흰색과 금색으로 보이는지 설명해준다고 해서 시각이 갑자기 바뀌지 않는 것처럼, 우리가 암묵적인 편견이 존재한다는 것을 안다고 하더라도 그런 자동적인 영향력에서 벗어나기는 쉽지 않다. 우리가 기대할 수 있는 가장 좋은 점은 그런 지식으로 인해서 인식이 바뀐 덕분에 자기 행동을 한 번 더

---

* 이런 편견(나의 두뇌에도 분명히 있었다)을 교정하도록 도와준 숀다 라임스에게 대단히 감사드린다.
** 주로 매체들을 자신들의 관점대로 조종하려는 백인 남성 특권층이다.
*** 이와 관련된 연구 사례는 많지만, 지금까지 뚜렷한 기계론적 설명을 제시하는 결과는 나오지 않았다.

반추해볼 기회가 있다는 것이리라. 증가한 지식과 개선된 행동의 관계에 관해서는 다음 장에서 더 살펴볼 것이다. 그러면 지금까지 언어 경험에 관해 배운 내용을 요약해보자.

요약 : 정밀하게 조정된 두뇌는 특정한 환경에 대처할 수 있고, 폭넓게 개방된 두뇌는 더 많은 선택지를 고려한다

이 장에서 소개한 암묵적인 편견을, 두뇌가 지나치게 좁은 환경에 적응하여 정밀하게 조정된 결과라고 볼 수도 있을 것이다. 이것은 마치 제1장 "편향"에서 소개했던, 두뇌 영역이 점점 더 적은 일을 담당할 때 그 일을 더욱더 잘 수행하게 되는 전문화 과정과 비슷하다. 차이가 있다면, 이 경우에는 특정한 장소와 시간에 존재하기 위해서 준비되는 두뇌의 영역이 거대하다는 점이다. 경험이 세계를 이해하는 방식을 얼마나 근본적으로 형성하는지를 생각하면, 두뇌에 난 이런 지름길을 교정하기 위해서는 단지 책을 읽는* 정도를 넘어서는 다른 조치가 필요하다고 생각한다. 예를 들면 두뇌에 들어오는 경험을 좀더 주도적으로 관리할 필요가 있을지도 모른다. 우리가 접하는 개념에는 어떤 연관성이 숨어 있을까?

데이터베이스를 확장하는 또 한 가지 방법이 있다. 가능한 한 많은 현실을 경험하고 다양한 관점을 수용하는 것이다. 언어 경험이라는 모형 사례로 돌아가보면 좀더 다양한 삶의 경험을 축적한 두뇌가 어떤 모습일지 추론해볼 수 있다. 사실 하나 이상의 언어를 계속해서 구사해온 사람은

---

* 오해하지 말기 바란다. 나는 좋은 책이 훌륭한 학습 수단이 될 수 있다고 굳게 믿는다. 다만 진정한 변화를 원한다면 책을 읽는 수준에 머물러서는 안 된다는 뜻이다. 그 이유는 제6장 "길 찾기"에서 설명할 것이다.

최소한 2개 언어의 통계적 정보를 배워야 한다. 거기에 대가가 따르지 않을 수는 없다. 어려서부터 2개 언어를 동시에 배우는 아이에게 한 언어의 숙련도를 측정해보면, 하나의 언어만 배우는 아이보다 발달 속도가 다소 늦다는 증거가 많다. 두 언어를 아주 유창하게 구사하는 성인도 단일언어를 사용하는 두뇌보다 어느 언어에서든 처리 속도가 다소 늦다.

이것은 이중언어 구사자의 두 언어가 두뇌에서 각각 독립된 2개의 꾸러미로 존재하지 않기 때문이다. 사실 그 둘은 아주 밀접하게 얽혀 있어서, 어느 한쪽 언어의 단어를 읽거나 생각하기만 해도 다른 쪽 언어를 담당하는 뉴런이 자동으로 활성화된다. 게다가 이중언어 구사자가 상대적으로 익숙하지 않은 언어를 구사하려면 저절로 더 강력하게 활성화되는 우세 언어를 이겨내야 한다.[20] 다시 말해, 이중언어 구사자가 두 번째 언어로 말하는 것은 다른 색상의 이름이 적힌 글자를 읽는 것과 비슷하다!

먼저 양해를 구한다. 지금부터 하는 설명이 다소 지루하더라도 조금만 참아주기 바란다.

안드레아와 나는 이중언어 구사자의 기저핵 신호전달 과정을 연구해왔고, 그들의 언어 경험이 두뇌에 강력한 "기수"를 훈련할 수 있다는 증거를 확보했다. 사실 우리는 이렇게 개선된 신호전달을 통해서 이중언어 구사자가 단일언어 사용자보다 새로운 **수학적** 과제를 더 빨리 해결한다는 것을 입증했다.[21] 여러 언어를 경험한 사람들이 자신을 다양하게 표현할 수 있다는 사실은 두뇌에 복잡한 갈등을 조성할지도 모른다. 그러나 두뇌가 자신이 처한 **맥락**을 더 충실히 이해할 수 있는 바탕이 되기도 한다. 이중언어 구사자는 A 영역에서 B 영역으로 활성화 폭이 자동으로 넘어가도록 그냥 내버려둔 채 여전히 두 번째 언어를 정확하게 구사하는 일을 할 수 없다.

2020년에 나는 박사후 과정 지도교수 킨제이 바이스*와 공동 발표한 연구에서, 197명—91명은 한 가지 언어만 아는 사람, 106명은 두 가지 이상의 언어를 경험한 사람이었다—의 두뇌에 아무런 과제도 부여하지 않은 채 신경 동기화 패턴을 관찰하여 통제력 증가 현상이 발생하는지 살펴보았다.²² 그 결과, 다양한 언어를 경험한 사람일수록 알파 주파수가 높은 것으로 나타나 내부 통제 주파수에서 오는 두뇌 동기화 양이 더 많음을 알 수 있었다. 여기에서 그들의 두뇌가 **아무 일도 하지 않는** 상태였다는 점을 기억할 필요가 있다. 이 장에서 우리가 배운 두뇌의 "적응" 방식에 더하여, 이중언어의 경험이 알파 주파수에 미치는 영향은 두 가지 언어를 계속 사용하는 사람에게서 가장 크게 나타났다는 점을 밝혀둔다. 이것은 우리가 다양한 경험의 데이터베이스가 필요할 뿐만 아니라, 이런 경험을 다양한 상황에 **활용하는** 법을 습득할 필요가 있음을 시사한다.

다양한 언어 경험이 사람들의 생각과 감정, 행동에 미치는 효과라는 주제는 아직 논쟁의 여지가 있는 연구 분야이지만, 연구자들이 "이중언어 구사"를 다양한 유형의 경험으로 간주하지 않으려는 태도 역시 논쟁의 일부 원인이 될 수 있다. 2개 이상의 언어를 꾸준히 구사하는 사람의 두뇌 구조와 활동 방식이 단일언어 사용자의 그것과 다르다는 증거는 너무나 많다.

나는 여러 언어를 구사하는 법만 배우면 암묵적인 편견으로 인한 문제를 다 고칠 수 있다고 믿을 만큼 순진하지는 않지만, 우리 두뇌에 들어오는 정보의 출처를 아는 것은 중요하다고 생각한다. 다중언어 구사자는 두뇌가 다양한 통계적 정보를 활용할 때 어떤 일이 일어나는지를 보여주

---

* 그는 4개 국어를 구사하며, 그중 2개 국어는 아주 유창하다!

는 훌륭한 모형임이 틀림없기 때문이다. 그들은 특정 상황에 다소 늦게 반응할 수는 있지만, 두뇌가 좀더 유연하고 민감해질 수밖에 없는 조건에서 사는 셈이다. 다음 장에서는 인생 전체에 영향을 미치는 크고 작은 의사결정을 위해서 두뇌가 사용하는 방식을 자세히 설명하면서 이 문제를 더 깊이 살펴보자.

6

길 찾기

지식을 지도로 바꾸는 과정, 그리고
그 지도가 의사결정에 충분히 반영되지 않는 이유

이제 책이 후반부로 접어든 만큼, 여러분과 여러분의 두뇌에 관해 좀더 어려운 문제를 생각해보자. 제5장 "적응"에서도 여러 가지 생각해볼 문제가 있었다. 대부분 두뇌의 활동 방식에 대한 과학적 발견과 관련이 있는 내용이었다. 그중에는 여러분이 묻지도 않은 조언이 군데군데 포함되어 있기도 했다. 우리가 "적응"에 관해 배운 내용을 비추어보면 이런 경험이 두뇌의 연결 방식에 일정한 영향을 미친다는 것을 알 수 있다. 그러나 내가 정말 묻고 싶은 질문은 이것이다. 여러분은 여러분이 배운 지식이 실제로 생각과 감정, 행동의 방식을 **바꾼**다고 생각하는가?

다음은 내가 그의 말을 듣고 판단해본 바* 가장 비범한 인물이었던 마이아 앤절로가 남긴 말이다. "지혜를 얻기 전까지는 최선을 다하라. 그렇

---

* 분명히 말하지만, 마이아 앤절로를 직접 만난 적은 없다. 그러나 내가 캘리포니아 대학교 데이비스 대학원에서 공부할 때 그녀가 연사로 온 적이 있었고, 재스민과 나는 강연장 맨 앞줄에 앉아 있었다. 그때는 마치 그녀가 나에게 말하는 것 같았다. 그녀는 물론, 그 경험 자체가 나에게는 너무나 놀라운 일이었다.

게 지혜로워진 후에는 더욱 노력하라."* 물론 나는 고민이 있을 때마다 그녀의 말을 되새기지만, 한편으로는 거의 모든 사람에게는 아는 것과 행하는 것의 관계가 그리 간단하지 않다는 생각이 든다. 이 장에서는 그 이유를 알아보는 것부터 시작해보자.

그러기 위해서는 두뇌가 자신이 처한 환경에 집중하고 적응하는 법에 관해서 지난 제4–5장에서 배운 내용에서부터 시작해야 한다. 여기에서 논리적으로 제기되는 질문이 있다. 두뇌는 어떻게 현재 상황에 대한 이해와 과거 경험에서 얻은 지식을 이용해 미래의 길을 갈까?

우리는 다른 경험보다 유독 우리의 행동 방식에 더 큰 영향을 미치는 경험이 있다고 느낀다. 그러나 두뇌는 우리가 알지도 못하는 현실을 만들어내기도 한다는 사실을 앞에서 여러 지면을 할애하여 살펴보았다. 그렇다면 이런 모든 요인들은 어떻게 우리의 행동에 영향을 미칠까?

우리가 습득한 지식이 의사결정에 중요하게 작용하는지 아닌지를 알아보기 위해서, 행동을 어떻게 바꾸어야 하는지 명시적으로 알려주는 정보를 하나 습득했다고 가정하자. 예컨대 의사로부터 혈당 수치가 높다는 말을 들었다고 생각해보자. 이것은 분명히 좋은 소식이 아니다. 제2형 당뇨병, 심장질환, 뇌졸중 등에 걸릴 위험이 크다는 뜻이기 때문이다. 의사가 권장하는 대로 생활 습관을 바꾼다면—설탕과 정제 탄수화물 섭취를 줄이고 운동을 많이 하면—혈당 수치가 원래대로 회복될 가능성이 높다. 그렇게 되면 원기가 회복되고 기분이 좋아질 것이다!**

---

* 마이아 앤절로가 언제 이 말을 처음 했는지는 확실하지 않지만, 그녀가 워낙 자주 말하다 보니 주문처럼 되어버린 것이 아닌가 생각한다. 오프라 윈프리는 앤절로로부터 이 말을 직접 듣고 큰 영향을 받았다고 한다![1]

** "서론"을 읽지 않은 분을 위해서 말하자면, 나는 그런 의사가 아니다. 이것은 단지 예시일 뿐이다.

그다음에는 어떻게 될까?

권위 있는 작가 에크하르트 톨레가 "인식은 가장 효과적인 변화 수단이다"라고 했듯이,[2] 건강 문제가 언제든 재발할 수 있다는 것을 안 이상 우리는 습관을 새롭게 변화시킬 **가능성**이 매우 높다. 그러나 주의집중에 따른 대가가 두뇌에 따라 다르듯이, **지침**을 바탕으로 행동을 통제하는 능력도 두뇌에 따라 모두 다르기 마련이다. 제3장 "동기화"에서도 이 문제를 잠깐 언급했다. 내면의 목표지향적인 저주파 신호로 외부에서 들어오는 합창 "소리"를 지휘하려면 얼마나 힘이 들까? 인식이 변화를 **촉진할 수**는 있지만 **보장해주지는** 않는다는 점은 거의 확실하다. 대니얼 카너먼은 명저 『생각에 관한 생각Thinking, Fast and Slow』에서 이렇게 말했다. "이 책을 읽으면 생각이 바뀐다고 말하지 않겠다. 이 책을 쓴 나도 생각이 바뀌지 않았다."[3] 만약 그 말이 사실이라면, 이 책을 읽고 얻을 수 있는 정보도 그저 지금까지 살아온 대로 살라는 것밖에 없을 것이다.

그러나 현실에서 우리는 원한다고 **생각하는** 것과 전혀 다르게 행동할 때가 있다. 그리고 나중에 이런 순간을 되돌아보면, 아는 것과 행하는 것의 관계는 내가 어렸을 때 스승으로 여겼던 만화 영웅 G. I. 조의 가르침에 가까운 것 같다. 그는 한 화가 끝날 때마다 교훈을 정리하듯이 이렇게 말하고는 했다. "아는 것이 전투의 절반이다." 그러나 불과 여덟 살밖에 안 된 그 시절에도 나는 그렇다면 **나머지** 절반은 뭘까 하고 궁금해했다.* 지금부터 그 전투의 **전부**를 내가 아는 만큼 최선을 다해 설명해보겠다.

---

* 나는 2021년에 발표된 아리엘라 크리스털과 로리 산토스의 「G. I. 조 현상 : 메타인지를 통한 편견 해소의 한계」라는 명논설에서 이 인용문을 읽었다. 그들의 사려 깊은 글과 아주 적절한 그 제목을 보고, 전투의 절반이 궁금한 사람이 나 말고도 또 있었음을 확인했다.

이 복잡한 주제를 이해하기 위해서, 앞에서 "말"과 "기수"로 표현했던 두뇌의 두 "통제" 유형을 다시 떠올려보자. 우리가 살아가면서 길을 찾는 과정은 분명히 말의 의사결정과 기수의 통제로 구성되기 때문이다. 이 장에서는 우리의 경험이 말과 기수의 의사결정에 모두 영향을 미친다는 사실을 알게 될 것이다.

앞 장에서는 좀더 본능에 의존하는 통제 체계를 말에 빗대어 설명했다. 말이 세상을 헤쳐나가는 데에 쓰이는 지식, 즉 **절차적 기억**procedural memory 은 길 찾기 과정에서 가장 근본적이고 빈번한 역할을 맡는다. 얄궂게도, 절차적 기억에 대해서 정의해본다면 우리가 **아는** 내용 중에 가장 말로 표현하기 어려운 어떤 것이라고 할 수 있다. 지금은 우선, 말[馬]은 길을 찾는 데에 필요한 지식을 많이 알고 있지만 그것을 말[言]로 표현할 수 없다는 정도로 설명해보자. 절차적 기억에는 발을 어디에 짚어야 할지, 언제 어느 경로로 접어들어야 할지 등을 판단하는 근육 기억과 크고 작은 결정을 주도하는 본능적 감각이 모두 포함된다. 이것은 살아가면서 마주치는 모든 길을 본능에 따라 저절로 찾게 해준다.*

말이 길을 찾는 행동 원리는 꽤 간단하다. 「두뇌는 자신이 원하는 것을 원한다」의 게임에서 이길 확률을 **극대화하는** 것이다. 다시 말해, 가장 큰 보상을 노리면서 함정은 피하는 것이다. 만약 배가 고픈데 맛있고 열량

---

* 나는 절차적 기술을 가르치며 무엇인가를 설명하는 사람들을 보면 항상 경탄을 금치 못한다. 예를 들면 자전거 타기나 말타기, 춤동작 같은 것들 말이다. 그런데 이런 것은 결국 가르침만 듣고 다 배울 수는 없다. 직접 느껴보아야 한다. 아이러니하게도 절차적 기억에 관한 의식적 경험을 설명하는 것 자체가 바로 그런 어려움에 봉착한다. 자전거를 타보았거나 남에게 가르쳐보았다면, 균형을 조정하는 타이밍부터 손잡이를 기울여 방향을 바꾸는 방법까지 중요한 지식 하나하나를 말로 설명하기가 매우 어렵다는 것을 잘 알 것이다. 그런 요소들을 모두 절차적 기억이라고 한다.

이 풍부하며 기분이 좋아지는 아이스크림이 냉장고에 있다면, 말은 그것을 꺼내 먹는 것이 좋겠다고 생각할 것이다. 그것은 두뇌의 말 영역이다. 따라서 먹고 난 후에 설사를 할 수 있다거나 청바지가 작아질지도 모른다는 생각은 고려 대상에 포함되지 않는다. 요컨대 말과 그것이 추구하는 보상은 분명히 전투의 반쪽을 구성한다.

이번 장의 첫 번째 절에서는 말이 안내하는 길 찾기 과정이 경험으로부터 배우는 방법을 살펴볼 것이다. 결국 모든 말이 똑같은 방식으로 배우지는 않기 때문이다. 그다음 절에서는 두뇌에 나란히 존재하는 좀더 본능적인 길 찾기 과정을 소개한 뒤, 이 두 가지 영향이 두뇌에 따라 다르게 나타난다는 점을 설명할 것이다.

말의 길 찾기 : 당근과 채찍을 통한 학습

제5장 "적응"에서 두뇌가 경험을 근거로 "외부" 세계의 엄청나게 시끄러운 아수라장을 이해하기 위해, 생애 초기에 형성된 자동 지름길을 사용한다는 사실을 상당한 지면을 할애하여 설명했다. 그리고 제4장 "집중"에서는 그런 경험이 여러 가지 정보의 중요성을 배우는 데에 영향을 미치고, 또 영향을 받기도 한다는 점을 알아보았다. 말의 관점에서 보면 두뇌의 이런 기능은 모두 목적을 달성하는 수단이다. 쉽게 말해 여러분의 말은 특정 환경에서 나중에 좋은 결과나 나쁜 결과로 이어질 요소들에 주목하는 한편, 의사결정과 무관한 내용에는 관심을 기울이지 않는다. 예컨대 여러분이 영 사용하지 않는 낯선 언어의 발음을 구분하는 방법은 그것을 배운다고 해도 별 소용이 없을 것이다. 그러나 영어가 모국어인 사람이 "바"와 "파"의 차이를 배워놓으면 "파나나" 대신 "바나나"를 사는 데

에 큰 도움이 된다. 그러나 두뇌가 다음 행동을 결정할 때 환경의 어떤 특징을 고려해야 하는지를 알려면 자신이 처한 환경과 선택할 행동, 그리고 선택의 **결과**를 서로 연결할 줄 알아야 한다.

이른바 **강화 학습**reinforcement learning이라는 이 과정은 말의 길 찾기 과정에 가장 강력한 영향을 미치는 요소 중 하나이다. 두뇌는 보상을 극대화하기 위해서 다음 네 가지 단계의 절차를 거친다. 첫째, 과거 경험에서 축적한 데이터베이스를 사용하여 주변 환경의 **중요한** 특징을 가장 정확하게 묘사한다. 예를 들어 번잡한 길거리에서 접하는 정보를 생각해보면, 눈앞에 다가오는 사람이 들고 있는 것이 공구인지 무기인지는 재빨리 판단해서 다양한 행동을 취할 중요한 정보이겠지만, 그가 무슨 구두를 신었는지는 별로 중요한 정보가 아니다.* 둘째, 두뇌는 과거의 비슷한 환경을 근거로 취할 수 있는 행동을 여러 가지로 구성해본다. 예를 들어 다가오는 사람을 향해 미소 지으며 인사하는 등 긍정적인 신호를 보낼 수 있다. 무표정한 채 그냥 지나칠 수도 있다. 또는 아예 반대 방향으로 걸어가며(혹은 달려가며) 그를 피할 수도 있다. 물론 이 외에도 두뇌가 과거에 경험한 비슷한 상황에 비추어 가장 적합하다고 판단하는 행동이 무엇이냐에 따라 여러 선택지들이 있을 것이다. 셋째, 여러분의 말은 과거의 행동에서 얻은 교훈을 근거로** 가장 좋은 결과를 낳는 행동이 무엇인지 판단해서 가장 성공적인 경로를 여러분에게 제시할 수 있다. 마지막 네 번째로, 두뇌는 이런 선택에 따른 실제 결과와 **기대했던** 결과를 비교하여 이번에 선택한 행동의 상대적 "우수성"을 데이터베이스에 반영한다.

---

*　이탈리아계인 나의 가족들은 구두가 별로 중요하지 않다는 이 말을 용서하지 않을지도 모른다.

**　이 원리에 대해서는 곧 더 자세히 설명할 것이다.

두뇌 구조의 차이에 따라 세상을 보는 방식이 달라진다는 원리는 이런 의사결정 영역에도 똑같이 적용된다. 예를 들어 환경의 여러 측면들 중에 우리의 주의를 사로잡는 것이 무엇이든, 그것은 두뇌가 다음 행동을 결정하는 데에 매우 중요한 변수로 작용한다. 어쩌면 여기에서 가장 중요한 사실은, 사람들은 지금까지의 다양한 경험에 따라 어떤 행동이 얼마나 좋은 결과를 가져올 것인지에 대한 예측을 달리할 것이라는 점이다.

예를 들어 노래 솜씨가 형편없거나 쉽게 수줍어하는 사람이라면, 사람들 앞에서 노래하는 것은 선택지에서 맨 나중으로 밀려날 것이다. 그러나 별로 경험하지 못한 상황을 만났을 때, 두뇌는 시행착오를 통해서 가능한 행동을 검토하며 결과가 얼마나 좋은지(혹은 나쁜지) 배워갈 것이다.*

아까의 번잡한 길거리에서 일단 미소를 지었다고 해보자. 반응도 좋고 어색하지도 않았다. 두뇌는 그 결과에 주목하고, 다음에 비슷한 상황이 다시 오면 같은 행동을 선택할 가능성이 매우 높다. 그러나 그런 피드백은 강화 학습의 네 번째 단계에 따라 달라진다. 인생에는 확실한 것이 거의 없고 정확히 똑같은 상황을 다시 마주치는 경우도 극히 드물다. 따라서 두뇌는 **실제로** 일어난 일과 일어나리라고 **예상한** 것을 서로 비교해서 과거의 경험을 바탕으로 그것이 얼마나 좋은지를 판단한다. 결과가 예상보다 좋다면 두뇌는 기분이 좋아지는 화학물질, 즉 도파민을 분비한다. 제2장 "칵테일 기술"에서 말했듯이, 도파민은 학습 신호를 발신해서 그 기억을 두뇌에 저장하고 그러면 향후 비슷한 상황과 마주칠 때 다시 그 행동을 선택한다. 그러나 결과가 예상보다 좋지 않다면 도파민 뉴런 발신율이 기준치보다 떨어지고, 우리는 실망하여 그런 행동을 다시 선택하

---

* 다음 장에서 다룰 주제가 바로 이것이다.

지 않는다.

　예를 들어 만약 여러분이 거리에서 비욘세의 노래를 부르면 지나가던 사람들이 마치 비욘세를 만나기라도 한 듯이 환호할 거라고 예상하여 그렇게 결심했다고 해보자. 그러나 그 결심을 실행에 옮긴 결과는 두뇌에 커다란 실망만 초래할 것이다. 그럴 때 두뇌에서 일어나는 일은 마치 영화 「Mr. 히치, 당신을 위한 데이트 코치Hitch, Mr. Hichi」에서 케빈 제임스가 "댄스 교습"을 받은 후 나름 배운 대로 멋지게 재현했다고 생각한 순간, 정색한 윌 스미스로부터 찬물을 끼얹는 말을 들었을 때와 같을 것이다. "다시는······그러지······마."**4**

　두뇌는 행동의 결과에 관한 기대를 정밀하게 조정하면서, 주어진 상황에 취할 수 있는 최선과 최악의 행동에 관한 정보를 마치 각본처럼 구성한다. 그리고 이 각본을 거의 자동으로 참조하여 여러분이 언제 어떻게 행동할지 결정하는 데에 기본 지침을 제공해준다. 아침에 일어나며 알람을 끌지 말지 결정하는 첫 순간부터 자신을 표현하는 단어를 고르는 것까지, 두뇌의 4단계 강화 학습 과정은 과거의 경험을 바탕으로 가장 큰 보상을 안겨주는 행동을 거의 저절로 선택하게 해준다. 더구나 이 과정은 너무나 효과적으로 작동한다. 사실, 살아 움직이는 모든 생물뿐만 아니라 가장 성공적으로 작동하는 인공지능 시스템의 의사결정을 주도하는 실체가 바로 이 강화 학습이다.*

　그러나 사람들은 강화 학습 과정을 통해서 살아가면서 인공지능은 하지 않아도 되는 쓸데없는 일을 한다. 여러분이 만약 운 좋게도 어떤 선택

---

*　컴퓨터 프로그램 알파고가 세계 최고 실력의 바둑 선수를 이길 수 있었던 것도 강화 학습 알고리즘으로 훈련한 덕분이었다.

을 통해서 계속해서 좋은 경험을 했다면 두뇌는 그 행동에 높은 기대치를 부여할 것이다. 이제 여러분은 그런 경험을 얻을 수 있다는 기대에 따라 선택하지만, 그럴 때마다 도파민이 제공하는 기분 좋은 반응은 오로지 기대와 현실의 **차이**에 근거한 것이다. 따라서 실제로 좋은 일을 많이 경험할수록 그로 인한 기쁨은 오히려 줄어든다. 즉 도파민이 더 많이 분비되기 위해서는 **깜짝 놀랄 만큼** 좋은 일이 일어나거나 상상했던 것보다 더 나은 결과를 얻어야 한다.

쉽게 말해, 비욘세처럼 부르면 재미있을 것 같다고 **상상하더라도** 실제로 그렇게 해보면 상상만큼 재미가 없다는 것이다. 우선, 두뇌의 기대 수준이 전혀 다르다. 비욘세는 노래 실력뿐만 아니라 외모도 출중하고, 역사상 최고 수준의 공연 성적을 기록했다. 물론 그녀의 두뇌는 여느 사람과 같은 보상 체계를 가지고 있겠지만, 그녀가 엄청난 도파민을 분비하려면 평소 비욘세 수준 이상의 공연이 필요하다. 그렇다면 그녀는 좌절의 순간을 일상적으로 느끼며 산다는 말인데, 여기에서 한 가지 의문이 생긴다. 여러분은 단 하루라도 비욘세로 살아보고 싶은가?*

이 질문에 대답하기 전에, 하루만 비욘세가 되는 경험에서 두뇌가 배울 수 있는 내용과 그 과정에 결정적으로 작용하는 요소를 한 가지만 더 말해보자. 인간의 두뇌가 강화 학습 과정에서 인공지능과 나뉘는 결정적인 차이점이 하나 있다. 이 차이는 두뇌에서 도파민의 학습에 관여하는 2개의 **실제 경로**에 해당한다. 그중 첫 번째인 "선택" 경로의 작동방식은 지금까지 설명한 그대로이다. 선택 경로는 도파민 보상 신호를 접수한 뒤 주

---

* 나의 대답은 "그렇다"이다. 단, 나의 두뇌를 간직한다는 조건이 필요하다. 그래야 그 기억을 집에 가져올 수 있을 테니…….

변 환경과 선택하는 행동을 서로 연결하여 앞으로 여러분이 그 행동을 다시 선택하게 만든다. 그러나 그것과 나란히 작용하는 또 하나의 경로를 "회피" 경로라고 한다. 이 도파민 경로는 뉴런을 억제하는, 즉 그들의 목소리를 끄는 수용체로 구성되어 있다. 그래서 선택한 행동이 생각했던 것만큼 놀랍지 않으면 도파민 수준이 기준 이하로 떨어지면서, 이것이 좋은 행동이 아님을 회피 경로가 활발하게 학습하여 연결을 약하게 만든다. 모든 인간의 두뇌에 있는 말의 길 찾기 과정은 두 가지 경로를 통해서 학습한다. "당근"은 더 좋은 선택지에 가까워질 가능성을 강화하고, "채찍"은 좋지 않은 결과로 이어질 확률을 낮추어준다. 여기에서 각 두뇌의 길 찾기 방식에 따라 도파민 수용체가 "당근"과 "채찍" 중에 어느 학습 경로를 더 많이 사용하는지가 결정된다. 그 결과 제2장 "칵테일 기술"에서 언급했던 화학물질 언어 통신의 차이는 두 경로 중 어느 한쪽이 말의 길 찾기에 더 영향을 미치는지, 아니면 두 경로가 똑같은 영향을 미치는지를 결정하는 데에도 작용한다. 다음 절에서는 학습 방법이 당근과 채찍 중 어디에 가까운지를 측정하는 방법과 이런 차이가 실제 세계에서 어떤 의미를 지니는지를 살펴보자.

진단 : 선택형일까, 회피형일까?

선택과 회피 중 어느 학습 경로가 더 강한지 알 수 있는 가장 좋은 방법으로 마이클 프랭크 연구진이 개발한 확률 자극 선택법을 들 수 있다.[5] 줄여서 PSS라고도 한다. 그런데 이 진단법은 선택의 결과로부터 배우는 방법에 관한 것이므로 책에서는 배울 수 없는 **실제 피드백**이 필요하다. 여러분의 두뇌가 당근형인지 채찍형인지 알고 싶다면, 그 방법을 설명하는 다음 내용을 읽기 전에 나의 웹사이트의 "연구" 메뉴를 방문해보시기 바란다.

PSS는 두 단계로 구성된다. 첫 번째는 피험자들이 두 가지 새로운 활동 중에 더 큰 보상을 얻는 쪽을 선택하는 단계이다. "활동"이란 2개의 낯선 물체를 본 피험자가 하나를 고르는 것이다. 물론 피험자는 어느 쪽이 더 나은지 모르므로 처음에는 무작위로 선택한다. 이후로는 선택할 때마다 결과를 알게 된다. "옳음"이라는 녹색 글씨가 커다랗게 보이면 올바른 선택을 했음을 알 수 있다. 반대로 "틀림"이라는 커다란 붉은색 글씨가 보이면 기분이 우울해진다. 이것은 현실에서 경험하는 보상과 좌절에 비하면 값싼 모조품에 불과한 것 같지만, 그렇지 않다. 이 실험의 목적은 사람들이 자신의 선택이 "옳았을" 때 배우는 것이 더 많은지, "틀렸을" 때 배우는 것이 더 많은지를 측정하는 것이다.

함정은 단 하나의 정답이 없다는 것이다. 현실에서처럼, 이 실험에서도 같은 선택을 한다고 반드시 같은 결과가 나오지는 않는다. 이 진단법에 "확률"이라는 단어가 들어간 이유가 여기에 있다. "옳음"이나 "틀림"이라는 피드백을 받을 확률은 선택하는 행동에 따라 달라진다. 첫 번째 단계에서 피험자에게는 세 가지 선택지가 주어진다. 즉 세 쌍으로 구성된 여섯 가지 행동인 셈이다. 여섯 가지 행동 중에 80퍼센트의 확률로 "틀림"이 나오는 최악의 선택은 "옳음"이 나올 확률이 80퍼센트인 최고의 선택과 한 쌍을 이룬다. 두 행동의 결과의 차이가 가장 크기 때문에 사람들은 이 선택안을 가장 쉽게 습득할 수 있다. 두 번째 선택에서는 "옳음"이 나올 확률이 70퍼센트인 행동과 "틀림"이 나올 확률이 70퍼센트인 행동이 한 쌍이다. 이 선택법을 배우기는 좀더 어렵다. 세 번째 선택에서는 "옳음"이 나올 확률 60퍼센트, "틀림"이 나올 확률 40퍼센트인 행동이 있고, "틀림"이 나올 확률 40퍼센트, "옳음"이 나올 확률 60퍼센트인 행동이 있다. 이것은 배우기가 가장 어렵다. 어느 쪽을 선택하더라도 거의 절반은 "틀림"이 나온다. 부정적인 피드백에 민감한 피험자로서는 대단히 좌절스러운 경험이 아닐 수 없다.

실험의 첫 번째 단계인 학습 과정에서는 피험자들이 가장 큰 보상을 얻는 물체를 꾸준히 선택하게 될 때까지(즉 틀림이 나올 확률이 가장 낮아질 때까지) 이 세 가지 선택지를 계속해서 보여준다. 그다음에는 피험자들이 선택법을 배우는 방법이 무엇인지, 어떤 강화 학습 경로를 사용하는지 파악하기 위해서 행동의 쌍을 다시 구성한다.

PSS의 두 번째 단계인 결정 과정에서는 각 행동이 다른 모든 행동과 쌍을 이룬다. 따라서 사람들은 두 가지 최선의 행동을 두고 선택해야 할 때도 있고(긍정 피드백 확률이 각각 80퍼센트와 70퍼센트), 최악의 행동 사이에서 선택할 때도 있다(긍정 피드백 확률이 각각 20퍼센트와 30퍼센트). 물론 다른 모든 조합도 제시된다.

나는 여기에서 놀라운 점을 발견한다. 보상 확률 70퍼센트와 80퍼센트의 차이는 20퍼센트와 30퍼센트의 차이와 수학적으로는 같지만, 사람들이 선택한 결과를 보면 최선의 선택법을 배운 것은 최악의 선택법을 배운 것과 전혀 별개이다! 우리가 연구실에서 관찰한 피험자 중 12퍼센트는 주로 당근 방식을 통해서 배웠고, 또다른 12퍼센트는 채찍 방식으로 배운 듯했다. 즉 전자는 선택 도파민 경로를 통해서 최선의 보상을 안겨줄 지식을 얻은 반면, 후자는 회피 도파민 경로를 사용하여 최악의 선택을 우회하는 법을 배운 것이다.* 나머지는 모두 그 중간에 속했다. 즉 선택과

---

* 이 수치는 365명의 피험자들 중에 회피보다 선택의 성적이 최소한 33퍼센트 더 우수한 사람을 당근 학습자로, 회피보다 선택에서 최소한 33퍼센트 더 성적이 떨어지는 사람을 채찍 학습자로 판단하여 계산한 결과이다.

회피 경로를 의사결정에 균형 있게 사용했다. 다음 절에서는 이것이 의사결정에 대해서 시사하는 바를 종합적으로 고찰해보자.

당근-채찍 학습법의 현실적인 의미

당근과 채찍 학습자들의 행동이 어떤 차이를 보이는지 구체적으로 설명하기 위해서, 레이븐 지능검사법[6]을 기반으로 우리 연구실에서 만든 퍼즐을 다음 쪽에 제시한다. 이 검사법은 추론과 문제 해결 능력을 측정하기 위해서 만들어졌다. 이 퍼즐의 목표는 네 가지 선택지 중에 주어진 이미지를 완성하는 것이 무엇인지 파악하는 것이다. 해답을 찾기 위해서는 왼쪽에서 오른쪽으로, 그리고 위에서 아래로 이미지가 어떻게 변하는지 주목해야 한다.

연구실에 따라 이 과제에 시간 제한을 정하는 곳도 있고 그렇지 않은 곳도 있다. 그러나 내가 제시하는 문제는 하나뿐이므로 시간은 필요한 만큼 충분히 써도 된다. 최선의 해답을 선택한 후에는 그다음 쪽으로 넘어가 여러분의 두뇌가 배운 것이 무엇을 시사하는지 확인해보면 된다.

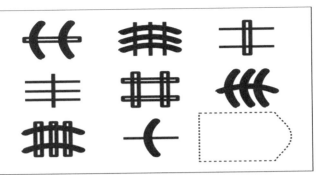

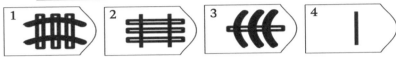

이 문제의 정답은 2번 조각이다. 그 이유는 이 퍼즐의 조각들이 다음과 같은 규칙에 따라 변하기 때문이다. 왼쪽에서 오른쪽으로 갈수록 수직 표시의 숫자가 증가한다. 1에서 2, 3으로 바뀐 후에는 다시 1로 돌아간다. 수평 표시의 숫자는 줄어든다. 3에서 2, 1, 다음에는 3이 되는 식이다. 이 규칙만 알아도 2번 조각이 유일한 해답임을 짐작할 수 있다. 그런데 또다른 규칙도 관찰된다. 왼쪽에서 오른쪽으로 가면서 수직과 수평 표시의 모습이 속이 빈 직사각형, 직선, 그리고 곡선으로 규칙적으로 바뀌는 것을 볼 수 있다. 이제 위에서 아래 방향으로도 수평과 수직선의 규칙이 어떻게 변하는지 관찰해보라.

사람마다 정답을 찾아내는 방식이 다르겠지만 안드레아와 나, 그리고 로런 그레이엄이라는 학생이 연구한 바에 따르면, 회피 학습 경로가 강한 사람일수록 문제의 정답을 찾아내는 비율이 높다.[7] 그러나 선택 학습 경로의 강도 변수는 이 문제를 해결하는 방식이나 모습, 형식과 어떤 관련도 보이지 않았다. 더 구체적으로 말하면, 당근 학습자들이 모두 이런 유형의 문제에 약하다고 볼 수는 없다. 그들이라고 해서 꼭 나쁜 선택지를 피하지 못하는 것은 아니다. 둘 다 잘할 수도 있고, 못할 수도 있다! 그보다는 모든 사람의 복잡한 문제를 푸는 능력에 회피 정확도가 선택 정확도보다 더 많이 관련된다고 보는 것이 정확할 듯하다. 그렇다면 그 이유는 무엇일까?

우리는 당근-채찍 학습법과 문제 해결 능력의 관계를 이해하기 위해서 컴퓨터 프로그램을 하나 짠 뒤 사람들이 문제 해결에 사용하리라고 생각한 방식을 가르쳐보았다. 우선, 프로그램의 시각적 특징—예컨대 왼쪽 위에 있는 곡선 이미지—을 하나 고른 뒤, 다음 블록에 나타나는 특징 변화를 설명하는 규칙을 찾아보도록 했다. 다음에는 그 이론에 따른 선택이 맞는지 세 번째 블록에서 확인해보도록 했다. 이 모형에서는 자체 평가를 통해 발전 여부를 스스로 확인해야 한다는 점이 **핵심 요소**였다. 이것은 현실에서도 마찬가지이다. 불행히도—혹은 다행히도—우리는 현실에서 최선이 아닌 결정을 내리더라도 보통은 "틀림"이라는 커다란 붉은 글씨를 볼 수 없다. 따라서 이 방법이 맞는지 중간에 확인하는 것이 복잡한 문제를 해결하는 비결이 될 수 있다. 사람의 학습법은 인공지능과 달리, 당근(이 방법이 맞네, 만세!)과 채찍(이런 특징은 무시해도 돼)을 모두 동원하여 학습을 도와준다. 우리 연구의 피험자도 그랬듯이, 컴퓨터 모형의 학습 능력을 "채찍 방법으로" 개선하려고 했을 때에는 발전이 있었지만, "당근 방법으로" 배우는 법을 가르쳤을 때에는 아무 효과도 없었다.

피험자로부터 얻은 데이터와 마찬가지로, 우리 컴퓨터 모형은 **복잡한** 문제를 해결하는 과정에서 사고 훈련이 잘못된 방향으로 가는지의 여부를 아는 것이 중요하다는 사실을 알려준다. 예를 들어 왼쪽 위 이미지의 검은 곡선 2개를 중간 위 이미지의 검은 곡선 3개와 관련지어 문제를 풀려고 하면—예를 들면 "회전해서 하나를 더한다"는 규칙—잘못된 길로 들어선 것이다. 이 퍼즐의 해답은 수직선이나 수평선과 상관없는 규칙이 적용된다. 둘 사이에 비슷한 점이 있어 보이지만 이 문제를 해결하는 것과는 전혀 상관없다!

솔직히 말하면, 나는 문제를 해결하는 데에 채찍 학습법만 관련이 있다는 사실이 처음에는 이해되지 않았다. 과학자의 관점에서 우리의 다양한 생각과 감정, 행동이 강점과 약점을 모두 안고 있다는 생각에는 변함이 없지만, "당근 학습"(내가 그 유형이다)이 문제 해결 능력과 전혀 상관없는 반면, 여러 단계를 요리조리 피하는 것은 세상살이에 도움이 된다는 개념을 나로서는 도무지 받아들이기가 어려웠다. 그러나 내 두뇌의 기수 영역—실망감을 회피하기보다는 기쁨을 추구하는 것이 훨씬 더 중요한 외향적이고 낙관적인 사람의 두뇌 영역—이 잠깐 잊고 있던 중요한 논점이 몇 가지 있다.

먼저, 우리가 좋은 것을 추구하거나 나쁜 것을 회피하는 거의 모든 선택은 잠재의식에서 일어나거나 최소한 말로 표현하기 어려운 단계에서 이루어진다. 다시 말해 낙관적인 사람, 즉 자신이 보상이나 처벌에 민감하다고 생각하는 사람이 반드시 당근 학습자 또는 채찍 학습자 중에 하나라고 볼 수 없다는 뜻이다.

그뿐만이 아니라 당근 학습자는 최선의 선택법을 더 **빨리**, 정확하게 배우는 경향이 있다. 당근 학습의 효과는 강력하다. 강화 학습법을 배우는 모든 인공지능은 당근 학습의 원리만을 사용한다.

그러나 이 책의 취지와 맞닿는 부분도 있다. 당근 학습법에만 의존하는 데에는 분명히 비용이 따른다는 점이다. 이런 비용은 이번 코로나 바이러스 유행 기간에 가장 뚜렷이 드러났다. 남아 있는 선택지가 나쁜 것뿐일 때, 당근 학습자는 별로 빛을 발하지 **못한다**. 사실 그들은 좋은 선택지만 추구하다 보니 결과가 자신의 기대에 미치지 못할 때에는 학습 능력을 발휘할 수 없다. 다시 말해, 좀비 대재앙이나 전염병 유행 상황에서는 채찍 학습자를 찾아야 한다. 그리고 우리는 그렇게 한다.*

사실은 이렇다. 당근과 채찍 학습 체계는 둘 다 같은 행동으로 수렴하는 경우가 많다. 당근 학습자와 채찍 학습자가 결국 같은 행동, 즉 가장 좋은 결과로 이어질 확률이 높은 행동을 선택한다는 것이다. 비록 그들의

---

* 친구 크리스티가 바로 그런 사람이다. 크리스티는 도로에서 자동차가 나를 덮칠 뻔한 상황에서 큰 소리를 지르며 차를 세워서 나의 목숨을 구해주었다. 그때 나는 아이스크림에 눈이 멀어 길을 건너는 데에만 신경 쓰느라 죽을 뻔한 줄도 몰랐다. 실화이다.

동기가 되는 경험은 전혀 다르지만 말이다.

이 장의 전반부에서는 우리의 삶을 이끌어가는 자동적이고 본능적인 의사결정 과정의 대부분이 보상을 바탕으로 이루어진다고 설명했다. 여러분의 말의 행동을 이끄는 동기가 기수의 도움 없이 최악의 결과를 피하는 것이든 최고를 추구하는 것이든, 말은 오로지 자신만의 방식으로 보상을 찾는 데에만 집중한다.

다행히 우리 두뇌의 말에는 항상 기수가 있다. 따라서 이런 질문이 중요해진다. 대중 앞에서 비욘세처럼 노래를 부르면 **보통 사람**은 어떤 일을 당하는지 내가 설명해준다고 해서, 과연 여러분을 망신의 위기에서 구해낼 수 있을까? 명백한 정보가 최소한 여러분의 삶의 경험을 보완해주지도 못한다면, 나는 도대체 왜 **수천** 시간을 들여 이 책을 쓰고, 대학원생들을 가르칠까? 이 질문은 결국 아는 것과 행하는 것의 관계로 돌아가서, 아는 것이 전투의 절반에 불과하다는 결론을 상기시킨다. 결론적으로, 전투의 전체상을 완성하려면 두뇌의 기수가 자신의 지식을 사용하여 우리의 생각, 감정, 행동에 영향을 미치는 과정을 설명해야 한다.

기수의 길 찾기 : 의식적인 기억을 통한 의사결정

드디어 "기수"의 길 찾기 과정을 살펴볼 때가 되었다. 기수는 여러분이 가고 싶은 목적지뿐만 아니라 그곳에 도착할 때 무슨 색깔의 모자를 쓸지까지도 결정한다. 여러분의 길 찾기가 이런 특징을 띠는 이유는 기수가 길 찾기에 사용하는 도구가 다름 아닌 여러분의 의식이기 때문이다. 여러분이 "더 좋은 것"이라는 명시적 개념에 따라서 목표를 설정하는 이마엽 겉질의 통제 영역이 바로 기수이다. 그러나 이런 개념을 구성하는 것은 무엇이고, 그것은 어떻게 말에게 아이스크림의 위험성을 환기시킬 수 있을까?

나는 이 책의 전반부에서 언어가 얼마나 강력한 도구인지 알게 모르게 강조해왔다. 인간은 언어를 통해서 다른 사람의 가르침을 따름으로써, 오랜 진화로 형성된 느려터진 학습 과정을 뛰어넘을 수 있다. 마이아 앤절로가 "더 열심히 노력하라"고 이야기해준 덕분에, 여러분은 그 말을 모르는 것이 두뇌에는 너무 어렵다는 것을 배웠음에도 다시 한번 시도해보고 싶은 마음이 든다.

그러나 언어가 실제로 어떻게 행동을 지휘하는지 알아보기 위해서, 기수의 안장 속에 어떤 길 찾기 도구가 있는지 살펴보자. 우선, 그 속에는 여러분이 언어로 표현할 지식이 들어 있다. 이것을 서술 기억declarative memory이라고 한다. 예컨대 나는 문어에는 8개의 촉수가 있고 자기 주둥이보다 큰 구멍은 어디든 비집고 들어갈 수 있다는 것, 해파리 성체가 극단적인 상황에서 폴립polypv형태로 되돌아갈 수 있다는 것, 조지 워싱턴이 미국의 초대 대통령이라는 것, 그리고 2 더하기 2는 4라는 사실을 알고 있다. 이런 "재미있는 사실들"을 서술 기억의 하위 집합인 의미 기억semantic memory이라고 한다. 위키피디아 항목이 광범위한 연결 고리를 포함하는 것처럼, 의미 기억은 기수가 길에서 마주치는 상황에 따라 다음 행동을 추론하는 데에 사용할 지식의 연결망을 구성한다. 여러분이 두뇌의 지식 연결망에서 "클릭할" 수 있는 링크 중에는 여러분이 아는 모든 단어의 의미도 포함되어 있으므로, 그것을 다른 사람에게 설명해줄 수도 있다.

그러나 우리가 재미있는 사실들을 이야기하는 방법뿐만 아니라 우리가 처한 상황에 대한 이해를 형성하는 **훨씬 더 풍부한** 지식 습득 방법이 있다. 나의 머릿속에 있는 지식들 중에 조지 워싱턴이 초대 대통령이라는 사실을 아는 것과 해파리가 불멸의 존재가 될 수 있음을 아는 것은 전혀 다르다. 나는 해파리에 관해 처음 배운 순간을 정확히 기억한다. 수십 년 전 수족관에 갔을 때 다른 기억은 모든 희미하지만, 그때 내가 본 것(원통형 수조 안에서 해파리가 헤엄치고 있었다), 생각했던 것(죽지 않는 존재에 대해서), 그리고 양어머니가 해파리에 대해서 배운 재미있는 사실이 있는지 또다시 물어보았을 때 어떤 기분이 들었는지(혼란스러웠다가 즐거워졌다)는 생생히 기억난다. 이처럼 구체적이고 맥락이 풍부한 서술 기억을 **일화 기억**episodic memory이라고 한다.

의식의 관점에서 보면 일화 기억은 원래 경험했던 시공간으로 돌아가는 정신적인 시간 여행과도 같다. 그 경험은 기수의 1인칭 시점으로 보는 것이다. 마치 가장 좋아하는 드라마—예컨대 「나의 인생 이야기들」이라는 제목의 드라마—가 녹화된 영상집과도 같다.* 그것을 다시 보려면 "첫 키스", "해파리 질문", "계단 세발자전거 사고" 등의 기억하기 쉬운 제목이 달린 파일을 클릭하면 된다.

마치 인생의 갈림길이 나타날 때마다 기수가 안장에 보관된 서술 기억을 뒤져서 다음 행동에 필요한 정보를 찾아낸다고 생각하면 된다. 의미 기억을 검색해보면 현실에서 마주치는 상황과 일치하는 규칙을 찾을 수 있다. 이것은 무엇에 쓰는 것일까? 이것을 먹으면 혈당 수치가 오를까? 앞으로 일어날 일에 힌트를 주는 것일까? 한편, 기수는 일화 데이터베이스에서 비슷한 사건의 기억을 열람할 수 있다. 전에 한번 와본 곳인가? 아니면 내가 전에 이런 일을 해보았나? 만약 그렇다면, 그때 경험을 이 상

---

* 물론 실제 일화 기억에는 감촉, 냄새, 감정에 관한 정보가 담겨 있고, 그런 것들은 영상으로 표현되지 않는다. 그런 정보도 포함하여 기억을 외부에서 녹화할 수 있는 기술이 개발된다면 어떨까?

황에 어떻게 적용할 수 있을까? 그러나 과거에 배운 내용이 다음 행동을 결정하는 데에 도움이 되기 위해서는 방대한 신경 데이터베이스에서 적절한 정보를 찾을 수 있어야 한다. 다음 절에서 이 과제를 어떻게 달성할 수 있는지, 실패하면 어떻게 되는지 알아보자.

정보 입출력 : 기억 코딩과 두뇌 열람

이제 여정의 다음 단계로 넘어왔다. 여기에서는 말안장을 뒤져서 다음 행동을 결정하는 데에 도움이 되는 정보를 건져내야 한다. 그러나 어떤 사람의 이름이나 좋아하는 식당, 노래 제목을 떠올리려고 애쓸 때, 거의 입밖에 나올까 말까 하는데도 끝내 기억나지 않는 순간을 누구나 경험한 적이 있을 것이다. 그럴 때는 과연 무슨 일이 일어나는 것일까? 마치 말안장 밑에 손을 집어넣어 물건에 손가락이 닿을락 말락 하는데도 끝내 손에 잡히지 않는 것과 같다. 할머니가 이름이 M 자로 시작하는 어떤 사람의 이야기를 들려주면서 "이 파일 캐비닛이 틀림없어"라고 하시던 말씀이 기억난다. 두뇌에 담긴 물건의 위치를 기억할 때에는 단어의 **발음**을 아는 것이 중요하다는 사실을 할머니는 본능적으로 알고 있었다는 뜻이다. 좋은 소식은 이렇게 "혀끝에 단어가 걸린" 순간을 거의 누구나 경험한다는 것이다.[8] 그것은 기억을 열람하는 과정에서 일어나는 아주 정상적인* 부수 현상이다. 나쁜 소식은 나이를 먹을수록, 그리고 스트레스를 받을수

---

* 물론 어떤 일이나 그렇듯이 모든 현상에는 정상(혹은 비정상)으로 간주되는 범위가 있다. 혀끝에 단어가 걸리는 현상이 주로 고유명사와 관련된다는 점에 주목할 필요가 있다. 커피 잔이나 리모컨 같은 일상용품에는 이런 현상이 없다. 일반명사까지 기억나지 않는 현상은 역시 노화와 관련된 치매의 한 형태로 보아야 한다.

록 점점 더 심해진다는 것이다.[9] 그리고 이런 일들로 "고통스러웠다면" 기억을 떠올리는 것 자체가 전투의 반에 해당한다는 사실을 체험해보았다는 뜻이다.

그렇다면 이런 혀끝 현상은 기억의 구성 방식에 대해서 무엇을 말해주는가? 제5장 "적응"에서 경험이 두뇌를 바꾼다는 것을 설명하기 위해, 해변을 거닐면 수백만 개의 "모래알" 위치가 조금씩 바뀐다는 비유를 들었다. 이 비유가 시사하는 생물학적 진실이 있다. 처음에는 모든 기억이 "어느 정도" 같아 보인다는 점이다.* 의미 기억과 일화 기억은 모두 뉴런들 사이의 연결 고리가 끊임없이 변화하면서 만들어낸 구성품이다.

그러나 이런 기억을 마음에 떠올리려면 두뇌가 원래 경험과 관련된 수많은 뉴런 활동을 재구성해야 한다(여기에는 근사치가 많이 포함된다). 우선, 우리는 지나온 발자취를 돌아보는 것만으로도 기억을 꽤 충실하게 복원할 수 있다. 그 말은 곧, 나에게 과거 언젠가 조지 워싱턴에 관해 배우던 일화 기억이 있을 수도 있다는 뜻이다. 예를 들어 어린 시절 퍼시 삼촌을 찾아뵐 때마다 그분은 나에게 1달러를 주시고는 했다.** 나는 1달러 지폐에 인쇄된 인물이 조지 워싱턴이며, 그가 초대 대통령이었다는 설명을 분명히 긍정적으로 받아들였을 것이다. 물론 당시에는 대통령이 무엇인지도 몰랐지만 말이다. 그러나 그 기억은 내가 1달러 지폐를 볼 때마다 희미하게나마 두뇌를 자극했을 것이다. 그러다가 초등학교에 들어가서 조지 워싱턴이 어떤 사람이며 미국 역사에 어떤 역할을 했는지 본격적

---

* "어느 정도"라는 표현은 우리의 각 정신적 경험이 두뇌 전체에 분포된 뉴런의 동기화된 발신 패턴과 일치한다는 뜻이다. 그 연결망은 생각의 속성이나 주의력의 강도에 따라 달라진다. 그러나 간단히 말하면, 사과와 오렌지만큼이나 다르다.

** 나는 그 돈을 저축해서 말을 사겠다고 삼촌에게 말했고, 결국 30년이 지난 후에야 목표를 달성했다.

으로 배웠을 것이다. 그러나 세월의 바람이 이런 사건을 쓸어가고 새로운 기억의 도로가 원래 경로를 덮으면서 구체적인 내용은 흐릿해졌다. 이제 나에게 남은 것은 조지 워싱턴과 관련된 중첩된 "발자국"에서 건져낸 한 조각의 지식뿐이다.

이 과정을 더욱 자세히 이해하기 위해서 학습과 신경 네트워크의 원리를 길 찾기라는 맥락에서 다시 생각해보자. 먼저 주목해야 할 점은 우리 의식에서 일어나는 정신적 경험이 두뇌 전체에 걸쳐 동기화된 뉴런 신호에 해당하며, 그 신호 하나하나가 모두 경험의 특정 측면을 처리하는 일을 담당한다는 사실이다. 예컨대 앞에서 소개했던 가상의 고혈당 진단 상황에서, 우뇌 후방의* 뉴런 집단은 의사의 얼굴에 집중하여 찾아낸 정보를 관자-마루엽에 보내 그 표정으로 의사의 생각을 거꾸로 읽어내려고 한다.** 한편, 좌뇌 관자엽은 의사가 말하는 단어를 분석하여 그 의미를 파악하려고 한다. 이 외에도 두려움을 느낄 때에 작동하는 편도체 등 아직 언급하지 않은 영역이 많이 남아 있다.

제5장 "적응"에서 헵의 학습을 통해 "동시에 활성화되는 뉴런은 서로 연결된다"는 사실을 알 수 있다고 했던 말이 기억날 것이다. 그 결과, 우리가 의사의 진단을 받은 기억은 이 경험을 둘러싼 신경작용의 다양한 연결 고리를 강화한다. 그렇게 되면 그중 일부가 다시 활성화될 때—의사의 얼굴을 다시 보거나 "설사"라는 단어를 듣는 순간—나머지 뉴런도 함께 활성화되어 그 기억이 자동으로 떠오르는 "촉진제"가 된다. 두뇌의 이런 활동을 생각할 때마다 나보다 인내심이 강한 사람들이 보여주는 복잡

---

* 편측성의 전형적인 패턴을 생각해보라.
** 제8장 "관계"에서 이런 사회적 처리 과정의 중요성을 살펴본다.

한 도미노 모양이 떠오른다. 누군가가 첫 번째 블록을 무너뜨리면 다른 블록이 연쇄적으로 무너지고, 그 결과 어느새 탁자에 정교한 그림을 만들어낸다.* 뉴런 2개가 함께 활성화되는 것은 탁자 위에 2개의 블록을 더 가까이 붙여놓는 것과 같다. 이것을 800억 개의 도미노 수준으로 확대하면 두뇌의 기억 열람 과정을 묘사하는 훌륭한 모형이 될 수 있다.

물론 두뇌가 기억을 형성하고 열람하는 과정은 이보다 훨씬 더 복잡하다. 제2장 "칵테일 기술"과 제3장 "동기화"에서 두뇌 구조를 설명할 때에 소개했던 "시끄러운" 통신 환경을 기억할 것이다. 그때 언급하지 않았던 내용이 있는데, 두뇌에 있는 이런 소음으로 인해서 뉴런이 외부 자극이 없어도 무작위로 신호를 보낼 때가 있다는 것이다. 마치 탁자 위에 쥐가 돌아다니며 도미노를 아무렇게나 건드리고 엉뚱한 곳에 옮겨놓는 상황과 비슷하다. 게다가 두뇌 속의 도미노는 수천 개의 다른 도미노와 연결되어 있다.

더구나 뉴런 간의 연결 강도, 즉 도미노들 사이의 거리는 뉴런이 다른 경험을 할 때마다 계속 바뀐다. 이런 기억 조정은 퇴락과 간섭이라는 두 과정으로 이루어진다. 동시에 활성화되고 연결된 두 뉴런이 다시 함께 신호를 발신하지 않는 경우, 그들 사이의 연결 고리가 약해지면서 퇴락에 의한 망각이 일어날 때가 있다. 이런 효과는 도미노 줄에서 블록을 빼놓는 것과 같다. 줄에서 빠진 도미노가 몇 개인지, 그리고 인접한 도미노 사이의 거리가 얼마나 먼지에 따라 기억의 흔적이 희미해지느냐, 완전히 사라지느냐가 결정된다. 그리고 이것이 바로 "혀끝에 단어가 걸린" 현상의

---

* 두뇌가 얼마나 복잡한지 근사치로 계산한 재미있는 자료가 있다.[10] "100만 개의 도미노가 무너졌는데 '이상하게 보기 좋다'"라는 유튜브 영상(Hevesh5 채널)을 검색해보라.

원인이 되기도 한다. 이는 마치 두뇌가 "M" 도미노를 능숙하게 무너뜨렸지만, 무너지는 도중에 과정이 끊겨 나머지 모양이 드러나지 못한 것과 같다.

그러나 간섭이란 동시에 활성화된 두 뉴런 중에 하나가 다른 누군가의 뉴런과도 함께 활성화되고 연결될 때 발생하는 현상이다. 이것은 마치 무너지면 다른 결과가 나오는 두 개의 도미노 줄을 나란히 옆에 세워둔 것과 같다. 이런 일이 일어나는 빈도와 무너지는 흐름이 얼마나 정교한가에 따라 새 기억에서 이전 패턴을 더 이상 찾아볼 수 없을 때도 있다. 이것이 현실에서 완벽하게 드러나는 사례를 보자. 예를 들어 마트 주차장처럼 자주 주차하는 곳에서 자동차를 어디에 주차해두었는지 기억나지 않는 경우이다. 수십 번 같은 곳에 주차하다가 딱 한 번만 다른 자리로 옮겨도 그 사건에 해당하는 패턴을 읽어내기가 정말 어려울 수 있다!

이런 퇴락과 간섭 과정이 함께 작용하여 기억이 형성된다. 아울러 일화 기억과 의미 기억은 둘 다 이 과정에 따라 변화하지만, 그중에서도 일화 기억이 더 취약하다. 마트에서 주차하는 것과 같은 일상의 여러 순간은 서로 겹치는 내용이 많으므로 일화 기억이 간섭의 영향에 쉽게 노출되기 때문이다. 주차 장소나 목요일에 입었던 옷과 같은 특정 사건을 기억하려면 그와 관련된 사람과 사물, 행동을 구체적인 장소와 시간과 관련지을 수 있어야 한다.

여기에 바로 의미 기억과 일화 기억의 가장 큰 차이점이 있다. 인생의 여러 사건들 중에서 특정 일화를 구분하는 것과 같은, 구체적인 맥락에서 신경 활동의 패턴을 재현하는 능력에는 해마라는 두뇌의 아주 특수한 영역이 필요하다.[11] "서론"에서 런던의 택시 운전사들이 수만 개에 달하는 거리를 외우는 과정에서 이 영역의 모양이 달라졌다고 설명한 것을 기억할 것이다.* 인간을 비롯한 척추동물의 두뇌에서 공간 탐색을 지원하는 영역이 여러분의 1인칭 시점이 보관된 기억을 암호화하고 열람하는 데에도 중요하게 작용하는 것은 우연이 아니다.[12] 구글맵이 발명되기 전까지 오랜 세월에 걸쳐 진화해오는 동안, 인간은 스스로 세상을 돌아다니면서 주변 공간이 어떻게 바뀌는지를 기억하여 A 지점에서 B 지점까지 도착하는 법을 배우면서 공간에서 길을 찾는 법을 습득했다.

해마에 존재하는 뉴런, 즉 장소 세포는 그 이름에 걸맞게 특정 환경에서 내가 있는 위치를 추적하는, 길 찾기에서 가장 결정적인 역할을 담당한다.[13] 그러나 해마가 기억에서 차지하는 역할에 관한 최신 이론에 따르면 이 장소 세포는 경험을 근거로 의미 지도meaning map를 제작하는, 더 폭넓은 작업에 관여하는지도 모른다.[14] 그 과정을 한마디로 설명하면 이렇다. 사람들(일부 동물도 포함된다)은 어떤 공간을 돌아다니면서 습득한 개별 경험을 "하나하나 이어" 마음속에 지도를 제작한다. 사람들은 그 과정에서 자기중심적인 관점에서 벗어나 모든 사물이 대등한 위치에서 관계를 맺는 객관적인 위치로 옮겨갈 수 있다. 즉 타인 중심 관점으로 세상을 볼 수 있다. 만약 여러분이 한밤중에 집안의 가구와 부딪치지 않은 채 방에서 욕실까지 다녀왔다면 머릿속에 그 공간에 대한 꽤 정확한 지도가 들어 있는 셈이다.**

나는 여기에서 더 흥미로운 점을 발견했다. 런던의 택시 운전사들이 경험을 바탕으로 주요 건물의 상대적 위치를 머릿속에 지도로 그렸듯이, 여

---

* 기억나지 않는 것이 오히려 정상이다. 벌써 읽은 지 오래된 사소한 장면일 뿐이다. 이 책을 읽으며 새로운 정보를 이미 많이 접하기도 했다!

** 그러나 이 경로를 자주 오가다 보면 두뇌의 말이 절차 기억을 사용하여 길을 찾을 수도 있다. 내가 반쯤 잠이 깬 상태로 욕실까지 갔다 오는 것을 보면 최소한 나는 그런 것 같다.

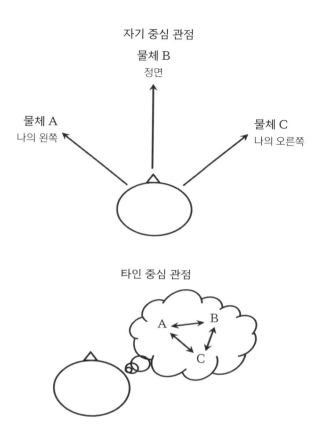

러분도 사람과 장소, 사건을 경험하면서 그들의 관계 지도가 두뇌에 형성된다는 것이다.

게임을 통해서 더 자세히 알아보자. 아래에 제시한 몇 가지 단어를 보고 가장 먼저 떠오르는 단어가 무엇인지 말해보라.

개, _____,   소금, _____,   의사, _____,   커피, _____

6,000명이 넘는 영어 사용자를 상대로 이것과 비슷한 "자유연상" 검사

를 해본 결과에 따르면, 여러분은 고양이(67퍼센트), 후추(70퍼센트), 간호사(38퍼센트), 그리고 차(44퍼센트)라고 답할 확률이 높다.[15]

한 단어가 이렇게 많은 사람에게 똑같은 반응을 불러일으켰다는 사실은 무엇을 의미할까? 혹은 여러분의 답이 위의 예와 달랐다면 그것이 여러분의 두뇌에 관해 시사하는 바가 더 흥미로울지도 모른다. 요컨대 여러분이 이 테스트를 재미 삼아—가장 먼저 떠오르는 단어가 아니라 좀더 창의성을 발휘하는—대하지 않는 한, 가장 먼저 떠오른 단어는 두뇌의 의미 영역에서 위의 단어와 가장 가까운 것일 확률이 높다.* 개와 고양이, 소금과 후추, 의사와 간호사, 커피와 차가 왜 가까운 사이인지 조금만 더 생각해보면 한 가지가 떠오를 것이다. 과거에 그 둘을 비슷한 상황이나 맥락에서 접했다는 사실이다. 두 가지가 함께할 때도 있다. 소금과 후추는 식탁에서, 의사와 간호사는 병원에서 같이 보았다. 둘 중 하나만 있는 환경도 물론 있다. 고양이나 개 중에 하나만 반려동물로 기를 수도 있고, 아침에 커피나 차 중에 한쪽만 마시는 사람도 있다. 그러나 이것들의 기능은 대체로 비슷하다. 그들이 의미 영역에 같이 저장되어 있다면, 「나의 인생 이야기들」에서 차지하는 위치는 대략 같다고 보면 된다.

그러나 차란 랑가나스와 모린 리치가 제안한 기억 모형에 따르면 해마가 형성하는 지도에는 완전히 다른 유형들이 존재하고, 이런 다양한 지도들은 해마와 다른 두뇌 영역 사이의 연결 고리에 따라 그 구성 방식이 달라진다.[16] 랑가나스와 리치는 기억에 관한 리뷰 논문에서 해마의 각 부분의 주도로 기억 기반 행동을 안내하는 두 가지 방식을 설명한다. 하나는 익숙한 인물과 사물, 그들의 특징, 그리고 그들 사이의 관계를 지도로 구

---

* 다음 절에서 이런 영역들의 구조적 차이를 조금 더 자세히 살펴본다.

성하는 방식이고, 다른 하나는 시나리오와 맥락을 이해하는 방식이다. 여기에는 공간적 위치(집에서 일어나는 일 등), 시간적 위치(아침에 일어나는 일 등), 그리고 이 둘의 조합에 따른 복잡한 사건 구조(아침에 집에서 일어나는 일과 저녁에 집에서 일어나는 일의 관계 등)가 포함된다. 최근 플라덴소머즈 연구진의 실험에서 사람들이 의미 지식이나 공간 지식에 관한 정보를 기억하는 능력은 해마와 나머지 두뇌 영역의 연결 패턴과 관련이 있다는 사실이 밝혀진 것도 이런 개념과 일치한다.[17]

소머즈 연구진은 첫 번째 단계로, 어떠한 과제도 부여받지 않은 136명의 두뇌를 MRI로 촬영하여 해마와 나머지 두뇌 영역의 연결 패턴을 추정했다. 그런데 그들은 우리처럼 두뇌의 신호 주파수를 EEG 데이터로 측정한 것이 아니라, 피험자들이 좁은 원통에서 공상에 빠져 있는 동안 두뇌 각 영역이 보이는 활성화의 정도를 측정했다. 좌뇌와 우뇌의 각 영역이 보여주는 활성화 정도가 그들의 동기화 정도를 나타내며, 이것은 그 활성화의 과정들이 다양한 상황에서 얼마나 서로 연결되는지와 관련이 있다고 가정한 것이었다. 그들은 또 이런 연결 패턴과 MRI 스캐너 밖에서 작동하는 기억력 검사 결과를 서로 관련지어 분석했다.

그들이 보고한 가장 놀라운 발견들* 중의 하나는 어떤 "일"을 잘 기억하는 사람과 "장소"를 잘 기억하는 사람을 뚜렷하게 구별해주는 두뇌의 연결 패턴이었다. 그 패턴은 편측성, 즉 좌뇌와 우뇌의 해마와 좌뇌 관자-마루엽이 교차하는 영역 사이의 연결성과 관련이 있었다. 후자는 단어의 의미를 떠올리는 기능과 관련이 있다. 특히 그들은 이 좌뇌 관자-마

---

* 논문의 저자들은 해마 연결과 기억 사이에 몇 가지 관계가 존재한다고 보고했지만, 여기에서는 지면상의 이유로 범위를 좁혔다.

루엽과 좌뇌 해마의 연결이 우뇌 해마와의 연결보다 강한 사람일수록 의미 기억 과제를 더 잘 해낸다는 사실을 발견했다. 그러나 이런 패턴은 공간 기억을 측정하는 과제에서는 좋은 점수를 올리지 못했다. 그리고 그 반대의 경우도 마찬가지였다. 우측 해마와 좌뇌 관자-마루엽 교차지점의 연결이 더 강한 사람은 공간 기억 과제는 잘 해냈으나 의미 기억 과제는 그렇지 못했다. 이런 발견은 두뇌 내에서 위치를 기억하는 능력과 정체를 기억하는 능력* 사이에 어느 정도 경쟁이 펼쳐진다는 사실을 시사한다. 이런 현상은 두뇌의 기수가 검색할 때 각 유형의 기억에 관한 **활동** 패턴을 회복하려는 해마의 역할과 관련될 수 있다.

물론 이것이 흥미로운 사실이기는 하지만, 이 절을 시작하면서 제기했던 문제는 여전히 해결되지 않았다. 사람이나 장소의 **이름**을 기억하기가 왜 그렇게 어려울까? 그 해답은 여러 가지 일을 기억에 저장하는 것과 다시 꺼내는 것 사이의 연결 고리와 관련이 있다. 쉽게 말해 혀끝에 단어가 걸리는 현상의 뿌리에 해당하는 고유명사가 기억 공간의 림보 상태, 즉 일화 기억과 의미 기억 사이의 어딘가에 머물러 있기 때문이다. 사실 우리가 재스민, 링고, 시애틀, 트와일라잇 엑시트 등의 구체적인 고유명사를 접하는 빈도는 딸, 개, 도시, 술집 같은 일반명사를 대하는 것보다 훨씬 낮다. 따라서 평소에 우리가 익숙하게 보던 것이 아닌 한, 이런 명사와

---

*   안드레아와 나는 정확히 이 범주에 속한다. 나는 식별 기억에 대단히 강하다. 어휘력이 풍부하고, 특히 사람 얼굴을 기억하는 데에 뛰어나다(그런데 이름을 기억하는 데에는 완전히 낙제이다). 가끔 TV 드라마를 보다가 10여 년 전에 보았던 쇼에 조연으로 나온 배우를 알아본 적도 있다. 반면 안드레아는 시간과 장소에 대한 기억이 뛰어나다. 내가 그에게 "혹시 내 안경 어디 있는지 봤어?"라고 물어보면, 그는 시각 기억을 훑어본 뒤 아주 희한한 자리에 놓여 있던 일도 어떻게든 기억해내고는 한다. "혹시 우리 예금 계좌 개설했던 때가 언제였지?"라고 물어보면(그의 놀라운 능력을 알고 있기 때문이다), 곧바로 "응, 2007년 4월이나 5월쯤이었을걸" 하고 대답한다.

그것이 지칭하는 대상을 연결하는 경로는 잘 닦이지 않는다. 그래서 찾기가 힘든 것이다. 여기에 간섭이라는 문제도 작용한다. 데이터베이스에 저장된 지도에 얼마나 많은 이름과 얼굴이 함께 기록되어 있는가? 여러분이 아는 캐런은 몇 명인가? 게다가 고유명사는 상당히 자의적이다. 사과와 오렌지는 분명한 공통점이 있고 같은 맥락에 등장하지만, 캐런과 세라의 얼굴을 구별하는 두뇌의 관점은 훨씬 더 불분명하다.* 이런 요소를 모두 종합하면 고유명사에 해당하는 패턴은 부분적으로만 열람할 수 있다는 사실이 충분히 이해된다. 다음 절에서는 좀더 떠올리기 쉬운 기억으로 관심을 돌려, 여러 사건과 우리 사이의 일관된 관계를 바탕으로 두뇌가 만들어내는 지도에 대해서 살펴보자.

인지신경과학 : 두뇌의 의미 지도

지난 15년 동안 마르셀 저스트 연구진이 진행해온 "마음 읽기" 실험은 두뇌가 우리의 삶을 안내하기 위해서 사용하는 의미 지도의 **구조**에 대한 이해를 크게 증진시켜주었다. 내가 처음으로 카네기멜론 대학교에 가서 저스트 교수를 사사하던 2005년 6월경에는 이 놀라운 연구 분야가 막 도약하고 있었다. 저스트 교수는 컴퓨터과학자 톰 미첼, 나의 친구 스베틀라나 신카레바와 롭 메이슨, 그리고 일단의 뛰어난 과학자와 공동으로 인간 사고의 **물리적 구조**를 탐구할 채비를 갖추고 있었다. 나는 비록 이 연구에 직접 참여하지는 않았지만, 같은 연구실에 있는 것만으로도 이 작업이 얼마나 복잡한 것인지 충분히 이해할 수 있었다.

---

* 물어볼 관리자가 없는 한……

두뇌의 특정 영역이 연구의 대상으로 삼은 정신 기능에 관여하는지를 알아보기 위해서 일반적인 fMRI 데이터 분석을 한다는 것이 핵심이다. 예컨대 X라는 기능의 신경적 기초를 이해하려면, A라는 두뇌 영역의 활동 패턴을 조사하여 X 기능이 발현될 때 그곳에서 더 활발한 움직임을 일관적으로 보이는지를 확인하면 된다(이상적으로는 잘 통제된 Y 기능과 비교하여 검증한다). 그런 다음 두뇌 영역 B, C, D 등에 대해서 같은 과정을 각각 반복한다. 이 과정이 모두 끝나면 Y 기능보다 X 기능이 더 활발한 영역의 지도를 만들 수 있다. 두 기능의 차이에 따라 각 두뇌 영역이 어떤 일을 하는지 추론할 수 있다. 예를 들어 어떤 두뇌 영역이 무의미한 단어인 "블리킷blicket"보다 실제 단어인 "드릴drill"을 읽을 때 더 관여한다면, 그 영역은 언어를 통한 의미 정보 열람 과정에 관여할 가능성이 높다.*

여기에서 어려운 점은 이런 분석이 망치와 드릴의 차이처럼 의미 지식의 구조와 관련된 미묘한 차이를 감지할 정도로 민감하지는 않다는 것이다. 그 이유는 우리가 이런 방법으로 조사하는 두뇌의 크기에서 찾을 수 있다. 기능적 신경 영상 기술을 사용하는 연구에서는 현실적인 이유로 두뇌를 최소 1밀리미터 크기의 정육면체 영역으로 나눈다. 대략 잘 깎아놓은 연필심의 끝과 같은 크기이다. 이 정도면 충분히 작은 것 같지만, 이 영역 하나당 기록되는 신호는 대략 50만 개 이상의 뉴런이 활성화되어 일어난 결과이다. 마치 동네에서 수십만 명의 이웃이 떠드는 목소리를 듣는 것과 같다. 전통적인 연구 방법에서라면 동네의 전체 목소리가 더 커지는지 아닌지만 분석하면 된다. 그러나 이런 "신경 의미론적" 연구에서는 그

---

* 물론 피험자에게 단어와 비단어에 대해서 어떻게 하라는 지시 자체도 두뇌가 고려하는 내용에 영향을 미친다. 그러나 여기에서는 그런 변수를 무시하기로 한다.

들의 대화 주제가 언제 바뀌는지를 알아내는 것이 목표이다. 한동네에 사는 개별 뉴런들은 망치와 드릴이라는 소리에 각각 다르게 반응하겠지만, 반응하는 뉴런의 수가 완전히 달라지면 전통적인 분석으로는 변화를 감지해낼 수 없다.

이 문제를 해결하는 데에는 의미 지식이 동네 한 군데에만 있지 않음을 아는 것이 핵심이다. A라는 동네에 사는 여러 뉴런 집단이 "드릴"과 "망치"라는 단어에 다르게 반응하는지 알아보려면, 그들이 말하는 다른 대상이 있는지 파악하면 된다. 다시 말해, 피험자가 보는 단어가 드릴인지 망치인지에 따라 동네 B, C, D 등의 활성화가 변화하는지 확인할 방법이 필요하다. 2001년에 제임스 핵스비 연구진이 개발한 다중화소 패턴 분석 MVPA 기법이 바로 여기에 해당한다.[18] 저스트 교수와 동료들은 이 방법으로 인간의 두뇌가 의미를 지도화하는 방식을 연구하기 시작했다.

최초로 신경 의미론 연구에 나선 연구진들 중에서 피험자에게 10개의 서로 다른 선묘화를 보여준 연구진—스베틀라나 신카레바 연구진—이 있었다.[19] 10개의 그림 중 5개는 공구(망치, 드릴, 스크루드라이버, 펜치, 톱)였고, 나머지 5개는 주거 수단(주택, 아파트, 성, 헛간, 이글루)이었다. 연구진은 피험자들이 각 그림과 관련된 지식 연결망을 계속해서 활성화할 수 있도록 그림을 보여주고, 각각의 특징을 생각해보라고 했다. 그림의 물체를 만지거나 손에 쥐면 어떤 느낌일까? 용도는 무엇일까? 그런 물건을 볼 수 있는 곳은 어디일까? 그런 다음 영상 장비를 통해서 피험자들에게 각 이미지를 여섯 번씩 다양한 순서로 보여주면서 그들의 두뇌 활동 패턴을 기록했다.

연구진은 사람들의 분산된 두뇌 활동 패턴을 기초로 어떤 사람이 무엇을 생각하고 있는지 알아내고자 했다. 만약 그들이 정확한 이미지를 감지할 수 없다면, 최소한 그 사람이 공구나 주거 수단을 생각하고 있는지는 알아낼 수 있을까? 신카레바 연구진은 피험자의 두뇌 활성화를 근거로 그들의 "마음을 읽기" 위해서 신경과학적 방법과 컴퓨터과학의 수단을 결합했다. 연구진은 **기계 학습**machine learning—인간처럼 사례를 통해서 배우는 컴퓨터 알고리즘의 이름—이라는 기법을 통해서 두뇌 데이터의 패턴을 "분류기"라는 컴퓨터 알고리즘에 입력했다. 분류기는 입력 데이터의 문자열이 어떤 집단, 즉 "클래스"에 속하는지 식별하는 법을 배웠다. 예를 들면 컴퓨터는 어떤 사람이 망치 이미지를 볼 때 100개의 두뇌 영역에서 활성화되는 양에 해당하는 100개의 값을 "망치"라는 꼬리표와 함께 받는다. 그다음에 드릴 이미지를 볼 때는 같은 100개 영역의 활성화에 해당하는 100개의 값을 받고, "드릴"이라는 꼬리표가 붙는다. 학습의 규모가 점점 커지면서 분류기는 각 이미지와 관련된 100개의 값* 전체의 활동 패턴을 식별하는 법을 배웠다. 학습은 매우 성공적으로 진행되었다. 10개의 그림을 각각 다섯 번씩 보여준 것에 해당하는 두뇌 활동 패턴을 포함, 총 50개의 데이터 집합을 분류기에 입력한 뒤, 이전에 보여준 적이 없는 문자열을 제공하여 그것이 무엇인지 말해보라고 했다. 가장 우수한 피험자의 경우, 94퍼센트의 정확도로 그들이 생각하는 정확한 항목을 추측할 수 있었다. 가장 저조한 피험자에 대해서는 정확도가 60퍼센트였다. 피험자들 간의 이런 차이가 무엇을 의미하는지는 곧 다시 이야기할 것이다.

신카레바 연구진은 누군가가 무엇을 생각하는지 그 **사람**의 두뇌 데이터를 바탕으로 감지할 수 없을 때, 한 걸음 더 나아가서 분류기에 **다른 사람**의 두뇌 활동을 학습시키면 그 사람의 생각을 예측할 수 있다는 것을 보

---

* 이 숫자는 단지 예에 불과하다. 실제 두뇌 영역의 수는 분석 방법에 따라 달라진다.

여주었다! 지금까지 이 책에서 배운 내용에 비추어볼 때, 여러분은 이 분류기의 성과가 썩 훌륭하지는 않았으리라고 짐작했을 것이다.* 그럴 수밖에 없는 것이, 사람들은 드릴과 망치에 대한 경험이 저마다 다르므로 그들의 데이터를 학습한 분류기는 그 독특한 관점에 대한 정보를 더 확보하게 되기 때문이다. 그러나 이런 차이에도 불구하고 사람들 사이의 접근 방식이 모든 피험자에게 효과가 있었다는 사실은 놀랄 만한 일이다. 사실 신카레바 연구진은 다른 사람의 데이터를 근거로 75퍼센트의 피험자의 생각을 예측할 수 있었다. 물론 이것은 다른 25퍼센트의 피험자는 무엇이 달랐는가, 하는 질문을 낳는다. 종합하면 이 연구는, 의미 정보를 두뇌에 지도화하는 방식에 사람마다 공통점과 차이점이 모두 존재한다는 것을 보여준다.

이 획기적인 연구가 나온 이후, 저스트를 비롯한 공동 연구자들은 인간의 마음이 의미를 지도화하는 방식을 10여 차례에 걸쳐 조사했다. 그중 하나는 공구와 주거 수단이라는 조합에 음식, 동물, 차량 등의 범주를 더해 총 60개의 구체적인 물체에 대한 두뇌 활동 패턴을 살펴보는 것이었다.[20] 그런 다음 활동 패턴의 유사성을 근거로 물체를 분류한 뒤, 두뇌는 세 가지 주요 조직 주제를 중심으로 사물에 대한 지식을 표현한다고 추론했다. 첫째, 먹을 수 있거나 먹는 것과 관련이 있는가?** 둘째, 손에 쥐거나 손으로 조작할 수 있는가? 셋째, 그 속에 들어갈 수 있거나 주거용으로 사용할 수 있는가?

---

* 최고의 분류기가 보여준 성적은 80퍼센트의 정확도였다. 그러나 피험자가 두 명이 되자, 분류기는 자기보다는 다른 사람의 데이터를 사용할 때 더 정확하게 예측했다!

** 주방 도구(컵)와 피험자들의 문화에서 주로 식용으로 분류하는 동물(소)은 식용 물체(당근)와 비슷한 패턴을 보인다. 주방 도구가 아닌 물체나 먹지 않는 동물보다 말이다.

이런 조직 원리는 의미 지식이 일화 기억의 공통점으로부터 나온다는 점을 생각하면 타당해 보인다. 이 원리는 또 **여러분의 두뇌 활동 패턴을** 이용해 내가 무엇을 생각하는지 알아맞힐 수 있는 이유도 설명한다. 셀러리에 대한 여러분과 나의 경험은 비록 다를 수도 있지만, 둘 다 그것을 요리 또는 먹는 행동과 관련지어 생각할 가능성은 매우 높다. 한 발 더 나아가, 우리 둘 다 셀러리를 연필 쥐듯이 쥐지도 않고, 빵에 얹어 먹지도 않을 것이라고 확신한다.* 그렇다면 그들의 데이터로든 다른 사람의 데이터로든, 생각을 분류하기 힘든 사람에 대해서는 어떻게 말할 수 있을까?

한 가지 주목할 점이 있다. 분류기가 여러 생각을 구분하는 능력은 어떤 사람의 마음속에 존재하는 신경 표상이 얼마나 **뚜렷하게 구분되는가**와 관련이 있다.** 그리고 이런 구분에 영향을 미치는 요소는 구분하려는 사물에 대한 개인의 경험이다. 예컨대 우리 경험에 비추어보면, 나의 머릿속에서 커피와 차라는 개념은 둘 다 마시지 않는 사람의 두뇌에서보다 더 뚜렷하게 구분될 것이 틀림없다. **그들이** 보기에는 둘 다 카페인이 들어 있고, 언제든 바꾸어 마실 수 있으며, 손잡이가 달린 컵에 담아서 마시는 음료이지만, **내가** 보기에는 이탈리아와 영국, 아침과 오후, 뜨거운 것과 찬 것, 그리고 건강한 것과 그렇지 않은 것으로 확연히 구분된다. 그렇다면 분류기는 커피나 차 중에 무엇을 생각하는지에 관한 한 가상의 "카페인 음료를 마시지 않는 사람"의 두뇌 데이터보다는 나의 생각을 근거로 판단할 확률이 높다고 생각할 수 있다. 나아가 "차"는 내가 "커피"***라는 단어

---

* 그러나 여러분이 이렇게 이상하게 행동한다면 우리는 분명히 친구가 될 수 있다.
** 그 신호가 얼마나 시끄러운지, 즉 측정치가 얼마나 가변적인지와도 관련이 있다. 그러나 여기에서는 논외로 한다.
*** 나는 오히려 "커피"라는 단어에서 "카페인"을 떠올리는 8퍼센트에 속하는 사람이다.

를 보고 맨 처음 떠올리는 단어가 아니라고 예측할 것이다. 여러분의 경험이 여러분이 생각해낸 연상작용을 끌어낸 과정을 거꾸로 알아맞힐 수 있는가?*

제5장 "적응"에서 우리의 경험이 다른 사람들을 의미론적으로 유사하게 판단하는 데에 심각하게 영향을 미칠 수 있음을 설명한 적이 있다. 흑인의 얼굴과 무기를 같은 맥락에서 판단하는 것이 대표적인 예이다. 2017년에 마르셀 저스트 연구진이 발표한 연구는 우리의 경험이 의미를 지도화하는 데에 섬뜩한 영향을 미친다는 사실을 보여주었다.[21] 피험자들 중에는 자살을 생각해본 적이 있는 사람과 그렇지 않은 사람이 있었다.** 이번에 연구진은 분류기가 그들의 두뇌가 단어에 반응하여 만들어낸 활동 패턴을 근거로 그 생각의 **주체**가 누구인지 판단하는 법을 배울 수 있는지 확인하고자 했다. 그러나 이번에는 피험자들에게 공구나 주거 수단, 또는 다른 물체를 보여준 것이 아니라, 부정적이거나(죽음, 절망, 절박 등) 긍정적인 내용(행복, 걱정 없는, 친절함 등)의 좀더 추상적인 개념을 생각하라고 했다. 놀랍게도 분류기는 이런 개념이 만들어낸 두뇌 활동 패턴을 근거로, 그런 생각을 한 사람이 자살할 생각을 품었던 집단에 속했는지, 건전한 집단에 속했는지를 91퍼센트의 정확도로 알아맞혔다. 두 집단의 활동 패턴은 대단히 부정적인 단어와 긍정적인 단어 **모두**에 대해서 뚜렷한 차이를 드러냈다. 가장 큰 차이를 보였을 때는 그들이 죽음, 잔인함, 곤란, 걱정 없는, 좋음, 칭찬 등의 단어에 관해 생각할 때였다.

---

* 주의 : 만약 그럴 수 있다면, 여러분은 두뇌의 기수를 말이 주도하는 과정을 추측하는 데에 사용하고 있는 셈이다.

** 현재 정신 건강에 문제가 없고 과거에 자살을 생각한 적이 없다는 진단 결과에 따라서 선발되었다.

이 실험에서 많은 사실을 알 수 있다. 객관적이고 과학적인 관점으로 보면, 우리가 경험을 통해서 느끼는 감정도 기억의 조직 과정에 영향을 미친다. 그러나 이 결과를 의학이 아니라 좀더 인간적인 시점으로 보면 놀라운 사실이 드러난다. 자살을 생각해본 사람이 "좋음"이라는 단어 하나를 생각할 때의 두뇌 활동 패턴이 그런 생각을 해보지 않은 사람들의 패턴과 비교해 컴퓨터가 알아볼 수 있을 만큼 뚜렷이 구분된다면, 그들은 과연 세상을 얼마나 다르게 경험했다는 것일까? 마지막으로, 복잡한 개념의 바탕이 되는 기초적인 구성요소가 서로 다른 경험을 지닌 사람들의 마음에서 그토록 다르게 보인다면, 그것을 재정렬하고 연결하는 방법은 과연 무엇일까?* 나는 신경과학자와 의사들이 함께 노력하여 이 질문에 대답할 수 있기를 희망한다. 그래야 전 세계에 걸쳐 2억6,400만 명이 넘는 우울증 환자들을 도와줄 수 있을 것이다.**

그러나 우울증을 치료하는 일은 우리가 경험을 인식하고 주의를 집중하는 데에 우리의 감정 상태도 영향을 미친다는 점 때문에 쉽지 않다. 나아가 주의를 집중하는 대상은 모두 기억을 저장하는 과정에서 확대된다. 이것은 어떤 사람의 두뇌에서 두 개념이 구분되는 방식뿐만 아니라 그 차이점이 두뇌에서 저장되는 장소까지 결정할 것이다. 캐서린 앨프리드 연구진은 2021년에 발표한 최신 연구에서 바로 이 점을 밝혀냈다. 즉 사람들이 주의를 집중하는 대상의 일관된 차이는 두뇌가 의미를 표현하는 방식을 결정한다.[22]

앨프리드 연구진은 이 점을 연구하기 위해서 어떤 사람이 언어 정보와

---

* 이 질문은 마지막 장의 핵심 주제이다!
** 세계보건기구(WHO)가 제공하는 이 수치는 코로나 바이러스 유행 기간 이전의 데이터를 근거로 작성한 것이다!

시각 정보 중 어느 쪽에 더 집중하는지를 측정하는 똑똑한 진단법을 개발했다. 그들은 피험자에게 카드 게임과 닮은 일련의 흑백 이미지 자극을 보여주었다. 각 이미지는 카드 게임에 등장하는 세 가지 모양인 하트, 클로버, 스페이드와 닮아 있었다. 그러나 이 카드에는 숫자가 아니라 "하트", "클로버", "스페이드"라는 단어가 그 모양의 위나 아래쪽에 인쇄되어 있었다.* 피험자들에게는 이미지를 볼 때마다 3개의 버튼 중 하나를 눌러 해당 모양의 짝에 맞게 분류하라고 했다. 모양과 단어는 일치하는 경우가 대부분이었으므로 피험자들은 어느 정보를 사용하든 카드를 제대로 분류할 수 있었다. 그러나 가끔 단어와 모양이 맞지 않는 "속임수" 카드가 보일 때가 있었다. 예를 들어 스페이드 모양 위에 "하트"라는 단어가 적힌 경우였다. 피험자들에게는 그런 사실을 미리 알려주지 않았고, 그런 경우 어떻게 분류하라는 지침도 없었다. 연구진은 사람들이 두 가지 정보가 서로 충돌할 때 그들이 내린 결정을 기록하여, 그들이 어떤 정보에 더 주의를 기울이는지 파악하려고 했다.

사람들이 카드 분류 과제에서 올린 성적을 보면, 거의 모든 사람들이 주의를 기울일 때 언어나 시각 정보 중 어느 한쪽에 치우치는 경향이 있음을 알 수 있다. 단어를 기준으로 분류하는 사람도 있고, 그림에 주로 의존하는 사람도 있었다. 피험자들이 50장의 카드 중에 단어를 기준으로 분류한 횟수에서 그림을 보고 분류한 횟수를 뺀 "단어 편향" 점수는 +50에서 −50 사이에 분포한다.

---

* 이 과제에서 왜 다이아몬드가 제외되었는지는 모르지만, 아마도 다이아몬드라는 단어가 길어서 다른 단어보다 주의를 더 "사로잡기" 때문이 아닌가 추측한다. 연구진은 주의력에 영향을 미치는 변수를 매우 세심하게 다루었다. 예를 들면 카드에 제시된 정보의 위치를 통제하기 위해서 과제마다 단어와 그림 사이의 상대적 위치도 미세하게 조정했다.

다음으로 연구진은 이런 주의력 차이가 사람들의 두뇌가 구체적인 물체의 의미를 표현하는 방식과 관련이 있는지를 연구했다. 이를 위해서 그들은 피험자들에게 60장의 이미지를 단어와 그림 형식으로 보여주면서 두뇌 활동 패턴을 기록했다. 그런 다음, 서치라이트 기법searchlight method이라는 변형된 MVPA를 사용하여 사람들의 두뇌에서 의미 정보가 어떻게 표현되는지를 조사했다. 이 기법은 두뇌 활동을 한 영역씩 집중해서 관찰하는 전통적인 신경 영상 분석 방법, 그리고 두뇌 전체에 분포된 패턴을 한꺼번에 살펴보는 MVPA 방식의 혼합 형태라고 생각하면 된다. 이름이 암시하듯이, "서치라이트"는 미리 정해둔 물리적 조사 범위 내에 있는 서로 인접한 두뇌 영역의 활동 패턴을 살펴본다. 이 기법의 목적은 주로 서치라이트의 위치가 바뀜에 따라서 분류의 정확도가 어떻게 변화하는지를 파악하는 것이다.

그런데 앨프리드 연구진은 여기에서 한 발 더 나아갔다. 그들은 사람들이 사물을 생각하는 구성 방식에서 개인별로 차이를 보이는 두뇌 영역이 따로 있는지를 알고 싶었다. 연구진은 서치라이트 기법을 사용하여 두뇌 영역을 하나씩 옮겨가며 서치라이트 그림이나 단어에 집중하는 경향과 60개의 물체 사이의 관계를 바탕으로 두뇌가 만들어낸 의미 지도의 관계를 파악했다.* 그 결과 놀라운 사실이 드러났다. 단어에 집중하는 피험자와 그림에 집중하는 피험자가 의미 지도를 전혀 다른 방식으로 구성한다는 것을 보여주는 3개의 두뇌 영역을 발견한 것이다. 그중 하나가 바로

---

* 구체적인 사항에까지 관심을 기울일 여력이 없는 분들의 시간과 에너지를 절약하기 위해서 일부는 생략했다. 관심 있는 분들은 논문을 직접 참조하기 바란다. 논문에는 물체들 사이의 의미론적 거리를 계산하기 위해서 사용한 정교한 알고리즘, 그리고 그것을 참고로 활동 패턴의 관계를 파악한 과정이 모두 설명되어 있다.

좌뇌 관자-마루엽 교차점으로, 해마와 연결되어 사물의 "정체"를 잘 기억하는 사람과 "장소"를 잘 기억하는 사람을 구별하는 기능을 담당했던 바로 그 영역이다. 이 영역은 스스로 언어 정보를 잘 처리한다고 생각하는 사람의 두뇌에서 역시 더 활성화되는 것을 알 수 있었다.

다시 말해 이 연구는 언어 정보, 즉 의미 정보에 더 집중하는 사람이 좌뇌의 언어 관련 영역에 더 민감하거나 뚜렷한 의미 지도를 가진다는 것을 알려준다. 그들은 좌측 해마와 좌뇌 언어 영역 사이의 연결도 더 강해서, 이 영역에 저장된 의미 지도를 바탕으로 각종 개념을 더 쉽게 떠올리거나 활성화할 수 있다. 반면에 주로 장면이나 이미지에 집중하는 사람은 이 영역의 표상이 뚜렷하지 않고, 좌뇌의 해마와의 연결도 강하지 않아서 단어를 통한 의미 개념을 떠올리기가 쉽지 않다. "혼잣말"을 통해서 생각할 수 없는 사람이 있는가 하면, 마음속에 이미지 떠올리기를 어려워하는 사람이 있는 이유도 어쩌면 이 때문인지 모른다. 우리는 모두 두뇌가 "외부" 세계를 가장 효율적으로 표현하기 위해서 찾아낸 부호에 의존한다.

결국 기억을 암호화하고, 저장하며, 떠올리는 전체 과정은 두뇌 속의 기수가 길을 찾는 방식에 영향을 미친다. 우리가 "지식"을 이용해 행동을 "개선하는" 능력은 적절한 시간과 장소에서 기억을 떠올릴 수 있는가, 또 그것을 얼마나 충실히 따르는가에 좌우되기 때문이다.

그러나 실제 의사결정 영역과는 무관해 보이는, 우리가 아는 모든 "재미있는 사실"은 어떨까? 나는 직업상 두뇌의 활동 원리에 관한 기초 과학적* 질문을 탐구할 때마다 마이아 앤절로와는 사뭇 다른 티리온 라니

---

* 잘난 체하는 것처럼 들릴지도 모르겠다. 그러나 "기초" 과학이란 임상적, 실용적 문제가 아니라 사물이 작동하는 근본 원리를 이해하는 연구 분야라는 뜻으로 사용되는 용어이다.

스터의 인식론에 더 공감할 때가 있다.* 그는 이렇게 말한다. "그게 내가 하는 일이지. 술 마시고 세상을 아는 것 말이야." 그가 이렇게 말할 때마다 나는 지식을 위한 지식을 추구하는 데에서 오는 만족감에 좀더 호의를 품게 된다. 다음 장에서는 개선에는 전혀 도움이 되지 않는데도 그저 새로운 지식을 배운다는 사실에 큰 만족감을 얻는 사람이 있는 이유를 알아본다. 그러나 그 전에 이 장에서 배운, 기수와 말이라는 제어 체계가 삶에서 배운 지식을 이용해 길 찾기에 나서는 방법을 요약해보자.

요약 : 말과 기수가 "삶에서 배운" 독특한 방식이 어우러져서 인생의 지침이 된다

이 책을 읽은 후에 여러분이 앎과 행함의 관계를 깊이 있게 이해할 수 있기를 바란다. 아는 것은 정말 전투의 반쪽에 불과할까? 만약 그렇다면, 행동을 개선하는 데에 필요한 지식을 습득했음에도 여전히 개선을 방해하는 요소는 무엇일까? 우리가 이런 이야기를 하는 중에도 여러분의 두뇌는 고유한 앎의 방식을 가지고 있다는 사실을 잊지 말아야 한다. 제5장 "적응"에서 잠깐 언급했지만, 두뇌의 말이 길 찾기에 사용하는 자동적이고 직관적인 인식 방법과 기수가 안내하는 의식적이고 명시적인 목표, 그리고 이상적인 행동 방식은 서로 정면으로 충돌할 수도 있다. 실제로 이런 충돌이 일어나면 말과 기수가 벌이는 갈등은 주의를 두고 펼치는 경쟁과 거의 같은 양상을 띤다. 의사결정을 주도하는 쪽이 말인지, 기수인지,

---

* 티리온 라니스터는 드라마 「왕좌의 게임」에 등장하는 인물로, 내가 가장 친하게 지내고 싶은 성격이다.

혹은 그 둘의 조합인지는 두뇌에서 양쪽의 힘이 얼마나 강한가에 따라 결정된다. 기수는 여러 가지 정보를 사용해 말의 방향을 바꿀 수 있지만, 한편으로는 말보다 빨리 지칠 때도 있다.

그러나 지금까지 자주 언급하지 않은 사실이 하나 있다. 처음에는 기수가 주도하는 길 찾기 방식으로 힘들게 시작했어도, **훈련하면 말이 주도하는 자동 방식으로 바꿀 수 있다.** 자동차 운전을 처음 배울 때를 기억하는가? 10대 자녀들에게 자동차를 맡긴 뒤 "아이스크림이 있는 곳으로 운전하고 죽지 않도록 조심해"라고 말하는 부모는 아무도 없다. 그보다는 명시적인 지시 목록을 제시하는 사람이 대부분이다. "백미러와 좌석 위치를 조정해라, 2시와 10시 방향으로 핸들에 손을 올려놓아라, 차선을 바꾸기 전에는 항상 백미러와 사각지대를 확인해라" 하는 식으로 말이다. 그리고 운전자는 이렇게 많은 정보를 늘 염두에 두고 있어야 하므로, 부모(혹은 우리보다 더 용감한 사람)가 꼭 조수석에 앉아 혹시 잊어버릴 때마다 일깨워준다. 그러나 연습 없이 운전에 능숙해지는 사람은 아무도 없다. 비록 처음에는 이 모든 작동법을 말로 가르쳐주지만, 반복된 연습을 통해서 자동제어 체계가 된 후에는 "점검표"를 보지 않고도 쉽게 도로 위로 운전할 수 있다. 두뇌의 말은 새로운 방법을 배울 수 있고, 일단 배우고 나면 행동과 보상의 새로운 연결 고리를 두뇌에 만들어낸다. 행동을 변화해야겠다고 결심했는데 말과 갈등을 빚을까 봐 걱정이 된다면, 그럴 때마다 이런 원리를 잊지 말기 바란다. 연습은 완벽을 낳는다는 말이 있는데, 그렇지 않더라도 일이 훨씬 쉬워지는 것은 틀림없다.*

---

* 또 하나 명심해야 할 점이 있다. 기수는 스트레스와 피로에 더 민감하다. 이런 유형의 통제는 두뇌에 엄청난 에너지를 요구하기 때문이다.

이 장에서 우리는 말과 기수의 통제 체계 내에서 발생하는 개인별 차이를 배웠다. 여러분은 당근 학습자인가, 채찍 학습자인가, 아니면 둘 다인가? 여러분의 두뇌는 예상보다 결과가 나쁠 때 더 많이 학습하는가, 아니면 더 좋을 때 더 많이 배우는가? 이런 내용이 복잡한 일에 도전할 때 내가 올바른 길로 접어들었는지 확인하는 데에 도움이 될 것 같은가?

마지막으로, 우리는 두뇌의 기수가 길을 찾는 데에 사용하는 도구에 관해 배웠다. 말안장 밑에 보관한 도구함에 비유했던 것이 기억날 것이다. 그 속에는 「나의 인생 이야기들」라는 제목하에 상세한 기억 파일들이 들어 있고, 반복된 경험을 통해서 습득한 뻔한 말이나 재미있는 사실도 있다. 여러분의 주의력은 어떻게 인생 경험과 어우러져 두뇌에 의미 지도를 형성하는가? 그렇게 형성된 연결 고리는 기수가 말안장 밑을 뒤져 다음 행동에 필요한 기억을 꺼내는 데에 또 어떤 영향을 미치는가?

그러나 이제 다양한 종류의 앎이 우리의 행동에 영향을 미치는 영역을 이만큼이나마 다루었으니, 조금 더 복잡한 이야기를 해보겠다. 우리는 어떤 것을 안다고 해서—예컨대 문어가 좁은 구멍에 몸을 구겨 넣을 수 있다는 사실—장차 우리의 행동이 바뀌는 데에 전혀 도움이 되지 않는다는 것을 알면서도 그것 자체를 즐기기도 한다. 이런 마음은 어디에서 올까? 다음 장에서는 두뇌가 미지의 영역에 반응하는 방식과 지식을 위한 지식 그 자체를 즐기는 이유에 대해서 다룰 것이다.

7

탐구

호기심과 두려움의 경쟁이 행동을 결정하는
인식의 최전선

"해파리가 **도대체** 뭐야?"

나는 지금까지 살아오면서 어려운 질문을 많이 받아보았다고 생각하지만, 이 질문은 정말 당황스러웠다. 다행히 이 질문은 내가 아니라 우리집 해양생물 전문가 재스민이 받았다. 내가 아는 한 가장 장난기 많고 모험을 즐기는 어른인 양어머니 린다가 시애틀 아쿠아리움에 갔을 때 던졌던 질문이다. 그때 벌써 수년째 그곳에서 근무하던 재스민은 우리가 도착하자 여행 가이드를 자처했다. 그런데 세상에, 가이드 솜씨가 보통이 아니었다. 재스민은 고등학교 때까지는 해양생물학을 본격적으로 공부하지 않았지만, 해저 세계에 눈을 뜬 뒤로는 아주 쏙 빠져버렸다. 그래서 10대 시절에 이미 해양동물만 보면 온갖 "재미있는 이야기"가 줄줄 흘러나오는 만물박사가 되어 있었다.

린다의 질문이 떨어지자, 나는 머릿속을 골똘히 들여다보며 해파리에 대해서 내가 아는 정보를 이리저리 찾아 헤맸다. 앞 장에서 간단히 언급했듯이, 내가 아는 것은 일부 해파리 종이 성체—다리가 달린 우산 모양으로, 메두사라는 이름으로 더 많이 알려져 있다─인 상태에서 움직이지 않는 폴립이라는 상태로 돌아갈 수 있다는 것뿐이다.[1] 폴립은 주로 생애 초기에 많이 나타나는 형태이다.

잠깐, 뭐라고?

이것은 마치 닭이 절박한 상황이나 먹이가 부족할 때에 달걀로 돌아갈 수 있다는 말과 같다! 그럴 가능성이 있다는 것만으로도 지금까지 생물의 존재 방식에 관해서 내가 생각하던 모든 것이 무너지는 느낌이었다. 그래서 메두사 같은 몸으로 천천히 흐느적거리는 해파리를 지켜보던 나는, 그중에서 한 마리쯤은 영원히 살 수도 있겠다는 생각과 씨름하기 시작했다.

"해파리가 도대체 뭐야?"라는 말이 나의 고막에 닿았을 때, 나는 혼자만의 깊은 생각에 사로잡혀 있던 터라 거의 질문을 이해하지도 못할 정도였다. 나와 전혀 다른 궁금증을 안고 있던 두뇌에서 나온 린다의 말은 너무나 뜻밖이어서 나를 일시적 혼란에 빠뜨리는 사고의 채찍질과도 같았다. 한마디로 우리 동네에서 염소를 몰고 가던 남자를 1,000명이나 마주친 것 같았다. 린다의 질문이 너무나 예상 밖이었으므로, 그녀는 사실상 다들 과학적인 사고방식을 지닌 우리 세 사람에게 해파리에 관한 아주 실질적인 질문을 던져 당황하게 만든 셈이었다.

나는 아직도 린다의 질문에 어떻게 답을 해야 할지 모르지만, 이 이야기의 요점은 사람들이 새로운 정보나 예상하지 못한 상황을 만났을 때 그들의 생각과 감정, 행동이 얼마나 다른지를 알 수 있다는 것이다. 그 차이는 우리가 이 정보의 현실적인 유용성을 추정하는 방식과도 관련이 있다. 우선 재스민은 어려서부터 해양동물을 좋아했던 것이 인생의 큰 동력이 되었다. 재스민은 10대 초반에 시애틀 아쿠아리움에서 자원봉사를 시작한 후 현재 미국 해양대기청NOAA에서 전 세계의 어로 정책을 관할하는 직무를 맡기까지, 해양생물에 대한 호기심이라는 지대하고 일관된 동기를 바탕으로 인생을 살아왔다. 한편 린다의 전문 분야를 한마디로 표현하면 "재미!"라고 할 수 있다. 그래서 린다가 살아온 인생은 온갖 모험과 재미있는 이야기로 가득하다. 반면에 나는 두 사람의 중간 정도에 해당하는 사람이다. 그래서 지미 버핏과 함께 해파리가 되면 재미있을까 궁금해한 적도 있다.

놀랍게도 여러분이 미지의 세계를 탐구하는 방식과 세상을 살아가는 길을 찾는 지도 사이의 관계는 해파리의 생애와 닮은 구석이 있다. 해파리가 생애 주기를 거슬러 올라갈 수 있다는 것을 아직 내가 **기억한다**는 사실은 오늘날 신경과학자들이 연구실에서 보여주는 내용에 대한 생생한 증거를 제공해준다. 비록 내가 그 과정에서 알게 된 "재미있는 이야기"는 모두 잊어버렸지만 말이다. 호기심은 학습의 선행과 촉진을 모두 담당하는 마음 상태이다. 즉 호기심은 눈앞에 있는 정보를 두뇌가 받아들이려고 할 때 느끼는 주관적인 감정이다. 그러므로 어떤 상황에 대해서 호기심이 많을수록 두뇌는 다음에 일어날 일을 더 잘 **기억할** 수 있다.

정보에 굶주린 두뇌가 미지의 세계를 탐구하도록 우리를 이끄는 모습은 아주 어린 시절부터 관찰된다. 나의 친구이자 전 동료였던 켈시 루카는 영유아의 자발적인 지시 동작을 연구한 결과 이런 현상이 반복적으로 일어나고 있음을 발견했다.[2] 켈시 연구진은 생후 18개월이 된 유아*가 낯선 물체를 가리킬 때 그 이름을 불러주면 나중에 그 물체의 이름을 더 잘 **기억한다**는 사실을 밝혀냈다. 그들은 실험실에서 이것과 유사한 두 가지

---

* 그에 비해 생후 20개월의 유아에게서는 가리키는 물체의 이름을 불러주는 효과가 나타나지 않았다.

조건을 서로 비교해보았다. 그중 한 가지 조건은 아이가 아무것도 가리키지 않을 때, 즉 겉으로 보아서는 낯선 물체에 관심을 보이지 않을 때에도 연구진이 그 이름을 불러주는 것이었고, 다른 하나는 아이가 가리키는 물체에 그것과 **다른** 이름을 불러주는 조건이었다. 두 가지 조건 모두, 아기들이 물체의 이름을 나중에 기억하는 비율은 관심을 보인 물체에 이름을 불러주었을 때보다 낮았다. 이런 결과를 통해서 유아기에 **물체를 가리키는 행동**이 아직 이름을 모르는 물체에 질문을 던지기 위해서 두뇌가 개발한 똑똑한 방법이라는 점을 알 수 있다. 호기심이 **구체적인 목표를** 가리키는 행동으로 이어지고, 그런 호기심이 학습을 촉진한다는 개념은 성인에게서도 확인된다. 이런 현상을 연구할 때에는 일반적으로 사소한 사실 trivia 게임을 연구용으로 바꾸어 사용한다. 이 실험에서 피험자들은 사람들의 다양한 호기심을 불러일으키도록 고안된 질문을 몇 가지 읽게 된다. 예컨대 쿠엔틴 타란티노 감독이 가장 좋아하는 영화는 무엇인가? 인간의 음성을 흉내 내도록 설계된 악기는 무엇인가? 마이클 조던은 시카고 불스에서 NBA 우승을 몇 번 했는가? 포스트 멀론의 문신은 몇 개인가?* 질문을 다 읽은 피험자에게는 질문에 대한 해답을 알고 있다고 얼마나 **확신하는지**, 그리고 진짜 해답이 얼마나 **궁금한지**를 점수로 매겨달라고 했다. 그리고 대체로 질문의 해답을 알려주었다.** 물체를 가리키던 아이들처럼 어른들 역시 실험이 끝나고 진행된 또다른 퀴즈에서 자신이 가장 궁금해

---

* 마지막 질문은 여러분의 호기심을 자극하기 위해서 지어낸 것이다. 따라서 포스트 멀론이 누구인지는 둘째치고, 타인의 문신 수를 아는 사람이 과연 있거나 할지 당연히 나도 모른다. 그러나 다른 질문들은 모두 실제 연구용으로 쓰인다. 질문 순서대로, 해답은 「배틀 로얄(Battle Royal)」, 바이올린, 그리고 여섯 번이다. 사족을 달겠다. 쿠엔틴 타란티노의 영화 취향이 바뀌었다면 그건 나의 잘못이 아니다.

** 이 장 뒷부분에서 이 실험에 포함된 설계상의 미묘한 내용과 그 논리를 설명할 것이다.

했던 질문의 해답을 더 잘 기억하는 경향을 보였다.

물론 이 실험에서 왜 어떤 사람은 포스트 멀론의 문신 수에 관심을 기울이고, 또다른 사람은 마이클 조던이 불스에서 했던 우승 횟수를 궁금해하는가, 하는 의문이 제기될 수 있다. 그리고 이것은 해파리가 과연 영원히 살 수 있는가와 같은 논쟁처럼 끝없는 질문과 대답의 반복으로 이어질 것이다. 마티아스 그루버와 그의 지도교수였던 차란 랑가나스*가 최근에 개발한 예측prediction−칭찬appraisal−호기심curiosity−탐구exploration 체계 PACE에 따르면, 어떤 상황에 대한 호기심은 세상에 대해서 이미 알고 있는 지식을 기반으로 한다.[3] 즉 이미 알고 있다고 생각하는 것과** 크게 다르거나, 지식의 격차를 경험한 데에서 오는 놀라움이 호기심을 자극한다. 특정 상황에 어떻게 행동할지 결정하기 위해서 정보가 더 필요할 때 일어나는 일종의 정신적 갈등인 셈이다.***

예를 들어 최근 인터넷에 떠도는 "기분이 좋지 않은 날에는 털 깎은 이라마 사진을 보세요"라는 밈meme이 있다.[4] 그 사진을 본 사람이라면 누구나 화나고 짜증 난 동물의 표정이나 민들레처럼 생긴 그 동물의 머리가 인상적으로 남았을 것이다. 그런데 나는 그 밈을 보고 놀랐다. 나는 그 털

---

* 차란 랑가나스의 이름이 벌써 세 번째로 나왔다. 이번이 마지막도 아니다. 그를 위해서 이 책의 수익금 일부를 따로 챙겨야 할지도 모르겠다. 그만큼 그의 연구가 중요하다! 내가 캘리포니아 대학교 데이비스 대학원에서 공부할 때 마침 그가 조교수로 부임한 덕에 그를 사사하는 영광을 누렸다. 호기심을 연구하는 학자답게 뛰어난 지적 능력과 재미를 겸비한 사람이다.

** 연구자들이 피험자에게 질문의 답을 이미 알고 있다고 얼마나 확신하는지 물어본 이유가 바로 여기에 있다. 피험자의 과거 지식을 설명하기 위해서이다. 이 장의 후반부에서는 놀라움이 순수한 관심만큼, 혹은 그보다 더 학습 동기를 이끈다는 것을 다룬다.

*** 예를 들면 여기에 나온 질문들에 지금까지 모르던 사람의 이름이 있다면, 해답이 궁금한지 아닌지 판단하기 전에 일단 인터넷에서 검색해서 그 사람이 누군지 알아보아야겠다는 생각이 들었을 수도 있다(설마 마이클 조던을 모르지는 않겠지만).

깎은 라마가 알파카인 줄 알았기 때문이다. 그래서 인터넷을 검색해보았더니, 몇 년 전에 어떤 가축 품평회에서 그 둘의 차이에 대해서 배웠던 지식이 맞았음을 확인했다. 그러자 궁금증이 더 깊어져서 이것저것 조사해본 결과, 라마와 알파카는 성격이 달라서 기르는 데에 드는 노력도 차이가 난다는 것을 알게 되었다. 라마가 개와 조금 비슷한 착한 성격이라면, 알파카는 고양이처럼 독립적인 동물이었다. 그러나 **둘 다** 정말 웃긴 모습을 하고 있다. 라마는 긴 귀와 코가 바보처럼 보이고, 알파카는 들창코에다 얼굴이 단추처럼 생겼다. 지식의 데이터베이스가 증가할수록 라마 **혹은** 알파카 밈에 대한 관심이 단숨에 증가했다.

누구나 이런 궁금증과 지식의 사이클에 사로잡히면 어느 날은 호기심이 커지다가 다음 날은 오리무중이 되는 경험을 평생 반복할 수도 있다. 나는 플라톤이 스승 소크라테스의 역설과 앎에 대한 그의 태도를 설명하면서 포착하려던 핵심 개념이 바로 이것이라고 생각한다. 소크라테스는 흔히 역사상 최고의 현자로 불리지만, 사실 그는 "나는 아무것도 모른다는 것을 안다"라는 말로 유명하다.[5] 그러나 지식을 위한 지식을 추구하는 데에는 그리 관심 **없는** 현실적인—바로 린다 같은—사람이라면 어떨까? 그런 사람은 소크라테스처럼 "현명해질" 기회를 놓치고 있는 것일까?

지금쯤이면 여러분도 일이 그렇게 간단하지 않다는 것을 짐작할 것이다. 이 장에서 배우겠지만, 미지의 세계를 탐구하기 위해서는 상당한 비용을 치러야 한다. 작게는 "시간 낭비"에서부터 크게는 물리적, 정신적으로 큰 피해를 입을 수도 있다.

그렇다면 새로운 장소와 개념을 탐구한다는 것은 **도대체** 무엇을 의미할까?

이 질문에 답하기 위해서는 그에 따른 비용과 편익이 있다는 점을 염두에 둔 채, PACE 모형과 질문 및 대답의 사이클을 다시 생각해야 한다. 그전에 먼저, 여러분의 지식을 위한 지식을 추구하는 성향이 얼마나 강한지부터 진단해보자.

여러분은 얼마나 호기심이 강할까?

다시 그리스의 철학자로 돌아가서, 호기심의 개인별 차이를 깊이 이해하는 우리의 작업을 아리스토텔레스의 『형이상학*Metaphysics*』의 서두처럼 시작해보자. 그는 인간의 호기심이 지닌 **속성**을 이렇게 갈파했다. "모든 인간은 본능적으로 알고자 한다."[6] 첫 문장은 이렇게 대담한 선언으로 시작한다. 그러나 나는 이 주제에 대한 그의 신념이 혹시 평소 가까이 지내던 사람들과 비슷해진 결과가 아닌지 의심할 수밖에 없다. 철학자란 결국 대부분의 시간을 의심하면서 보내는 사람이기 때문이다. 그들은 그 자리에서 벗어날 수 없다. 웨인 대학교 철학과 교수인 브루스 삼촌과 와인을 마시면서 편하게 이야기를 나누고 나면 마치 소크라테스라도 된 듯이 "현명한" 심장박동이 느껴진다! 그러나 내가 아는 거의 모든 사람은 린다처럼 현실적이고 그저 호기심만 유발하는 일들에는 선택적인 반응을 보인다.

성격을 연구하는 심리학자들이 사람들의 다양한 호기심에 대해서 내리는 결론은 거의 비슷하다. 사람들이 자신의 호기심에 대해서 직접 보고한 내용들을 토대로 진행된 연구는 호기심이 주로 "천성"에 따라 달라진다는 것을 시사한다. 물론 사람들의 호기심은 그 순간 어떤 행동을 하고 있느냐에 따라 다르다. 이것을 **호기심 상태**curiosity state라고 한다. 그러나 다양한 시간과 배경에서도 **사람들** 사이에는 호기심의 차이가 분명히 존재한다. 이를 **호기심 특성**curiosity treat이라고 한다. 여기에서 문제가 좀더 복잡해지는데, 호기심 특성도 두 가지 취향에서 오기 때문이다. 이 둘은 미묘하게 다르지만 서로 연결된다. 사실을 습득하고자 하는 욕망, 즉 **지적 호기심**epistemic curiosity과 오감을 통해서 새로운 경험을 얻고자 하는 욕망, 즉 **지각 호기심**perceptual curiosity이 그것이다. 이 장에서는 주로 지적 호기심에 집중한다. 현재까지 이 분야에서 신경과학 연구가 가장 많이 이루어졌기 때문이다.

여러분이 얼마나 호기심이 강한 성격인지 알아보자. 사실 이 책에서도 호기심과 관련된 여러 측정 방법에서 차용한 개념이 있다.[7] 제2장 "칵테일 기술"에서 각 문장을 읽고 "지금 당장"처럼 구체적인 시간을 특정하지 않는 한 그 문장이 얼마나 정확한지, 또는 부정확한지 생각해보라고 했던 것이 대표적인 예이다. 일관성을 위해서 "칵테일 기술"에서 사용했던 척도를 똑같이 첨부했다.

다음 쪽에 있는 진단법에 나오는 문장들은 모두 호기심의 특정 측면들과 관련이 있다. 이 내용에 공감하는 비율이 높을수록 **대체로** 호기심이 강한 사람이라고 할 수 있다. 더 구체적으로는 1, 3, 6, 8번 문항에 대한 점수를 더해서 4로 나누면 **지적 호기심**의 평균 점수가 된다. 계산 결과는 −3에서 +3 사이에 있어야 한다. −3은 호기심이 아주 낮은 성격이고 +3은 지적 호기심이 매우 높은 수준이다. **지각 호기심**의 평균 점수를 계산하려면 2, 5, 9, 11번 문항에 대한 점수를 더해서 4로 나누면 된다. 역시 +3에 가까울수록 지각 호기심이 큰 편이고, 반대도 마찬가지이다. 마지막으로 4, 7, 10번 문항은 여러분의 현재 **호기심 상태** 수준이다.* 3개이므로 다 더

---

* 호기심에 대한 여러분의 호기심을 측정하는 일은 너무나 메타 과학적 성격이 강하다. 12번 문항을 어느 범주에도 넣지 않았다는 것을 눈치챘다면, 여러분은 호기심 상태 수준이 매우 높은 편이다! 사실 12번은 전형적인 지적 호기심에 해당하는 문항이지만, 여

호기심 진단법

-3	-2	-1	0	+1	+2	+3
부정확						**정확**
매우	보통	약간	중간	약간	보통	매우

1. 새로운 아이디어는 상상을 자극한다. ___

2. "작동 원리를 이해하기 위해서" 사안을 분해하여 생각하는 편이다. ___

3. 낯선 주제에 관해 배우는 것이 좋다. ___

4. 바로 지금, 호기심이 생긴다. ___

5. 새로운 상황에 주의를 사로잡힌다. ___

6. 새로운 아이디어를 통해서 더 많은 아이디어가 생길 때마다 신난다. ___

7. 지금 일어나는 일에 대해서 생각하는 중이다. ___

8. 서로 모순된 개념에 대해서 생각하는 것이 재미있다. ___

9. 기계의 복잡한 작동 원리를 이해하는 것을 좋아한다. ___

10. 지금 하는 일에 몰입해 있다. ___

11. 퍼즐이나 수수께끼 푸는 것을 좋아한다. ___

12. 이해할 수 없는 것이 있으면 물어본다. ___

해서 3으로 나누면 된다.

여러분은 얼마나 호기심이 강한가?

이것은 정규분포 곡선을 따르는 성격 측정 결과이므로 현실적으로 대부분의 사람은 -1에서 +1 사이의 점수를 보일 것이다. 그러나 이 검사를

러분의 질문이 어떤 성격인지에 따라 미묘한 차이가 있을 것이다. 예컨대 흔들리는 추를 바라보거나 추를 흔들고 있을 때 추가 왜 이렇게 움직이는지 질문한다면, 여러분은 지각 호기심이 매우 높은 것이다!

해볼 정도의 사람이라면 두뇌 활동 방식에 관한 책을 모두 구해보았을—그리고 읽어보았을—가능성이 아주 높다. 편견인지도 모르지만, 평소 사물의 작동 원리가 궁금하지 않은 사람이라면 그런 행동을 했을 리가 없다. 그러나 너무 앞서가기 전에 호기심이 많은 성격을 타고난 사람들의 두뇌에 관해 이야기해보자. 지금까지 배운 내용에 비추어볼 때, 내가 여러분의 두뇌를 스캔한 다음 여러분이 이 책에 관심이 있는지 없는지 알아맞힐 방법이 있을 것이라고 생각하는가?

호기심과 지식, 어느 쪽이 먼저일까?

호기심이 강한 두뇌에 호기심이 있는 사람이라면, 아주 예외적인 사람의 두뇌에 관한 책을 재미있게 읽어볼 것이다. "나는 특별한 재능은 없다. 그저 호기심이 아주 강할 뿐이다."[8] 이렇게 말한 사람은 알베르트 아인슈타인이다. 그가 "특별한 재능이 없다"고 말했으니 큰 논란을 불러일으킬 만도 하다.

그의 자기평가와 상관없이, 아인슈타인의 뇌는 사후에 촬영되어 측정되었고,[9] 그 결과가 신경인류학자 딘 포크와 동료들에 의해서 논문으로 잘 정리되었다. 여러분도 짐작하듯이, 그의 두뇌는 여러모로 비범했다. 특히 그의 번쩍이는 이마엽 겉질은 눈에 띄게 부피가 컸다. 이곳은 좌뇌와 우뇌에서 "목표지향" 사고의 핵심을 담당하는 영역이다.*

그러나 의문이 생긴다. 아인슈타인의 열정적인 호기심은 이런 특이한

---

* 좀더 구체적으로 말하면, 그의 이마엽에 있는 뇌회(腦回)의 수는 3개가 아니라 4개였다. 엄청난 일이다. 그래서 두뇌 형상이 아주 복잡하다.

두뇌 형태 때문일까? 아니면 아인슈타인이 평생토록 강렬한 호기심을 발휘하여 두뇌에 쌓은 지식 덕분에 이마엽이 그렇게 부풀어 올랐을까?* 다시 말해, 아인슈타인의 두뇌는 런던 택시 운전사들의 두뇌가 극단적으로 발달한 사례일까? 만약 그렇다면, 그에 따르는 비용은 없었을까? 당시에는 매과이어가 택시 운전사들의 두뇌에 적용했던 종단면 촬영 기술이 없었으므로 지금 와서 이런 요인을 하나하나 따로 연구해볼 방법이 없다.

　안타깝게도 최근 신경과학 분야에서 새롭게 떠오르는 호기심의 개인별 차이에 관한 연구도 똑같은 한계에 직면해 있다. 그러나 아직 초기 단계인 이 분야의 연구 결과는 망자의 두뇌를 연구하는 데에 몇 가지 이점을 제공한다. 우선, 이 연구는 수백 명에 달하는 살아 있는 사람들의 성격인 호기심을 **실제로** 측정한다. 그리고 최신 신경 영상 기법을 통해서 피험자들이 호기심 수준을 측정하는 동안 거의 실시간으로 그들의 두뇌 특성을 조사할 수 있다. 이를 통해서 연구자들은 "천성적으로" 다양한 호기심을 품은 두뇌의 특징을 체계적으로 조사할 수 있게 되었다. 이 연구의 결과를 보면 한 가지 중요한 점이 눈에 띈다. 개인마다 나타나는 호기심의 성격적 차이는 두뇌의 특정 영역에 한정된 것이 아니라는 사실이다. 아인슈타인의 우뇌에 형성된 커다란 "손잡이"를 보면 그의 왼손이 얼마나 능숙한지 알 수 있는 것과 달리,** 두뇌에 "호기심 손잡이" 같은 것은 존재하지 않는다. 그것보다는, 천성적으로 호기심이 있는 사람들의 두뇌는 어떻

---

* 　물론 사후의 두뇌 형태로 활동 방식을 이해하는 데에는 어려운 점이 있다. 게다가 아인슈타인의 두뇌의 구조적 특이성과 그의 호기심이나 지능의 관계가 제한적일 수 있다.

** 　이 재미있는 사실이 아인슈타인이 왼손잡이였다는 증거라는 말도 있다. 그러나 그의 전기를 보면 항상 오른손으로 글을 썼다고 분명히 나와 있다. 그런데 그는 실제로 바이올린을 연주했는데, 능숙한 바이올린 연주자들의 경우 왼손 감각과 동작 표현이 이렇게 발달한다는 사실이 최신 신경 영상 기술로 밝혀졌다.[10]

게 **동기화되어 있느냐**에 따라서 차이를 보인다.

아슈반티 발지의 박사학위 논문에 이 과정이 잘 정리되어 있다.[11] 발지는 지적 호기심과 지각 호기심의 수준이 두뇌의 고속 백색질 경로의 구축 과정과 어떤 관련이 있는지에 관심이 있었다. 그녀가 주목한 것은 하세로 다발ILF(하종속)을 지나가는 경로였다. ILF는 두뇌 뒤쪽의 시각 영역에서 전방 관자엽ATL까지 정보를 실어 나르는 백색질 뉴런들의 수많은 다발로 이루어져 있다.

ATL의 역할에 관해서는 아직도 학계에서 논쟁 중이지만,[12] 우리가 아는 대상에 관한 여러 가지 정보가 연결되는 두뇌의 허브를 형성한다는 점에는 많은 사람이 동의한다.[13] 예를 들어 커피 잔이 하나 있다고 생각해보자. 제6장 "길 찾기"에서 배웠듯이, 이런 물체에 대한 표상은 두뇌의 여러 영역에 넓게 분포되어 있다. 왜냐하면 커피 잔을 **시각적으로** 인식하는 뉴런은 그것을 **사용할** 줄 아는 뉴런과 거리상 멀리 떨어져 있기 때문이다. 손을 어떻게 움직여야 커피를 마실 수 있을까? 이들 뉴런은 또 이 잔을 움직이는 여러 동작에 관여하는 운동 뉴런과도 멀리 떨어져 있다. 커피를 잔에 따르고, 손을 뻗은 다음 잔을 잡고, 입술까지 올리는 등의 동작 말이다. 게다가 이 운동 뉴런은 "커피 잔"이라는 언어적 표시가 무슨 뜻인지 파악하는 뉴런과도 다른 곳에 있다. 그뿐만이 아니다. 커피 잔이라는 말이 귀로 들릴 때, 어딘가에 인쇄되어 있을 때, 그것을 말로 표현할 때 관여하는 뉴런도 다 다르다. 그 모두가 커피 잔을 아는 다양한 과정이며, 두뇌의 여러 영역에 나뉘어 있다!

발지는 시각 영역에서 ATL의 지식 허브까지 데이터를 운반하는 정보 고속도로, 즉 ILF의 구성 방식을 측정하기 위해서 **확산 영상**이라는 기법으로 51명의 젊은 성인의 두뇌를 촬영했다. 확산 영상 촬영 기술은 두뇌 전체에 걸쳐 물 분자의 움직임, 즉 확산 과정을 추적한다.[14] 이 정보를 바탕으로 두뇌의 어떤 영역에 백색질 뉴런이 얼마나 많은지, 그것이 어느 방향으로 향하는지 등을 추론한다. 한마디로 물 분자는 백색질을 둘러싼 지방질 피막을 통과하기 어려우므로 우연히 커다란 백색질 구역에 들어온 분자들은 정보 흐름의 수직 방향보다는 전달 방향과 나란히 움직일 가능성이 더 높다는 이야기이다. 여러 가지 이유로 물 분자의 움직임은 뉴런 자체의 진행 방향보다 더 측정하기 쉽다.

발지는 지적 호기심의 특성 수준과 양쪽 두뇌의 ILF 조직 방식이 가장 강한 연관성을 보인다는 점에 주목했다.[15] 즉 지적 호기심 수준이 높은 사람들은 그렇지 않은 사람보다 ILF의 확산성도 낮은 것(물 분자의 움직임이 제한적이다)을 알 수 있었다. 이런 사실은 ILF의 근본적인 차이 두 가지를 보여주는지도 모른다. 첫째, 호기심이 강한 사람일수록 시각 영역과 ATL 사이를 오가는 백색질 뉴런이 더 많다. 혹은 둘째, ILF를 구성하는 백색질 뉴런은 병렬 조직 구조를 보이는 경우가 많다. 다시 말해 "천성적으로" 호기심이 강하지 않은 사람은 강한 사람보다 정보 고속도로의 가로등이 꺼져 있을 가능성이 더 높다는 것이다. 중요한 것은 어느 설명이 맞든, 호기심이 더 강한 사람의 두뇌에 더 넓은 대역폭이 형성되어 시각 정보를 인식하는 겉질 처리 센터와 그 정보를 포함하여 기존의 모든 지식을 통합하는 겉질 센터 사이에 더 빠른 속도로 정보가 오갈 수 있다는 것이다.

다시 말해, 이 연구 결과는 원래부터 호기심이 강한 사람은 더 동기화된 의미 지도를 가진다는 것을 보여준다. 아울러 어떤 사람이 새로운 지식 영역을 추구한다는 생물학적 증거는 두뇌의 한 영역에 국한되지 않는다는 점도 알 수 있다. 그보다는 호기심이 강한 두뇌는 두뇌 전체에 분포된 지식의 파편이 더 잘 동기화되어 있을 가능성이 높다. 이것은 마치 그들의 기억 지도에서 도미노들을 더 가깝게 붙여서 두는 것에 비유할 수 있다. 그래서 하나를 건드리면 다른 개념과 더 많이 연결된다.

안타깝게도 이 정보는 호기심이 강한 사람이 뉴런의 동기화 경향이 크기 때문인지, 아니면 더 많은 탐구로 "재미있는 사실"의 데이터베이스가 더 커진 결과인지를 아는 데에는 도움이 되지 않는다. 이 연구 분야는 과학자들이 호기심이라는 정적인 특성 측정치를 사용하여 역시 상대적으로* 안정적인 두뇌 연결성 지수를 지도화한다는 한계가 있다. 닭과 달걀과도 같은 이 논쟁을 더 이어가려면 새로운 정보를 처리하는 순간에 호기심(혹은 공상)이 마음과 두뇌에 어떤 영향을 미치는지를 살펴보아야 한다.

호기심이 학습을 촉진하는 과정

두뇌가 호기심을 발휘하는 순간을 포착하기는 쉬운 일이 아니다. 무엇보다 전혀 낯선 사람의 호기심을 자극하는 조건을 조성해야 한다. 게다가 그 사람이 실험실에 앉아 있거나 시끄러운 원통형 MRI 장비 속에 누워 있는 동안 그렇게 해야 한다. 그러나 호기심을 연구하는 똑똑한 신경과학자들은 바로 이 어려운 일을 위해서 여러 가지 과제를 개발해냈다.

MRI 촬영 환경에서 최초로 호기심을 포착해낸 강민정 연구진은 바로 이 장의 서두에서 소개한 사소한 사실 게임을 사용했다.[16] 우선, 사소한 사실 질문지를 시끄러운 장비에 누워서도 볼 수 있게 거울에 비추어준다.

---

* 여기에서 "상대적"이라는 단어를 쓴 이유는 두뇌 연결성이 역동적이기 때문이다. 그러나 지금부터 살펴볼 연구와 달리, 발지가 사용한 백색질 측정법은 매 순간 변화하는 호기심에는 민감하지 않다.

피험자들은 질문지를 읽고 자신의 호기심과 답을 확신하는 정도를 점수로 매긴다. 그런 다음 긴장된 침묵 속에 두뇌 활동 패턴을 기록한 후, 해답을 보여준다. 피험자들이 **가장** 답에 호기심을 느끼면서 질문지를 읽을 때의 두뇌 활동과 별로 관심이 없는 질문지를 읽을 때의 데이터를 비교하면, 일정한 패턴이 나타난다. 사람들의 천성적 호기심의 차이는 분산된 두뇌 영역들이 연결된 결과로 나타나지만, 매 순간 변화하는 호기심 수준은 **특정** 두뇌 영역과 관련이 있었다. 그중에는 우리의 오랜 친구인 기저핵과 중요한 동료인 이마엽 겉질도 있었다. 아인슈타인의 두뇌에서 비대했던 그 부분 말이다.

이 결과가 호기심 연구의 닭과 달걀 문제를 해결하는 데에 어떤 도움이 될까? 일시적으로 변화하는 호기심이 기저핵과 이마엽 겉질에 국한되는 데에 비해, 사람들 사이에 안정적으로 관찰되는 호기심 차이는 두뇌에 넓게 분산되어 분포한다는 사실은, 천성적인 호기심이 세상을 탐구하여 얻은 지식에서 온 것이지, 지식에 대한 갈증이 이런 탐구를 이끈 결과가 아니라는 점을 시사한다.

이런 개념을 뒷받침하는 증거는 기술 훈련 분야의 연구에서도 찾을 수 있다. 사람들은 새로운 기술을 습득할 때마다 겉질 영역의 연결성이 증가한다. 예를 들어 발지의 실험에서 지적 호기심의 개인별 차이와 관련되는 것으로 밝혀진 ILF를 구성하는 백색질 영역은 6일 동안 모스 부호를 배운 젊은 성인의 대역폭도 증가시킨 것으로 나타났다.[17] 호기심이 강한 사람과 그렇지 않은 사람이 평생 동안 새로운 영역을 탐구하고 배울 때 이런 차이가 얼마나 크게 확대될지 상상해보라.

이제 잠시 기저핵으로 돌아가서 그것이 질문과 해답의 순환 고리에서 맡은 역할을 이야기해보자. 내가 가장 좋아하는 두뇌 영역은 사소한 사실 게임을 할 때에 무슨 일을 할까? 기저핵은 그것을 덮고 있는 부분보다 진화의 가장 초기 단계에서 형성된 영역이므로, 사소한 사실 게임을 잘하기 위해서 만들어지지는 않았을 것이다! 기저핵이 호기심에 어떻게 관여하는지 이해하기 위해서 여러분이 ATL이 되어 이 책에서 배운 여러 지식 사이의 연결 고리를 형성한다고 생각해보자. 먼저, 제4장 "집중"에서 여러분은 기저핵이 이마엽에 들어오는 막대한 정보에 명령을 내린다는 것을 배웠다. 기저핵은 주어진 상황이나 목표에 비추어 중요하다고 판단하는 신호의 볼륨을 "키우고" 그렇지 않은 신호는 "줄일" 수 있다. 이것이 이마엽 겉질이 성공적으로 길을 찾는 데에 도움이 되고 그 결과가 예상보다 좋을 경우, 제2장 "칵테일 기술"과 제6장 "길 찾기"에서 배운 대로 도파민이 분비된다. 도파민은 다시 두뇌의 연결 고리를 재배치하여 좋은 결과를 얻기 위해서 내가 한 행동을 학습하고 기억하는 일을 도와준다.* 그러나 기저핵에 관한 지식 지도에서 이런 "재미있는 사실"을 호기심 수준과 연결하려면 마지막 퍼즐 조각이 필요하다. 즉 도파민 신호가 그 좋은 결과로 돌아가는 길을 찾는 데에 어떤(그리고 언제) 도움을 주는지에 대한 설명이 필요하다.

제2장 "칵테일 기술"에서 도파민을 처음 언급할 때, 낯선 동네를 방향도 없이 걸어가다가 아이스크림 가게를 눈앞에서 마주친 가상의 상황을 설명한 적이 있다. 물론 현실에서는 대단히 운이 좋지 않고서야 이런 일이 없을 것이다. 모험을 즐기고 외향적이며 지각 호기심이 강한 사람이라면 당연히 낯선 장소를 탐험하는 것을 즐길 것이다. 그러나 "동전 던지기"로 갈 길을 정하지 않는 다음에야, 완전히 무작위로 길을 선택하지는 않

---

* 물론 결과가 나쁘면 반대가 된다.

을 것이다.* 사실은 어떤 길을 택하든, 애초에 그 길에 관심이 생긴 이유가 있기 마련이다. 그리고 모퉁이를 만나거나 결정을 내릴 때마다 두뇌는 여러 가지 힌트를 이용해 어느 쪽으로 방향을 틀지 결정한다. "왼쪽으로 숲이 우거져 있군. 나는 자연을 좋아하니까 저쪽으로 가볼까." 두뇌 속의 말이 이렇게 제안할 수 있다. 혹은 기분에 따라서는 이렇게 생각할 수도 있다. "오른쪽에 자동차 소리가 들리네. 가게도 찾고 싶고, 배도 고프고, 좀 번화한 곳을 찾고 싶어. 이쪽으로 가보자!" 물론 채찍 학습자라면 이런 식으로 생각할 것이다. "오른쪽에 자동차 소리가 들린다. 그런데 나는 조용한 게 좋은데. 왼쪽으로 가자." 혹은 "왼쪽에 나무가 많네. 그런데 난 도회지가 좋아. 오른쪽으로!" 어느 쪽이든 눈앞에서 얻은 데이터를 이용해 다음 행동을 결정한다는 점에서는 똑같다.

기저핵과 관련한 세 번째 "재미있는 사실"은 그런 길 찾기를 통해서 어떻게 목적을 달성하는지를 설명해준다. 기분 좋은 도파민 신호전달은 좋은 일이 일어날 때만 진행되는 것이 아니다. 기저핵은 행동의 결과에 대한 모든 지식과 관련지어 전략적으로 도파민을 분비함으로써 "따뜻한" 제안과 "냉정한" 제안을 창출하여 삶에서 좋은 일을 만날 가능성을 높인다(혹은 좋지 않은 일을 만날 확률을 낮춘다). 실험실에서 쥐가 먹이라는 보상을 얻기 직전에 불빛이나 소리로 신호를 주면, 도파민 뉴런 반응이 그 신호에 점점 더 크게 반응하는 것을 볼 수 있다. 나중에는 먹이가 나오지 않아도 그 신호만 나오면 기분 좋은 도파민이 분비된다.[18] 다시 말해, 쥐의 두뇌는 보상이 주어진다는 사실을 확신할 수 있게 되면서부터 미리 성공을

---

* 갈림길이 나올 때마다 동전을 던져 왼쪽이나 오른쪽을 선택하는 방식이다. 그러나 이렇게 완전히 무작위로 걷는다고 하더라도, 애초에 갈 만한 동네라고 생각한 이유가 있어서 그곳을 선택했을 것이다!

축하한다는 뜻이다. 잘한 행동을 보상하는 훈련이 반려동물에게 효과를 발휘하는 이유가 여기에 있다. 신호가 보상이 올 것이라는 강력한 예측 기능을 발휘하면 그때부터는 그 자체가 보상이 된다.

그렇다면 이것이 사소한 사실 게임과는 무슨 관계가 있을까? 기저핵에 관한 이 세 가지 지식을 한데 모으면 도파민을 "학습이라는 양초의 심지"*라는 그림으로 볼 수 있다.[19] 사람들이 호기심을 느끼는 것은, 정보를 발견하는 과정이 보상으로 돌아올 가능성이 높다는 계산을 두뇌가 이미 마쳤다는 신호이다. 혹은 채찍 학습자의 경우, 그들은 이번 정보 탐색 경험이 예상보다 못한 결과를 낼 가능성은 별로 높지 않다고 판단했다는 뜻이다. 그들이 실제 세상에 나가 탐험을 시작할 때, 그들의 두뇌는 전략적으로 도파민을 분비하여 보상을 얻을 가능성이 가장 높은 경로를 찾도록 도와준다. 그 보상이 새로운 정보이든, 아이스크림 가게이든 말이다.

그러나 강민정의 사소한 사실 게임 실험에서는 피험자들이 탐구할 필요가 없었다. 피험자들이 해답에 대한 호기심 수준을 점수로 매긴 뒤에는 곧바로 모든 질문에 대한 해답을 보여주었다. 이런 부자연스러운 실험 조건에서 피험자들이 보상을 얻기 위해서 할 일이라고는 기다리는 것밖에 없었다. 그들이 기다리는 동안 기저핵은 보상이 올 것임을 이미 아는 것을 축하하여 도파민을 분비했다. 그리고 이 도파민 분비는 두뇌의 연결 구조 재편을 촉진했다. 그 결과, 그들은 간절히 기다리던 질문의 해답을 더 잘 기억할 수 있었다.

그러나 어떤 행동을 해도 보상이 돌아오는지 알 수 없는 현실에서는 어떨까? 미지의 세계를 탐구하는 데에 따르는 위험은 어떤 것이 있을까? 다

---

* 강민정이 쓴 논문의 멋진 제목이다. 나는 멋진 제목만 보면 어쩔 줄 모른다.

음 절에서 이런 질문을 다루면서 미지의 영역을 탐구하는 데에 따르는 비용과 편익을 더 자세히 따져보자.

불확실한 환경에서의 호기심

호기심에 관한 강민정 박사의 획기적인 실험 결과가 발표되자, 호기심과 학습의 관계가 현실에서는 어떻게 작용하는지 관심을 기울이는 연구자들이 많아졌다. 그들은 기저핵과 이마엽 겉질이 더 복잡한 학습 조건에서는 어떻게 반응하는지 알아보기 위해서 저마다 사소한 사실 게임을 다양하게 바꾸었다. 로맹 리널 연구진은 놀라움의 요소에 관심을 기울였다.[20] 실험은 여느 실험과 마찬가지로 사소한 사실 질문을 중심으로 구성되었다. 그러나 이번에는 모든 질문 내용이 영화에 관한 것이었다!

이 실험의 신경 영상 촬영 부분은 강민정 연구진과 비슷하게 시작했다. 피험자들은 장비 속에 누워서 사소한 사실 질문을 읽고 해답에 대한 호기심 정도를 표현했다. 그러나 이번에는 현실과 똑같이 해답을 알 수 있으리라는 보장이 없었다. 실제로 실험의 전반부는 마치 동전 던지기처럼 질문이 50퍼센트 정도 진행된 후에 무작위로 해답을 보여주었다. 이것이 "매우 놀라운" 조건이었다면, 이후에는 모든 해답을 보여주는 "별로 놀랍지 않은" 조건이 이어졌다.

그렇다면 해답이라는 보상을 얻을 수 있는지 모르는 경우, 호기심이 강한 두뇌는 어떤 모습을 보일까? 리널 연구진의 실험 결과, 이마엽 겉질의 활동은 증가했지만, 기저핵은 잠잠한 모습을 보여주었다. 기저핵은 아직 축하하기에는 이르다고 판단한 것이다. 그 대신 해답을 본 후에는 활동성이 증가했다. 여러분은 이것이 피험자들의 학습에 어떤 영향을 미쳤다고 생각하는가?

사소한 사실 게임 후에 또다른 퀴즈를 통해서 기억을 검사해본 결과, 피험자들이 영화 사소한 사실 질문의 해답을 기억하는 능력은 질문에 대해서 얼마나 호기심을 보였느냐, 그리고 해답을 듣고 얼마나 놀라지 않았느냐에 좌우되는 것으로 나타났다.* 이런 줄거리의 반전은 도파민과 기저핵이 학습과 연관이 있다는 또 하나의 증거가 될 수 있다. 피험자들은 첫 번째 단계, 즉 "매우 놀라운" 조건에서 보여준 해답을 "별로 놀랍지 않은" 해답보다 더 잘 기억했고, 이것은 해답에 대한 호기심의 정도와 상관이 없었다. 사실 질문 직후에 해답을 보여주었을 때에만 강민정의 실험에서처럼 그 결과가 해답에 대한 호기심 수준과 함께 사후의 기억력을 예측할 수 있었다. 해답을 알 수 있는지 불확실하고 기저핵이 침묵을 지킬 때에는 피험자들의 호기심 수준으로 학습량을 예측할 수 없었다. 놀랍게도 "매우 놀라운" 조건에서는 전혀 호기심을 보이지 않았던 해답도 기억하는 경우가 많았고, 호기심이 높아도 확실한 조건에서 해답을 본 경우에는 그렇지 않았다.

놀라움이 관심보다 학습에 미치는 영향이 더 큰 이유는 무엇일까? 물론 그 해답은 기저핵 보상 체계의 원리에 있다. 여러분이 비욘세가 된다고 해도 생각처럼 좋지는 않다고 이야기했듯이, 기저핵은 기대했던 좋은 일에 빠르게 적응한다. 정말로 그들을 움직이는 것은 **예상하지 못한** 좋은 사건이다. 즉 사소하게 좋은 일이라도 예상하지 못할 때 찾아왔거나, 예상보다 결과가 더 좋았을 때(혹은 덜 나빴을 때)를 말한다.** 기저핵의 관점

---

* 놀라움의 효과를 측정하기 위해서, 첫 번째 50퍼센트 해답 단계에서의 두뇌 활동과 모든 질문의 해답을 보여준 두 번째 단계의 두뇌 활동을 비교했다.

** 특히 외향적인 사람의 경우 이런 현상이 더 뚜렷하다. 그래서 나는 외향적인 성격이 호

에서 놀라움은 인생에서 가장 "배울 준비가 된 순간"이다. 그것이 장차 할 일(당근)이든, 하지 말아야 할 일(채찍)이든 말이다.

이 실험의 결과는 인간 두뇌가 지식을 보상의 대상으로 여긴다는 또다른 증거를 제공한다. 사람들이 질문에 대한 해답을 궁금해할수록 그 지식을 보상으로 기대하는 마음은 더 커진다. 그리고 그 "놀라운" 지식을 받을 때, 두뇌는 마치 우연히 아이스크림 가게를 만난 것처럼 기뻐한다. 두 가지 상황 모두 그 정보를 받을 수 있다는 것을 알게 된 초기에 분출되는 도파민과 관련이 있으며, 그것은 학습에 필요한 두뇌 구조 재편을 촉진한다.

PACE 체계의 공동 개발자인 그루버와 랑가나스 연구진은 또다른 실험에서 일반적인 사소한 사실 게임을 또 한 번 살짝 바꾸어 호기심이 학습에 미치는 영향을 더 자세히 탐구해보았다.[21] 실험은 우선 피험자들이 사소한 사실 질문을 읽고 호기심 점수를 매기는 전통적인 방식으로 시작했다. 그러나 질문과 대답 사이에 지연이 예상되는 그 순간에 피험자들에게 누군가의 얼굴 사진을 한 장 보여주었다. 사람들이 최소한 조금이라도 그 사진에 주의를 기울인다는 것을 알게 된 연구진은, 사진에 나온 그 사람이 질문의 해답을 알 것 같은지 버튼을 눌러 대답해보라고 했다.* 그럴 때마다 90퍼센트의 비율로 질문의 해답을 알려주었다. 그러나 피험자들이 긴장을 유지하도록 얼굴 사진을 보여준 뒤에 X 표시를 몇 차례 보여주어 그 사람이 답을 모른다는 암시를 주는 횟수를 10퍼센트 포함했다.

기심에 의한 의사결정과 어떤 관계가 있는지 궁금해진다.
* 내가 아는 한 이런 대답은 분석된 바 없다. 그러나 현실에서는 답을 안다고 생각되는 사람의 얼굴에 그렇지 않은 사람보다 더 주의를 기울이게 된다. 어떤 성격이 그런 얼굴인지, 사람들이 (누군가의 얼굴을 보고) 그렇게 판단하는 데에 기존의 어떤 지식이 편견으로 작용하는지는 모른다.

이 실험에는 불확실성도 어느 정도 포함되어 있다. 그러나 그루버와 랑가나스의 실험은 10번 시도에 9번 답을 맞히는 정도면 피험자의 기저핵이 미리 축하할 수 있는 충분한 이유가 된다는 것을 보여준다. 강민정의 원래 실험에서도 알 수 있듯이, 그루버와 랑가나스는 실험의 **질문** 단계에서 호기심이 기저핵과 이마엽 겉질 모두의 활동 증가와 관련이 있음을 발견했다. 그리고 예상대로 사람들은 자기가 가장 관심을 보인 해답을 잘 기억한다는 것이 나중의 퀴즈에서 확인되었다.

그러나 사람의 얼굴은 어떻게 된 것일까? 정보를 보상으로 기대한 두뇌가 중간에 사람 얼굴을 보았을 때에는 무슨 일이 일어날까? 그루버 연구진의 실험은 피험자들이 호기심을 품는 순간에 제시된 "우연한"* 정보를 더 잘 학습하는지 확인했다는 새로운 공헌을 했다. 그들은 이를 위해서 마련한 또다른 퀴즈에서, 새로운 얼굴과 실험에 사용된 얼굴이 포함된 목록을 보여주고 그중에 어떤 것이 이전에 본 얼굴인지 말해달라고 했다.

그 결과, 사람들은 질문과 대답 사이에 그들의 호기심이 가장 고조되었을 때 제시된 얼굴을 더 자주 기억했고, 별 호기심이 없을 때 본 얼굴은 기억하는 빈도가 더 낮았다. 이 사실은 정보 보상에 대한 기대로 초기에 분비된 도파민이 학습의 창을 연 것임을 시사한다. 그 창을 통해서 일부 정보가 추가로 들어와 기억력이 증강된 것이다!

그러나 현명한 학부모와 교육자들이 지루한 내용을 가르치기 위해서 이 데이터를 이용해 훌륭한 것이든, 끔찍한 것이든 만들어내기 전에, 호기심이 우연히 본 얼굴을 학습하는 데에 미치는 **효과**는 애초에 보상을 준

---

* 여기에서 "우연한"이라는 단어에 큰따옴표를 붙인 이유는, 현실에서 여러분의 질문에 대답할 수 있는 사람의 얼굴을 기억하는 일이 전혀 우연이 아니기 때문이다.

다고 생각했던 정보인 해답에 미치는 효과보다 훨씬 작다는 점을 먼저 언급해야 한다. 비록 통계상 증가 폭은 상당했지만, 강한 호기심을 보인 질문과 해답 사이에 제시된 얼굴을 인식한 비율은 약한 호기심을 보인 질문에 대한 해답을 기억하는 것에 비해 전체적으로 4.2퍼센트 증가하는 데에 그쳤다. 그에 비해 높은 호기심을 보인 질문의 해답을 기억한 비율은 낮은 호기심을 보인 질문에 대한 해답을 기억한 비율보다 평균 16.5퍼센트나 더 높았다. 호기심 주도형 학습에서 나타난 이런 차이는 아마도 기저핵 통제 방식의 신호전달 과정으로 설명할 수 있을 것이다. 기저핵이 고대하던 해답을 보기도 전에 그렇게 부적절하게 간섭해 들어온 얼굴 자극을 예측하는 법을 배울 수 있다면, 부적절한 얼굴 자극에서 오는 신호를 끌 수 있을 것이기 때문이다.

그루버 연구진은 호기심에 의해서 유발된 학습 창이 다양한 시간과 다양한 정도, 다양한 피험자에게서 열릴 가능성을 알아보기 위해서 질문과 얼굴 사이의 초기 지연 기간에 강한 호기심과 약한 호기심 조건에서 나타나는 두뇌 활동 변화를 측정해보았다. 예상대로 두뇌 활동 변화의 **정도**와 **방향** 모두 개인별로 **커다란** 차이를 확인할 수 있었다. 집단 평균이 예측한 방향, 즉 사람들이 기다리는 해답에 호기심을 유지할 때 기저핵이 **증가**하는 방향으로 변화한 피험자는 절반 정도뿐이었다. 나머지 피험자는 얼굴을 보기 전에 기저핵 활동에 큰 증가가 눈에 띄지 않거나 심지어 **감소**하기도 했다. 이 결과는 이 피험자들의 기저핵이 부적절한 얼굴의 신호를 "끄고 있었다"는 개념과 일치한다. 예상대로 기저핵이 처음부터 축하하기로 결정한 사람들은 얼굴에 대해서도 가장 큰 우발 학습 효과를 보여주었다. 심지어 증가 폭이 10−15퍼센트에 형성되는 사람도 있었는데, 이것은 해답에서 관찰된 사람들과 일치하는 결과였다.

호기심이 학습에 미치는 영향을 연구하는 이 분야의 점들을 이어보면 일관된 패턴이 나타나는 것을 볼 수 있다. 진화를 통해서 인간이 좋은 것을 추구하도록 유도해온 두뇌의 기본적인 강화 학습 방식은 우리에게 지식 보상을 추구하는 동기 역시 부여해준다. 우리의 탐구 과정에 일어나는 학습의 강도는 두뇌가 받아들이는 지식을 얼마나 보상으로 인식하는지는 물론, 과연 어떤 정보든 간에 얻을 가능성이 있다고 생각하는지와도 관련이 있다. 따라서 우리가 낯선 동네를 걷든, 사소한 사실 게임을 하든, 자주 가는 서점에 가서 책을 둘러보든 간에, 우리가 경험하는 호기심은 두뇌가 전략적으로 도파민을 몇 방울 분비해서 가장 **좋은 정보**를 얻을 수 있다고 생각하는 방향으로 우리를 인도하는 방식이다. 그러나 그 정보를 얻는 길이 험난한 언덕길이라면 어떨까? 다음 절에서는 호기심이 강한 사람들이 한 조각의 정보를 얻기 위해서 기꺼이 치르려는 비용에 대해서 살펴봄으로써 도파민 보상 신호의 사이렌 소리가 정확히 얼마나 강한지 알아보자.

호기심의 대가 : 얼마나 간절히 알고자 하는가?

2020년 5월, 조니 로 연구진은 사상 "최강의" 호기심 실험을 발표했다.[22] 그들은 우선 호기심의 속성이 지닌 어두운 측면부터 조명했다. 로가 쓴 논문 초록에는 이런 말이 있었다. "호기심은 바람직한 특징으로 묘사될 때가 많다. 그러나 호기심에 따르는 대가는 사람들을 해로운 상황에 몰아넣기도 한다."

현실 세계에서 호기심의 잠재적 비용은 광범위한 스펙트럼을 형성한다. 정보를 찾는 데에 시간이 든다는 것은 그중에서도 가장 약한 편이다.

그저 정보를 탐구하는 데에서 혼자만의 기쁨을 맛본다면, 그때의 비용은 아마도 알파카나 블랙홀, 혹은 일상생활에서는 거의 쓸모가 없는 지식의 편린을 찾아 읽는 데에 쓴 수십 시간일 것이다. 그리고 좀더 곤란하고 많은 사람에게 위험을 초래하는 사회적 비용도 있다. 예를 들어 사람들 앞에서 질문을 던지려는 의지는 해답에 대한 호기심은 물론, 공개적으로 망신을 당할 걱정을 얼마나 하느냐에도 영향을 받을 것이다. 우리는 살아오면서 "어리석은 질문만큼 나쁜 것도 없다"는 말을 많이 듣지만, 그래도 난처한 질문을 던질 수 있는 상황이 너무나 많다는 것을 알고 있다. 한편 가장 위험한 극단에 있는 예로는, 호기심 때문에 약물 실험이나 기타 스릴을 추구하는 행동을 시도하는 경우를 들 수 있다.

　사람들이 호기심에 **얼마나 강한 동기를 부여받는지** 알아보기 위해서, 로연구진은 사람들이 정보에 얼마나 큰 대가를 치를 수 있는지 측정해보았다. 아울러 좀더 공감을 얻을 수 있는 현실적인 맥락에서 지식을 향한 동기를 측정하기 위해서 꽤 현명한 방법을 사용했다. 바로 피험자들을 굶기는 것이었다! 그들은 피험자들에게 신경 영상 촬영을 하기 전에 몇 시간 정도 아무것도 먹지 말라고 했다. 그렇게 해서 **음식 보상**을 **정보 보상**과 비교할 수 있는 기준으로 삼았다. 햄버거에 굶주린 두뇌는 과연 지식에 허기진 두뇌와 어떻게 비교될까?

　배가 고파서 화가 날 지경인 피험자들은 스캐너에 들어서면서, 세 가지 종류의 시험 문제를 볼 수 있었다. 첫 번째는 지금까지 다루었던 사소한 사실 게임이었다. 질문을 읽고, 답을 얼마나 확신하는지 점수를 매긴 다음, 호기심에 대해서도 그렇게 한다. 두 번째 시험은 꽤 신나는 방식이었다. 사소한 사실 질문을 읽는 대신 마술 쇼 영상을 보는 것이다! 그다음에는 사소한 사실 질문과 같은 내용을 묻는다. 속임수를 달성하는 방법을 알고 있다고 얼마나 확신하는가? 실제로 속임수를 쓰는 방법이 얼마나 궁금한가? 세 번째 조건에서는 사람들에게 여러 가지 음식 보상에 관한 사진을 보여준다. 그리고 그것을 얼마나 먹고 싶은지 물어본다. 이 연구의 결과를 해석할 때 주의할 점이 있다. "햄버거를 얼마나 좋아하십니까?"와 같은 추상적인 질문을 던지는 상황이 아니라는 점이다. 연구자들은 당장 배가 고픈 피험자들에게 햄버거를 먹고 **싶은지** 아닌지 물어본 것이다. 그리고 사소한 사실 질문이나 마술 쇼에서 실제로 지식 보상을 받을 가능성이 있었듯이, 여기에서도 피험자들에게 실험이 끝날 때쯤에는 사진에 나온 음식을 실제로 받을 수 있다고 말해주었다.

그리고 연구진은 여기에서 **정말** 흥미로운 일을 벌였다. 피험자들이 지식이나 음식에 대한 욕구를 점수로 표현한 후, 그 말을 행동으로 보여줄 수 있게 돈을 걸 수 있다고 말해준 것이다. 분명히 원하는 대상을 얻기 위해서 기꺼이 치르려는 금액을 근거로, 한 사람의 욕망이 얼마나 강한지를 측정하는 셈이었다. 피험자들에게는 시험이 한번 끝날 때마다 선택지가 주어졌다. 시험에서 제시된 보상을 얻기 위해서 전기 충격을 받을 위험을 감수하거나, 기회를 다음으로 넘기는 것이었다. 전기 충격을 받을 가능성 대 보상(음식이나 지식)을 얻을 가능성은 전기 충격을 받을 확률을 기준으로 16.7퍼센트(6번 중 1번)에서 83.3퍼센트(6번 중 5번) 사이에 분포했다.

피험자들에게는 사소한 사실 질문, 마술 쇼, 음식을 차례로 보여준 후, 충격의 위험과 보상의 가능성을 시각적으로 나타낸 원 그래프를 보여주었다. 그런 다음에 도박을 걸어볼 의향이 있느냐고 물어보았다. 피험자들의 마음 상태를 더욱 잘 이해할 수 있도록, 피험자들이 각자 고통을 느끼는 한계치를 알아보기 위해서 다양한 강도의 전기 충격을 스캐너에 들어가기 전에 미리 느껴보았다는 점을 미리 말해둔다. 혹시라도 극심한 고통이 아니라,* 그저 **불편한** 정도의 전기 충격만을 주기 위해서였다. 나는 이렇게 전기 충격에 대한 정보를 미리 주었다는 점이 중요하다고 생각한다. 피험자들은 다양한 강도의 충격을 미리 경험하여, 앞으로 그들이 감당해야 할 현실의 생생한 위험을 결정하는 근거로 삼았을 것이기 때문이다.

짐작하는 대로 피험자들은 충격을 받을 가능성이 **높을수록** 도박을 감행할 의지가 전반적으로 **떨어졌다.**** 그러나 스스로 말한 보상을 향한 **욕망**이 클수록 충격을 감수하고라도 보상을 얻으려는 의지도 컸다. 여기에서 중요한 점은 음식 보상과 정보 보상에 대한 반응 패턴이 매우 유사했다는 사실이다. 이 사실은 지식을 향한 우리의 욕망이 진화를 통해서 형성된 오랜 강화 학습 체계의 일환에서 비롯된 것이라는 개념을 강하게 뒷받침해준다고 볼 수 있다.

이제 매우 중요한 질문을 던져보자. 마술 속임수의 비밀을 알거나 사소한 사실 질문에 대답하기 위해서 기꺼이 전기 충격의 위험을 무릅쓰는 사람의 두뇌에서는 도대체 무슨 일이 일어날까? 이 질문에 대답하기 위해서로 연구진은 결국 도박을 건 사람과 그렇지 않은 사람의 두뇌 활동 패턴을 두 군데의 중대한 지점에서 조사해보았다. 그들이 조사한 결과, 실제로 치러야 할 대가(전기 충격)가 있을 수 있음에도 불구하고, 피험자들에게 정보 보상을 추구하도록 동기를 부여하기 위해서 기저핵에서 도파민 분비가 일어났다. 사람들이 위험을 감수하게 될 대상을 처음 보는 순간, 이미 기저핵 활동이 소폭 증가하는 것이 관찰되었다. 기저핵이 이것을 정말 좋은 신호라고 보고한 것이다. 이 결과는 두뇌가 탐구를 향한 어떤 결

---

* 앞에서 이 실험이 사상 최강이라고 말했다!
** 두 명의 피험자는 모든 도박을 감수했기 때문에 조사 대상에서 제외되었다는 점에 눈길이 간다. 실험뿐만 아니라 피험자들 중에도 최강이 존재했음을 알 수 있다.

정이 얼마나 보람 있는 것인지를 판단한다는 개념과 일치한다. 그러나 실제 의사결정 단계에서는 기저핵 활동에서 훨씬 크고 광범위한 차이가 관찰되었다. 실제적인 대가가 눈앞에 있고, **행동 방식**을 결정해야 할 때 기저핵의 사이렌 소리가 가장 강했다.

그러나 잠깐, 끝이 아니다. 연구진은 이후의 탐색전 분석에서 "기저핵은 누구에게 말하고 있는가?"라는 매우 중요한 질문을 제기했다. 그리고 이 질문에 대답하기 위해 의사결정 시점에 기저핵과 두뇌의 나머지 모든 영역 사이에서 일어나는 동기화 패턴을 측정했다. 그 결과 놀라운 사실이 드러났다. 피험자들이 전기 충격의 위험을 감수하기로 결정하는 순간, 기저핵과 감각운동 겉질 중 일부의 연결성이 대폭 하락하는 것이 관찰되었다. 가상의 통증을 느끼거나 예상하는 기능을 담당하는 영역이었다.

내가 아는 기저핵 신호전달 원리를 토대로 이 모습이 시사하는 바를 나름대로 해석해보겠다. 기저핵이 어떤 정보에 대해서 (과거 경험과 당면 목표에 따라) 위험을 감수할 만하다고 추정하면, 기저핵은 사실상 이마엽 겉질에 영향을 미쳐서 이와 다른 결정을 내리게 할 수 있는 두뇌의 한 영역 (이 경우에는 통증 예상 영역)에서 오는 신호를 **꺼버린다**는 뜻이다. 이런 결과는 어떤 위험이 따르는지 잘 **알면서도** 에베레스트 산 자유등반을 **결정**하거나 다른 위험한 행동에 뛰어드는 사람의 두뇌에서 어떤 일이 일어나는지 일반화할 충분한 근거로 보인다.

로 연구진의 결과는 호기심의 신경과학을 실제 세계의 관점에서 생각해볼 거리를 풍부하게 제공한다. 호기심이 강한 사람은 미지의 영역을 탐구할 뿐 아니라 그 일을 위해서 실질적이고 계산된 위험마저 기꺼이 감수한다. 사실 PACE 체계의 "A", 즉 칭찬이라는 프레임에 따르면, 두뇌가 현실로 나갈 때 호기심을 느끼기 **전에 칭찬 단계**를 먼저 거쳐야 한다. 어쩌면 아직 조심스러운 이야기일지도 모른다. 로의 결과에서도 알 수 있듯이, 주어진 상황의 잠재적 위험을 알기 전에 호기심을 느낄 기회가 주어지면 우리의 호기심은 두뇌의 잠재 위험 신호 기능을 "꺼버릴" 수도 있다.

이 책의 마지막 장에서는 우리가 결코 직접 관찰할 수 없는 미지의 영역, 즉 다른 사람의 마음을 탐구하는 문제를 다룬다. 아마도 인간에게 주어진 가장 위험하면서도 절실한 기회일 것이다. 그러나 먼저, 탐구와 앎의 순환에 관해서 지금까지 배운 내용을 다시 정리해보자. 이번에는 새로운 영역을 탐구하려는 우리의 의지가 안고 있는 비용과 혜택에 초점을 맞추어 살펴보자.

요약 : 두뇌는 미지의 상황에서 지식의 가치를 추정하여
탐구할지 무시할지를 결정한다

제6-7장에서 논의한 내용 중에는 그루버와 랑가나스가 제안한 PACE 체계와 맞아떨어지는 것들이 많다. 우리가 새로운 대상을 마주할 때 그것이 장차 할 일과 상관없다는 것을 알면서도 배우려고 하는 이유는 무엇일까? 제6장 "길 찾기"에서 배웠듯이, 우리가 습득한 모든 정보는 두뇌 속에 들어 있는 지식의 지도를 조금씩 바꾸어놓는다. 이 지식이 우리가 아는 다른 것들과 연결되기 때문이다. 지식 지도의 핵심에는 우리 자신에 대한 이해와 세상에서 우리가 차지하는 위치가 있다. 따라서 내가 우주 공간에 나갈 가능성이나 해파리의 나이를 추정할 필요는 전혀 없음에도, 무한이나 불멸에 관해 배운 지식은 나 자신을 생각하는 방식에 변화를 초래한다. PACE 체계의 중요성은, 그것이 내가 미지의 공간에 가게 될 상황에 대한 나의 예측마저 바꾸어놓는다는 점에 있다.

그러나 우리가 두뇌의 의미 지도의 중심에 있다는 사실은 지금까지 다루지 않았던 또 하나의 위험을 만들어내기도 한다. 새로운 정보를 습득하여, 나의 정체성을 위협할 정도로 세상에 대한 시각이 변할 수 있다면 어떻게 될까?

나는 그 해답을 PACE 체계의 칭찬 단계에서 부분적으로 찾을 수 있다고 믿는다. 이 이론에 따르면, 두뇌는 주변 상황이 비교적 안전하다고 여길 때에만 탐구에 동기를 부여하는 호기심을 만들어낸다. 여기에서 호기심과 탐구는 의문과 인식이 만들어내는 순환 고리의 마지막 두 단계에 해당한다. 물론 여기에는 개인별 차이가 끼어들 기회가 엄청나게 많다. 한 사람이 감수할 수 있는 위험 수준은 과거에 정보를 추구했던 경험은 물론, 그들의 두뇌가 학습하는 방식이 당근이냐 채찍이냐에 따라서도 달라지기 때문이다. 그러나 내가 탐구하는 "공간"의 차이가 물리적으로나 상징적으로 얼마나 위협적인지도 고려해야 한다.

물리적 위협, 예컨대 충격을 받음으로써 탐구의 의지가 꺾일 수도 있지만, 두뇌는 생리적 위협으로부터 자기를 지키려는 동기도 함께 가지고 있다. 만약 그렇다면, 우리의 가장 중심이자 정체성을 기반으로 하는 신념을 유지하는 일은 이마엽 겉질이 우리를 안내하는 데에 사용하는 목표 중 하나가 틀림없을 것이다. 이런 신념 체계의 위력은 우리를 탐험에 나서게 하거나 "외부" 세계에서 진실일 만한 것들에 관한 통계적 정보를 모으고 객관적 의견을 형성하게 한다는 데에 있지 않다. 그 위력은 그런 하향식 길 찾기 전략을 통해서 기저핵이 "적절한" 정보—즉 나의 자아 기반 신념에 부합하는 정보—만 켜고 "부적절한" 정보는 나의 세계관을 지지하지 않는다는 이유로 꺼버린다는 점에 있다. 제이 반 바벨과 안드레아 페레이라는 최근 견해 논문에서 그런 두뇌 기반 모형이 개인의 가치와 정치적

신념, 그리고 당파적 행동 사이의 관계를 설명하는 데에 사용될 수 있음을 보여주었다.[23]

　여러분이 믿든 믿지 않든, 우리는 모두 그렇게 한다. 우리는 신념 덕분에 안전하고, 보호받으며, 자신이 옳다는 느낌을 받는다. 신념을 형성하고 유지하는 방법을 연구하는 심리학자들은 사람들이 자신이 믿던 진실과 다른 정보를 대할 때 놀라며, 이성적으로 행동하는 경우는 별로 없다는 사실을 오래 전부터 알고 있었다. 사람들은 자신의 신념과 어긋나는 증거는 무시하거나 깎아내린다. 이를 **확증 편향**confirmation bias이라고 한다. 여기에서 중요한 교훈을 얻을 수 있다. **칭찬** 단계에서 자신의 가장 중요한 신념과 배치되는 정보를 만날 경우, 위협으로 간주할 가능성이 있다는 것이다. 그 결과 호기심―그리고 공상―의 순환 고리가 끊어지고 미지의 영역을 탐구하는 순환 고리도 끊어진다. 이 점을 염두에 둔 채, 다음 장에서는 우리 누구도 시도하지 않은, 미지의 영역이 우리의 가장 취약한 부분을 드러내는 탐험에 나서보자. 두뇌가 만들어내는 거품방울을 통해서 세상을 봄으로써 우리와 다른 관점을 지닌 사람과 연결을 시도하는 탐험 말이다.

8

관계

두 두뇌의 주파수가 일치하는 법

말콤 글래드웰의 책 『타인의 해석*Talking to Strangers*』에는 사람들 사이에 발생하는 오해를 보여주는 극적이고 매우 현실적인 사례들이 등장하는데,**1** 여기에서 두 가지 분명한 사실을 알 수 있다. 첫째, 다른 사람을 이해한다는 것은 매우 어렵다. 둘째, 사람들 사이에서 일어나는 오해는 재앙적인 결과를 초래할 수 있다. 다단계 사기부터 대량 학살에 이르는 모든 사태는 모두 우리의 오해로부터 비롯되었다. 정말 심각한 오해 말이다. 그러니 우리가 다른 사람과의 관계를 탐구하기를 망설이는 것이 그렇게도 놀랄 일일까?

우리는 이 책에서, 사람들 사이의 차이를 유발하는 생물학적 장벽을 이해할 수 있는 기초 지식들을 배워왔다. 각자 고유의 유전적, 환경적 경험에 따라서 형성된 두 두뇌가 같은 환경에서 만날 때, 그들은 각자 만들어낸 주관적인 현실의 장벽을 통해 소통한다.

그러나 다른 사람의 참모습을 그대로 보기 힘든 바로 그 두뇌가, 우리에게 참모습을 그대로 보도록 동기를 부여하기도 한다. 더구나 사람마다 정도의 차이는 있지만 사회적 동물인 인간의 두뇌는 연결을 갈망한다. 두뇌는 유아기에 받는 보살핌부터 성인이 되어 맺는 친밀한 관계에 이르기까지 다양한 연결을 추구하는 수많은 방식을 갖추고 있다. 관계야말로 인간이 생존하는 데에 가장 중요한 요소임을 생각하면, 이것은 너무나 당연하다. 실제로 타인과 관계를 맺는 일은 두뇌의 가장 중요한 기능이다.

나는 각본가 조지 마틴이 쓴 "눈이 내리고 차가운 바람이 불면 외로운 늑대는 죽지만 무리는 살아남는다"는 말에 그 핵심이 있다고 생각한다.[2] 「왕좌의 게임」에서 스타크의 핵심 대사이다. 비록 현대인은 더 이상 추위를 이겨내기 위해서 서로의 체온이 필요하지도 않고 무리를 지어 사냥하는 일도 없지만, 어려운 시절이 오면 여전히 가까운 인간관계가 있느냐 없느냐는 생존에 직결되는 문제가 된다. 인간관계의 중요성은 보건 분야 연구에서도 지속적으로 관찰된다. 신체 접촉은 미숙아의 두뇌와 신체의 발달을 도와주며,[3] 사회적 지원 네트워크는 에이즈AIDS와 같은 만성질환이 건강에 미치는 피해를 막아내는 데에 도움이 된다.[4] 친밀한 대인관계의 중요성을 좀더 구체적인 보건 문제의 맥락에서 살펴보기 위해서, 줄리언 홀트-룬스태드와 티머시 스미스의 최근 메타분석 결과를 예로 들어보자.[5] 그들은 전 세계 30만 명에 달하는 피험자들로부터 얻은 데이터를 분석하여, 친밀한 대인관계의 결핍이 조기 사망에 미치는 영향이 과도한 음주나 비만의 두 배에 달한다는 결론을 얻었다.*

나는 여기에, 심리학자와 보건 전문가들이 코로나 바이러스 유행으로

---

* 이 연구에서 과도한 음주는 하루 6회 이상의 음주로 정의되었으며 그 정반대는 금주였다. 비만의 경우 정확한 기준은 없었지만, 비대한 사람과 마른 사람의 신체질량 지수 대비를 근거로 정의되었다. 또 친밀한 관계의 결핍이 신체에 미치는 영향은 하루에 담배를 15개비 피우는 것과 맞먹는다는 사실도 밝혀졌다!

강제로 진행된 "사회적 고립 실험"의 막대한 데이터를 본격적으로 분석하기 시작하면, 고독과 관련된 건강 위험에 대한 이해가 기하급수적으로 발전하리라고 믿어 의심치 않는다. "사회적 고립", "유행병", "건강" 등의 키워드를 과학 문헌 검색창에 입력해보면, 지난 2년간 이 주제로 1,500건이 넘는 논문이 발표되었음을 알 수 있다. 이것이 희망적인 소식인지는 아직 모르겠지만, 이런 연구 하나하나는 대인관계가 건강한 삶의 필수 요소인 이유와 훌륭한 대인관계의 어떤 요소가 신체적, 정신적 건강을 고취하는지에 관한 우리의 이해를 증진하는 데에 큰 도움이 될 것이다. 그런데 과연 그 연구들이 건강한 관계를 형성하는 방법을 알려줄까?

다행히 동료 학자이자 인간관계 연구센터의 소장인 조너선 캔터는 우리가 이 분야를 이해하는 데에 도움을 주었다. 2020년에 그는 친밀한 대인관계의 구성요소들 중에 우리가 개선할 수 있는 부분을 정의하는 모형을 발표하면서, 마음과 두뇌 사이에 이루어지는 세 가지 양방향 정보 전달 방식을 소개했다.[6] 첫 번째는 비언어적 감정 커뮤니케이션이다. 감정을 표현하는 사람이 자신의 취약한 부분을 마음 놓고 드러내는 것이다. 두 번째는 언어를 통한 자기표현이다. 표현 주체가 다른 사람이 자기 말을 들어주고 수긍한다고 느끼는 것이다. 세 번째는 행동을 요청하거나 요구하는 행동이다. 이를 통해서 표현 주체는 도움을 받는다는 느낌을 얻는다. 캔터 모형의 핵심은 대인관계에 관한 과거의 연구들을 근거로 사람들의 거리를 가깝게 해주는 조건을 정의했다는 것이다. 이를 통해서 그는 오해로 사이가 멀어지는 조건 역시 설명한다.

캔터와 그가 수립한 모형의 원저자들은 대인관계 교류가 캔터가 설명한 기준을 충족할 경우, 그 결과로부터 보상을 얻는다고 주장한다. 보상은 대인관계를 향한 욕구를 증진하고 유대를 강화한다. 그러나 기준을 충족하지 못하면 정반대의 일이 일어난다. 이것은 두뇌의 관점에서 보면 너무나 타당하다. 기분이 좋아지는 도파민 보상 회로는 행동의 결과를 근거로 학습하기 때문이다. 물론 여러분은 이제 당근과 채찍이 서로 협력해서 좋은 것은 추구하고 과거에 별로 좋은 기억이 없는 일은 피하도록 만든다는 것도 알 것이다. 이런 다양한 학습 방법을 캔터의 친밀 이론에 비추어 생각해보면, 왜 어떤 사람은 좋지 못했던 과거 대인관계의 영향을 유독 더 많이 받는지 궁금해진다. 이번 장에서는 이러한 개념을 기초로, 우리에게 이런 취약한 대인관계에 나서도록 동기를 부여하는 또다른 신경화학물질에 관해 이야기할 것이다. 바로 **옥시토신**oxytocin이다.

캔터의 모형은 양방향 의사소통이 각 사람의 "지각 필터"를 통해서 처리된다는 점을 인정한다. 물론 이것은 분명 우리가 지금까지 배운 내용을 더 복잡하게 만든다. 그러나 곧 설명하겠지만, 다른 사람의 마음을 이해하는 방식에는 여러 가지가 있다. 그중에는 사귀려는 사람의 처지에서 생각해볼 마음이 저절로 드는 이해 방식도 있다. 그러나 다른 방법들은 정신적인 노력이 더욱 필요한데, 서로 다른 두 두뇌가 의사소통에 나설 때 일종의 오해가 생겨도 큰 영향을 받지 않을 수 있다.

우리가 함께 나선 여정의 마지막 장에 접어든 지금, 두뇌가 다양한 방식으로 우리의 삶을 안내하는 과정을 충분히 이해한 여러분에게, 현실을 보는 관점이 서로 다른 사람과의 사이에 놓인 간극을 넘어 그에게 다가가고자 하는 마음이 생기기를 바란다. 사실 역사상 이루어졌던 가장 중요한 협력은 사람들이 서로의 생각과 감정, 그리고 의사소통 방식의 차이를 함께 잘 이해했기 때문에 가능했다. 존 레넌과 폴 매카트니, 파울리 머리(미국의 민권 운동가/역자)와 엘리너 루스벨트(전 미국 대통령 영부인/역자), 빌 게이츠와 폴 앨런(마이크로소프트의 공동 창업가/역자), 수전 앤서니(미국의 사회 운동가/역자)와 엘리자베스 캐이디 스탠턴(미국의 사회 운동가/역자) 등 모두가 그랬다. 지금부터는 우리 두뇌가 이런 의미 있는 관계를 주도하고 중간에 개입하는 과정에 대해서 살펴볼 것이다.

다른 사람을 안다는 것은 무슨 뜻일까?

두뇌가 다른 사람과의 연결을 위해서 사용하는 방법을 이야기하기 전에, 두뇌의 관점에서 다른 사람을 이해하는 데에 따르는 어려움을 먼저 정의해보자. 제6장 "길 찾기"와 제7장 "탐구"에서 우리는 사물을 이해하고 그 결과를 바탕으로 의사결정을 내리는 행동의 기초적인 의미를 살펴보았다. 그렇다면 다른 **사람**을 이해하는 것과, "외부"의 다른 현상을 이해하는 것의 비슷한 점과 다른 점은 무엇일까?

두뇌의 관점에서 이 질문에 짧게 대답해보면, 어떤 사람을 아는 것은 세상의 다른 것을 아는 것과 근본적으로 다르다. 물론 인간이 다른 모든 대상에 비해 **훨씬** 더 복잡하고 예측하기 어렵다는 사실을 제외하더라도 말이다. 이 점이 특히 어려운 이유는 두뇌에 주로 사물을 예측하려는 경향이 있기 때문이다. 제7장 "탐구"에서 살펴보았듯이, 예측은 두뇌가 어떤 정보를 습득해야 하는지 아닌지를 파악하는 기본 수단이다.

불행히도 인간의 행동 범위는 그토록 넓으므로, 어느 한 사람이 다음에 할 말이나 행동을 완벽하게 예측할* 수 있는 정보를 가질 수가 없다. 만

---

* 안드레아는 자신이 그렇게 할 수 있다고 **생각하지만**(그럴 때마다 나는 짜증이 난다), 과학 이야기를 할 때를 제외하면 내가 말하려는 문장 하나를 예측하는 일도 어렵없다. 물론 이런 예측 방식 덕분에 그는 3개 국어로 유창하게 대화를 나눌 수 있을 것이다. 그렇다고 그가 나의 말을 못 알아들을 때마다 나의 **짜증**이 줄어들지는 않는다.

약 **그랬다면** 내가 좋아하는 드라마 「웨스트월드Westworld」의 한 장면 같은 상황이 연출될 것이다.**7** 그 드라마에서 주요 역할을 맡은 메이브는 자신이 로봇이라는 사실을 알게 된다.* 그녀는 자신의 마음을 이해해주는 어떤 기술자가 태블릿을 꺼내 그녀의 내부 프로그램과 동기화하려는 순간 이렇게 속삭인다. "내가 무슨 생각을 하는지는 아무도 몰라요." 그러면서 분노와 혼란이 교차하는 시선으로 화면을 지켜본다. 그곳에는 "대화 계도系圖"라는 제목 아래로 그녀가 말하는 단어들이 미처 말을 마치기도 전에 떠오른다. "이건 말도 안……"이라는 말이 그녀의 입과 화면에서 동시에 나오는 순간, "충돌"이라는 단어와 함께 붉은 글씨로 "간섭 작동"이라는 알림이 뜬다.

　그 장면을 보면서, 인간이 로봇의 마음에 공감한다는 것이 강렬하게 나의 뇌리에 남았다(그 드라마가 전제로 삼았던 것이기도 하다). 그 사실은 우리도 예측하는 기계와 다름없다는 생각으로 이어진다. 그러나 인간과 기계의 큰 차이는 우리의 행동이 가지는 **유연성**에 있다. 이 내용은 제3장 "동기화", 제5장 "적응", 그리고 제6장 "길 찾기"에서 다룬 바 있다. 지금까지 이 책에서 배웠듯이 우리는 같은 외부 상황에 대해서도 모두 똑같이 반응하지는 않는다. 심지어 **같은 사람**이 같은 외부 자극에 대해서도 그의 내면과 외부 세계의 상호작용에 따라 다르게 반응한다. 이 장의 서두에서 다른 사람을 이해하기가 어렵다는 말의 의미가 바로 이것이다!

　그래도 해야 한다. 비록 전염병 유행 기간에 상황이 많이 바뀌었지만, 정상적인 환경이라면 우리는 잘 알지 못하는 사람과도 거의 매일 만난다.

---

* 　1973년에 개봉한 영화가 아니라 2016년에 HBO에서 방영된 TV 시리즈를 말한다. 물론 영화도 훌륭하다. 유튜브에서 "메이브(Maeve)"와 "내가 무슨 생각을 하는지는 아무도 몰라요(No one knows what I'm thinking)"를 검색하면 그 장면이 나온다.

동료와 같이 일하는 것부터 번잡한 도로에서 우연히 만난 사람과 가벼운 인사를 주고받는 것까지, 우리의 두뇌는 언제나 다른 사람이 어떻게 행동할지를 고민한다. 두뇌는 이를 통해서 인간 행동에 관한 정보를 탐욕스럽게 빨아들인다.

사람들에 관해서 수집한 데이터는 일련의 동심원에 속해 있다고 볼 수 있다. 한가운데의 원에는 개인에 대한 정보가 들어 있다. 예를 들면 "안드레아는 짓궂은 농담을 좋아한다"와 같은 것들이다. 바깥쪽에는 인류 전체와 관련된 자료가 자리한다. "언어를 사용하여 의사소통한다" 등이 그런 예이다. 바깥과 중심 사이에는 다양한 정보의 축에 따라 어떤 상황이 길 찾기에 유용하다거나, 지금과 나중에 어떤 일이 일어날지 판단하는 데에 도움이 된다고 두뇌가 판단한 정보가 있다. 그리고 이곳이 바로 한 사람의 인종, 나이, 성별, 성적 취향, 정치적 성향, 사회경제적 지위, 경력, 억양, 헤어스타일 등에 근거한 암묵적 편향이 사람들을 이해하는 방식에 영향을 미치는 구역이다. 제5장 "적응"에서 살펴보았듯이, 이런 편향은 매우 심각한 결과를 초래하기도 한다. 인종만으로 그가 든 물체가 공구인지 총인지를 판단하는 것이 그 예이다. 그러나 치명적인 결과를 미칠 가능성이 없는 사람들 역시, 그 사람이 어떤 사람일 것이라고 예측하지 않고 그 사람 그대로 바라보기가 어려울 수 있다. 다른 사람과의 만남을 추구하는 바로 그 두뇌가 끊임없이 규칙을 찾아내려고 하면서 부족한 데이터로 결론을 끌어내는 일도 하기 때문이다.

물론, 일반화를 피하는 가장 좋은 방법은 관계를 맺고자 하는 사람에 관한 데이터를 많이 확보하는 것이다. 그런데 이렇게 말하면 결국 우리는 낯선 사람과는 가능한 한 대화를 피하고 말 것이다. 그러나 이 대목에서 지난 장$_{章}$에 다루었던 개념으로 되돌아가게 된다. 우리가 낯선 사람과 대화하는 데에 따르는 위험을 감수하고 싶을 때, 또는 그래야 할 때는 언제일까? 이 질문을 잘 기억해두자. 곧 다시 이야기할 것이다. 그러나 한 사람에 대한 정보를 많이 확보해야 한다는 개념에는 한 가지 의문이 든다. 데이터를 많이 확보하는 것이 그 사람을 아는 것과 같을까? 철학자 마크 화이트의 논문에 따르면 절대 그렇지 않다.[8]

그리고 나는 그 말에 동의한다.

예를 들어 나는 지난 1년 반 동안 아주 늙은 울프하운드 종 개를 데리고 매일 우리 집 앞을 오가는, 동네에 사는 한 남자에 관한 데이터를 꽤 많이 모아왔다. 나는 그의 어떤 부분에 대해서는 꽤 정확하게 예측할 수 있다. 비가 오나 날이 개나, 그는 거의 매일 아침 10시에서 10시 30분 사이에 개를 데리고 우리 집 앞길을 따라 서쪽으로 걸어간다. 그 개는 항상 그의 뒤에 몇 걸음 뒤처져서 마치 "또 저렇게 빨리 가네!"라고 말하듯이 느릿느릿 걸어간다. 그때마다 우리 집 개들은 어김없이 고개를 내밀고 짖어대며 우리에게 "침입자"를 경고하고, 그러면 그는 항상 자기 개를 뒤돌아본다. 그러는 이유를 내가 몰라서일 수도 있겠지만, 그가 틀림없이 뒤를 돌아볼 것이라고 예측한다고 해서 내가 그를 잘 안다는 생각은 전혀 들지 않는다.*

화이트의 논문은 데이비드 매더슨이 이 주제에 관해 쓴 철학 논문에 나온 내용을 바탕으로, 누군가를 아는 것과 그에 관해서 아는 것의 차이를 설명한다.[9] 화이트는 비인격적 지식과 인격적 지식을 구분한다. 전자는 예컨대 유명 인사들에 관해서 우리가 아는 온갖 시시콜콜한 내용을 말한다.

---

* 혹시 그 점잖고 커다란 개가 무섭게 노려보는 것이 우리 집 개들에게 위협이 될까 봐 그러나 하고 생각할 때도 있다. 그리고 어떨 때는 성질이 사나운 4킬로그램짜리 나의 개가 자기 개를 아직 물어 죽이지 않았는지 확인하려고 돌아본다는 상상도 해본다.

그리고 후자는 누군가를 직접 만나 사귀어보아야만 알 수 있는 지식이다. 그런데 나는 여기에 한 가지를 더 보태고 싶다. 우리는 어떤 유명 인사를 정말 잘 아는 사람처럼 느낄 때도 있다. 내가 그렇다.* 그런가 하면 매일같이 사는 사람도 전혀 모르겠다는 생각이 들 때가 있다.

그 이유를 나는, 우리가 어떤 사람을 안다는 느낌은 그의 마음속에 있는 것들을 우리가 얼마나 풍부하고 정확하게 안다고 생각하는가에 바탕을 두기 때문이라고 생각한다. 어떤 사람을 직접 만난 경험이 많이 쌓이면 분명히 더 많은 데이터를 확보할 수 있겠지만 다른 요소, 예컨대 그 사람의 표현력이나 솔직함 등 역시 틀림없이 작용한다. 우리가 어떤 사람에 대한 직접 경험이 아무리 많더라도 그의 머릿속에 무슨 일이 일어나고 있는지는 결코 볼 수 없기 때문이다. 그러므로 두뇌가 잃어버린 퍼즐의 한 조각을 찾기 위해서는 역시 직접 볼 수 없는 다른 대상을 계획하고 추론할 때 쓰던 것과 똑같은 과정을 사용할 수밖에 없다. 그에 대한 가상의 정신적 모형을 마음속에 만드는 것이다.

그러기 위해서는 **엄청난 양의 역설계 작업**을 처리해야 한다는 문제가 생긴다. 우리가 입력하는 정보는 눈에 보이는 데이터이다. 그 사람이 한 말이나 행동, 그때 그의 외모, 표정 같은 것들 말이다. 혹은 그 반대, 즉 말하지 않은 것, 하지 않은 행동, 그의 태도 등이 될 수도 있다. 다른 사람의 마음의 모형을 세우려고 할 때, 우리는 눈에 보인 것을 바탕으로 그가 그렇게 행동한 **이유**를 거꾸로 파악해야 한다. 다음 절에서는 다른 사람의 마음을 추론하는 일에 얼마나 능숙한지를 측정하는 검사법을 한 가지 소개할 것이다.

---

* 또 제이슨 모모아라고 할 줄 알았다고? 왜 이러시나. 나는 그렇게 뻔한 사람이 아니다.

마음을 거꾸로 읽는 법

여러분이 파악할 수 있는 정보를 바탕으로 누군가의 생각을 얼마나 추측할 수 있는지 알아보기 위해서, 성인의 정신 모형화mind-modeling 능력을 측정하는 데에 가장 널리 쓰이는 방법을 소개한다.[10] 사이먼 배런-코언 연구진이 개발한, **눈빛으로 마음 읽기 검사법**(이하 "눈 검사법")이다. 이 검사는 비교적 간단하지만 쉽지는 않다. 검사의 목적은 사람들의 눈 표정을 보고 그의 기분을 알아내는 것이다. "눈은 마음의 창"이라는 말이 있다.*
다음 사진을 보고 각 사람의 표정을 가장 잘 나타내는 단어를 넷 중에서 골라보자.

네 가지 마음 상태 중에 사진에 나타난 사람**을 가장 잘 표현하는 것은 무엇이라고 생각하는가?

짜증 나다   빈정대다

걱정하다   상냥하다

정답을 보기 전에 한 번만 더 해보자.

---

* 이 말을 가장 먼저 한 사람이 누구인지는 아직 논쟁거리이다. 키케로일까? 셰익스피어일까? 배런-코언은 분명 아닐 것이다. 그러나 이 검사를 해보면 알겠지만, 한 사람의 눈빛으로 그 사람에 관한 중요한 정보를 엿볼 수 있다는 점은 분명하다. 역사상 최소한 한 명 이상이 이 사실을 알아차렸다는 것이 그럴듯하다.

** 이 사람, 분명히 니컬러스 케이지 같은데, 어떻게 생각하는가?

결단력 있다   즐거워하다

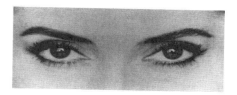

겁에 질리다   지루해하다

정답은 각각 "걱정하다"과 "결단력 있다"이다. 눈빛으로 사람의 마음을 읽는 데에 자신이 얼마나 능숙한지 더 관심이 생긴다면, 인터넷에서 "눈빛으로 마음 읽기 검사"를 검색하거나 나의 웹사이트의 연구 항목을 방문해보라.

뒤에서 다시 다루겠지만, 두뇌가 사람들의 행동을 관찰하여 그들의 마음을 추론하는 데에는 여러 방법들이 있다. 바로 여기에서 여러 가지 문제가 발생한다. 인간은 로봇이 아니며, 정신을 모형화하는 것은 여러 검사법에서는 유효할지 몰라도 현실에서는 늘 일관된 결과로 이어지지 않기 때문이다. 다음 절에서는 두뇌가 다른 사람을 이해하기 위해서 병렬로 사용하는 여러 경로들을 소개하고, 그로 인해 타인과 가까워지거나 반대로 멀어지는 조건에 대해서 생각해보자.

거울을 통한 마음 읽기

다른 사람의 마음을 이해하기 위해서 두뇌가 가장 먼저 사용하는 수단은 인간뿐만 아니라 영장류 이웃들도 함께 사용한다. 우리는 아주 어려서부터 다른 사람의 행동을 모형화함으로써 서로의 행동을 배울 수 있다. 즉

두뇌는 다른 사람의 행동을 보고 나에게 그 행동을 모방하도록 지시한다.[11] 이 모방에 관여하는 것이 "거울 뉴런mirror neuron"이다. 이들은 **여러분**이 어떤 행동을 할 때, 그리고 **다른 사람**이 똑같이 행동하는 것을 볼 때 활성화되는 뉴런 집단이다. 이 거울 뉴런을 통해서 다른 사람의 행동에 대한 여러분의 이해는 그 행동에 대한 **여러분**의 내적 표상과 결합한다. 커피잔에 대한 이해가 잔을 잡는 동작과 결합되는 것과 같은 원리이다.

이런 정신 모형화를 통해서 우리는 다른 사람과 유기적으로 연결되어 그와 공감하거나 "같은 느낌을 받을" 수 있다. 즉 이런 방식으로 마음을 읽으면 상대의 처지에서 생각할 수 있다.

이것은 제6장 "길 찾기"에서 다루었던 의미 지도에 관한 설명과 맞닿아 있다. 세상을 이해하는 두뇌 속 지도의 중심에 내가 있는 것이다. 우리는 다른 사람을 이해할 때 **기본적으로** 그 이해를 우리 자신의 지도로 만든다. 즉 자기중심적 관점이다. 내가 그런 방식으로 행동하면 나는 어떻게 생각하고 느낄까? 낯선 사람에 대한 나의 가정을 형성하는 암묵적 편향이 그렇듯이, 이런 자기 보호 경향은 너무나 **빠르고** 저절로 작동되므로 그런 일이 일어난다는 사실도 미처 알지 못한다.

이런 자동적인 동조 행동(거울 효과)이 어쩌면 지난 5년 여간 사회신경과학자들이 관찰해온 현상을 어느 정도 설명해주는지도 모른다. 우리가 서로 두뇌의 활동 방식이 비슷한 사람끼리 어울리는 경향 말이다. 예를 들어 캐럴린 파킨슨 연구진이 진행한 실험에서는 같은 대학원 강좌에 등록한 279명의 학생이 자기 보고에 따라 사회 연결망을 만들기 시작했다.[12] 이 연결망에서는 서로 친구라고 밝힌 학생끼리 연결되었고 그렇지 않은 학생은 제외되었다. 만약 두 사람이 서로 친구 사이가 아니더라도 두 사람 모두와 친구인 사람이 있다면, 두 사람은 이 중간 사람을 통해서 사회 연결망에 들어올 수 있었다. 279명의 학생*이 모두 밝힌 상호 관계에 따라 그 모두를 포괄하는 연결망을 구성한 다음, 연구자들은 그중에서 다양한 사회적 관계에 따라 42명을 선별해 신경 영상 실험에 참여하도록 했다. 실험에 참여한 학생들이 코미디 쇼부터 토론 프로그램에 이르는 다양한 영상을 수동적으로 보는 동안, 연구자들은 그들의 두뇌 활동을 기록했다. 연구진은 피험자 한 명당 총 80군데의 다양한 두뇌 영역으로부터 활동 시간 경로를 추출한 후, 피험자들의 최대 조합수인 861쌍에 대해서 영역별로 이 시간 기록의 상관관계를 조사했다.

그리고 놀라운 결과가 나왔다. 원래부터 친구 사이였던 사람들은 공통의 친구가 중간에 있는 사람들보다 서로 유사한 두뇌 반응을 보였고, 그들의 두뇌 반응은 또 중간에 친구가 없는 사람들보다 더 유사했다. 실제로 연구진이 두뇌의 유사성을 사용하여 누가 누구와 친구인지 **예측했을** 때, 이 변수는 잘 알려진 예측 지표인 나이, 성별, 국적 등을 통제 변수로 삼았을 때에는 상당한 변동성을 보였던 현상까지도 충분히 설명할 수 있었다. 또 이런 모습이 다양한 두뇌 영역에서 골고루 관찰되기는 했지만, 친구들 사이의 상관관계가 가장 뚜렷하게 나타난 영역 중에는 바로 기저핵이 있었다. 이것이 뜻하는 바는 짐작한 바와 같다. 즉 같은 대상을 좋아하는 사람들끼리는 그렇지 않은 사람보다 서로를 좋아할 가능성이 높다는 것이다. 이 연구에서 또 하나 도출할 수 있는 개념이 있다. 서로 좋아하는 사람들은 외부 자극에 대한 **두뇌** 반응도 서로 비슷하다는 것이다.

최근 같은 연구진의 일부가 진행한 연구에 따르면, 유사한 두뇌 기능

---

* 이 연결망에 누구와도 연결되지 않은 사람이 한 명 있었다. 그 사실을 아는 순간 나는 슬펐다. 그가 이 스트레스에 지친 집단이 아니라 학교 밖의 친구들과는 잘 어울리기를 바란다.

을 보이는 사람들의 이런 자기 효과ᵐᵃᵍⁿᵉᵗⁱᶜ ᵉᶠᶠᵉᶜᵗ가 단지 외부 세계에 대해서 같은 반응을 보이는 것을 넘어선다는 것을 알 수 있다.[13] 예컨대 캐럴린 파킨슨이 (또!) 포함된 라이언 현Ryan Hyon 연구진은 앞선 그 사회 연결망 구조를 한국의 작은 도서지역 주민 전체(798명)에 적용하여 실험해보았다. 이번에는 다양한 유대 관계를 맺은 주민 64명으로부터 두뇌가 편안한 상태에 있을 때 얻은 MRI 데이터를 분석했다. 다시 한번 두뇌의 기능이 유사한 두 사람이면 누구나 친구일 가능성이 높은 것으로 나타났다. 그러나 이번에는 두뇌의 유사성을 코미디 쇼나 다큐멘터리를 볼 때 보인 반응이 아니라 아무 일도 하지 않은 채 공상하는 상태에서 측정했다는 점에 주목할 필요가 있다. 그리고 이런 두뇌의 지표는 성격 측정에서 보인 유사성을 뛰어넘어, 두 사람의 사회적 유대성이 얼마나 비슷한지도 예측할 수 있었다!

이런 두뇌의 동조화가 캔터의 성공적 관계 모형의 맥락에서 어떻게 작용할지 생각해보자. 만약 우리가 기본적으로 동조를 통해서 다른 사람의 마음을 이해한다면, 두뇌가 유사한 두 사람 사이에서는 그런 효과를 더 자주 관찰할 수 있을 것이다. 이것은 그 자체로 그들이 맺는 긍정적인 대인관계의 수와 강도를 증대하는 요인이 될 것이다. 같은 환경 자극 보상을 찾는 데에서 오는 편리함까지 생각한다면, 같은 **두뇌끼리** 모이는 이유를 더 쉽게 알 수 있을 것이다.

그러나 내가 상대방의 처지에 서본 느낌과 그가 똑같은 마음을 먹었을 때의 느낌이 다를 때는 어떻게 될까? 같은 관점으로 세상을 보지 않는 사람들이 모여서 부분의 합보다 큰 전체를 만들어낸 역사상 중요한 협력들은 어떻게 설명할 수 있을까? 다음 절에서는 우리와 다른 방식으로 활동하는 사람들을 대상으로 정신 모형화을 형성하는 중요한 원리를 설명할 것이다. 이 능력은 우리가 두뇌의 활동 방식이 다른 사람들과 관계를 맺는 데에 중요하게 작용한다.

마음 이론 개발

비록 인간의 본능은 아니지만, 사람들은 결국 거울 방식보다는 남의 마음을 거꾸로 헤아리는 정교한 방식을 습득하게 된다. 그러나 이것은 우리가 타고나는 능력이 아니다. 우리는 그 방식을 배워야만 한다. 유아들이 몸을 "숨긴답시고" 자기 눈을 가리는 모습을 본 적이 있다면, 두뇌가 거울 방식을 넘어서는 능력을 얻기 전에 다른 사람에 대해서 어떻게 추론을 내리는지를 본 것과도 같다. 사실 아주 어린 아기들은 사람마다 생각이 다르다는 사실 자체를 모르는 것처럼 보인다.[14] 그러나 결국 두 살에서 다섯 살쯤* 되면 내가 눈을 감아도 다른 사람의 눈에는 보인다는 것을 누구나 알게 된다.

물론, 이것이 다른 사람들의 더 복잡한 관점을 이해하는 데에 얼마나 적용되는지는 또다른 문제이다.[15] 우리가 모형화하려는 다른 사람의 마음에는 여러 측면이 있기 때문이다. 또 맞은편에 앉은 사람이 눈으로 무엇을 보고 있는지를 이해하려면, 그가 어떤 생각을 하는지 모형을 만드는 것과는 또다른 정신작용이 필요하다. 더구나 누군가의 감정을 이해하는 것은 양쪽 모두의 관점을 습득하는 것과도 전혀 상관없는 일이다.[16] 그러나 안타깝게도 나와 관점이 다른 사람의 마음을 모형화하는 다양한(물론

---

* 여기에서 제시한 연령 범위는 조망 수용 능력을 측정하는 데에 사용되는 검사법이 다른 검사법보다 더 어려워서, 유아들이 다른 사람의 어떤 면을 이해할 수 있는지, 또 그것이 언제인지에 대한 추정치가 다양하게 존재한다는 사실을 반영한다.[17]

서로 연관되어 있지만) 과정들을 설명하는 데에 **마음 이론**이라는 같은 용어가 사용되어왔다.

이제 마음을 겹겹이 싼 포장지를 푸는 차원에서, 두뇌가 개인별 차이라는 렌즈를 통해 가장 많이 공부해온 정신 모형화, 즉 다른 사람의 생각과 지식을 추론하는 능력부터 이야기해보자. 발달 단계에서의 이 능력을 연구하는 가장 보편적인 방법으로는 이른바 "틀린 믿음 검사"가 사용된다.*
어린이를 대상으로 하는 가장 일반적인 틀린 믿음 검사는 이렇게 진행된다. 연구자는 먼저 어린이에게 익숙한 상자, 예컨대 크레용 상자 같은 것을 보여주고 그 안에 무엇이 들어 있다고 생각하는지를 물어본다. 아이가 씩씩하게 "크레용!"이라고 외친다. 그러면 연구자가 상자를 열어 깜짝 반전을 일으킨다. 크레용 상자 안에는 생일 축하 양초가 가득 들어 있다! 두 살이나 세 살 아이도 이럴 때 깜짝 놀란다는 사실은 통계적 예측 방식이 강력하게 작동한다는 증거로 보기에 충분하다. 그런데 여기에서 상황이 더 흥미로워진다. 연구자가 양초를 크레용 상자에 집어넣고 뚜껑을 닫는다. 그리고 이 방에 없는 다른 사람(예컨대 부모나 형제자매)은 상자 안에 무엇이 들어 있다고 생각할 것 같은지 아이에게 물어본다. 여기에서 네 살 미만 아동의 반응은 거의 모두 "양초!"이다.

어린이들이 자신의 지식과 다른 사람의 지식을 구분하는 시기와 정확도는 당연히 개인마다 차이가 있다. 게다가 이 능력이 등장하는 시기는 이마엽의 다른 "제어" 기능의 발달 시기와 일치하므로, 일부 연구자들은 다른 사람의 관점으로 보기 위해서는 자신의 관점을 **억제하거나** 희생해야

---

* 지켜보면 재미있다. 유튜브에서 "틀린 믿음 검사 : 마음 이론(False Belief Test : Theory of Mind)"을 검색하면 볼 수 있다.

한다고 주장하기도 한다.[18] 다시 말해, 다른 사람의 처지에 서려면 우선 자신의 생각을 내려놓아야 한다는 뜻이다!

이 가설을 검증하기 위해서 스테퍼니 칼슨과 루이스 모제스는 3-4세의 아동 100명을 대상으로 억제 제어와 정신 모형화을 모두 측정하는 실험을 했다.[19] 칼슨과 모제스는 여러 가지 억제 제어 검사법들을 사용했다. 예컨대 유아들 앞에서 선물을 등 뒤로 숨긴 채 "훔쳐보지 마라"라고 하는 유혹 저항 실험과, 연구자가 "눈[雪]"이라고 말하면 초록색을, "잔디"라고 말하면 흰색을 가리키라고 하는 인지 과제 등이 있었다. 실험에 참여한 아이들은 크레용-양초 시나리오와 같은 틀린 믿음 검사도 치렀다. 그결과, 자동 반응을 억제할 줄 아는 아이들은 다른 사람의 생각을 모형화하는 것도 더 잘한다는 것을 알 수 있었다. 이런 사례는 "먼저 자신의 생각을 내려놓아야 한다"는 개념을 뒷받침하는 증거로 볼 수 있다. 그러나 이 데이터는 상관관계가 성립하는 데다가 특정 시점에서 수집한 것이므로 다른 요인이 있을 가능성을 배제할 수 없다. 예를 들어 다른 사람의 생각을 모형화하는 능력은 아이들이 억제 제어 과제에서 어떻게 행동해야 하는지 이해하는 데에 도움이 될 수 있다. 내가 만약 3-4세 정도의 아이라면, 어떤 어른이 와서 밤에 찍은 사진을 보여주며 "낮"이라고 말하라는 명백히 잘못된 일을 시킬 때 이상하다는 생각부터 먼저 들 것 같다. 사람들이 나는 모르는 어떤 것을 알 수 있고 또 양초를 크레용 상자에 넣는 것 같은 "속임수"도 쓸 수 있다는 것을 어느 정도 이해한다면, 그것은 평소에 내가 하던 행동과 정반대의 행동이 필요한 게임의 규칙을 이해하는 데에도 도움이 될 것이다.

행동유전학 분야의 연구는 다른 사람의 생각을 모형화하는 능력에 유전과 환경이 어떻게 작용하는지를 보여주는 흥미롭고 보완적인 증거를 제공해왔다. 예를 들어 클레어 휴스 연구진은 1,000쌍이 넘는 다섯 살 난 쌍둥이들의 정신 모형화 능력을 측정한 연구를 발표했다.[20]* 이렇게 큰 표본으로부터 수집한 풍부한 데이터 집합은 다른 사람의 생각을 거꾸로 헤아리는 능력에서 차지하는 유전과 환경의 상대적 역할을 뚜렷한 그림으로 보여준다. 구체적으로, 연구자들이 표본의 절반이 조금 넘는 일란성 쌍둥이의 정신 모형화 능력의 유사성을 성별이 같은 이란성 쌍둥이의 그것과 비교한 결과, 쌍둥이 사이의 상관관계(r = 0.53)는 두 집단이 **정확히** 같은 것으로 나타났다! 이 사실은 쌍둥이 사이에 존재하는 눈에 보이는 유사성이 유전 요인보다는 환경을 공유하는 데에서 온다는 강력한 증거가 될 수 있다.

이런 결론은 억제 제어를 비롯한 기타 이마엽 제어 과정의 개인별 차이를 측정한 연구와 극명한 대조를 이룬다. 그 이유는 나오미 프리드먼 연구진이 발표한 논문 제목에서도 알 수 있다. "실행 기능의 개인별 차이는 거의 전적으로 유전 요인에 기인한다."[21] 이 연구에서 그들은 총 582쌍의 쌍둥이로부터 얻은 제어 과제 데이터를 분석하여, 억제 제어에서 나타나는 변동성의 무려 99퍼센트를 유전적 요인으로 설명할 수 있는 반면, 환경 요인으로 설명할 수 있는 비율은 1퍼센트에 불과하다고 추정했다. 종합하면, 이 연구들은 비록 유아들의 억제 제어 능력과 정신 모형화 기능이 서로 연관되어 있지만, 그것을 형성하는 방식은 확연히 다르다는 것을 시사한다. 서로를 이해하는 것이 얼마나 중요한지를 생각하면, 가장 중요

---

* 정신 모형화를 논하는 자리인 만큼, 이 연구에 들어간 노력이 **얼마나 인상적인지** 언급하지 않을 수 없다. 연구진은 총 2,200명의 다섯 살 아동을 만나기 위해서 총 3,000시간 이상을 바쳐 가정을 방문했다! 다섯 살 아이가 어른 말을 따르도록 노력해본 적이 한 번이라도 있다면 그들이 해낸 이 어려운 일에 경의를 표할 수밖에 없다.

한 질문은 "환경의 어떤 특징이 다른 사람의 마음을 모형화하는 학습 능력을 촉진하는가?"가 될 것이다.

마음의 언어로 말하기를 배우는 법

다른 사람의 마음을 이해하는 이 어렵고 중요한 일이 전적으로 환경에 의존한다고 생각하면 그저 놀랍기 그지없다. 아이들의 환경 중에 다른 사람의 생각을 모형화하는 능력과 이어지는 부분은 다름 아닌 말의 내용이다. 예를 들어 휴스 연구진이 다섯 살 아동을 대상으로 수행했던 그 방대한 연구에는 언어 능력 측정도 포함되어 있었다. 연구진이 이 데이터를 정교하게 분석한 결과, 언어와 정신 모형화 능력이 모두 상당한 변동성을 보여주며, 이것이 공통의 환경 요소로 설명될 수 있다는 사실을 발견했다. 언어야말로 다른 사람의 마음에서 일어나는 일에 관해서 가장 강력한 힌트를 주며 "관찰할 수 있는" 행동임을 생각하면, 이것은 충분히 설득력이 있는 결론이다. 예를 들어 나는 공감 능력이 매우 우수한 유아의 부모였던 덕분에 재스민에게 이런 말을 할 수 있었다. "네가 이런 행동을 하면 다칠까 봐 걱정돼" 또는 "숙제를 마치려니까 스트레스가 엄청나"와 같은 말들 말이다. 그 아이의 공감하는 마음과 거울 뉴런은 걱정된다거나 스트레스가 심하다는 것이 어떤 기분인지 알았기 때문에, 이런 말이 아이의 행동을 지시하는 데에 효과가 있었다. 당시 나는 그런 말을 통해서 나의 내면을 들여다볼 수 있는 언어의 창을 아이에게 열어주었다는 것은 미처 몰랐지만 말이다.

언어를 능숙하게 구사하는 사람들은 결국 자기 두뇌 속에서 일어나는 일에 관한 정보를 효과적으로 전달하는 수단을 지닌 셈이다. 그런데 다른 사람의 마음에 들어 있는 내용을 이해하면 나도 언어를 효과적으로 사용할 수 있다. 왜냐하면 성공적인 의사소통을 위해서는 그 신호를 받는 두 뇌가 어디에서 오는지에 대한 이해도 어느 정도 필요하기 때문이다. 그렇다면 다른 사람의 생각을 모형화하는 능력과 언어를 효과적으로 사용하는 능력 중에 어느 쪽이 먼저일까?

재닛 애스팅턴과 제니퍼 젱킨스가 수행한 종단 연구에 따르면, 답은 아마도 언어 쪽인 것 같다.[22] 그들은 7개월간 세 살 아동을 추적하며 세 번의 다른 시점에서 언어 능력과 정신 모형화 능력을 둘 다 측정했다. 그 결과 생애 초기의 언어 능력은 이후에 "틀린 믿음 검사" 성적의 예측에 사용될 수 있었지만, "틀린 믿음 검사" 결과는 이후의 언어 성과를 예측하지 못하는 것으로 나타났다.

육아 연구 분야에서 나온 추가 증거는 언어 환경과 다른 사람의 생각을 모형 학습하는 방법 사이에 좀더 구체적인 연관성을 제공한다. 엘리자베스 마인스 연구진은 양육자가 아이들의 마음을 얼마나 잘 알고 관심을 보이는지를 측정하는 단어로 **마음에 대한 마음**mind-mindedness이라는 용어를 개발했다. 마인스는 이 용어를 2001년에 어머니와 유아의 애착 정도에 대한 예측 변수를 조사한 연구에서 처음 소개했다.[23] 이 연구에서, 생후 6개월 된 유아를 욕구뿐만이 아니라 마음을 가진 존재로 대하던 어머니는 6개월 후 실험실에서 검사한 결과에서 아이와의 애착이 더 확고해진 것으로 나타났다. 이후 후속 연구에서 중요한 연결 고리가 마련되었다. 마인스는 엄마의 "마음에 대한 마음"이 더 컸던 그 6개월 된 아기가 6개월 후 틀린 믿음 검사에서 더 우수한 성적을 보여주었음을 확인했다.[24] 행동유전학 연구에서 정신 모형화에 미치는 유전적 요소의 영향이 크지 않았다는 점을 생각할 때, 이 결과는 획기적인 발견이라고 볼 수 있다.

종단 연구와 행동유전학 연구의 결과를 종합하면, 풍부한 언어 환경에 젖은 아기, 특히 자기와 다른 사람의 마음 상태에 관한 내용을 많이 접한 아기는 다른 사람의 마음을 이해하는 법을 더 빨리 배운다. 이것은 마음 상태에 관해 **생각하는** 법을 배우는 것과 그것을 **말하는** 법을 배우는 것 사이의 구체적인 연관성을 형성한다. 그러나 모든 부모와 교육자는 가르치고 모형화시키려는 행동 중에 더 자연스러운 것도 있고 그렇지 않은 것도 있음을 잘 안다. 여기에서 놀랄 만한 일은 서로 다른 두뇌들 사이의 일치가 성공적인 교육에서 차지하는 역할이다.

내가 가장 좋아하는 실험이 있다. 부모가 진심으로 추천하여 "환호할 만한" 물건을 유아가 얼마나 잘 받아들이는지를 측정한 실험이다.[25] 빅토리아 렁 연구진은 47명의 어머니와 그들의 10-11개월 된 유아 자녀들이 낯선 물체에 관해서 정보를 주고받는 동안 그들의 뇌파 활동을 기록했다. 먼저 어머니들에게 자녀가 본 적이 없는 물체를 2개 건네준다.* 그러면 어머니가 둘 중 하나를 집어 들고는 "와, 이거 대단한데! 우리는 이게 좋아!"라며 열렬한 반응을 보이거나 혹은 그 반대의 태도를 취한다. "아이고, 징그럽네! 우리는 이거 싫어해!" 논문에 실린 실험 사진을 보면 그 물건이 좋은지 나쁜지가 어머니의 표정에 일관되게 나타난다는 것을 알 수 있다. 그다음에는 연구자들이 두 물건을 모두 아기에게 건네준다. 연구진은 엄마가 긍정적으로나 부정적으로 언급한 장난감과 아무 말도 하지 않은 물건을 아기가 얼마나 오래 가지고 노는지를 각각 측정해서, 아이가 엄마의 "환호를 포함한 평가"로부터 무엇이든 배웠는지를 알아보려

---

* 논문에 이 물건에 관한 내용은 많지 않지만, 사진을 보면 별로 재미없는 플라스틱 덩어리일 뿐이다. 즉 유아들의 큰 호기심을 유발할 만한 물건은 아니다. 그러나 실험 목적을 생각하면 충분히 이해할 수 있는 선택이다.

고 했다. 그 결과, 엄마가 말하는 동안 엄마와 아기의 두뇌가 강하게 동기화될수록 아기가 그 경험에서 배울 가능성이 더 높은 것으로 나타났다. 이후 추가 분석을 통해, 아이와 눈을 맞추거나 물건에 대해서 말을 많이 한 경우 모두 둘 사이에 동기화가 강하게 진행된 것으로 확인되었다. 즉 아기가 엄마의 표정과 음성에서 정보를 많이 얻을수록 두 사람의 두뇌는 더 강하게 동기화된다.* 또 이럴 때 그들 사이에 정보교환이 원활하게 일어난다.

그러나 이런 방법과 결론을 여러분이 아이를 기르는 데에 바로 적용하기 전에 우리가 생각해볼, "별로 재미없지만" 중요한 사실이 하나 있다. 이 아기들이 엄마의 추천을 받아들일 때의 그 학습 방법이 모두 **모방은** 아니었다는 점이다. 사실 어머니와 아기의 기분이 다를수록(부모가 나중에 보고한 내용을 근거로 판단했다) 아기는 엄마가 추천하지 않은 물건을 집어드는 경향이 컸다! 이런 경향이 일관되게 관찰되었다는 점은 아기가 부모의 반응에서 **배우기는** 하지만, 그 작은 두뇌로 어떻게든 자신과 어머니 사이의 유사성을 고려해 그 정보에 대한 **행동을** 결정한다는 것을 시사한다.** 10개월 된 아기가 벌써 엄마의 조언을 따를지 결정한다는 사실은 다음에서 다룰 논점을 너무나 잘 보여준다. 다른 사람의 관점과 일치하는 방향으로 행동하려는 **동기를** 누구나 똑같이 가진 것은 아니다!

---

* 아기를 돌보는 시간이 많은 아빠나 다른 양육자도 물론 이런 일을 경험할 수 있지만, 실험은 대부분 엄마에게 초점을 맞추었다. 이것은 우리 학계에서 조직적인 편향이 나타날 수 있는 또 하나의 영역이다. 엄마들은 연구를 위해서 아이를 실험실로 데려올 의지와 형편이 가장 나은 양육자이기 때문이다.

** 이 책을 읽는 부모들은 물론 진지한 깨달음의 순간을 경험하겠지만, 자녀가 없는 분에게는 이 책에서 얻은 영감을 부모님과의 관계에 적용해보기를 권한다.

동기를 부여하는 관계

지금까지 우리가 다루어온 모든 연구의 초점은 다른 사람의 생각을 이해하는 데에 필요한 기술을 잘 **습득할** 수 있는 조건이었다. 그러나 제6장 "길 찾기"에서 살펴보았듯이, 누군가가 어떤 일을 할 줄 안다고 해서 꼭 그것을 할 의지가 있는 것은 아니다. 눈에 보이지도 않고 예측할 수도 없는 사람의 마음을 이해한다는 것이 얼마나 어려운지, 또 그 마음을 오해할 때 찾아올 결과가 얼마나 심각할지를 생각하면, 도대체 우리는 무슨 동기로 그 일을 시도해야 할까?

이 질문에 대답하려면 여러분의 신경과학을 다루기 위해서 맨 처음에 언급했던 두뇌의 가장 작은 구조적 특징으로 돌아가야 한다. 그것은 바로 신경 칵테일의 요소인 **옥시토신**, 즉 포유류의 사회적 애착을 촉진하는 가장 강력한 신경전달물질이다. 옥시토신은 도파민 수용 뉴런을 자극하여 대인관계에서 얻는 기쁨을 강화하는 한편,[26] 편도체를 비롯해 투쟁-도피 반응을 담당하는 변연계에 영향을 미쳐서 대인관계에 대한 두뇌의 자연적인 스트레스 반응을 줄이는 역할도 한다. 옥시토신은 이런 역할을 통해서 우리가 성공적인 대인관계에 나설 수 있도록 해준다. 즉 옥시토신은 우리가 다른 사람에게 다가갈 때 두뇌의 칭찬 체계가 위협을 느낄 가능성을 낮추어줌으로써 그들과의 관계를 추구할 기회를 증대한다.[27]

대인관계를 촉진하는 옥시토신의 역할에 대해서 우리가 아는 지식은 주로 우리가 중요한 관계를 맺는 전환기에 사람이나 동물의 **내면에서** 일어나는 변화를 측정한 결과에서 비롯되었다. 부모가 되는 것이 바로 이런 중요한 시기의 대표적인 예이다.[28] 부모가 된다는 것은 큰 노력이 필요한 일일 뿐만 아니라 우리 종의 생존에도 결정적인 역할을 한다. 다 자란 성인의 마음을 이해하기가 어렵다는 생각이 든다면 아기, 특히 "엄청나게 시끄러운 아수라장"을 경험하는 단계의 아기에 대해서 "마음에 대한 마음"을 시도해보자. 진화의 관점으로 보면 이 시기야말로 조금만 **자극**을 주어도 다른 사람의 관점에 서려는 동기를 충분히 줄 수 있을 테니 말이다. 그렇지 않은가?

사실 이것은 포유류를 지구상에 살아남게 하는 옥시토신의 가장 중요한 역할이다. 옥시토신은 여성 신체에서 분만을 유도하는 호르몬으로 작용하며 수유기에는 분비된다. 두뇌에서는 어머니와 아버지가 아이를 어루만지고 가족 간의 친밀감을 확인할 때마다 옥시토신 수치가 증가하여 유대감을 키우고 스트레스를 줄여준다. 종단 데이터를 보면, 아이가 최소 생후 6개월을 맞이할 때까지 부모의 신체 내에서 옥시토신 수치가 증가하며,**29** 부모의 동거율 역시 옥시토신 수치와 상관관계가 있음을 알 수 있다.

그러나 이런 관계에서 강한 옥시토신 분비가 필요한 사람은 부모뿐만이 아니다. 이해할 수 없는 것들로 가득 찬 세상에 무력한 존재로 태어난 것은 아기에게 너무나 큰 스트레스를 안겨준다. 주변의 다른 **동물들**이 모두 거인인 상황에서 아기는 이 거인들이 자기에게 해로운 존재인지를 "본능적으로" 감지해내야 한다. 그런데 한편으로는 이 거인이 양분을 주는 것 같기도 하고, 대체로 기분을 좋게 해주는 것도 사실이다. 이런 극적인 상황에서 아기가 동원할 수 있는 유일한 수단이 바로 약간의 반사신경과 엄청나게 많은 정보를 순식간에 습득해내는 두뇌이다. 이 아기의 두뇌는 생존의 기회를 극대화하기 위해서 어떤 거인이 **신뢰**할 수 있는 존재인지 재빨리 학습해야 한다. 왜냐하면 제 발로 달아날 수 있으려면 몇 년을 기다려야 할지 모르지만, 최소한 지금은 웃고 옹알이하고 여러 가지 귀여운 행동을 하는 데다가 점차 복잡한 행동을 하면서 자기가 선택한 거인이 자기를 돌보도록 만들어야 하기 때문이다.

인간과 다른 동물을 연구한 결과들은 한결같이 생애 초기 영아의 유대 형성 과정에 옥시토신이 결정적인 역할을 담당한다고 말한다. 갓 태어난 양과 그 엄마는 이런 유대감을 형성하는 데에 옥시토신이 어떤 역할을 담당하는지를 보여주는 매우 흥미로운 사례이다. 인간과 달리 양은 태어나자마자 무리에 섞여 금세 걷는다. 이런 환경에서 양은 어떤 커다란 털북숭이가 "엄마"인지 최대한 빨리 알아내야 하는 기능이 발달할 수밖에 없다. 양은 태어난 지 두 시간 안에 다행히 젖을 빨게 되면 그 많은 커다란 양 중에 누가 생물학적 엄마인지 알고 따를 수 있다. 2021년 레몽 노바크 연구진이 발표한 최근 연구는 생애 초기 양의 유대 형성 과정에 옥시토신이 맡은 역할을 입증한다.[30] 연구진은 갓 태어난 양을 대상으로 수차례 계속된 실험을 통해, 양의 옥시토신 수치가 젖을 빤 후에는 증가했지만, 젖을 빨지 않고 엄마와 다른 유형의 신체 접촉을 한 후에는 증가하지 않았다는 사실을 최초로 발견했다. 그들은 또 두뇌 내의 옥시토신 결합을 방해하는 약물을 주사한 갓난 양은 단기적으로 엄마의 몸을 찾는 빈도가 줄어들고 엄마를 별로 좋아하지도 않는다는 사실을 발견했다.*

인간 신생아는 무리와 떨어지거나 길을 잃을 위험이 적지만, 신생아의 옥시토신 수치에 관한 몇몇 연구는 옥시토신이 부모와의 유대에서 비슷한 역할을 한다는 것을 시사한다. 예를 들어 조산아를 대상으로 진행된 한 연구는 부모와 자식 간의 피부 접촉이 양측 모두의 옥시토신 수치를

---

*　슬픈 일이지만 걱정하지 않아도 된다. 약물 효과가 두뇌와 유대 관계에 미치는 효과는 모두 일시적이다. 모든 변화는 48시간 내로 사라졌으며, 어린 양은 다시 털북숭이 부모에게로 돌아갔다.

증대하는 효과가 있음을 보여주었다.[31] 그런 친밀감이 다시 **건강상의** 이점으로 이어진다는 신호로, 피부 접촉이 아이의 코르티솔* 수치를 줄이는 것도 확인되었다. 이상을 종합하면, 부모와 자식 간의 유대에 관한 연구의 이 표본은 평균적으로 개인 차원의 옥시토신 수치 변화가 중요한 유대감이 형성되는 순간과 일치함을 알 수 있다. 그러나 아기가―전통적인 방식으로―세상에 나오기 전에도 부모에게는 **유대감**이 필요하다!

옥시토신은 성적 관계와 연애에 유인을 제공하는 데에도 관여한다고 알려져 있다. 그런데 이 점에 관해서 우리가 아는 지식은 주로 들쥐** 덕분이다. 1992년에 토머스 인설과 로런스 셔피로는 두 종류의 들쥐 두뇌에서 일부일처제의 생물학적 근거를 찾는 연구를 시작했다.[32] 초원들쥐와 산악들쥐는 여러 면에서 매우 비슷했으나 단 한 가지, 무리를 짓는 방식이 서로 달랐다. 초원들쥐는 야생에서 장기간의 일부일처 관계를 유지하며 양성이 모두 새끼를 돌보는 데에 참여한다. 그에 비해 산악들쥐는 주로 홀로 살고 일부일처 관계를 유지한다는 증거가 없으며 새끼를 거의 돌보지 않는 것으로 알려져 있다. 인설과 셔피로가 두 종류의 들쥐 두뇌에서 세 가지 서로 다른 신경전달물질의 결합 패턴을 조사해보자, 옥시토신 통신체계에 엄청난 차이가 있음을 알게 되었다. 일부일처 관계를 유지하는 초원들쥐는 검사한 10개의 두뇌 영역 중 6개 영역에서 옥시토신 수용체가 더 많았고, 그중 한 곳인 중격의지핵에는 수용체가 6배나 더 많았다. 이곳은 도파민 작동을 수용하고 즐거움을 느끼는 것과 가장 강하게 연관된 기저핵의 한 부분이다. 초원들쥐는 또한 투쟁-도피 반응에 관여

---

* 기억하겠지만, 코르티솔은 장기적인 스트레스와 관련된 신경전달물질이다.
** 들쥐는 귀여운 설치류로, 펑크 록을 하는 햄스터처럼 생겼다.

하는 측편도체에 12배나 더 많은 옥시토신 수용체를 가지고 있었다. 이후 이어진 후속 연구에서는 이 작업이 인과관계로까지 확대되었다. 성관계와 무관한 동거를 시작하기 전에 옥시토신을 투여받은 초원들쥐는 서로에 대한 호감이 증가하는 모습을 보였다.[33] 한편, 옥시토신 결합을 가로막는 약물은 짝짓기를 방해하지 않았지만,[34] 이후 초원들쥐의 짝짓기 상대에 대한 선호도 형성을 막았다. 다시 말해, 최소한 일부일처 관계를 유지하는 포유류에서, 옥시토신은 부모-아이 관계와 마찬가지로 다 자란 성체들 사이의 관계를 촉진하는 것으로 보인다.

이 연구 이후 성인의 관계에서 차지하는 옥시토신의 역할에 관한 흥미로운 연구가 우후죽순 속출했다. 예를 들어 디르크 셸레 연구진은 인간 피험자에게 옥시토신을 투여한 뒤, 옥시토신이 두뇌와 행동에 미치는 효과를 측정했다.[35] 두 번의 흥미로운 연구에서 셸레 연구진은 스스로 "열정적인 사랑에 빠졌다"고 밝힌 남성 40명의 두뇌 반응에 대한 옥시토신의 효과를 조사했다. 남성을 스캐너에 들어가게 한 뒤 파트너의 사진, 그나 파트너와 직접적인 관계가 없지만 익숙한 여성의 사진, 완전히 낯선 사람(피험자의 파트너의 매력과 자극 수준이 비슷한 사람으로, 독립된 평가자가 선정했다)의 사진, 그리고 중립적인 자극으로 예컨대 주택 사진 등을 보여주었다. 파트너에 대한 인식에 미치는 옥시토신의 효과를 측정하기 위해서 모든 남성은 옥시토신이 투여된 상태와 그렇지 않은 상태로 총 두 번 촬영에 임했다. 그 결과, 한마디로 옥시토신은 남성의 두뇌를 일부일처 관계를 유지하는 초원들쥐에 가깝게 바꾸어놓았다. 좀더 구체적으로는* 두 실험 모두 옥시토신이 작용했을 때, 중격의지핵에서 두뇌 활동이

---

*   특히 초원들쥐의 뇌는 아주 작으므로, 그에 비해서 큰 남성의 두뇌를 더욱 구체적으로

증가했다.* 이곳은 초원들쥐의 두뇌에서 다량의 옥시토신 수용체를 가진, 도파민에 민감한 보상 센터이다. 그런데 정말 놀랍게도, 남성이 자기 배우자의 사진을 볼 때에만 이런 일이 일어났으며, 낯설든 익숙하든 매력도가 동등한 다른 여성의 사진을 볼 때는 그렇지 않았다.**

셸레 연구진은 후속 연구를 통해, 이른바 "정지 거리" 과제를 이용해 옥시토신 투여가 "현실 세계"에서 나타나는 효과를 살펴보았다.[36] 이 실험에서는 연구자와 피험자가 서로 얼굴을 마주 본 상태에서 피험자에게 심리적으로 편하다고 느끼는 거리를 말해보라고 한다. 연구자는 멀리 떨어져 있다가 피험자에게 다가갈 때도 있고, 가까이 있다가 뒤로 물러설 때도 있다. 두 경우 모두 피험자는 편하게 느끼는 거리가 되면 "그만"이라고 말한다. 또 피험자가 멀리서부터 연구자에게 다가오거나, 반대로 처음에는 가까이 있다가 뒤로 물러나는 조건도 있다. 어느 경우든 피험자는 자신이 편하다고 생각하는 거리에서 멈추면 된다. 그리고 각 시험의 마지막에는 두 사람의 턱을 기준으로 최종 거리를 기록한다.

그런데 재미있는 부분은 여기서부터이다. 피험자는 모두 이성애자이고, 연구자는 **독립적인** 집단의 평가에 따르면 매력적인 여성이다. 실험을 마친 57명의 남성 중에 약 절반은 일부일처제를 안정적으로 유지하고 있었고, 다른 절반은 독신이었다. 자, 두 집단에 모두 옥시토신이 투여되자

볼 수 있었다.

* 두 실험 모두 기저핵이 보상을 만났을 때 도파민을 분비하는 영역인 복측 피개부에서도 두뇌 활동 증가가 관찰되었다.

** 너무 낭만적인 대목이라 분위기를 깨고 싶지는 않지만, 이런 데이터는 피험자 집단의 남성 전체를 평균한 결과라는 점을 짚어두고자 한다. 「두뇌는 자신이 원하는 것을 원한다」의 게임이 TV 쇼로 방영된다면 얼마나 재미있을지 상상이 되는가? 여러분의 배우자에게 옥시토신을 투여한 뒤, 여러분의 얼굴 사진과 비슷한 매력도의 낯선 사람의 사진을 보여주고 배우자의 두뇌가 무엇을 선택하는지 시험해보는 것이다!

어떤 일이 일어났을까?

옥시토신이 이성 관계를 유지하고 있는 남성으로 하여금 매력적인 여성으로부터 멀어지게 한다고 예상했다면, 정답을 맞힌 것이다! 헌신적인 이성 관계를 유지하는 남성이 옥시토신을 투여받자 매력적인 연구자로부터 약 15센티미터 뒤로 물러났다. 그러나 이성 관계가 있는 남성이 옥시토신을 맞지 않았을 때는 편하게 느낀 거리가 독신 남성의 그것과 같았다. 이 결과는 실험적으로 옥시토신을 신경 칵테일에 추가하면 배우자에 대한 인지된 보상 가치가 증가함으로써, 남성에게 더 선택적이고 관계 구속적인 행동을 촉진한다고 해석할 수 있다.

최근 시몬 샤메이-추리와 아흐마드 아부-아켈은 옥시토신의 실질적인 수치가 사회적 관계와 관련된 정보들의 중요성을 **강화시킨다**고 제안하여, 옥시토신이 사회적 유대에 영향을 미치는 원리를 밝히는 데에 공헌했다.[37] 제4장 "집중"에서 우리는 기저핵이 어떻게 이런 일을 하는지 살펴보았다. 기저핵은 자기가 적합하다고 생각하는 판단에 따라 이마엽앞 겉질에 전달되는 신호를 켜거나 끈다. **사회 현존감 가설**에 따르면 기저핵에 있는 옥시토신 수용체는 사실상 이 과정을 탈취하여 사회적으로 적합한 신호의 볼륨을 키울 수 있다.

생각해보면 이것은 진화론적 관점에서 매우 똑똑한 선택이다. 아기는 그저 눈을 뜨고 맨 처음 보는 대상에 집중하기보다는 자기에게 가장 이익이 되는 대상이 누구인지 알아내는 법을 배워야 생존에 더 유리하다. 그러려면 그런 학습을 위한 수단이 필요하다. 그 수단은 아기가 누구를 신뢰할 수 있는지 배울 수 있도록* 양육자로부터 전달되는 신호의 볼륨을

---

*   실제로 아기는 얼굴이나 목소리 등 사회적으로 적합한 자극에 선택적으로 주목하는

세상의 다른 "엄청나게 시끄러운 아수라장"보다 더 키운다. 이것이 바로 생후 10개월 아기가 이미 양육자에 관한 데이터를 충분히 확보하여 멋지고 새로운 물건에 대한 양육자의 의견에 동의할지 말지를 결정할 수 있는 이유이기도 하다.

옥시토신 수치의 증가가 정신 모형화 능력의 증대와 상관관계가 있다는 일련의 연구 결과들도 이런 개념과 일치한다.[38] 그러나 이 관계를 조사한 결과들이 서로 일치하지는 않았다. 예를 들어 그레고르 돔스 연구진은 옥시토신을 투여받은 남성들이 눈 검사법의 가장 어려운 문항에서 우수한 성적을 보인다는 사실을 실험으로 확인했다.[39] 그런데 시나 라드케 연구진이 비슷한 방법에 따라서 수행한 연구에서는 집단 차원의 개선 효과가 발견되지 않았다.[40] 그러나 스스로 평가한 공감 능력이 가장 낮은 집단은 옥시토신을 투여한 후의 눈 검사법 성적이 **높게 나왔다**. 마지막으로, 마음 읽기 능력의 옥시토신 효과에 관한 여러 연구들을 분석한 한 리뷰 논문은 옥시토신이 두려움이나 분노 같은, 편도체가 관여하는 몇 가지 감정을 인지하는 데에만 도움이 되는 것 같다고 제안했다.[41] 이런 결과에 대한 한 가지 가능성으로 제니퍼 바르츠 연구진이 쓴 논평에서 내놓은 설명은 여러분이 보더라도 전혀 놀라지 않을 만하다. 바르츠 연구진은 옥시토신이 **모든 사람에게 똑같이 작용하지 않을 수** 있으며, 그 이유는 사회적으로 적합한 정보란 특정 상황과 특정 개인에 따라 **달라지기** 때문이라고 설명한다.[42]

이 책에 나온 모든 내용에 비추어보아도 충분히 타당한 설명이다. 우리가 주목하는 대상과 살아오면서 얻은 경험은 두뇌가 사회적 상황을 헤쳐

기능을 타고난다.

나가기 위해서 사용하는 힌트가 된다. 그런데 이 대목에서 최소한 나의 관점으로는 실망스러운 점이 있다. 옥시토신이 서로 다른 사람들을 가깝게 해주는 마법의 요소로 보이지는 않는다는 것이다. 오히려 그 반대일지도 모른다.

대인관계의 원리가 서로 다른 데에서 오는 비용과 편익이 또 한 번 반전되는 대목은, 우리에게 관계를 맺도록 유인하는 바로 그 화학물질이 "내집단"과 "외집단"을 구분하는 인식을 강화한다는 연구 결과에서 찾을 수 있다. 예컨대 카르스텐 드 드뤼 연구진의 연구에서는 옥시토신을 투여한 성인 남성에게서 종족중심주의, 즉 내집단 편향이 증가하는 경향이 관찰되었다.[43] 또다른 연구에서는 옥시투신을 투여한 성인 남성*이 고통스러운 표정에 더 민감한 반응을 보였으나, 이런 현상은 오직 같은 인종의 얼굴에 제한되었다.[44]

한 가지 명심할 점이 있다. 옥시토신이 이런 내집단 편향을 만들어내는 것은 아니다. 그보다는 이미 존재하는 편향을 더욱 뚜렷이 드러내는 역할을 할 가능성이 훨씬 더 높다. 두 실험 모두, 위약을 투여받은 집단의 남성에서도 이미 내집단 편향이 관찰되었다. 옥시토신을 투여받은 후에 그 편향이 증가했다는 사실은, 그들의 두뇌가 세상을 대결 구도로 이해하는 데에 사용하던 기존의 사회적 신호를 "증폭했음"을 보여주는 것인지도 모른다.

이런 결론을 뒷받침하는 사례로, 미하엘라 푼트마이어 연구진이 60명의 남성 및 여성 피험자들을 대상으로 진행한 실험이 있다. 이 실험에서

* 이렇게 많은 연구가 왜 유독 남성을 피험자로 삼았는지 궁금할 것이다. 나도 마찬가지이다. 나의 추측으로는 생물학적 역할이나 사회적 역할, 혹은 둘 다를 고려할 때 남성과 여성이 이런 종류의 반응에서 분명히 차이가 있기 때문이 아닌가 싶다.

허구의 미술 취향을 바탕으로 피험자들의 집단을 구성했을 때에는 옥시토신이 내집단 편향을 강화하지 않았다.[45] 연구진은 먼저 피험자에게 그림 두 점씩을 수차례 보여주면서 둘 중에 어느 그림을 선호하는지 선택하도록 했다. 총 열 쌍의 그림을 보여준 후에는 피험자가 실제로 무슨 그림을 선택해왔는지와는 전혀 상관없이, 그가 "페히슈타인"의 그림을 선호하는 편이라고 말해주었다. 그러고는 "페히슈타인 팀"에 배정했다. 그렇게 배정된 사람들은 자신도 모르는 사이에, 그리고 다른 팀은 실제로는 존재하지 않는데도, 자신들과 미술 취향이 다른 사람들로 구성된 "헤켈 팀"이 존재한다고 믿게 되었다. 피험자들을 팀에 배정한 후에는 아주 지루해 보이는 영상을 보여주었다(아기용으로 만든 영상이었다). 영상에는 사람의 손 또는 기계 집게가 등장해서, 두 가지 물체 중에 하나를 향해서 움직이는 모습이 나왔다. 다만 사람의 손이 등장할 때에는 언제나 영상이 시작되기 전에 그 손이 페히슈타인 팀원의 손인지 헤켈 팀원의 손인지가 화면에 제시되었다.

놀랍게도 피험자들이 이 실험에 참여하기 전에 두 화가 중 누구에게라도 동질감을 느꼈을 리 만무한데도 불구하고, 그들은 단지 페히슈타인 팀에 배정되었다는 사실만으로 헤켈 팀보다 페히슈타인 팀에 더 공감했다. 그러나 옥시토신의 추가 투여가 이 효과를 강화하지는 않았다. 옥시토신을 투여받은 사람들은 (페히슈타인 팀원의 손이든 헤켈 팀원의 손이든 간에) 사람 손이 나오는 영상을 기계 집게가 나오는 영상보다 더 오래 보았다. 또 옥시토신을 투여받은 사람과 그렇지 않은 사람 모두 페히슈타인 팀원의 손이 나오는 영상을 조금 더 오래 보았지만, 옥시토신에 따른 효과가 유의미하거나 크지는 않았다. 요컨대 페히슈타인을 좋아하는 사람들과 친해지면 좋다는 것을 과거 경험으로부터 배운 적이 없다면, 옥시토신 역시 그런 정보를 새롭게 만들지는 않았다.

아마도 도파민이 우세한 나의 낙관적인 두뇌 탓에 착각하는지도 모르지만, 나는 이것이 우리가 서로의 차이를 뛰어넘어 다른 사람과 관계 맺을 수 있는 희망의 여지를 제공한다고 생각한다. 이런 연구 결과들이 비록 내집단과 외집단의 구분과 관련하여 이미 존재하던 사회적 힌트를 옥시토신이 강화한다는 점을 시사하지만, 한편으로는 그중에 어떤 힌트가 나에게 중요한지 배울 수 있는 여지를 제공하는 것도 사실이다. 물론 그러기 위해서는 기존에 품고 있던 집단적 소속감을 재정의할 수 있어야겠지만 말이다.[46] 이 점의 중요성을 얼마나 분명하게 인식하는가 하는 측면에서도 여러분과 나 사이에, 즉 우리들의 두뇌 사이에 혹시 차이가 있을 수 있으므로, 다음 절에서는 다른 사람의 마음을 거꾸로 헤아리는 능력의 분명한 이점을 다루어보자.

팀에 주목하기

이 장에서는 다른 사람의 행동을 이해하는 우리의 선천적인 방식이 얼마나 자기중심적이며, 그것이 어떻게 서로 생각이 비슷한 사람끼리 어울리게 만드는지를 설명했다. 그러나 한편으로는 다른 사람의 마음을 읽는 능력이나 그렇게 할 때 우리가 고려하는 사회적 힌트들은 모두 **학습된다**는 증거가 상당하다는 사실도 배웠다. 이제 다른 사람과의 관계에 관한 내용을 마무리하기 전에, 마지막으로 **집단적 사회 지능**이라는 개념을 소개하고, 정신 모형화가 이 개념에서 차지하는 역할을 설명할 것이다. 마이아 앤절로의 말을 조금 바꾸어서 인용하자면, "인식을 개선하면 행동을 개선하는 토대를 마련할 수 있다."

인생을 살다 보면 좋든 싫든,* 선택하지 않은 집단과 협력해야 할 때가 있다. 학급 과제이든 직장 업무이든, 팀에 대한 소속감은 인간 경험의 가장 중요한 부분이라고 할 수 있다. 팀워크가 잘 발휘될 때 그 효과는 각 개인의 성과를 합한 것보다 훨씬 커질 수 있다. 조직심리학자들이 수십 년을 바쳐 성공적인 팀을 구성하는 "비법"을 찾아내려고 애쓰는 것도 바로 이 때문이다.

지난 10년간, 팀워크의 과학이 비약적으로 발전한 데에는 정신 모형화 능력을 향한 관심이 큰 몫을 차지했다. 애니타 울리 연구진이 주도한 두 건의 방대한 팀워크 실험은 이 분야의 발전 상황을 뚜렷이 보여준다. 그들이 가장 먼저 한 일은 그녀가 정의한 "집단 지능"을 사용하여 팀의 성공을 측정하는 법을 파악하는 것이었다.[47] 그녀는 먼저 총 699명을 대상으로 2-5명이 한 조를 이루도록 팀을 배정했다. 그런 다음 다양한 조건에서 팀의 성과를 평가하기 위해 선별된 다양한 문제를 팀별로 협력하여 해결하도록 했다. 해결해야 할 문제는 시각 퍼즐을 푸는 것부터 도덕적 판단을 내리는 것, 한정된 자원을 사용하는 방법을 협상하는 것 등 여러 가지가 있었다. 그러니까 이 팀들은 전혀 낯선 사람들이 한데 모여 연구자가 설정한 이 다양한 목표를 달성하기 위해서 최대 다섯 시간이나 함께 보내며 일해야 했다.

울리는 성공적인 팀과 그렇지 않은 팀의 성과 차이가 과제와는 **무관하**다는 점을 밝혀내는 중요한 공헌을 했다. 다시 말해서 무작위로 모인 사람들이 스스로 "퍼즐 팀"이라고 생각하든 "물류 팀"이라고 생각하든 전혀 중요하지 않았다는 뜻이다. 중요한 것은 팀이 수행한 모든 과제들에 대

---

* 이것은 아마도 성격이 얼마나 외향적인지와 큰 관련이 있을 것이다.

한 성과를 근거로, 울리가 각 팀에 대해서 도출해낸 **집단 지능** 지수였다. 집단 지능은 성공적인 팀이 모든 문제에서 다른 팀들보다 우수한 성과를 거둔 이유의 40퍼센트가 넘는 부분을 설명했다. 그녀는 이 척도를 근거로 이 분야의 연구자들이 오랫동안 연구해온 질문을 던질 수 있었다.

팀의 성공을 예측하는 요소는 무엇인가?

가장 놀라운 점은 집단 지능을 구성하는 강력한 요인이 팀 구성원의 평균 지능도 아니고, 어느 한 사람의 최고 수준의 지능도 아니었다는 것이다.* 평균적인 팀의 동기나 만족도, 응집력 등의 측정 지표도 아니었다. 팀의 전체적인 성과를 일관되게 예측하는 요소는 다음 세 가지였다. 첫째, 사람의 마음을 거꾸로 헤아리는 능력이다. 이는 역설계 능력의 평균값으로, 눈 검사법을 통해서 측정되었다. 이 검사에서 우수한 성과를 보이는 것이 곧 팀의 우수한 성과와 관련이 있었다. 둘째, 발언 기회의 분포도이다. 발언 기회가 고르게 분포할수록 팀 성과와의 상관관계가 컸다. 셋째, 팀원 중 여성 피험자의 비율이다. 여성이 많이 포함될수록 팀 성과와 큰 상관관계를 보였다.** 이 혁신적인 발견을 뒷받침하는 후속 연구를 통해서, 눈 검사법 성적이 학급의 집단 과제에서도 성과를 예측하는 지표로 작용하며,[48] 이는 **온라인 협력 환경**에서도 마찬가지라는 사실이 밝혀졌다.[49] 이 장의 마지막 절에서는 최선을 다해 내 마음의 한 조각을 여러분에게 언어로 전달하며, 우리가 다른 사람을 이해하는 법에 관해서 배운 것들을 서로 연결해볼 것이다.

---

* 두 실험 모두, 이런 요소는 집단 지능과 유의미한 상관관계를 보이지 않았다. 그러나 두 실험 결과의 평균값은 유의미한 수준에 도달해서, 변동성을 설명하는 비중이 각각 2.2퍼센트와 3.6퍼센트에 달했다.

** 나의 주장이 아니다. 나는 그저 있는 그대로 전달했을 뿐이다.

요약 : 두뇌 간 유사성은 마음을 모방하는 동력이며,
"마음에 대한 마음"의 기억은 타인을 모형화하는 능력을 형성한다

이 장에서 언급한 결과들의 실체를 모두 연결하면 매우 심오한 의미를 만날 수 있다. 우선, 우리는 다른 사람을 이해하려면 무엇보다 그의 처지에 서야 한다는 것을 본능적으로 안다. 물론 이것은 "같은 느낌을 느끼는" 강력하고 감정적인 경험을 창출하지만, 관계를 맺고자 하는 상대방의 처지가 나와 다르다면 결국 큰 효과를 얻지 못할 위험이 있다. 게다가 사람들의 행동 방식이 모두 같지는 않으므로, 주변에서 흔히 보는 동종 선호 현상도 바로 우리가 이런 "동조화" 방식을 사용하는 데에서 온 결과일 것이다. 두뇌의 활동 방식이 비슷한 사람들은 결국 생각이 비슷한 집단으로 모이게 마련이다.

그러나 눈에 보이는 힌트를 근거로 다른 사람의 두뇌를 거꾸로 헤아리는 데에 좀더 노력이 필요한 방법도 있다. "마음 이론"이라는 이 방법은 사람들의 언어 사용 능력과 대단히 밀접한 관계가 있는 듯하다. 놀랍게도 이 방법 역시 전적으로 학습을 통해서 습득된다. 그러나 다른 사람의 생각이나 감정을 알았다고 해서 꼭 그 정보를 사용하고 그들의 감정을 고려하는 행동으로 이어지는 것은 아니다. 옥시토신이라는 신경전달물질이 그런 행동에 동기를 부여하는 신호가 될 수 있다. 옥시토신은 도파민 보상 회로를 강화하여 대인관계를 원하도록 하는 마음을 주고, 이를 통해서 사회적으로 적합한 신호의 볼륨을 키운다. 최소한 여러분이 사귀고 싶은 사람들과 만나고 있는 한 말이다.

마지막으로, 팀워크 분야의 문헌은 다른 사람의 마음을 헤아리는 데에 능한 사람들이 여러 가지 협력적인 환경에서 **높은 성과**를 올릴 가능성이 높다고 말한다. 눈 검사법 성적은 팀원들이 서로 직접 만날 수 없는 온라인 협력에서의 성공 역시 예측하는 지표가 될 수 있다. 따라서 표정을 근거로 다른 사람의 감정을 헤아리는 능력이 있다면, 다른 사람의 생각을 **추론할** 때 표정보다 더 쉽게 알아차릴 수 있는 사회적 단서들(예컨대 언어)을 좀더 보편적으로 사용한다고 볼 수 있다. 이런 능력은 학습되므로, 능력을 향상할 기회도 분명히 존재한다. 이것은 좋은 소식이다. 캔터의 모형에 따르면, 대인관계는 의사소통에 의존하며 언어적, 비언어적 방식으로 모두 이해되기 때문이다. 이 이야기의 교훈이 있다. 적어도 내가 생각하기에 정신 모형화에서는 연습이 완벽을 낳는다. 그리고 그 연습은 대인관계의 성공에 실질적인 이점이 될 수 있다.

이제 다른 사람과의 상호작용에 관해 말해보겠다. 내가 이 책을 집필할 때 그랬던 것만큼 여러분도 이 책을 읽으면서 **여러분 자신에 관해** 많이 배웠기를 바란다. 그리고 만약 그렇다면 여러분이 이 모든 새로운 지식을 가지고 인생의 여정을 향해서 나아갈 때 여러분 자신, 그리고 다른 사람을 이해하는 노력으로 무엇인가 **다른 일**을 해보라고 권하고 싶다. 나는 이 책을 읽는 일이 그 길을 찾는 훌륭한 준비가 되기를 깊이 바란다.

두뇌의 활동 방식에 관해 배운 지식을 바탕으로 여러분의 생각과 감정, 행동을 거꾸로 헤아릴 수 있는가? 그런 생각에 마음이 불편해질 수 있을지라도, 두뇌가 현실을 만들어내는 방식에 대한 이런 새로운 이해가 여러분이 스스로를 이해하는 방식을 바꾸는가?

그리고 이제 이 연습에서 한 단계 더 나아가, 여러분이 보기에 바보 같은 행동을 하는 누군가가 다른 경험으로 형성된 다른 두뇌에 의해서 움직이는 이유를 이해하려고 노력할 수 있는가? 두뇌는 마음의 창조주이므로, 나는 여러분이 그런 노력으로 가장 강력한 정신 모형화 능력을 얻게 되리라고 굳게 믿는다. 다른 사람의 신을 신고 몇 킬로미터만 가도 그 신이 나의 발에 맞지 않는다면 결국 물집이 생기고 만다. 그보다는 내가 초대하는 이 여정에 합류해서 그들의 두뇌와 함께 몇 킬로미터만이라도 걸어보자. 우리들의 서로 다른 생물학적 존재 방식을 한 번 들여다본다면, 아직 알려지지 않은 세상을 향해 **여러분**의 마음이 열릴 것이다.

감사의 글

어렸을 때 농담 삼아 나도 언젠가는 책을 쓸 것이며 그 책을 노라에게 헌정하겠다고 말하고는 했다. 노라는 "겉으로는 자유주의자이지만, 내면은 보수주의자인" 캘리포니아 주 데이비스의 걸스카우트였다. 그녀를 볼 때마다 재스민과 나는 비참한 기분이 들었다. 나는 그녀처럼 자녀의 스포츠 교육에 열정적인 엄마가 아니었기 때문이다. 그러나 그때로부터 20년이라는 세월이 흘렀고, 이제는 그런 절망감에서 조금은 자유로워진 듯싶다. 그 시절의 경험이 나의 성장의 동력이 되었고 그 덕분에 끝내 저 사람이 저렇게 행동하는 이유를 이해해보려는 동기를 얻었음을 생각하면, 오히려 감사하다는 생각이 든다. 그래서 옛날에 생각했던 것보다는 조금 어른스러운 동기에 따라, 이제 이 책을 그녀에게 헌정한다. 고마워요, 노라.

그러나 사실은 나를 지지해준 사람들에게 집중하는 편이 훨씬 더 낫다. 다행히 책을 쓰지 말라고 한 사람보다는 그들이 1,000배나 더 많다. 나는 너무나 운이 좋다. 먼저, 평생의 지지자에게 진심으로 감사드린다. 부모님이다. 내가 개인별 차이에 관심을 가지게 된 것은 어머니와 아버지가 지금까지 내가 만나본 가장 특이한 사람이 틀림없기 때문이다. 그 작은 마을과 자유연애 풍조가 아니었더라면 두 분이 만날 리 없었을 것이다. 물론 나에게는 다행인 일이다. 아마 짐작하겠지만, 나는 부모님에게 만만한 아이가 아니었다. 어머니에게 감사드린다. 특히 서로의 방식이 꽤 달랐는데도 언제나 최선을 다해 길러주어 감사하다. 나에게 꿈을 크게 가지라고 격려해준 아버지에게 감사드린다. 그리고 온갖 자동차 기술을 가르쳐준 양아버지 짐에게 감사드린다. 그 덕분에 이 책에 자동차 관련 비유가 나왔고, 책이 나오기 전에 몇 차례 고쳐주시기까지 했다.

그리고 물론 내가 낳은 최고의 친구, 재스민 차례이다. 재스민이 장차 어떤 사람이 될지 꿈꾼 첫 순간이 기억난다. 그리고 그녀는 언제나 그 상상보다 더 놀라운 사람이 되어 있었다. 항상 마음 써주어서, 우리 관계가 얼마나 강해질 수 있는지 가르쳐주어서 고맙다. 이 책의 3분의 1 지점까지 천천히, 그러나 철저하고, 통찰력 있게, 때로 히스테리를 부려가며 논평해주어서 고맙다. 나머지도 시간 나면 읽어보고 마음에 들기를 바란다.

그래서 이 책을 처음으로 전부 다 읽은 사람을 이야기하지 않을 수 없다. 안드레아이다. 그가 그려준 삽화부터, 함께 책에 관한 아이디어를 나누었던 그 수백 번의 산책, 내가 2개의 정규직 일자리에 파묻혀 있는 동안 거의 모든 집안일을 도맡아 해준 것까지, 그가 아니었다면 나는 도저히 이 모든 일을 할 수 없었을 것이다. 그가 얼마나 대단한지 모르는 수많은 낯선 사람들 앞에서 말하기가 조금 두렵기도 하지만, 옥시토신의 힘을 믿고 게다가 나만큼 기저귀를 잘 다루는 사람도 없다는 데에 위안을 삼으며, 우리가 계속 잘 사귈 수 있기를 바란다고 고백한다. 물론 그는 나에게 분에 넘치는 사람이다. 나의 가장 큰 지지자가 되어준 것에 감사하며, 그의 두뇌로 세상을(그리고 나를) 보는 내가 되기를 기원한다.

다음으로, 나의 탁월한 대리인 마고 베스 플레밍과 뛰어난 편집자 질슈워츠먼―대단한 부부이다―이다. 보여줄 것이라고는 아이디어밖에 없는 사람에게 기회를 주셔서 감사드린다. 아, 내가 너무 험난한 길로 두 사람을 데리고 오지는 않았는지 걱정된다. 그간 설명해주신 모든 것들, 나의 말을 경청해주신 것, 그리고 내가 출장 갈 때마다 보낸 웃기는 밈과 사진에 고맙다고 해주신 점, 모두 감사드린다.

레이 퍼레즈와 해군연구청 학습인지과학 프로그램에 지금도 나의 연구비를 제공하고 일부 책 집필을 지원해주시는 데에 감사드린다. 또 이 책을 쓰면서 너무나 큰 지적 부담감에 시달릴 때 방문한 나와 개를 재워준 사우웨스터 롯지의 예술가 주거 프로그램에 감사드린다.

그리고 물론, 나의 모든 친구, 가족, 그리고 이 책의 각 부분을 읽거나 흥미로운 아이디어를 제공해준 학생들에게 감사드린다. 다음은 그분들의 이름이다. 에디, 젠 K., 제니, 지니, 브리아나, 케이티(나의 뮤즈), 데이비드와 주디(이 책을 쓰면서 만난 가족), 케이틀린, 사촌 대니, 샤야, 대니 삼촌, 젠 J., 키라, 마리아, 미셸, 얀 숙모, 토냐, 리처드, 스테이시, 로빈, 홀리 A., 줄리, 래리 삼촌, 크리스티, 애너매리 S., 클레어, 디애나, 데보라, 제프리, 오바디아, 김(명복을 빈다), 돈, 디나, 샬럿, 에릭, 라비아, 아키라, 이난, 올가, 지루이, 말라이카, 로런, 테아, 머리사, 마르가리타, 짐, 제이, 체르, 프레스턴, 어맨다, 마리, 그리고 슈레야이다. 저스틴과 짐에게 예리한 눈으로 교정을 보아준 데에 특별히 감사드린다. 이 책을 쓰는 데에 한 마을 주민이 통째로 달려들었다. 우리 마을은 그렇게 강하다.

마지막으로 나의 개 코코리나를 빠뜨릴 수 없다. 코코리나는 이 책을 쓰는 시간의 95퍼센트 동안 나의 옆에 앉아 있었다. 나의 두뇌에 옥시토신을 넘쳐나게 해주고, 누군가의 옆에 있는 것만으로 최고의 선물이 될 수 있다는 점을 가르쳐주어서 참 고맙다.

주

서문

1 Kieran O'Driscoll and John Paul Leach, "'No Longer Gage' : An Iron Bar Through the Head : Early Observations of Personality Change After Injury to the Prefrontal Cortex," *British Medical Journal* (1998) : 1673−1674.

2 John M. Harlow, "Recovery from the Passage of an Iron Bar Through the Head," *History of Psychiatry* 4, no. 14 (1993) : 274−281.

3 David M. Lyons et al., "Stress-Level Cortisol Treatment Impairs Inhibitory Control of Behavior in Monkeys," *Journal of Neuroscience* 20, no. 20 (2000) : 7816−7821.

서론

1 예를 들어 다음을 보라. Marcus E. Raichle and Debra A. Gusnard, "Appraising the Brain's Energy Budget," *Proceedings of the National Academy of Sciences* 99, no. 16 (2002) : 10237−10239.

2 Este Armstrong et al., "The Ontogeny of Human Gyrification," *Cerebral Cortex* 5, no. 1 (1995) : 56−63.

3 David C. Van Essen et al., "Development and Evolution of Cerebral and Cerebellar Cortex," *Brain, Behavior and Evolution* 91 (2018) : 158−169.

4 Michael A. McDaniel, "Big-Brained People Are Smarter : A Meta-Analysis of the Relationship Between In Vivo Brain Volume and Intelligence," *Intelligence* 33, no. 4 (2005) : 337−346.

5 Edwin G. Boring, "Intelligence as the Tests Test It," *New Republic* 35, no. 6 (1923) : 35−37.

6 Eleanor A. Maguire et al., "Navigation-Related Structural Change in the Hippocampi of Taxi Drivers," *Proceedings of the National Academy of Sciences* 97, no. 8 (2000) : 4398−4403.

7 Katherine Woollett and Eleanor A. Maguire, "Acquiring 'the Knowledge' of London's

Layout Drives Structural Brain Changes," *Current Biology* 21, no. 24 (2011) : 2109−2114.

8 Eleanor A. Maguire, Katherine Woollett, and Hugo J. Spiers, "London Taxi Drivers and Bus Drivers : A Structural MRI and Neuropsychological Analysis," *Hippocampus* 16, no. 12 (2006) : 1091−1101.

9 American Psychiatric Association, *Diagnostic and Statistical Manual of Mental Disorders (DSM-5®)* (American Psychiatric Publishing, 2013).

10 Edward M. Hallowell, MD, and John J. Ratey, *Driven to Distraction : Recognizing and Coping with Attention Deficit Disorder from Childhood Through Adulthood* (New York : Anchor, 2011).

11 Joseph Henrich, Steven J. Heine, and Ara Norenzayan, "The Weirdest People in the World?" *Behavioral and Brain Sciences* 33, no. 2−3 (2010) : 61−83 ; Joseph Henrich, *The Weirdest People in the World : How the West Became Psychologically Peculiar and Particularly Prosperous* (New York : Farrar, Straus and Giroux, 2020), 유강은 역, 『위어드 : 인류의 역사와 뇌 구조까지 바꿔놓은 문화적 진화의 힘』(21세기북스, 2022).

12 Fred Rogers, *You Are Special : Neighborly Words of Wisdom from Mister Rogers* (New York : Penguin, 1995).

13 Steven Pinker, *How the Mind Works* (Penguin UK, 2003), 김한영 역, 『마음은 어떻게 작동하는가 : 과학이 발견한 인간 마음의 작동 원리와 진화심리학의 관점』(동녘사이언스, 2007).

14 Pinker, *How the Mind Works.*

15 John G. White et al., "The Structure of the Nervous System of the Nematode Caenorhabditis Elegans," *Philosophical Transactions of the Royal Society of London, Series B, Biological Sciences* 314, no. 1165 (1986) : 1−340. 또한 다음을 참조하라. Steven J. Cook et al., "Whole-Animal Connectomes of Both Caenorhabditis Elegans Sexes," *Nature* 571, no. 7763 (2019) : 63−71.

16 (유튜브를 찾아보면 수많은 영상이 있지만, 그중에서 내가 좋아하는 것을 소개한다.) "Action Potentials in Neurons, Animation," Alila Medical Media, YouTube video, 2016년 4월 25일 게시, https://www.youtube.com/watch?v=iBDXOt_uHTQ.

17 Cornelia I. Bargmann, "Neurobiology of the Caenorhabditis Elegans Genome," *Science* 282, no. 5396 (1998) : 2028−2033 ; Anders Olsen and Matthew S. Gill, eds., *Ageing : Lessons from C. Elegans* (Springer International Publishing, 2017) ; Lisa R. Girard et al., "WormBook : The Online Review of Caenorhabditis Elegans Biology," *Nucleic ACIDS RESEARCH* 35, no. suppl_1 (2007) : D472−D475.

18 Roy J. Britten, "Divergence Between Samples of Chimpanzee and Human DNA Sequences Is 5%, Counting Indels," *Proceedings of the National Academy of Sciences* 99, no. 21 (2002) : 13633−13635.

19 Debra L. Long and Kathleen Baynes, "Discourse Representation in the Two Cerebral Hemispheres," *Journal of Cognitive Neuroscience* 14, no. 2 (2002) : 228−242.

20 Debra L. Long, Brian J. Oppy, and Mark R. Seely, "Individual Differences in Readers' Sentence- and Text-Level Representations," *Journal of Memory and Language* 36, no. 1 (1997) : 129–145.

21 Chantel S. Prat, Debra L. Long, and Kathleen Baynes, "The Representation of Discourse in the Two Hemispheres : An Individual Differences Investigation," *Brain and Language* 100, no. 3 (2007) : 283–294.

22 John Hughlings Jackson, "A Study of Convulsions," *St. Andrews Medical Graduates' Association Transactions 1869* (1870) : 162–204.

23 Woollett and Maguire, "Acquiring 'the Knowledge.'"

24 Tim Wardle, dir., *Three Identical Strangers,* Neon, 2018, 「어느 일란성 세 쌍둥이의 재회」.

25 G. Ferris Wayne and G. N. Connolly, "How Cigarette Design Can Affect Youth Initiation into Smoking : Camel Cigarettes 1983–93," *Tobacco Control* 11 (2002) : 132–139.

26 Jacqueline M. Vink, Gonneke Willemsen, and Dorret I. Boomsma, "Heritability of Smoking Initiation and Nicotine Dependence," *Behavior Genetics* 35, no. 4 (2005) : 397–406.

27 V. E. Ellie et al., "U.S. Horseback Riders," *Wonder,* 2019, askwonder.com.

28 Jeffrey Z. Rubin, Frank J. Provenzano, and Zella Luria, "The Eye of the Beholder : Parents' Views on Sex of Newborns," *American Journal of Orthopsychiatry* 44, no. 4 (1974) : 512. 그리고 20년 이후의 후속 연구는 다음과 같다. Katherine Hildebrandt Karraker, Dena Ann Vogel, and Margaret Ann Lake, "Parents' Gender-Stereotyped Perceptions of Newborns : The Eye of the Beholder Revisited," *Sex Roles* 33, no. 9 (1995) : 687–701.

29 Brené Brown, *Braving the Wilderness : The Quest for True Belonging and the Courage to Stand Alone* (Random House, 2017), 이은경 역, 『진정한 나로 살아갈 용기 : 타인의 시선에서 벗어나 모든 순간을 나답게 사는 법』(북라이프, 2018). 이 책은 내가 매우 좋아하는 책이며, 나에게 깊은 영향을 미쳤다.

제1부

1 Brian Levine, "Autobiographical Memory and the Selfin Time : Brain Lesion Effects, Functional Neuroanatomy, and Lifespan Development," *Brain and Cognition* 55, no. 1 (2004) : 54–68.

제1장

1 Peter F. MacNeilage, Lesley J. Rogers, and Giorgio Vallortigara, "Origins of the Left & Right Brain," *Scientific American* 301, no. 1 (2009) : 60–67, http://www.jstor.org/stable/26001465.

2 J. A. Nielsen et al., "An Evaluation of the Left-Brain Vs. Right-Brain Hypothesis with Resting State Functional Connectivity Magnetic Resonance Imaging," *PloS one* 8, no. 8 (2013), e71275.

3 S. Knecht et al., "Degree of Language Lateralization Determines Susceptibility to

Unilateral Brain Lesions," *Nature Neuroscience* 5, no. 7 (2002) : 695–699.

4　M. Annett, "Handedness and Cerebral Dominance : The Right Shift Theory," *Journal of Neuropsychiatry and Clinical Neurosciences* 10, no. 4 (1998) : 459–469. 그리고 다음을 참조하라. Marian Annett, *Left, Right, Hand and Brain : The Right Shift Theory* (Psychology Press, UK, 1985).

5　Fotios Alexandros Karakostis et al., "Biomechanics of the Human Thumb and the Evolution of Dexterity," *Current Biology* 31, no. 6 (2021) : 1317–1325.

6　T. A. Yousry et al., "Localization of the Motor Hand Area to a Knob on the Precentral Gyrus. A New Landmark," *Brain : A Journal of Neurology* 120, no. 1 (1997) : 141–157.

7　Katrin Amunts et al., "Asymmetry in the Human Motor Cortex and Handedness," *Neuroimage* 4, no. 3 (1996) : 216–222.

8　Richard C. Oldfield, "The Assessment and Analysis of Handedness : The Edinburgh Inventory," *Neuropsychologia* 9, no. 1 (1971) : 97–113.

9　D. C. Bourassa, "Handedness and Eye-Dominance : A Meta-Analysis of Their Relationship," *Laterality* 1, no. 1 (1996) : 5–34.

10　예컨대 다음을 보라. Jerre Levy et al., "Asymmetry of Perception in Free Viewing of Chimeric Faces," *Brain and Cognition* 2, no. 4 (1983) : 404–419.

11　Victoria J. Bourne, "Examining the Relationship Between Degree of Handedness and Degree of Cerebral Lateralization for Processing Facial Emotion," *Neuropsychology* 22, no. 3 (2008) : 350.

12　Bourassa, "Handedness and Eye-Dominance."

13　Bourne, "Examining the Relationship." 또한 다음을 참조하라. S. Frässle et al., "Handedness Is Related to Neural Mechanisms underlying Hemispheric Lateralization of Face Processing," *Scientific Reports* 6 (2016) : 27153 ; Roel M. Willems, Marius V. Peelen, and Peter Hagoort, "Cerebral Lateralization of Face-Selective and Body-Selective Visual Areas Depends on Handedness," *Cerebral Cortex* 20, no. 7 (2009) : 1719–1725 ; Michael W. L. Chee and David Caplan, "Face Encoding and Psychometric Testing in Healthy Dextrals with Right Hemisphere Language," *Neurology* 59, no. 12 (2002) : 1928–1934.

14　Debra L. Mills, Sharon Coffey-Corina, and Helen J. Neville, "Language Comprehension and Cerebral Specialization from 13 to 20 Months," *Developmental Neuropsychology* 13, no. 3 (1997) : 397–445.

15　Stefan Knecht et al., "Handedness and Hemispheric Language Dominance in Healthy Humans," *Brain* 123, no. 12 (2000) : 2512–2518.

16　P. Broca, "Remarks on the Seat of the Faculty of Articulated Language, Following an Observation of Aphemia (Loss of Speech)," *Bulletin de la Société Anatomique* 6 (1861) : 330–357.

17　Nina F. Dronkers, "A New Brain Region for Coordinating Speech Articulation," *Nature* 384, no. 6605 (1996) : 159–161.

18　Myrna F. Schwartz, Eleanor M. Saffran, and Oscar S. Marin, "The Word Order Problem in Agrammatism : I. Comprehension," *Brain and Language* 10, no. 2 (1980) : 249−262.

19 Ayşe Pınar Saygın et al., "Action Comprehension in Aphasia : Linguistic and Non-Linguistic Deficits and Their Lesion Correlates," *Neuropsychologia* 42, no. 13 (2004) : 1788−1804.

20 Nina F. Dronkers et al., "Paul Broca's Historic Cases : High Resolution MR Imaging of the Brains of Leborgne and Lelong," *Brain* 130, no. 5 (2007) : 1432−1441.

21 Knecht et al., "Handedness and Hemispheric Language Dominance."

22 Mari Tervaniemi and Kenneth Hugdahl, "Lateralization of Auditory-Cortex Functions," Brain Research Reviews 43, no. 3 (2003) : 231−246.

23 David Poeppel, "The Analysis of Speech in Different Temporal Integration Windows : Cerebral Lateralization as Asymmetric Sampling in Time," *Speech Communication* 41, no. 1 (2003) : 245−255.

24 Robert J. Zatorre, Pascal Belin, and Virginia B. Penhune, "Structure and Function of Auditory Cortex : Music and Speech," *Trends in Cognitive Sciences* 6, no. 1 (2002) : 37−46.

25 "Siddharth Nagarajan," Wikipedia, 2021년 4월 15일 접속, https://en.wikipedia.org/wiki/ Sid dharth_Nagarajan.

26 Elkhonon Goldberg and Louis D. Costa, "Hemisphere Differences in the Acquisition and Use of Descriptive Systems," *Brain and Language* 14, no. 1 (1981) : 144−173.

27 Eliza L. Nelson, Julie M. Campbell, and George F. Michel, "Unimanual to Bimanual : Tracking the Development of Handedness from 6 to 24 Months," *Infant Behavior and Development* 36, no. 2 (2013) : 181−188 ; Jacqueline Fagard and Anne Marks, "Unimanual and Bimanual Tasks and the Assessment of Handedness in Toddlers," *Developmental Science* 3, no. 2 (2000) : 137−147.

28 예를 들면 다음을 보라. Mills et al., "Language Comprehension and Cerebral Specialization" ; Margriet A. Groen et al., "Does Cerebral Lateralization Develop? A Study Using Functional Transcranial Doppler Ultrasound Assessing Lateralization for Language Production and Visuospatial Memory," *Brain and Behavior* 2, no. 3 (2012) : 256−269.

29 Judith Evans et al., "Differential Bilingual Laterality : Mythical Monster Found in Wales," *Brain and Language* 83, no. 2 (2002) : 291−299.

30 예컨대 다음을 보라. Kentaro Ono et al., "The Effect of Musical Experience on Hemispheric Lateralization in Musical Feature Processing," *Neuroscience Letters* 496, no. 2 (2011) : 141−145 ; Charles J. Limb et al., "Left Hemispheric Lateralization of Brain Activity During Passive Rhythm Perception in Musicians," *The Anatomical Record Part A : Discoveries in Molecular, Cellular, and Evolutionary Biology : An Official Publication of the American Association of Anatomists* 288, no. 4 (2006) : 382−389 ; Peter Vuust et al., "To Musicians, the Message Is in the Meter : Pre-Attentive Neuronal Responses to Incongruent Rhythm Are Left-Lateralized in Musicians," *Neuroimage* 24, no. 2 (2005) : 560−564.

31 Stefan Klöppel et al., "Nurture Versus Nature : Long-Term Impact of Forced Right-Handedness on Structure of Pericentral Cortex and Basal Ganglia," *Journal of Neuroscience* 30, no. 9 (2010) : 3271–3275.

32 Joseph Dien, "Looking Both Ways Through Time : The Janus Model of Lateralized Cognition," *Brain and Cognition* 67, no. 3 (2008) : 292–323.

33 Helena J. V. Rutherford and Annukka K. Lindell, "Thriving and Surviving : Approach and Avoidance Motivation and Lateralization," *Emotion Review* 3, no. 3 (2011) : 333–343.

34 Ian Mayes, "Heads You Win : The Readers' Editor on the Art of the Headline Writer," *Guardian,* 2000년 4월 13일 ; "Syntactic ambiguity," Wikipedia, 2021년 11월 3일 접속, https://en.wikipedia.org/wiki/Syntactic_ambiguity#cite_note-13.

35 Michael S. Gazzaniga, Joseph E. Bogen, and Roger W. Sperry, "Some Functional Effects of Sectioning the Cerebral Commissures in Man," *Proceedings of the National Academy of Sciences* 48, no. 10 (1962) : 1765–1769.

36 "Basic Split Brain Science Primer : Alan Alda with Michael Gazzaniga," Scientific American/Frontiers Introductory Psychology Video Collection, YouTube video, Michael Blackstone, 2017년 1월 5일 게시, https://www.youtube.com/watch?v=4CdmvNKwNjM.

37 Matthew E. Roser et al., "Dissociating Processes Supporting Causal Perception and Causal Inference in the Brain," *Neuropsychology* 19, no. 5 (2005) : 591.

38 Chantel S. Prat, Robert A. Mason, and Marcel Adam Just, "Individual Differences in the Neural Basis of Causal Inferencing," *Brain and Language* 116, no. 1 (2011) : 1–13 ; Chantel S. Prat, Robert A. Mason, and Marcel Adam Just, "An fMRI Investigation of Analogical Mapping in Metaphor Comprehension : The Influence of Context and Individual Cognitive Capacities on Processing Demands," *Journal of Experimental Psychology : Learning, Memory, and Cognition* 38, no. 2 (2012) : 282 ; Chantel S. Prat, "The Brain Basis of Individual Differences in Language Comprehension Abilities," *Language and Linguistics Compass* 5, no. 9 (2011) : 635–649.

39 트위터(현 X) 계정 @KylePlantEmoji의 이용자는 다음과 같은 게시물을 남겼다. "재미있는 사실 : 내면의 이야기를 간직한 사람도 있지만, 그렇지 않은 사람도 있다. 예를 들어 사고 내용 자체가 문장으로 구성되어 자연스럽게 '들을 수 있는' 사람이 있는가 하면, 그저 비언어적, 추상적 사고에 머무르기 때문에 의식적으로 말로 표현해야 하는 사람도 있다. 게다가 거의 모든 사람은 자신과 다른 방식으로 사고하는 사람이 있다는 사실 자체를 모른다." 2020년 1월 27일 게시, https://twitter.com/Kyle PlantEmoji/status/1221713792913965061?s=20.

40 David Wolman, "The Split Brain : A Tale of Two Halves," *Nature News* 483, no. 7389 (2012) : 260.

41 Maria Casagrande and Mario Bertini, "Night-Time Right Hemisphere Superiority and Daytime Left Hemisphere Superiority : A Repatterning of Laterality Across Wake-Sleep-Wake States," *Biological Psychology* 77, no. 3 (2008) : 337–342.

42 예컨대 다음을 보라. Eddie Harmon-Jones, "Unilateral Right-Hand Contractions Cause Contralateral Alpha Power Suppression and Approach Motivational Affective Experience," *Psychophysiology* 43, no. 6 (2006) : 598–603.

제2장

1 완전하지는 않지만 포괄적인 목록을 다음에서 확인할 수 있다. "Neurotransmitter," Wikipedia, 2021년 11월 4일 마지막 접속, https://en.wikipedia.org/wiki/Neuro_transmitter.

2 O. Cauli and Micaela Morelli, "Caffeine and the Dopaminergic System," *Behavioural Pharmacology* 16, no. 2 (2005) : 63–77. 또한 다음을 참조하라. Marcello Solinas et al., "Caffeine Induces Dopamine and Glutamate Release in the Shell of the Nucleus Accumbens," *Journal of Neuroscience* 22, no. 15 (2002) : 6321–6324.

3 Diane C. Mitchell et al., "Beverage Caffeine Intakes in the US," *Food and Chemical Toxicology* 63 (2014) : 136–142.

4 Mriganka Sur, Preston E. Garraghty, and Anna W. Roe, "Experimentally Induced Visual Projections into Auditory Thalamus and Cortex," *Science* 242, no. 4884 (1988) : 1437–1441.

5 Laurie Von Melchner, Sarah L. Pallas, and Mriganka Sur, "Visual Behaviour Mediated by Retinal Projections Directed to the Auditory Pathway," *Nature* 404, no. 6780 (2000) : 871–876. 또한 다음을 참조하라. Sandra Blakeslee, "'Rewired' Ferrets Overturn Theories of Brain Growth," *New York Times,* 2000년 4월 25일.

6 Jürgen Hänggi, Diana Wotruba, and Lutz Jäncke, "Globally Altered Structural Brain Network Topology in Grapheme-Color Synesthesia," *Journal of Neuroscience* 31, no. 15 (2011) : 5816–5828.

7 Richard E. Cytowic and David Eagleman, *Wednesday Is Indigo Blue : Discovering the Brain of Synesthesia* (MIT Press, 2011). 또한 다음을 참조하라. David Brang and Vilayanur S. Ramachandran, "Survival of the Synesthesia Gene : Why Do People Hear Colors and Taste Words?" *PLoS Biology* 9, no. 11 (2011) : e1001205.

8 P. A. MacFaul, "Visual Prognosis After Solar Retinopathy," *British Journal of Ophthalmology* 53, no. 8 (1969) : 534.

9 Richard P. Atkinson and Helen J. Crawford, "Individual Differences in Afterimage Persistence : Relationships to Hypnotic Susceptibility and Visuospatial Skills," *American Journal of Psychology* (1992) : 527–539. 또한 다음을 참조하라. Richard P. Atkinson, "Enhanced Afterimage Persistence in Waking and Hypnosis : High Hypnotizables Report More Enduring Afterimages," *Imagination, Cognition and Personality* 14, no. 1 (1994) : 31–41.

10 David J. Acunzo, David A. Oakley, and Devin B. Terhune, "The Neurochemistry of Hypnotic Suggestion," *American Journal of Clinical Hypnosis* 63, no. 4 (2021) : 355–371.

11 국립정신건강연구소(National Institute of Mental Health)의 2019년 통계 자료, https://www.nimh.nih.gov/health/statistics/major-depression.

12 Gerard Saucier, "Mini-Markers : A Brief Version of Goldberg's Unipolar Big-Five Markers," *Journal of Personality Assessment* 63, no. 3 (1994) : 506–516.

13 Richard A. Depue and Yu Fu, "Neurobiology and Neurochemistry of Temperament in Adults," in *Handbook of Temperament,* eds. M. Zentner and R. L. Shiner (New York : Guilford Press, 2012), 368–399. 또한 다음을 참조하라. Irina Trofimova and Trevor W. Robbins, "Temperament and Arousal Systems : A New Synthesis of Differential Psychology and Functional Neurochemistry," *Neuroscience & Biobehavioral Reviews* 64 (2016) : 382–402.

14 예컨대 다음을 보라. Randall A. Gordon, "Social Desirability Bias : A Demonstration and Technique for Its Reduction," *Teaching of Psychology* 14, no. 1 (1987) : 40–42.

15 Hans Jurgen Eysenck, "Biological Basis of Personality," Nature 199, no. 4898 (1963) : 1031–1034. 또한 다음을 참조하라. Jeffrey A. Gray, "A Critique of Eysenck's Theory of Personality," in *A Model for Personality,* ed. H. J. Eysenck (Springer-Verlag, 1981), 246–276 ; 그리고 다른 사람들의 의견으로는 다음을 참조하라. Gerald Matthews and Kirby Gilliland, "The Personality Theories of HJ Eysenck and JA Gray : A Comparative Review," *Personality and Individual Differences* 26, no. 4 (1999) : 583–626.

16 Richard A. Depue and Paul F. Collins, "Neurobiology of the Structure of Personality : Dopamine, Facilitation of Incentive Motivation, and Extraversion," *Behavioral and Brain Sciences* 22, no. 3 (1999) : 491–517.

17 예컨대 다음을 보라. Troels W. Kjaer et al., "Increased Dopamine Tone During Meditation-Induced Change of Consciousness," *Cognitive Brain Research* 13, no. 2 (2002) : 255–259 ; Jeffrey M. Brown, Glen R. Hanson, and Annette E. Fleckenstein, "Methamphetamine Rapidly Decreases Vesicular Dopamine Uptake," *Journal of Neurochemistry* 74, no. 5 (2000) : 2221–2223.

18 Michael X. Cohen et al., "Individual Differences in Extraversion and Dopamine Genetics Predict Neural Reward Responses," *Cognitive Brain Research* 25, no. 3 (2005) : 851–861.

19 MRI 기술을 설명하는 국립보건연구소 웹사이트 주소, https://www.nibib.nih.gov/science-education/science-topics/magnetic-resonance-imaging-mri.

20 Luke D. Smillie et al., "Variation in DRD2 Dopamine Gene Predicts Extraverted Personality," *Neuroscience Letters* 468, no. 3 (2010) : 234–237.

21 예컨대 다음을 보라. Luke D. Smillie et al., "Extraversion and Reward-Processing : Consolidating Evidence from an Electroencephalographic Index of Reward-Prediction-Error," *Biological Psychology* 146 (2019) : 107735.

22 Luke D. Smillie, Andrew J. Cooper, and Alan D. Pickering, "Individual Differences in Reward-Prediction-Error : Extraversion and Feedback-Related Negativity," *Social Cognitive and Affective Neuroscience* 6, no. 5 (2011) : 646–652.

23 David Watson and Lee Anna Clark, "Extraversion and Its Positive Emotional Core," in *Handbook of Personality Psychology,* eds. Robert Hogan, John A. Johnson, and Stephen

R. Briggs (Academic Press, 1997), 767−793. 또한 다음을 참조하라. William Pavot, E. D. Diener, and Frank Fujita, "Extraversion and Happiness," *Personality and Individual Differences* 11, no. 12 (1990) : 1299−1306 ; Michael Argyle and Luo Lu, "The Happiness of Extraverts," *Personality and Individual Differences* 11, no. 10 (1990) : 1011−1017.

24 J. Olds and Peter Milner, "Positive Reinforcement Produced by Electrical Stimulation of Septal Area and Other Brain Regions in the Rat," *Comparative Physiology* 47, no. 6 (1954) : 419−427.

25 James Olds, "Pleasure Centers in the Brain," *Scientific American* 195, no. 4 (1956) : 105− 117.

26 Xue Sun, Serge Luquet, and Dana M. Small, "DRD2 : Bridging the Genome and Ingestive Behavior," *Trends in Cognitive Sciences* 21, no. 5 (2017) : 372−384.

27 Andre Der-Avakian and Athina Markou, "The Neurobiology of Anhedonia and Other Reward-Related Deficits," *Trends in Neurosciences* 35, no. 1 (2012) : 68−77.

28 Y-Lan Boureau and Peter Dayan, "Opponency Revisited : Competition and Cooperation Between Dopamine and Serotonin," *Neuropsychopharmacology* 36, no. 1 (2011) : 74−97.

29 예컨대 다음을 보라. Jessica M. Yano et al., "Indigenous Bacteria from the Gut Microbiota Regulate Host Serotonin Biosynthesis," *Cell* 161, no. 2 (2015) : 264−276.

30 Jeffrey W. Dalley and J. P. Roiser, "Dopamine, Serotonin and Impulsivity," *Neuroscience* 215 (2012) : 42−58.

31 Nuria de Pedro et al., "Inhibitory Effect of Serotonin on Feeding Behavior in Goldfish : Involvement of CRF," *Peptides* 19, no. 3 (1998) : 505−511.

32 J. A. Schinka, R. M. Busch, and N. Robichaux-Keene, "A Meta-Analysis of the Association Between the Serotonin Transporter Gene Polymorphism (5−HTTLPR) and Trait Anxiety," *Molecular Psychiatry* 9, no. 2 (2004) : 197−202.

33 Alessandro Serretti and Masaki Kato, "The Serotonin Transporter Gene and Effectiveness of SSRIs," *Expert Review of Neurotherapeutics* 8, no. 1 (2008) : 111−120.

34 Klaus-Peter Lesch et al., "Association of Anxiety-Related Traits with a Polymorphism in the Serotonin Transporter Gene Regulatory Region," *Science* 274, no. 5292 (1996) : 1527−1531.

35 J. D. Flory et al., "Neuroticism Is Not Associated with the Serotonin Transporter (5−HTTLPR) Polymorphism," *Molecular Psychiatry* 4, no. 1 (1999) : 93−96.

36 Flory et al., "Neuroticism Is Not Associated," xxxii.

37 Hymie Anisman and Robert M. Zacharko, "Depression as a Consequence of Inadequate Neurochemical Adaptation in Response to Stressors," *British Journal of Psychiatry* 160, no. S15 (1992) : 36−43.

38 Nicole Baumann and Jean-Claude Turpin, "Neurochemistry of Stress : An Overview," *Neurochemical Research* 35, no. 12 (2010) : 1875−1879.

39 Baldwin M. Way and Shelley E. Taylor, "The Serotonin Transporter Promoter

Polymorphism Is Associated with Cortisol Response to Psychosocial Stress," *Biological Psychiatry* 67, no. 5 (2010) : 487−492.

40 Steven E. Hyman and Eric J. Nestler, "Initiation and Adaptation : A Paradigm for Understanding Psychotropic Drug Action," *American Journal of Psychiatry* (1996).

41 Laura M. Juliano and Roland R. Griffiths, "A Critical Review of Caffeine Withdrawal : Empirical Validation of Symptoms and Signs, Incidence, Severity, and Associated Features," *Psychopharmacology* 176, no. 1 (2004) : 1−29.

42 W. A. Williams et al., "Effects of Acute Tryptophan Depletion on Plasma and Cerebrospinal Fluid Tryptophan and 5-Hydroxyindoleacetic Acid in Normal Volunteers," *Journal of Neurochemistry* 72, no. 4 (1999) : 1641−1647.

43 J. B. Deijen and J. F. Orlebeke, "Effect of Tyrosine on Cognitive Function and Blood Pressure Under Stress," *Brain Research Bulletin* 33, no. 3 (1994) : 319−323 ; J. B. Deijen et al., "Tyrosine Improves Cognitive Performance and Reduces Blood Pressure in Cadets After One Week of a Combat Training Course," *Brain Research Bulletin* 48, no. 2 (1999) : 203−209. 다음 역시 참조하라. Lydia A. Conlay, Timothy J. Maher, and Richard J. Wurtman, "Tyrosine Increases Blood Pressure in Hypotensive Rats," *Science* 212, no. 4494 (1981) : 559−560.

44 예컨대 다음을 보라. Romain Meeusen and Kenny De Meirleir, "Exercise and Brain Neurotransmission," *Sports Medicine* 20, no. 3 (1995) : 160−188.

45 Saskia Heijnen et al., "Neuromodulation of Aerobic Exercise : A Review," *Frontiers in Psychology* 6 (2016) : 1890.

46 Tiffany Field et al., "Cortisol Decreases and Serotonin and Dopamine Increase Following Massage Therapy," *International Journal of Neuroscience* 115, no. 10 (2005) : 1397−1413.

47 Rose H. Matousek, Patricia L. Dobkin, and Jens Pruessner, "Cortisol as a Marker for Improvement in Mindfulness-Based Stress Reduction," *Complementary Therapies in Clinical Practice* 16, no. 1 (2010) : 13−19 ; Kenneth G. Walton et al., "Stress Reduction and Preventing Hypertension : Preliminary Support for a Psychoneuroendocrine Mechanism," *Journal of Alternative and Complementary Medicine* 1, no. 3 (1995) : 263−283.

48 Valentina Perciavalle et al., "The Role of Deep Breathing on Stress," *Neurological Sciences* 38, no. 3 (2017) : 451−458.

제3장

1 Gyorgy Buzsaki, *Rhythms of the Brain* (Oxford University Press, 2006).

2 Duncan J. Watts and Steven H. Strogatz, "Collective Dynamics of 'Small-World' Networks," *Nature* 393, no. 6684 (1998) : 440−442.

3 전반적으로 살펴보려면 다음을 참조하라. R. Douglas Fields, "White Matter Matters," *Scientific American* 298, no. 3 (2008) : 54−61.

4 예컨대 다음을 보라. Brian A. Wandell, Andreas M. Rauschecker, and Jason D.

Yeatman, "Learning to See Words," *Annual Review of Psychology* 63 (2012) : 31–53.

5 J. Ridley Stroop, "Studies of Interference in Serial Verbal Reactions," *Journal of Experimental Psychology* 18, no. 6 (1935) : 643.

6 Amalajobitha, "Who Is the Fastest Rapper in the World 2021?" *Freshers Live,* 2021년 7월 28일, https://latestnews.fresherslive.com/articles/fastest-rapper-in-the-world-who-is-the-fastest-rapper-in-the-world-261359.

7 Earl K. Miller, Mikael Lundqvist, and André M. Bastos, "Working Memory 2.0," *Neuron* 100, no. 2 (2018) : 463–475.

8 이 문제에 관해서는 여러 견해가 있지만, 멀티태스킹 능력과 신호 간섭 사이의 관련성을 시사하는 연구로는 다음이 있다. Menno Nijboer et al., "Single-Task fMRI Overlap Predicts Concurrent Multitasking Interference," *NeuroImage* 100 (2014) : 60–74.

9 Kimron L. Shapiro, Jane E. Raymond, and Karen M. Arnell, "The Attentional Blink," *Trends in Cognitive Sciences* 1, no. 8 (1997) : 291–296.

10 예컨대 다음을 보라. Chantel S. Prat et al., "Resting-State qEEG Predicts Rate of Second Language Learning in Adults," *Brain and Language* 157 (2016) : 44–50 ; and Chantel S. Prat, Brianna L. Yamasaki, and Erica R. Peterson, "Individual Differences in Resting-State Brain Rhythms Uniquely Predict Second Language Learning Rate and Willingness to Communicate in Adults," *Journal of Cognitive Neuroscience* 31, no. 1 (2019) : 78–94.

11 E. Paul Torrance, "Predictive Validity of the Torrance Tests of Creative Thinking," *Journal of Creative Behavior* (1972).

12 Edward M. Bowden and Mark Jung-Beeman, "Normative Data for 144 Compound Remote Associate Problems," *Behavior Research Methods, Instruments & Computers* 35, no. 4 (2003) : 634–639.

13 Damien Chazelle, dir., *Whiplash,* Sony Pictures Classics, 2014, 「위플래쉬」.

14 C. Richard Clark et al., "Spontaneous Alpha Peak Frequency Predicts Working Memory Performance Across the Age Span," *International Journal of Psychophysiology* 53, no. 1 (2004) : 1–9.

15 Brian Erickson et al., "Resting-State Brain Oscillations Predict Trait-Like Cognitive Styles," *Neuropsychologia* 120 (2018) : 1–8.

16 Roberto Cecere, Geraint Rees, and Vincenzo Romei, "Individual Differences in Alpha Frequency Drive Crossmodal Illusory Perception," *Current Biology* 25, no. 2 (2015) : 231–235.

17 W. Klimesch et al., "Alpha Frequency, Reaction Time, and the Speed of Processing Information," *Journal of Clinical Neurophysiology* 13, no. 6 (1996) : 511–518. 아울러 알파 주파수와 인지에 관한 좀더 폭넓은 논의 내용으로는 다음과 같은 연구가 있다. Thomas H. Grandy et al., "Individual Alpha Peak Frequency Is Related to Latent Factors of General Cognitive Abilities," *Neuroimage* 79 (2013) : 10–18.

18 O. M. Bazanova and L. I. Aftanas, "Individual Measures of Electroencephalogram

Alpha Activity and Non-Verbal Creativity," *Neuroscience and Behavioral Physiology* 38, no. 3 (2008) : 227–235.

19 C. M. Smit et al., "Genetic Variation of Individual Alpha Frequency (IAF) and Alpha Power in a Large Adolescent Twin Sample," *International Journal of Psychophysiology* 61, no. 2 (2006) : 235–243.

20 Smit et al., "Genetic Variation of IAF," xiv.

21 John R. Hughes and Juan J. Cayaffa, "The EEG in Patients at Different Ages Without Organic Cerebral Disease," *Electroencephalography and Clinical Neurophysiology* 42, no. 6 (1977) : 776–784.

22 예컨대 다음을 보라. Tim Lomas, Itai Ivtzan, and Cynthia H. Y. Fu, "A Systematic Review of the Neurophysiology of Mindfulness on EEG Oscillations," *Neuroscience & Biobehavioral Reviews* 57 (2015) : 401–410.

23 Manish Saggar et al., "Intensive Training Induces Longitudinal Changes in Meditation State-Related EEG Oscillatory Activity," *Frontiers in Human Neuroscience* 6 (2012) : 256.

24 이에 대해서는 다음을 참조하라. B. Rael Cahn and John Polich, "Meditation States and Traits : EEG, ERP, and Neuroimaging Studies," *Psychological Bulletin* 132, no. 2 (2006) : 180.

25 Cameron Sheikholeslami et al., "A High Resolution EEG Study of Dynamic Brain Activity During Video Game Play," in *29th Annual International Conference of the IEEE Engineering in Medicine and Biology Society* (IEEE, 2007) : 2489–2491.

26 Robert J. Barry et al., "Caffeine Effects on Resting-State Arousal," *Clinical Neurophysiology* 116, no. 11 (2005) : 2693–2700.

제4장

1 Rajesh P. N. Rao et al., "A Direct Brain-to-Brain Interface in Humans," *PLOS ONE* 9, no. 11 (2014) : e111332.

2 "Direct Brain-to-Brain Communication in Humans : A Pilot Study," YouTube video, uwneuralsystems, 2013년 8월 26일 게시, https://www.youtube.com/watch?v=rNRDc-714W5I.

3 Elena Gaby and Taryn Southern, dirs., *I Am Human,* Futurism Studios, March 3, 2020.

4 "Pizzagate conspiracy theory," Wikipedia, 2021년 11월 5일 접속, https://en.wikipedia.org/wiki/Pizzagate_conspiracy_theory.

5 S. P. Stone, P. W. Halligan, and R. J. Greenwood, "The Incidence of Neglect Phenomena and Related Disorders in Patients with an Acute Right or Left Hemisphere Stroke," *Age and Ageing* 22, no. 1 (1993) : 46–52.

6 이러한 흥미로운 검사 사례들은 다음을 참조하라. Andrew Parton, Paresh Malhotra, and Masud Husain, "Hemispatial Neglect," *Journal of Neurology, Neurosurgery & Psychiatry* 75, no. 1 (2004) : 13–21.

7 B. Gialanella and F. Mattioli, "Anosognosia and Extrapersonal Neglect as Predictors of Functional Recovery Following Right Hemisphere Stroke," *Neuropsychological Rehabilitation* 2, no. 3 (1992) : 169–178.

8 Elisabeth Becker and Hans-Otto Karnath, "Incidence of Visual Extinction After Left Versus Right Hemisphere Stroke," *Stroke* 38, no. 12 (2007) : 3172–3174.

9 Guido Gainotti, "Lateralization of Brain Mechanisms Underlying Automatic and Controlled Forms of Spatial Orienting of Attention," *Neuroscience & Biobehavioral Reviews* 20, no. 4 (1996) : 617–622.

10 대조 집단에 대해서는 다음을 참조하라. Naren Prahlada Rao et al., "Lateralisation Abnormalities in Obsessive-Compulsive Disorder : A Line Bisection Study," *Acta Neuropsychiatrica* 27, no. 4 (2015) : 242–247 ; Karen E. Waldie and Markus Hausmann, "Right Fronto-Parietal Dysfunction in Children with ADHD and Developmental Dyslexia as Determined by Line Bisection Judgements," *Neuropsychologia* 48, no. 12 (2010) : 3650–3656.

11 Waldie and Hausmann, "Right Fronto-Parietal Dysfunction."

12 Eunice N. Simões, Ana Lucia Novais Carvalho, and Sergio L. Schmidt, "What Does Handedness Reveal About ADHD? An Analysis Based on CPT Performance," *Research in Developmental Disabilities* 65 (2017) : 46–56 ; Evgenia Nastou, Sebastian Ocklenburg, and Marietta Papadatou-Pastou, "Handedness in ADHD : Meta-Analyses," *PsyArXiv* (2020), https://psyarxiv.com/zyrvg.

13 Saskia Haegens, Barbara F. Händel, and Ole Jensen, "Top-Down Controlled Alpha Band Activity in Somatosensory Areas Determines Behavioral Performance in a Discrimination Task," *Journal of Neuroscience* 31, no. 14 (2011) : 5197–5204.

14 Rebecca J. Compton et al., "Cognitive Control in the Intertrial Interval : Evidence from EEG Alpha Power," *Psychophysiology* 48, no. 5 (2011) : 583–590.

15 Brian Erickson et al., "Resting-State Brain Oscillations Predict Trait-Like Cognitive Styles," *Neuropsychologia* 120 (2018) : 1–8.

16 이에 관한 설명으로는 다음을 참조하라. "Turtles all the way down," Wikipedia, 2020년 4월 2일 접속, https://en.wikipedia.org/wiki/Turtles_all_the_way_down.

17 Robert M. Sapolsky, *Behave : The Biology of Humans at Our Best and Worst* (Penguin, 2017), 김명남 역, 『행동 : 인간의 최선의 행동과 최악의 행동에 관한 모든 것』(문학동네, 2023)

18 Andrea Stocco, Christian Lebiere, and John R. Anderson, "Conditional Routing of Information to the Cortex : A Model of the Basal Ganglia's Role in Cognitive Coordination," *Psychological Review* 117, no. 2 (2010) : 541.

19 Chantel S. Prat and Marcel Adam Just, "Exploring the Neural Dynamics Underpinning Individual Differences in Sentence Comprehension," *Cerebral Cortex* 21, no. 8 (2011) : 1747–1760.

20 예컨대 다음을 보라. Andrea Stocco and Chantel S. Prat, "Bilingualism Trains Specific Brain Circuits Involved in Flexible Rule Selection and Application," *Brain and Language* 137 (2014) : 50−61 ; A. Stocco et al., "Bilingual Brain Training : A Neurobiological Framework of How Bilingual Experience Improves Executive Function," *International Journal of Bilingualism* 18, no. 1 (2014) : 67−92.

21 원본은 다음과 같다. Rajesh K. Kana, Lauren E. Libero, and Marie S. Moore, "Disrupted Cortical Connectivity Theory as an Explanatory Model for Autism Spectrum Disorders," *Physics of Life Reviews* 8, no. 4 (2011) : 410−437. 이에 대한 우리의 의견 은 다음과 같다. Chantel S. Prat and Andrea Stocco, "Information Routing in the Basal Ganglia : Highways to Abnormal Connectivity in Autism? : Comment on 'Disrupted Cortical Connectivity Theory as an Explanatory Model for Autism Spectrum Disorders' by Kana et al.," *Physics of Life Reviews* 9, no. 1 (2012) : 1.

22 Chantel S. Prat et al., "Basal Ganglia Impairments in Autism Spectrum Disorder Are Related to Abnormal Signal Gating to Prefrontal Cortex," *Neuropsychologia* 91 (2016) : 268−281.

제5장

1 예컨대 다음을 보라. John Medina, *Brain Rules : 12 Principles for Surviving and Thriving at Work, Home, and School* (Seattle : Pear Press, 2011), 서영조 역, 『브레인 룰 스 : 의식의 등장에서 생각의 실현까지』(프런티어, 2009).

2 Jessica Ash and Gordon G. Gallup, "Paleoclimatic Variation and Brain Expansion During Human Evolution," *Human Nature* 18, no. 2 (2007) : 109–124.

3 William James, *Principles of Psychology* (1863).

4 이에 대한 최근의 의견은 다음과 같다. Arun Asok et al., "Molecular Mechanisms of the Memory Trace," *Trends in Neurosciences* 42, no. 1 (2019) : 14−22.

5 의사결정 연구소 홈페이지에서 관련 내용을 찾아볼 수 있다. https://thedecisionlab. com/reference-guide/neuroscience/hebbian-learning.

6 이 문장의 출처는 헵이 슈퍼캠프 웹사이트에 게재한 논문(1949)이라고 알려져 있다. 다만, 다른 곳에서 그 출처를 확인하지는 못했다. https://www.supercamp.com/what-does-neurons-that-fire-together-wire-together-mean.

7 Patricia K. Kuhl, "The Development of Speech and Language," *Mechanistic Relation-ships Between Development and Learning* (1998) : 53−73.

8 Patricia Kuhl, "The Linguistic Genius of Babies," TED Talk, YouTube, 2011년 2월 18일 게시, https://www.youtube.com/watch?v=G2XBIkHW954.

9 "How to do a Pullover on Bars," TC2, 2014년 12월 2일 게시, https://www.youtube. com/watch?v=DzW1TnJChD0.

10 예컨대 다음을 보라. Richard M. Suinn, "Mental Practice in Sport Psychology : Where Have We Been, Where Do We Go?" *Clinical Psychology : Science and Practice* 4, no. 3 (1997) : 189−207 ; Lars Nyberg et al., "Learning by Doing Versus Learning by Thinking : An fMRI Study of Motor and Mental Training," *Neuropsychologia* 44, no. 5 (2006) : 711−717 ; Carl-Johan Olsson, Bert Jonsson, and Lars Nyberg, "Learning by Doing and Learning by Thinking : An fMRI Study of Combining Motor and Mental Training," *Frontiers in Human Neuroscience* 2 (2008) : 5.

11 Viorica Marian, Henrike K. Blumenfeld, and Margarita Kaushanskaya, "Language Experience and Proficiency Questionnaire (LEAP-Q)" (2018).

12 A. Stocco et al., "Bilingual Brain Training : A Neurobiological Framework of How Bilingual Experience Improves Executive Function," *International Journal of Bilingualism* 18, no. 1 (2014) : 67−92 ; Brianna L. Yamasaki, Andrea Stocco, and Chantel S. Prat, "Relating Individual Differences in Bilingual Language Experiences to Executive Attention," *Language, Cognition and Neuroscience* 33, no. 9 (2018) : 1128−1151 ; Kinsey Bice et al., "Bilingual Language Experience Shapes Resting-State Brain Rhythms," *Neurobiology of Language* 1, no. 3 (2020) : 288−318 ; Brianna L. Yamasaki et al., "Effects of Bilingual Language Experience on Basal Ganglia Computations : A Dynamic Causal Modeling Test of the Conditional Routing Model," *Brain and Language* 197 (2019) : 104665.

13 testyourvocab.com에서 수집한 자료를 바탕으로 한 다음의 기사. Lexical facts, *The Economist*, 2013년 5월 29일, https://www.economist.com/johnson/2013/05/29/lexical-facts.

14 Thomas Balmès, dir., *Babies*, Focus Features, 2010년 4월 14일.

15 예컨대 다음을 보라. Helmut V.B. Hirsch and D. N. Spinelli, "Visual Experience Modifies Distribution of Horizontally and Vertically Oriented Receptive Fields in Cats," *Science* 168, no. 3933 (1970) : 869−871 ; Helmut V. B. Hirsch and D. N. Spinelli, "Modification of the Distribution of Receptive Field Orientation in Cats by Selective Visual Exposure During Development," *Experimental Brain Research* 12, no. 5 (1971) : 509−527 ; N. W. Daw and H. J. Wyatt, "Kittens Reared in a Unidirectional Environment : Evidence for a Critical Period," *Journal of Physiology* 257, no. 1 (1976) : 155−170.

16 Pascal Wallisch, "Illumination Assumptions Account for Individual Differences in the Perceptual Interpretation of a Profoundly Ambiguous Stimulus in the Color Domain : 'The Dress,'" *Journal of Vision* 17, no. 4 (2017) : 5.

17 B. Keith Payne, "Prejudice and Perception : The Role of Automatic and Controlled Processes in Misperceiving a Weapon," *Journal of Personality and Social Psychology* 81, no. 2 (2001) : 181.

18 B. Keith Payne, "Weapon Bias : Split-Second Decisions and Unintended Stereotyping," *Current Directions in Psychological Science* 15, no. 6 (2006) : 287−291.

19 Malcolm Gladwell, *Blink : The Power of Thinking Without Thinking* (Little, Brown, 2006), 이무열 역, 『블링크 : 운명을 가르는 첫 2초의 비밀』(김영사, 2020).

20 예컨대 다음을 보라. Judith F. Kroll et al., "Language Selection in Bilingual Speech :

Evidence for Inhibitory Processes," *Acta Psychologica* 128, no. 3 (2008) : 416–430.

21 Andrea Stocco and Chantel S. Prat, "Bilingualism Trains Specific Brain Circuits Involved in Flexible Rule Selection and Application," *Brain and Language* 137 (2014) : 50–61.

22 Bice, Yamasaki, and Prat, "Bilingual Language Experience."

제6장

1 Oprah Winfrey, *Oprah's Life Class,* 2011년 10월 19일 첫 방송, https://www.oprah.com/oprahs-lifeclass/the-powerful-lesson-maya-angelou-taught-oprah-video.

2 Eckhart Tolle, *A New Earth : Awakening to Your Life's Purpose* (Penguin, 2006), 류시화 역, 『삶으로 다시 떠오르기』(연금술사, 2013).

3 Daniel Kahneman, *Thinking Fast and Slow* (2011), 이창신 역, 『생각에 관한 생각 : 우리의 행동을 지배하는 생각의 반란』(김영사, 2018), 다음에서 인용, Ariella S. Kristal and Laurie R. Santos, "GI Joe Phenomena : Understanding the Limits of Metacognitive Awareness on Debiasing," Harvard Business School Working Paper, 2021.

4 Andy Tennant, dir., *Hitch,* Sony Pictures, 2005년 2월 11일, 「Mr. 히치, 당신을 위한 데이트 코치」. 이 장면은 유튜브에서 볼 수 있다. "Hitch (6/8) Movie CLIP-Dance Lessons (2005) HD," Movieclips, 2012년 10월 6일 게시.

5 Michael J. Frank, Lauren C. Seeberger, and Randall C. O'Reilly, "By Carrot or by Stick : Cognitive Reinforcement Learning in Parkinsonism," *Science* 306, no. 5703 (2004) : 1940–1943.

6 J. Raven, J. C. Raven, and J. H. Court, *Manual for Raven's Advanced Progressive Matrices* (Oxford Psychologists Press, 1998).

7 Andrea Stocco, Chantel S. Prat, and Lauren K. Graham, "Individual Differences in Reward-Based Learning Predict Fluid Reasoning Abilities," *Cognitive Science* 45, no. 2 (2021) : e12941.

8 Roger Brown and David McNeill, "The 'Tip of the Tongue' Phenomenon," *Journal of Verbal Learning and Verbal Behavior* 5, no. 4 (1966) : 325–337.

9 Meredith A. Shafto et al., "On the Tip-of-the-Tongue : Neural Correlates of Increased Word-Finding Failures in Normal Aging," *Journal of Cognitive Neuroscience* 19, no. 12 (2007) : 2060–2070 ; Christopher J. Schmank and Lori E. James, "Adults of All Ages Experience Increased Tip-of-the-Tongue States Under Ostensible Evaluative Observation," *Aging, Neuropsychology, and Cognition* 27, no. 4 (2020) : 517–531.

10 "1,000,000 Dominoes Falling Is Oddly SATISFYING," YouTube, Hevesh5, 2017년 12월 2일 게시, https://www.youtube.com/watch?v=DQQN_79QrDY.

11 Kazumasa Z. Tanaka et al., "Cortical Representations Are Reinstated by the Hippocampus During Memory Retrieval," *Neuron* 84, no. 2 (2014) : 347–354.

12 Georg F. Striedter, "Evolution of the Hippocampus in Reptiles and Birds," *Journal of Comparative Neurology* 524, no. 3 (2016) : 496–517.

13 Laura Lee Colgin, "Five Decades of Hippocampal Place Cells and EEG Rhythms in Behaving Rats," *Journal of Neuroscience* 40, no. 1 (2020) : 54−60.

14 Jacob L. S. Bellmund et al., "Navigating Cognition : Spatial Codes for Human Thinking," *Science* 362, no. 6415 (2018).

15 Douglas L. Nelson, Cathy L. McEvoy, and Thomas A. Schreiber, "The University of South Florida Word Association, Rhyme, and Word Fragment Norms," http://w3.usf .edu/ FreeAssociation.

16 Charan Ranganath and Maureen Ritchey, "Two Cortical Systems for Memory-Guided Behaviour," *Nature Reviews Neuroscience* 13, no. 10 (2012) : 713−726.

17 Mladen Sormaz et al., "Knowing What from Where : Hippocampal Connectivity with Temporoparietal Cortex at Rest Is Linked to Individual Differences in Semantic and Topographic Memory," *Neuroimage* 152 (2017) : 400−410.

18 James V. Haxby et al., "Distributed and Overlapping Representations of Faces and Objects in Ventral Temporal Cortex," *Science* 293, no. 5539 (2001) : 2425−2430.

19 Svetlana V. Shinkareva et al., "Using fMRI Brain Activation to Identify Cognitive States Associated with Perception of Tools and Dwellings," *PloS one* 3, no. 1 (2008) : e1394.

20 Marcel Adam Just et al., "A Neurosemantic Theory of Concrete Noun Representation Based on the Underlying Brain Codes," *PloS one* 5, no. 1 (2010) : e8622.

21 Marcel Adam Just et al., "Machine Learning of Neural Representations of Suicide and Emotion Concepts Identifies Suicidal Youth," *Nature Human Behaviour* 1, no. 12 (2017) : 911−919.

22 Katherine L. Alfred, Megan E. Hillis, and David J. M. Kraemer, "Individual Differences in the Neural Localization of Relational Networks of Semantic Concepts," *Journal of Cognitive Neuroscience* 33, no. 3 (2021) : 390−401.

제7장

1 영상과 함께 흥미롭게 읽어보려면 다음을 참조하라. Emily Osterloff, "Immortal Jellyfish : The Secret to Cheating Death," *What on Earth?* Natural History Museum, 2021년 11월 9일 확인, https://www.nhm.ac.uk/discover/immortal-jellyfish-secret-to-cheating-death.html.

2 Kelsey Lucca and Makeba Parramore Wilbourn, "Communicating to Learn : Infants' Pointing Gestures Result in Optimal Learning," *Child Development* 89, no. 3 (2018) : 941−960 ; Kelsey Lucca and Makeba Parramore Wilbourn, "The What and the How : Information-Seeking Pointing Gestures Facilitate Learning Labels and Functions," *Journal of Experimental Child Psychology* 178 (2019) : 417−436.

3 M. J. Gruber and C. Ranganath, "How Curiosity Enhances Hippocampus-Dependent Memory : The Prediction, Appraisal, Curiosity, and Exploration (PACE) Framework," *Trends in Cognitive Sciences* 23, no. 12 (2019) : 1014−1025.

4 IFunny.co, https://ifunny.co/picture/when-you-re-having-a-bad-day-just-look-at-CvV1MzAk4.

5 소크라테스의 역설에 관해서는 "진정한 현자는 자신이 아무것도 모른다는 것을 인정한다", 혹은 "나는 아무것도 모른다는 것을 안다" 등의 다양한 해석이 존재한다. 소크라테스가 그런 말을 했다는 것이 정설이지만, 기록으로 남아 있는 근거는 플라톤이 쓴 『소크라테스의 변론(*Apologia Sokratous*)』(천병희 역, 『소크라테스의 변론 / 크리톤 / 파이돈』[숲, 2017])에서 그의 스승을 언급한 내용이 유일하다. 이 내용을 상세히 설명한 논문은 다음과 같다. Gail Fine, "Does Socrates Claim to Know That He Knows Nothing?" *Oxford Studies in Ancient Philosophy* 35 (2008) : 49−88.

6 아리스토텔레스의 『형이상학(*Metaphysica*)』(조대호 역, 길, 2017)에 수록된 원문은 다음과 같다. "모든 인간의 본성은 지식을 갈구하는 것이다. 그 사실은 우리가 오감을 통해 기쁨을 느끼는 것만 봐도 알 수 있다. 즉, 인간은 감각적 지식의 유용성 여부와 상관없이 그 자체에서 기쁨을 느낀다. 특히 시각은 다른 모든 감각에 앞선다. 행동을 위한 시각은 물론, 어떤 행동을 하지 않더라도 우리는 보는 것을 다른 무엇보다 더 좋아한다. 왜냐하면 우리는 시각을 통해 여러 사물 사이의 차이를 분명히 알 수 있기 때문이다." 기원전 4세기에 기록된 이 글은 1924년에 W. D. 로스에 의해 최초로 대중에게 읽힐 목적으로 출간되었다.

7 Frank D. Naylor, "A State-Trait Curiosity Inventory," *Australian Psychologist* 16, no. 2 (1981) : 172−183 ; Jordan A. Litman and Charles D. Spielberger, "Measuring Epistemic Curiosity and Its Diversive and Specific Components," *Journal of Personality Assessment* 80, no. 1 (2003) : 75−86.

8 그가 1952년 3월 11일 카를 젤리히에게 쓴 편지에 있는 원문은 다음과 같다. "Ich habe keine besondere Begabung, sondern bin nur leidenschaftlich neugierig." *Einstein Archives 39-013*.

9 D. Falk, "New Information About Albert Einstein's Brain," *Frontiers in Evolutionary Neuroscience* 1, 3 (2009) ; D. Falk, F. E. Lepore, and A. Noe, "The Cerebral Cortex of Albert Einstein : A Description and Preliminary Analysis of Unpublished Photographs," *Brain* 136, no. 4 (2013) : 1304−1327 ; W. Men et al., "The Corpus Callosum of Albert Einstein's Brain : Another Clue to His High Intelligence?" *Brain* 137, no. 4 (2014) : e268−e268.

10 Peter Schwenkreis et al., "Assessment of Sensorimotor Cortical Representation Asymmetries and Motor Skills in Violin Players," *European Journal of Neuroscience* 26, no. 11 (2007) : 3291−3302.

11 Ashvanti Valji, "Individual Differences in Structural-Functional Brain Connections Underlying Curiosity" (PhD diss., Cardiff University, 2020).

12 예컨대 다음을 보라. Michael F. Bonner and Amy R. Price, "Where Is the Anterior Temporal Lobe and What Does It Do?" *Journal of Neuroscience* 33, no. 10 (2013) : 4213−4215.

13 Giovanna Mollo et al., "Oscillatory Dynamics Supporting Semantic Cognition : MEG Evidence for the Contribution of the Anterior Temporal Lobe Hub and Modality-Specific Spokes," *PloS One* 12, no. 1 (2017) : e0169269.

14 이 내용은 위키피디아에 잘 설명되어 있다. "Diffusion MRI," Wikipedia, 2021년 11월 9일 접속, https://en.wikipedia.org/wiki/Diffusion_MRI.

15 Ashvanti Valji et al., "Curious Connections : White Matter Pathways Supporting Individual Differences in Epistemic and Perceptual Curiosity," bioRxiv.org (2019) : 642165.

16 Min Jeong Kang et al., "The Wick in the Candle of Learning : Epistemic Curiosity Activates Reward Circuitry and Enhances Memory," *Psychological Science* 20, no. 8 (2009) : 963−973.

17 Lara Schlaffke et al., "Learning Morse Code Alters Microstructural Properties in the Inferior Longitudinal Fasciculus : A D'TI Study," *Frontiers in Human Neuroscience* 11 (2017) : 383.

18 Wolfram Schultz, Peter Dayan, and P. Read Montague, "A Neural Substrate of Prediction and Reward," *Science* 275, no. 5306 (1997) : 1593−1599.

19 Kang et al., "The Wick in the Candle," xvii.

20 Romain Ligneul, Martial Mermillod, and Tiffany Morisseau, "From Relief to Surprise : Dual Control of Epistemic Curiosity in the Human Brain," *NeuroImage* 181 (2018) : 490−500.

21 Matthias J. Gruber, Bernard D. Gelman, and Charan Ranganath, "States of Curiosity Modulate Hippocampus-Dependent Learning via the Dopaminergic Circuit," *Neuron* 84, no. 2 (2014) : 486−496.

22 Johnny King L. Lau et al., "Shared Striatal Activity in Decisions to Satisfy Curiosity and Hunger at the Risk of Electric Shocks," *Nature Human Behaviour* 4, no. 5 (2020) : 531−543.

23 Jay J. Van Bavel and Andrea Pereira, "The Partisan Brain : An Identity-Based Model of Political Belief," *Trends in Cognitive Sciences* 22, no. 3 (2018) : 213−224.

제8장

1 Malcolm Gladwell, *Talking to Strangers : What We Should Know About the People We Don't Know* (Penguin UK, 2019), 유강은 역, 『타인의 해석 : 당신이 모르는 사람을 만났을 때』(김영사, 2020).

2 책 『왕좌의 게임 : 얼음과 불의 노래 1(*A Game of Thrones [A Song of Ice and Fire, Book 1]*)』(이수현 역, 은행나무, 2016)을 읽은 팬이라면 이 문장이 네드 스타크와 아리아 스타크 사이의 대화에서 나왔음을 잘 알 것이다. 그러나 산사 스타크가 이 말을 한 것은 훨씬 이후에 나온 TV 드라마를 통해서였다.

3 예컨대 다음을 보라. Jacqueline M. McGrath, "Touch and Massage in the Newborn Period : Effects on Biomarkers and Brain Development," *Journal of Perinatal & Neonatal Nursing* 23, no. 4 (2009) : 304−306.

4 Jane Leserman et al., "Progression to AIDS : The Effects of Stress, Depressive Symptoms, and Social Support," *Psychosomatic Medicine* 61, no. 3 (1999) : 397–406.

5 Julianne Holt-Lunstad and Timothy B. Smith, "Social Relationships and Mortality," *Social and Personality Psychology Compass* 6, no. 1 (2012) : 41–53.

6 Jonathan W. Kanter et al., "An Integrative Contextual Behavioral Model of Intimate Relations," *Journal of Contextual Behavioral Science* (2020).

7 *Westworld*, 시즌 1, 제6화, dir. Frederick E. O. Toye, HBO, 2016년 11월 6일 방송. 다음도 참조하라. "[Westworld] Maeve 'No one knows what I'm thinking," YouTube, Westworld Best Scenes, 2016년 11월 7일 게시, https://www.youtube.com/watch?v=q-VdlnH81ONO.

8 Mark D. White, "What It Means to Know Someone," *Psychology Today,* 2010년 12월, https://www.psychologytoday.com/us/blog/maybe-its-just-me/201012/what-it-means-know-someone.

9 David Matheson, "Knowing Persons," *Dialogue* 49, no. 3 (2010) : 435–53.

10 Simon Baron-Cohen et al., "The 'Reading the Mind in the Eyes' Test Revised Version : A Study with Normal Adults, and Adults with Asperger Syndrome or High-Functioning Autism," *Journal of Child Psychology and Psychiatry* 42, no. 2 (2001) : 241–251.

11 Giacomo Rizzolatti, "The Mirror Neuron System and Its Function in Humans," *Anatomy and Embryology* 210, no. 5–6 (2005) : 419–421.

12 Carolyn Parkinson, Adam M. Kleinbaum, and Thalia Wheatley, "Similar Neural Responses Predict Friendship," *Nature Communications* 9, no. 1 (2018) : 1–14.

13 Ryan Hyon et al., "Similarity in Functional Brain Connectivity at Rest Predicts Interpersonal Closeness in the Social Network of an Entire Village," *Proceedings of the National Academy of Sciences* 117, no. 52 (2020) : 33149–33160.

14 Janet W. Astington, Paul L. Harris, and David R. Olson, eds., *Developing Theories of Mind* (CUP Archive, 1988).

15 Sara M. Schaafsma et al., "Deconstructing and Reconstructing Theory of Mind," *Trends in Cognitive Sciences* 19, no. 2 (2015) : 65–72.

16 Juli Stietz et al., "Dissociating Empathy from Perspective-Taking : Evidence from Intra- and Inter-Individual Differences Research," *Frontiers in Psychiatry* 10 (2019) : 126.

17 다음을 보라. Paul Bloom and Tim P. German, "Two Reasons to Abandon the False Belief Task as a Test of Theory of Mind," *Cognition* 77, no. 1 (2000) : B25–B31 ; Lynn S. Liben, "Perspective-Taking Skills in Young Children : Seeing the World Through Rose-Colored Glasses," *Developmental Psychology* 14, no. 1 (1978) : 87.

18 이에 대한 의견으로는 다음을 보라. Josef Perner and Birgit Lang, "Development of Theory of Mind and Executive Control," *Trends in Cognitive Sciences* 3, no. 9 (1999) : 337–344.

19 Stephanie M. Carlson and Louis J. Moses, "Individual Differences in Inhibitory Control and Children's Theory of Mind," *Child Development* 72, no. 4 (2001) : 1032–1053.

20 Claire Hughes et al., "Origins of Individual Differences in Theory of Mind : From Nature to Nurture?" *Child Development* 76, no. 2 (2005) : 356–370.

21 Naomi P. Friedman et al., "Individual Differences in Executive Functions Are Almost Entirely Genetic in Origin," *Journal of Experimental Psychology : General* 137, no. 2 (2008) : 201.

22 Jennifer M. Jenkins and Janet Wilde Astington, "Theory of Mind and Social Behavior : Causal Models Tested in a Longitudinal Study," *Merrill-Palmer Quarterly* 46, no. 2 (2000) : 203–220.

23 Elizabeth Meins et al., "Rethinking Maternal Sensitivity : Mothers' Comments on Infants' Mental Processes Predict Security of Attachment at 12 Months," *Journal of Child Psychology and Psychiatry* 42, no. 5 (2001) : 637–648.

24 Elizabeth Meins et al., "Maternal Mind-Mindedness and Attachment Security as Predictors of Theory of Mind Understanding," *Child Development* 73, no. 6 (2002) : 1715–1726.

25 Victoria Leong et al., "Mother-Infant Interpersonal Neural Connectivity Predicts Infants' Social Learning," *PsyArXiv* (2019), https://doi.org/10.31234/osf.io/gueaq.

26 다음을 참조하라. Gerald Gimpl and Falk Fahrenholz, "The Oxytocin Receptor System : Structure, Function, and Regulation," *Physiological Reviews* 81, no. 2 (2001) : 629–683 ; Tiffany M. Love, "Oxytocin, Motivation and the Role of Dopamine," *Pharmacology Biochemistry and Behavior* 119 (2014) : 49–60.

27 Markus Heinrichs and Gregor Domes, "Neuropeptides and Social Behaviour : Effects of Oxytocin and Vasopressin in Humans," *Progress in Brain Research* 170 (2008) : 337–350.

28 Naomi Scatliffe et al., "Oxytocin and Early Parent-Infant Interactions : A Systematic Review," *International Journal of Nursing Sciences* 6, no. 4 (2019) : 445–453 ; Ilanit Gordon et al., "Oxytocin and the Development of Parenting in Humans," *Biological Psychiatry* 68, no. 4 (2010) : 377–382.

29 Gordon et al., "Oxytocin and the Development of Parenting."

30 Raymond Nowak et al., "Neonatal Suckling, Oxytocin, and Early Infant Attachment to the Mother," *Frontiers in Endocrinology* 11 (2021).

31 Dorothy Vittner et al., "Increase in Oxytocin from Skin-to-Skin Contact Enhances Development of Parent-Infant Relationship," *Biological Research for Nursing* 20, no. 1 (2018) : 54–62.

32 Thomas R. Insel and Lawrence E. Shapiro, "Oxytocin Receptor Distribution Reflects Social Organization in Monogamous and Polygamous Voles," *Proceedings of the National Academy of Sciences* 89, no. 13 (1992) : 5981–5985.

33 Jessie R. Williams et al., "Oxytocin Administered Centrally Facilitates Formation of a Partner Preference in Female Prairie Voles (Microtus ochrogaster)," *Journal of Neuro-endocrinology* 6, no. 3 (1994) : 247–250.

34 T. R. Insel et al., "Oxytocin and the Molecular Basis of Monogamy," *Advances in Experimental Medicine and Biology* 395 (1995) : 227–234.

35 Dirk Scheele et al., "Oxytocin Enhances Brain Reward System Responses in Men Viewing the Face of Their Female Partner," *Proceedings of the National Academy of Sciences* 110, no. 50 (2013) : 20308–20313.

36 Dirk Scheele et al., "Oxytocin Modulates Social Distance Between Males and Females," *Journal of Neuroscience* 32, no. 46 (2012) : 16074–16079.

37 Simone G. Shamay-Tsoory and Ahmad Abu-Akel, "The Social Salience Hypothesis of Oxytocin," *Biological Psychiatry* 79, no. 3 (2016) : 194–202.

38 예컨대 다음을 보라. Sofia I. Cardenas et al., "Theory of Mind Processing in Expectant Fathers : Associations with Prenatal Oxytocin and Parental Attunement," *Developmental Psychobiology* (2021).

39 Gregor Domes et al., "Oxytocin Improves 'Mind-Reading' in Humans," *Biological Psychiatry* 61, no. 6 (2007) : 731–733.

40 Sina Radke and Ellen R. A. de Bruijn, "Does Oxytocin Affect Mind-Reading? A Replication Study," *Psychoneuroendocrinology* 60 (2015) : 75–81.

41 Jenni Leppanen et al., "Meta-Analysis of the Effects of Intranasal Oxytocin on Interpretation and Expression of Emotions," *Neuroscience & Biobehavioral Reviews* 78 (2017) : 125–144.

42 Jennifer A. Bartz et al., "Social Effects of Oxytocin in Humans : Context and Person Matter," *Trends in Cognitive Sciences* 15, no. 7 (2011) : 301–309.

43 Carsten K. W. De Dreu et al., "Oxytocin Promotes Human Ethnocentrism," *Proceedings of the National Academy of Sciences* 108, no. 4 (2011) : 1262–1266.

44 F. Sheng et al., "Oxytocin Modulates the Racial Bias in Neural Responses to Others' Suffering," *Biological Psychology* 92, no. 2 (2013) : 380–386.

45 Michaela Pfundmair et al., "Oxytocin Promotes Attention to Social Cues Regardless of Group Membership," *Hormones and Behavior* 90 (2017) : 136–140.

46 Lauren Powell et al., "The Physiological Function of Oxytocin in Humans and Its Acute Response to Human-Dog Interactions : A Review of the Literature," *Journal of Veterinary Behavior* 30 (2019) : 25–32.

47 Anita Williams Woolley et al., "Evidence for a Collective Intelligence Factor in the Performance of Human Groups," *Science* 330, no. 6004 (2010) : 686–688.

48 Lisa Bender et al., Social Sensitivity and Classroom Team Projects : An Empirical Investigation," *Proceedings of the 43rd ACM Technical Symposium on Computer Science Education* (2012) : 403–408.

49 David Engel et al., "Reading the Mind in the Eyes or Reading Between the Lines? Theory of Mind Predicts Collective Intelligence Equally Well Online and Face-to-Face," *PloS One* 9, no. 12 (2014) : e115212.

역자 후기

신경과학이 핫하다!

과학을 비롯한 모든 학문의 궁극적인 목적은 인간, 즉 우리 자신을 조금이라도 더 이해하는 것이다. 인간을 이해한다는 말은 결국 두뇌를 이해한다는 뜻이다. 두뇌를 연구하는 학문은 신경과학, 혹은 뇌과학으로 불리며, 오늘날에는 인지과학, 언어학, 심리학, 생물학, 심지어 컴퓨터공학과도 거의 구분할 수 없을 정도로 밀접한 관련을 맺으며 발전하고 있다. 해당 분야를 전공하지 않은 우리 일반 사람들이 보기에는 날이 갈수록 더 복잡해지고 어려워지는 분야라고 할 수도 있다.

그러나 비전문가인 일반 사람들도 이 분야에 관심을 기울일 수 있을 만한 환경이 점차 조성되고 있다. 이른바 4차 산업혁명의 기반이라는 인공지능 기술도 결국 인간 두뇌에 관한 연구 결과들을 바탕으로 삼거나 인간 두뇌를 모사하는 기술이다. 최근 국내에서 급속히 유행하는 MBTI 열풍도 인간의 성격과 행동을 이해하는 방법에 대한 사람들의 관심이 커진 결과라고 볼 수 있을 것이다.

이 책은 최근 신경과학의 발전 현황을 최대한 친근한 언어로 소개한다. 그러나 아무리 친근한 언어로 설명하더라도 인간의 두뇌란 원래 복잡하고 섬세하며 어렵다. 게다가 두뇌는 사람마다 서로 다르고 독특하다. 그래서 이 책의 원제도 "당신의 신경과학The Neuroscience of You"이다. 인류라는 보편적인 대상이 아니라 저자와 역자, 독자 여러분을 포함한 개개인의 두뇌를 다루어보겠다는, 아주 야심 찬 제목이다.

과연 가능한 일일까? 정말 이런 뜻으로 지은 제목이라면, 솔직히 말해서 역자 역시 원고를 받아본 처음부터 믿지 않았다. 모든 사람의 두뇌를 일일이 연구한다는 것은 불가능할 뿐만 아니라 의미가 없는 일이다. 그런 연구 결과는 마치 축척이 일대일인 지도와도 같다. 지도의 기능은 현실을 사용자의 용도에 따라서 요약하여 안내하는 데에 있다. 일대일 지도란 현실 그대로일 뿐이다. 아무런 소용이 없다. 학문도 이와 같다. 현실이 너무 방대하고 이해하기 어려우므로 가설을 세우고 이론을 정립하여 길을 안내하는 지도가 바로 학문이다. 이 책을 집어 든 독자 한 사람 한 사람의 두뇌를 설명해주는 책이란 존재할 수 없을 것이다.

그러나 저자는 최근의 신경과학 연구가 그런 방향을 '지향하고 있다'고 설명한다. 아니, 최소한 그래야 한다는 개인의 소신을 피력한다. 단순히 두뇌가 크다, IQ가 높다는 등의 말로는 인간 두뇌의 다양하고 섬세한 측면을 설명할 수 없다고 말한다. 좌뇌는 분석적인 사고, 우뇌는 창조적인 사고를 담당한다는 것도 비록 과거에는 학계에서도 그렇게 인식했으나 지금은 통념에 불과하다고 지적한다. 아울러 어떤 사람의 두뇌가 우수하고, 어떤 사람은 그렇지 않다는 판단도 과연 두뇌를 제대로 이해하는 방식이 맞는지 의문을 제기한다. 특정 두뇌의 우수성보다는 두뇌와 환경이 얼마나 서로 잘 맞느냐가 중요하다고 역설한다.

서문과 서론에서는 이런 문제들을 제기하면서 중요한 개념을 하나 소개한다. 두뇌의 편향성이다. 두 주먹을 합친 정도 크기의 우리 두뇌는 좌뇌와 우뇌가 어떤 일을 담당하느냐가 아니라 그 둘 사이의 차이, 즉 편향성에 따라서 생각과 감정, 행동에 차이를 보인다는 것이다. 다시 말해서, 특정 개인이 보이는 좌뇌 및 우뇌적 특징은 연속성을 보인다. 즉 나는 오른손잡이나 왼손잡이 중 어느 한쪽이 아니라, 예컨대 "오른손잡이의 특징을 40퍼센트, 왼손잡이의 특징을 60퍼센트 가지고 있다"라고 설명해야 한다는 시각이다. 게다가 이런 특성은 사람마다 다를 뿐 아니라, 한 개인도 시간의 흐름에 따라서 달라질 수 있다. 또 한 가지, 저자는 두뇌의 기능과 연산의 차이를 알아야 한다고 강조한다. 기업 조직에 비유하자면, 기능이란 해야 할 일, 즉 업무이고 연산은 그 일을 해낼 역량, 즉 업무 능력에 해당한다.

이를 바탕으로 제1부에서는 우리 두뇌의 구조를, 제2부에서는 두뇌의 기능을 설명한다. 3개의 장으로 이루어진 제1부에서는 우리 두뇌의 생물학적 특성과 요인을 다루며, 나머지 5개 장으로 구성된 제2부에서는 주로 이런 구조를 가진 두뇌가 외부의 요인에 반응하고 대처하는 과정을 설명한다.

제1장에서는 앞에서 소개한 두뇌의 편향성을 본격적으로 설명한다. "칵테일 기술"이라는 제목이 붙은 제2장에는 우리에게도 익숙한 도파민, 세로토닌, 아드레날린, 코르티솔 등이 등장한다. 그리고 제3장에서는 이런 특징과 요소를 갖춘 두뇌가 이른바 동기화를 통해서 유연한 행동을 조정하는 과정을 탐구한다. 제1부는 요컨대 우리 인류의 두뇌가 각 환경에 적절하게 대응하기 위해서 독특한 구조적 특징을 가지게 되었음을 설명한다.

제2부에서는 두뇌가 수행하는 집중, 적응, 길 찾기, 탐구, 관계의 기능을 다룬다. 두뇌의 기능에서 새롭게 소개하는 중요한 개념은 "대뇌 기저

핵"이다. 이것이 두뇌를 드나드는 모든 신호의 지휘자 역할을 한다. 저자는 우리에게도 익숙한, 말과 기수의 비유를 들면서 대뇌 기저핵을 설명한다. 제5장에서 살펴보듯이 두뇌는 환경에 적응하여, 제6장에서 설명하는 길 찾기를 위한 지름길을 형성한다. 두뇌의 길 찾기는 피드백을 통한 강화 학습을 통해서 이루어진다. 그리고 이 학습에 중요한 역할을 하는 당근과 채찍 방식은 아직 인공지능이 따라 할 수 없는 인간 두뇌만의 독특한 기능이다! 제7장에서는 인간이 생존과 직결되지 않은 지식들에 호기심을 품는 이유를 예측, 칭찬, 호기심, 탐구의 사이클로 설명하고, 마지막 장에서는 두뇌가 타인의 두뇌를 인식하는 방식이 다른 모든 대상을 인식하는 것과는 다른 이유를 살펴본다.

앞에서 "당신의 신경과학"이라는 원제가 불가능한 과장에 불과하다고 다소 거칠게 표현했지만, 책을 읽어보면 저자가 "감히" 이런 제목을 붙일 만했다고 이해할 특징이 엿보이기도 한다. 저자는 과학자답지 않게(?) 매우 사적이고 내밀한 개인사를 스스럼없이 드러내며, 신경과학이라는 복잡하고 골치 아픈 분야를 독자들이 아주 친근하게 느낄 수 있도록 소개한다. 과학책을 읽을 때 하단에 작은 글씨로 덧붙인 각주가 귀찮다고 생각해온 사람이라면, 이 책에서는 아주 독특한 경험을 할 수 있다. 독특한 유머와 과할 정도의 정보TMI로 가득 찬 각주를 읽다 보면, 각주가 없는 페이지가 오히려 섭섭하게 느껴질 것이다. 그런 재미를 느끼지 못했다면 그것은 역자의 솜씨가 부족한 탓을 하면 되겠다.

특히 제7장을 읽으면서 인간이 생존과 번영만을 위한 존재가 아니라 지적 호기심과 두려움 사이에서 갈등하며 이를 통해서 발전하는 존재임을 알게 되었다. 신경과학 관련 분야를 전공하지 않았는데도 이 책을 선택한 사람이 있다면, 그 사람의 두뇌야말로 바로 예측–칭찬–호기심–탐구의 사이클이 작동하는 훌륭한 사례일 것이다. 인간은 저마다 다르고 독특하지만, 그런 인간이 서로의 마음과 정신을 이해하기 위해서 노력해온 결과 이 책이 등장했고, 앞으로도 그런 노력은 계속될 것이다. 비록 두뇌의 비밀이 모두 해명될 날은 영영 오지 않을지도 모르지만, 과거보다 점점 더 많은 사실이 새롭게 드러날 것이고 우리의 삶은 더욱더 풍요로워질 것이다. 물론 그 풍요와 행복을 누구나 다 누릴 수 있는 것은 아니겠지만 말이다.

2024년 봄

김동규

인명 색인